Home & Modern Society

현대사회와 가정

허혜경 · 박인숙 · 김혜수 공저

동 문 사

머리말

끊임없는 변화를 추구하고 있는 우리사회는 지식정보화라는 현대사회의 대격변을 맞이하고 있다. 이러한 시대 · 사회적 환경 속의 현대인들은 자신의 자아실현과 자녀교육 중심의 생활을 동시에 중시하는 경향이 두드러지고 있다. 이에 따라 사회적 삶의 기본 단위인 가정의 역할과 형태 및 기능도 다양하게 변화하고 있다.

이러한 변화의 소용돌이 속에서도 변하지 않는 것은 가족공동체의 행복이며, 가족구성원 개개인의 진정한 행복이라고 할 수 있을 것이다. 각 개인이 행복한 가족공동체를 이루기 위해서는 사회변화에 적합한 공동체 생활의 지식 및 기술을 비롯한 합리적이고 건강한 가정생활을 만들어 갈 수 있는 바람직한 지침서가 필요하다.

또한 현대사회는 분야별로 지식의 전문화 수준이 높고 세분화되어 있어 가정의 직접적 교육 기능보다는 가정을 지지해 줄 수 있는 교육지지적 기능이 더욱 중시되고 있는 것이 현실이다. 가정은 내적으로 가족에 필요한 자원을 공급하고 외적으로 사회에 필요한 노동력을 제공함으로써 경제적 기능을 수행하고 있다. 결국 가정안에서의 삶에 대한 이해는 개인과 가족 단위의 삶의 질을 증진시키기 위한 지적 기초가 되어왔다. 그러나 최근 들어 가정은 다양한 환경과 상호의존적이며 시간에 따라서도 변화한다. 가정은 그 시대와 사회의 상황에 의해 영향 받게 되므로 역사적으로나 지역적으로 다른 모습의 가정과 가족의 모습이 있게 마련이다. 따라서 우리 사회의 가정은 지금까지보다 훨씬 역동적이고 다양한 가치관과 삶의 태도를 추구해야 할 불가피한 상황에 놓여 있기도 하다.

이러한 맥락에서 본 교재는 우리사회의 변화를 채워줄 수 있는 길잡이가 되고자 「현대사회와 가정」이라는 제하의 교재명으로 총 4파트에 걸쳐 집필되었다.

PART 1. 현대사회와 가정에서는 현대사회에서의 가족의 개념, 기능, 형태 및 현황과 가족의 개념적 틀인 가족발달이론 등을 개론적으로 다루고 있다. PART 2. 가족의 탄생과 확대에서는 성, 사랑, 결혼 그리고 부부관계 등에 관해 현대사회의 변화 관점에서 살펴보고 있다. 또한 현대사회에서 부모역할의 특징과 부모교육의 다양한 패러다임, 특히 가족 간의 의사결정에 대한 이해와 요인 등에 관해 다루고 있다. PART 3. 사회변화에 따른 다양한 가정에서는 맞벌이가정, 다문화가정을 비롯한 부모역할 개념변화에 따른 가정형태 그리고 사회적 지원이 필요한 가정형태 등에 따라 다양한 가정의 형태를 고찰해 보았다. PART 4. 현대사회와 건강한 가정에서는 부모와 자녀를 위한 지원을 알아보고 아울러 바람직한 가정을 위한 실천적 노력에 대해 제안하고 있다.

가정의 중요성을 동양에서는 가화만사성(家和萬事成)이라는 아포리즘으로서, 서양에서는 Family values라는 슬로건으로 표현해 왔다. 그리고 다가올 미래사회의 산업경제 구조가 아무리 변한다 하더라도 인간의 기본 집단인 가족과 가정의 중요성과 가치는 영속될 것으로 본다. 본서는 이러한 시대의 변화를 넘어 보편적 중요성을 유지하고 있는 가정과 가족에 대해 체계적 접근과 이해를 도모하는 데 조금이나마 기여하기를 기대한다.

이 책이 나오기까지 많은 분들의 적극적인 도움이 있었다. 특히 저희 저자들에게 사유할 수 있는 에너지와 능력을 주신 하느님, 늘 돌보아주시는 부모님 그리고 저희 작업으로 인해 많은 불편이 있음에도 오히려 격려와 지원을 아끼지 않는 사랑하는 가족들은 저희의 진정한 원동력이 돼 주었다. 마지막으로 박사과정 정슬기에게 진심으로 고마움을 전하며, 본서의 출간을 맡아 힘써주신 동문사 편집부와 유재영 상무님께 심심한 감사를 드린다.

2017. 3.
바람개비 동산에서
저자들

차 례

PART 01

현대사회와 가정

CHAPTER

01

가정과 사회

제1절 가족의 개념
제2절 가족의 기능
제3절 가족의 형태 및 현황
제4절 현대사회 가족의 변화

제1절 가족의 개념

인간은 출생함과 동시에 선택의 여지없이 가족에 속하게 된다. 가족은 개인의 일상생활과 가장 밀착된 사회집단이며, 문화에 따라 다양한 형태와 의미를 내포한다. 가족은 가정의 구성원이고 가정은 자녀가 양육되고 포근한 심리적 위안을 받는 장소이다. 가족(family)이라는 말의 어원은 로마어로는 famillas, 그리스어로는 familia로 '화덕'을 뜻하며, 그 뉘앙스에는 '따뜻함'이 스며 있다. 또한, 이 단어는 하인을 의미하는 famus에서도 유래되었는데, 여기서 가족은 집에 속한 모든 가족 구성원을 포함하는 개념인 가족 공동체를 의미함을 알 수 있다.

가정과 가족에 대한 정의는 학자에 따라 다양하다. 일반적으로 가족은 혼인으로 맺어진 부부와 그들의 자녀로 구성된다. 핵가족이란 용어를 처음 사용한 미국의 인류학자 머독(Murdock, 1949)은 가족이란 '성관계가 허용되는 성인 남녀와 그들의 출산자녀 또는 입양자녀로 구성되며, 공동거주, 경제적 협력, 자녀 재생산의 특성이 있는 사회집단'이라 정의하였다.

가정의 정의를 살펴보면, 넓은 의미에서 가정이란 혈연관계 또는 혼인관계로 맺어진 둘 또는 그 이상의 구성원이 공동 주거지에서 생활하는 것을 말한다. 최근에는 가정을 여러 가지 중요한 기능을 가진 역동적인 상호의존 체계로 보는 견해가 지배적이다. 가족이론의 개척자라고 불리는 나단 애커맨(Nathan Ackerman)은 '가정이란 몇 개의 중요한 목적을 가진 의미 있는 집단'이라 정의하였으며(이명홍, 1983), 가정이 지니는 최소한 두 가지 근본적 목적인 생존의 유지 · 계승 임무와 인간성 창조의 임무를 강조한다. 학자에 따라서는 가정의 목적을 세 가지로 보는 견해도 있다. 즉, 가정이 갖는 첫째 목적은 남녀의 결합에 의해 자녀를 생산함으로써 가족의 존속을 이루는 것이다. 두 번째 목적은 자녀를 인격체로 성장시키고 상호작용을 통해 가족 구성원 간에 실질적 지원을 주고받으며 서로의 욕구를 충족하거나 정서적으로 지지하고자 한다. 세 번째 목적은 가정은 가족 구성원으로 하여금 사회에 적응하도록 하며 문화를 계승시키는 사회적 목적을 수행한다는 점이다. 여러 학자가 내린 가족에 대해 다양한 정의들을 정리하면 다음 〈표 1-1〉과 같다.

표 1-1 가족에 관한 정의

학자	가족을 보는 관점
Murdock(1949)	가족이란 공동 거주, 경제적 협동, 생식으로 특징 지워진 사회집단으로서 사회적으로 승인된 성관계를 갖는 성인 남녀와 그들이 출산한 자녀 또는 양자로 구성된다.
김두헌(1949)	영속적 결합에 의한 부부와 그 부부의 결합 때문에 자녀로 구성된 생활공동체
Freud	가족이란 아동이 자연스럽게 갖게 되는 충동들을 사회적으로 받아들일 수 있는 방식으로 조절하고, 그것을 적당한 방향으로 돌리는 방법을 배우는 배경이다.
Satin	성인 남녀로 결합한 집단이며, 이들은 같은 주거지에서 거주하며 사회적으로 허용된 성생활을 영위한다. 인간의 정서적인 생존을 중요시하며 인간의 상호의존적인 관계에 대한 욕구를 중요시한다. 이러한 기본적 욕구가 가정에 의해 충족이 된다. 가정은 성장과 생존을 위해 필요한 이런 요소들이 상호 교환되는 장소이다.
Bowen	가정은 인간에게 있어 모든 것이라고 표현하였으며, 가정은 인간이 형성되는 모체이다.
최재석(1982)	가계를 공동으로 하는 친족집단이다.
Attali(1999)	가족이란 예술, 성에서 정치에 이르기까지 다양한 분야에 상당한 영향을 끼치면서 가장 큰 변화를 겪을 조직이다.
포스트모던 논리	정통가족 사회학을 비판하고 가족에 대한 다양한 입장을 갖는, 다양한 가족의 형태와 특징들을 인정해야 한다는 시각의 변화를 포함한다.

우리나라는 여러 차례에 걸쳐 가족법의 개정이 이루어졌다. 따라서 현대적 의미의 가족의 개념은 부부와 미혼자녀로 구성된 핵가족을 비롯하여 3세대 이상이 사는 확대가족, 부부만 사는 부부가족, 부와 자녀 혹은 모와 자녀로 구성된 한부모가정, 재혼부부와 그들의 자녀가 사는 재혼가정, 주말에만 혹은 일 년에 한두 번 정도 만나는 분거가족 등의 다양한 가족을 포괄한다. 그 밖에도 혈연적 관계보다는 법적 관계로 이루어지는 입양가족, 국제결혼의 증가에 따른 다문화가족, 혈연적 관계를 넘어선 공동체가족, 개인의 성적지향성에 따른 동성애가족 등 다양한 가족의 범위는 방대하다.

이처럼 인간은 전 생애에 걸쳐 가정에서 태어나 성장하면서 독특한 인격체로 발달한다. 또한, 가족 구성원들은 가족으로부터 개인적인 욕구를 충족하면서 상호의존 및 지원관계를 지속적으로 유지한다. 먼저 가족의 기능과 가족생활주기, 그리고 현대사회의 가족의 변화를 살펴보고자 한다.

제2절 가족의 기능

역사적으로 볼 때 가족은 변화하는 시대에 따라 그 주요 기능이 변천하고 있다. 가정의 기능 중 일부 기능은 시간이 지남에 따라 상실되었으며, 어떤 기능은 계속 유지되고 있고, 또 어떤 기능은 한층 강화되고 있다. 전통적으로 가족은 〈표 1-2〉에서 보는 바와 같이 가족 구성원에게 고유한 인간으로서의 정체감을 심어주는 기능, 가정을 사회에 연결하는 기능, 전통의 유지전달 기능을 수행하는 것을 기본으로 한다. 그러나 보편적인 관점에서 가족의 일반적 기능을 살펴보면 ① 생산의 기능, ② 사회화 기능, ③ 정서적 지원 제공 기능, ④ 구성원 보호 기능, ⑤ 애정유지 기능 등이 있다.

현대사회의 변화와 함께 가족의 기능은 본래 축소되거나 변형되었으며, 일부 기능은 사회 체계에 의해 대치되었다. 가족은 그 어느 때보다 더 정서적 지원이나 자아실현의 기능이 요청되고 있다.

표 1-2 가족의 일반적 기능과 전통적 기능

가족 기능의 종류	내용
가족의 일반적 기능	① 생산의 기능 ② 사회화 기능 ③ 정서적 지원 제공 기능 ④ 구성원 보호 기능 ⑤ 애정유지 기능
가족의 전통적 기능	① 고유한 인간으로서의 정체감을 심어주는 기능 ② 가정을 사회에 연결해 주는 기능 ③ 전통의 유지전달 기능

제3절 가족의 형태 및 현황

1 가족의 형태

가족의 형태는 다음과 같이 분류할 수 있다.

1) 동거자녀 중심으로 한 구조적 분류

- 핵가족(nuclear family) 또는 부부가족(conjugal family): 부부와 미혼의 자녀로 구성
- 확대가족(extended family): 부모와 결혼한 자녀 가족 모두로 구성
- 직계가족(stem family): 부모와 결혼한 자녀 중 한 가족으로 구성
- 공동가족(joint family): 확대가족형태에서 부모 사망 후 자녀 가족이 계속 동거하는 형태

2) 기타 가족 분류

- 무자녀가족: 자녀가 없이 부부만으로 구성된 가족
- 계부모가족: 재혼부부와 자녀로 구성된 가족
- 한부모가정: 이혼, 사별 혹은 미혼모의 출산 때문에 부 또는 모 중 한 사람과 자녀로 구성된 가족
- 독신가족: 이혼, 사별 혹은 별거 등 때문에 현재 법적 배우자가 없는 가족
- 딩크족: 정상적인 부부생활을 영위하면서 의도적으로 자녀를 두지 않는 맞벌이 부부

우리나라의 가족관련 연구를 종합하여 보면 가정의 변화는 형태상의 핵가족화와 함께 가족행동 및 가치의 근대화로 요약할 수 있다. 다시 말하면 우리나라의 전통적 가족의 형태는 부부와 미혼자녀로 구성된 직계가족이 점차 핵가족적으로 변화하고 있다는 점, 그리고 한국가족의 행동과 가치 면에는 아직도 전통적 요소가 많이 남아 있으나 빠른 속도로 근대화하고 있다.

표 1-3 가구당 평균가구원 수의 변화

(단위 : 명)

연도	가구 수	가구원 수	평균가구원 수
1970	5,576,277	29,235,734	5.24
1980	7,969,201	36,843,251	4.62
1990	11,354,540	42,101,544	3.71
1995	12,958,181	43,308,597	3.34
2000	14,311,807	45,985,289	3.21
2005	15,988,274	47,278,951	2.88
2010	17,359,333	49,342,145	2.54
2015	18,705,004	51,529,338	2.45

※출처 : 통계청(2015). 인구주택총조사.

가족형태의 변화는 형태상의 단순화가 뚜렷하여 인원상 형태, 세대별 유형, 구성상 형태에서 뚜렷한 변화의 경향을 보이고 있다. 현대 가족구조에 나타난 가장 뚜렷한 변화 중의 하나는 자녀 수의 감소와 핵가족화, 그리고 1인 단독가구의 증가에 의한 가족규모의 축소이다. 한편, 독신과 이혼 등의 증가 때문에 1인가구(1인가족, 나홀로가족), 한부모가정 등 다양한 가족 유형이 증가하는 추세를 보인다. 인구증가율보다는 총 가구 증가율이 더 많이 증가하는 것을 보면 우리나라는 산업화 이래 여성의 경제활동 참여 증가, 출산율의 저하, 결혼율의 저하 등으로 인구증가율이 상당히 둔화되었다. 또한 총가구 수가 증가하였지만 가구당 가구원수가 감소하여 전체적으로 가족규모가 축소되었다.

한국 가족의 평균 가구원 수의 변화추이를 보면 1970년 평균 5.24명에서 1980년에는 4.62명, 1990년에는 3.71명, 2000년에는 3.21명, 2005년에는 2.88명, 2015년에는 2.45명으로 축소되었다. 이러한 가족의 소규모화는 출산율의 감소와 가족분화의 가속화 때문에 현상으로 분석된다. 또한, 통계청(2014)의 "2014년 출생통계"에 따르면, 가임여성 1명당 평균 출생아수인 합계출산율이 1982년에 2.39명이었으나 2014년에는 1.21명까지 떨어졌다. 이와 같은 출산력의 감소 속도가 선진국보다 훨씬 빠르게 진행된 것일 뿐 아니라, 일부 선진국에 비하여 낮은 편이다(2014년 기준으로 미국 1.86명, 프랑스 1.98명, 스웨덴 1.88

명, 호주 1.80명; OECD Family Database). 이와 같은 출산율의 감소추세는 가족의 소규모화를 가져왔다.

한편, 독거가구 및 독신가구의 증가는 가족의 소규모화와 가구원의 감소에 영향을 준 요인이다. 젊은 여성층의 미혼율 급증, 평균 초혼나이의 증가, 노년기의 장기화 때문에 독거가구 및 독신가구가 증가하고 있다. 평균 초혼연령은 지속적으로 증가하여 2016년 남성 32.6세, 여성 30.0세로 1990년보다 남성 4.8세, 여성 5.2세가 증가하였다. 한편, 독거노인가구의 증가도 현저하다. 통계청(2010)이 발표한 '2009년 한국의 사회지표'에 따르면, 2009년 한국의 총인구는 4,874만 7,000명이다. 전체 인구 가운데 65세 이상(519만 3,000명) 비율은 10.7%로 사상 최고치를 기록했으며, 이는 전체 인구 가운데 65세 이상 노인의 비율이 7% 이상 14% 미만의 '고령화 사회'로 분류된다. 우리나라의 빠른 고령화는 낮은 출산율에 기인하는 것으로 분석된다. 65세 이상 노인이 가족과 떨어져 혼자 사는 노인 단독가구 수는 1985년 6.6%에서 1995년 13.2%, 2000년 16.2%, 2016년 22.4%로 증가하고 있다.

표 1-4 평균 초혼 연령

(단위 : 세)

연도	남자	여자
1990	27.8	24.8
1995	28.4	25.3
2000	29.3	26.5
2005	30.9	27.7
2008	31.4	28.3
2016	**32.6**	**30.0**

※출처 : 통계청(2016). 「인구동태통계연보」, 각 년도.

한편, 핵가족의 증가는 가족의 소규모화를 촉진하는 중요한 요인으로 작용한다. 전통적인 확대가족이 감소하고, 자녀의 혼인과 더불어 분가하여 2세대 가족으로 분화되는 핵가족의 가속화 현상이 증가되므로 가족원의 수가 감소하고 가족 소규모화가 촉진되고 있다. 이와 같은 핵가족은 또한 부부가족의 유형을 일반화하는 데 이바지한다. 또한, 가족규모의 감소에 기여한 가구원의 축소는 가족결손이나 가족해체 때문에 단독가구의 증가도 중요한 요인으로 작용하였다.

그러나 우리나라는 서구의 핵가족형태가 완전히 고착되었다고 보기는 어렵다. 우리나라의 핵가족형태는 수정확대가족의 형태를 많이 띠고 있는 것으로 보인다. 수정확대가족이란 주거지 간의 거리에 관계없이 핵가족끼리의 상호원조적인 관계가 유지되는 가족형태. 또는 기혼자녀가 노부모와 함께 거주하지는 않지만 가까이에서 모시면서 상호원조와 애정관계를 유지하는 새로운 가족형태이다. 가족 구조적 측면에서 보면, 부모를 모시는 직계가족의 비율은 감소하고 있으며, 부부와 미혼자녀로 구성된 핵가족이 일반적인 가족형태로 자리 잡고 있다.

세대구성별 가구형태로는 부부가구와 1인가구가 계속 증가하는 추세를 보이고 있으며, 부부와 자녀로 구성된 가구는 점점 감소하는 경향을 나타내고 있다.

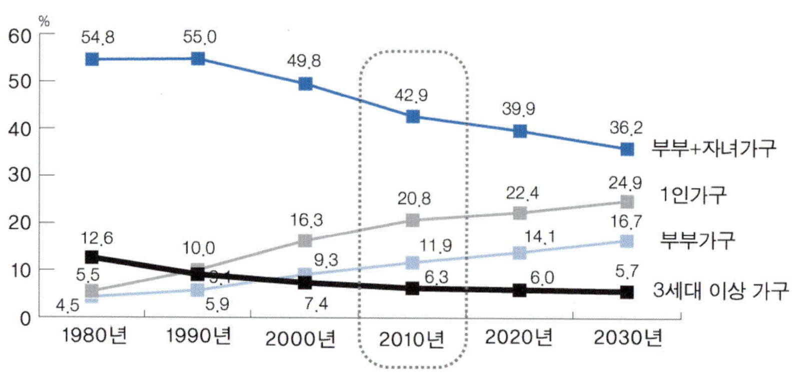

＊1980~2000년은 인구주택총조사 각 년도(통계청), 2010~2030년은 장래가구추계(통계청).

※출처: KBC 국회방송(2015. 5. 18).

그림 1-1 세대 구성별 주요 가구형태

종합적으로 우리나라의 가족형태는 가족조직원리, 부양원리, 구조, 기능, 관계 등에 변화를 가져왔으며, 이를 정리하면 다음과 같다.

첫째, 가족조직원리는 가계계승의 원리에서 가족간의 정서적 지원이나 가족원 개개인의 자기실현 원리로 변하였다.

둘째, 가족부양원리는 호주제도를 기반으로 한 친족부양에서 핵가족 중심의 가족부양원리로 변화되었다.

셋째, 가족구조는 여러 세대가 함께 사는 확대가족형태에서 소가족 원리로 변화하였다.

넷째, 가족 기능은 다기능에서 소기능으로 변화하였다.

다섯째, 가족관계는 부모-자녀 관계 중심에서 남녀평등을 중시하는 부부관계 중심으로 변화하였다.

제4절 현대사회 가족의 변화

다양한 가족형태의 출현에서 알 수 있듯이 현대사회 가족 변화의 특징은 외형적으로 핵가족 확산, 가족규모의 축소, 가족주기의 변화 등이 있으며, 이러한 외형적 변화는 가족 기능과 가족 가치관의 변화와 같은 가족 내적인 특성의 변화와 함께 가정경제의 변화를 수반하였다. 이와 같은 현대사회 가족 변화의 특징을 요약해 보면 다음과 같다(한미현 외, 2007).

첫째, 현대 사회 가족 변화의 가장 눈에 띄는 점은 가족규모의 축소이다. 가족형태가 확대가족에서 핵가족으로 변화하고 있으며, 소가족화 현상 때문에 가족규모가 점차 축소되고 있다. 특히 최근에는 자녀양육의 부담으로 인한 출산율 저하 또는 출산 기피현상으로 인한 무자녀가족마저 증가하고 있다.

둘째, 가족생활주기상의 변화가 뚜렷하게 나타나고 있다. 교육기간의 연장, 취업연령의 상승 등은 초혼연령의 상승에 영향을 주어 가족생활주기 이전의 시기가 장기화하였다. 또한, 초혼연령의 상승과 출산율 저하는 자녀출산의 시기와 자녀양육 및 교육기간의 변화로 이어져 가족형성기 및 확대기는 단축되는 반면, 확대완료기가 장기화하고 있는 경향을 보이고 있다.

셋째, 핵가족화, 가족규모의 축소, 가족생활주기의 변화와 같은 가족의 외형적 변화는 실질적으로 가족 기능의 변화를 가져왔다. 예를 들면, 가족의 전통적 기능인 자녀 재생산, 자녀양육 및 사회화 기능은 점차 약화되고 있다. 또한, 자녀양육 및 사회화 기능도 부부가 공동으로 담당하는 동시에 국가, 사회, 학교, 기업의 역할 및 책임까지도 강조되고 있다.

넷째, 가족 변화 중 가장 두드러진 내적 특징은 가족가치관의 변화라 할 수 있다. 예를 들면, 현대사회의 변화와 함께 불평등하고 가부장적인 전통적 가족제도가 해체되고, 부부 중심의 새로운 가족가치관이 형성되었다. 여성의 경제참여 때문에 양육 및 가사의 분담, 이혼의 증가, 선택적 자녀출산, 가족 결속력의 약화 등의 현상이 빈번하게 나타나고 있다. 결혼관, 성역할관, 가족가치관에 있어서 세대 간 차이가 급격하게 나타나고 있으며, 특히 남성보다 여성의 가치관 변화가 뚜렷하다. 여성의 경제적 역할 강화나 노부모 부양의식의 약화 등의 가치관변화도 그 예라 할 수 있다.

이 외에도 핵가족화와 더불어 한부모가정이나 재혼가정과 같은 다양한 가족 유형이 증가하고 있으며, 직업과 교육문제 때문에 가족이 따로 떨어져 거주하는 분거가족(주말가족, 기러기가족 등)이 증가하고 있다. 그 밖에도 다양한 문화적 가치에 기초한 공동체 가족, 1인 가족, 동성애가족 등도 새로운 가족 유형으로 등장하고 있으며, 소년소녀가장 가정이나 조부모 가정 등도 다양한 가족구조 한 측면을 이루고 있다. 이러한 사회적 변화에 따른 가족구조의 변화는 가족 내에서 자녀가 경험하는 삶의 질에 영향을 미치므로 현대사회의 가정과 관련된 주요한 과제로 다루어야 할 것이다.

활동자료 가족관계 진단용 SDS

이 질문지는 여러분이 여러 가지 낱말에 대해서 어떤 느낌이나 생각을 가졌는지를 알아보기 위한 것입니다. '아버지'를 비롯하여 가족을 표시하는 낱말이 10개 있고 그 밑에는 서로 반대되는 형용사가 한 쌍으로 된 척도가 있습니다. 각 낱말을 보시고 그 낱말이 주는 첫인상과 직접적인 감정에 따라 판단하여 각 척도의 적절한 위치에 V 표를 하여 주십시오.

(이 척도는 7점 척도이므로 V 표시는 반드시 경계점 위가 아니고 점 사이의 빈칸에 해야 합니다.)

1. 아버지

깨끗하다	├┼┼┼┼┼┼┤	더럽다
추하다	├┼┼┼┼┼┼┤	아름답다
좋다	├┼┼┼┼┼┼┤	나쁘다
멀다	├┼┼┼┼┼┼┤	가깝다
넓다	├┼┼┼┼┼┼┤	좁다
작다	├┼┼┼┼┼┼┤	크다
연하다	├┼┼┼┼┼┼┤	굳다
빠르다	├┼┼┼┼┼┼┤	느리다
무디다	├┼┼┼┼┼┼┤	날카롭다
이르다	├┼┼┼┼┼┼┤	늦다

2. 어머니

깨끗하다	├┼┼┼┼┼┼┤	더럽다
추하다	├┼┼┼┼┼┼┤	아름답다
좋다	├┼┼┼┼┼┼┤	나쁘다
멀다	├┼┼┼┼┼┼┤	가깝다
넓다	├┼┼┼┼┼┼┤	좁다
작다	├┼┼┼┼┼┼┤	크다
연하다	├┼┼┼┼┼┼┤	굳다
빠르다	├┼┼┼┼┼┼┤	느리다
무디다	├┼┼┼┼┼┼┤	날카롭다
이르다	├┼┼┼┼┼┼┤	늦다

3. 할아버지(할머니)

깨끗하다	├┼┼┼┼┼┼┤	더럽다
추하다	├┼┼┼┼┼┼┤	아름답다
좋다	├┼┼┼┼┼┼┤	나쁘다
멀다	├┼┼┼┼┼┼┤	가깝다
넓다	├┼┼┼┼┼┼┤	좁다
작다	├┼┼┼┼┼┼┤	크다
연하다	├┼┼┼┼┼┼┤	굳다
빠르다	├┼┼┼┼┼┼┤	느리다
무디다	├┼┼┼┼┼┼┤	날카롭다
이르다	├┼┼┼┼┼┼┤	늦다

4. 형제 · 자매

깨끗하다		더럽다
추하다		아름답다
좋다		나쁘다
멀다		가깝다
넓다		좁다
작다		크다
연하다		굳다
빠르다		느리다
무디다		날카롭다
이르다		늦다

※출처: 노안영 · 강영신, 2005, 재인용.

CHAPTER 02

가족발달이론의 이해

제1절 가족발달이론의 배경
제2절 가족발달이론의 주요 개념
제3절 가족발달이론의 기본 가정
제4절 가족생활주기

제1절 가족발달이론의 배경

우리의 일상적인 가족생활을 연구하고자 하는 학문적인 노력은 오랜 기간에 걸쳐 수많은 학자에 의해 지속돼 왔다. 가족은 그 정의와 기능이 복합적이므로 여러 학문 분야에서 걸쳐 연구되었으며, 가족생활의 수준을 향상하기 위해 가족에 대한 보다 나은 이해를 추구하였다. 이와 같은 가족생활과 가족현상(family phenomena)을 이해하고자 하는 노력은 교육학, 심리학, 사회학, 인류학, 여성학, 인간발달학, 사회복지학, 가정학 등 다양한 학문 분야에서 이루어졌다. 다시 말해 가족은 그 기능이 복합적이고 다차원적이므로, 가족 연구는 여러 학문을 기초로 통합적으로 연구하여야 하는 학제적(interdisciplinary) 학문의 성격이 강하다고 할 수 있다.

가족을 연구하는 학문인 가족학(famology)의 연구 대상은 가족집단(체계)과 가족 구성원(개개인)이며, 연구 목표는 개인과 가족의 복지증진에 있다. 가족학의 학문적 특성상 연구범위는 매우 광범위하고 다양하며, 상술한 내용을 정리하면 〈표 2-1〉과 같다.

표 2-1 가족학 연구의 범위

	거시적(macro)	미시적(micro)
이론적〈기술적〉연구	• 역사 · 제도적 접근 －가족의 형태, 유형 －역사적 변화 －제도적 변화 －비교사회적 변화 • 구조 · 기능적 접근 －가족 기능 · 가족구조의 변화 －구조 · 기능의 변화로 나타나는 사회적 문제(노인, 청소년, 근로자, 여성, 이혼, 범죄)	• 상호작용적(관계적) 접근 －적응, 애정, 역할, 권력, 의사소통(커뮤니케이션), 만족, 갈등, 스트레스, 이혼, 재혼, 성인 사회화 • 발달적 · Life Course적 접근 －형성기, 확대기, 축소기 발달과업 ※ 가족 내 문제 (심리 · 사회적 부적응)
실제적〈실천적〉연구	• 가족에 관한 법률 • 가족에 관한 사회복지(가족복지) • 가족에 관한 정책 • 가족에 관한 국가 · 사회의 제시설 · 제도	• 가족생활교육 －성교육, 청소년교육, 결혼교육, 부부교육, 중년기교육, 노년기교육 ※ 부모교육 · 소비자교육 • 가족상담 및 치료 －병원 · 상담소 · 복지관

※출처: 한국가족관계학회(1999).

가족학 분야의 발달과 함께 등장한 학문으로는 가족발달이론(family developmental theory)을 들 수 있다. 가족학의 관점상 한계점을 살펴보면, 개인에게 초점을 두는 미시적 관점의 심리학 이론은 각 구성원의 욕구가 공존하는 가족 현상을 충분히 설명하지 못하였으며, 거시적 관점의 사회학이론은 가족 집단을 분석하기에 지나치게 거시적이었다.

가족발달이론은 가족학의 미시적 및 거시적 관점의 한계점을 인식하면서 개발된 사회학이나 심리학과는 차별화되는 가족에 초점을 둔 최초의 이론이라 할 수 있다. 가족의 변화과정을 설명하고 있는 가족발달이론은 가족이 내적으로는 구성원들의 생물학적, 심리적, 사회적 욕구와 외적으로는 사회적 기대 및 생태적 환경에 의해 결정된 일련의 발달단계를 겪는다고 가정한다. 일반적으로 가족발달단계는 결혼 때문에 가족의 형성으로 시작되며, 가족구조와 가족원의 생활이 유형화된 단계로 진행된다.

가족발달이론의 창시자인 듀발(Evelyn Duvall)과 힐(Ruben Hill)은 가족도 인간과 마찬가지로 발달과정에 의해 영향을 받는 사회집단이라 주장하였다. 가족은 가족 구성원들의 단순한 집합체가 아니라 하나의 역동적 단위로서 연구될 필요가 있다고 보았다. 개인이 전 생애에 걸쳐 뚜렷한 발달단계를 겪는 것과 마찬가지로 가족도 명확한 단계들로 구분되는 가족생활주기를 경험한다고 주장한다. 1948년 듀발과 힐은 첫 아이의 나이에 기초하여 8단계의 가족생활주기를 소개하면서, 단계마다 부모와 자녀 모두 성취해야 할 발달과업(developmental tasks)을 제시하였다. 즉, 가족도 개인과 마찬가지로 각 단계의 발달과업을 성공적으로 수행하여야 다음 단계로의 이행이 순조롭다고 가정하였다. 가족생활주기는 확장과 축소의 주요한 두 단계를 거치게 되는데, 확장기 동안에는 자녀출산과 양육이 이루어지며, 축소기에는 성장한 자녀가 원가족으로부터 독립하게 된다. 이러한 확장과 축소의 주기가 가족생활주기(family life cycle)이라는 용어를 형성하게 되었다.

제2절 가족발달이론의 주요 개념

가족발달이론의 주요 개념으로는 가족, 규범, 지위, 규범적 사건, 단계, 과업, 타이밍, 변화, 전이 등이 있다. 가족발달이론의 주요개념을 정리하면 다음과 같다(유계숙 외, 2005; 정현숙 외, 2007).

- 가족(family): 듀발(Duvall, 1977)은 "가족이란 결혼, 출산, 입양을 통해 맺어진 상호작용하는 개인들로 구성되며, 가족의 주목적은 각 성원의 신체적, 정신적, 정서적, 사회적 발달을 창조하고 유지하는 데 있다"고 정의하였다. 가족의 역동은 구성원 개인의 욕구, 가족관계, 사회의 영향에 따라 변화하며, 이러한 변인들은 발달과업을 결정한다.
- 규범(norm): 사회집단의 성원들에 의해 보편적으로 수용되는 행동에 대한 기대이며 학습된 반응을 의미한다. 그러므로 규범은 가족을 포함한 모든 사회집단의 기본적인 구성요건이다.
- 지위(position): 부모, 남편, 부인, 자녀 등과 같은 가족 내의 위치를 의미하며, 각 지위에 따라 부여되는 규범들을 역할이라고 한다. 가족의 지위란 성, 세대, 친척, 혹은 혈연관계와 같은 여러 차원에서 존재하는 지위들과 관련하여 부여될 수 있다.
- 규범적 사건(normative events): 가족의 위기에 초점을 두기보다는 결혼, 출산, 발달 및 교육적으로 획기적인 사건, 시간의 경과 등과 같이 더욱 규범적으로 발생하는 사건을 의미한다[그림 2-1].
- 단계(stages): 단계란 '역할의 배분과 절차상의 규칙에 대하여 가족 구성원들이 합의하는 비교적 평형상태의 시기'를 의미한다. 가족발달이론의 가장 특징적인 측면은 가족생활주기의 단계에 초점을 맞춘다는 것이다.
- 과업(tasks): 가족발달이론에서 과업이란 개인발달이론에서 해비거스트(Havighuerst, 1953)가 제시한 발달과업의 개념과 일맥상통한다. 듀발과 힐은 가족생활주기의 8단계에서 단계마다 수행하여야 할 구체적인 발달과업을 제시하였다. 이 과업들은 가족 구성원의 개인적 욕구를 고려하면서 하나의 단위로서 가족이 성취하여야 할 과제들에 초점을 두고 있다.

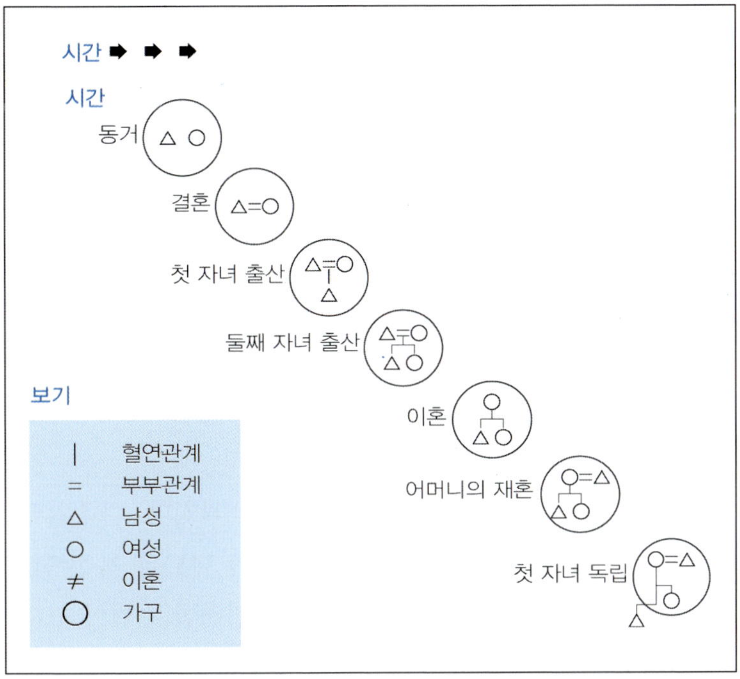

※출처: White(1991). Dynamics of family development: The theory of family development. NewYork: Guilford. p. 222.

그림 2-1 가족발달단계 및 사건

- 타이밍(timing): 타이밍이란 가족 내에서 특정 사건이 발생한 시점을 의미한다. 즉, 자녀출산, 배우자의 은퇴, 자녀의 결혼과 독립의 타이밍은 가족에게 긍정적 또는 부정적인 영향을 미치며, 이러한 영향력은 여러 사건이 동시에 일어나거나, 예상하지 못했던 타이밍에 발생했을 때 특히 두드러진다.
- 변화(change): 변화는 특정 상태에서 다른 상태로 변형되고 있는 것을 의미한다. 개인은 스스로 변화를 일으키기도 하고 환경의 영향을 받아 변화하기도 한다. 가족 구성원의 변화는 개인의 변화뿐만 아니라, 가족생활주기상에서 한 단계 진행하는 촉매 역할을 할 수도 있으며, 이와 같은 단계의 전이는 종종 개인의 역할상 변화를 수반하기도 한다.
- 전이(transitions): 전이란 어떠한 것이 변화하는 과정에서 질적으로 다른 두 상태를 연결하는 국면이 형성되는 과정을 의미한다. 가족발달이론에서 전이란 발달단계의

변화를 맞아 나타나는 역할과 정체성의 변화이다. 전이를 이해하는 것은 가족이 한 단계에서 다른 단계로 이행하며, 당면한 문제를 어떻게 극복해 내는지를 분석하는 데 도움이 된다.

제3절 가족발달이론의 기본 가정

가족발달이론의 기본 가정을 살펴보면 다음과 같다(유계숙 외, 2005; 허혜경 외, 2013).

첫째, 가족은 개인과 마찬가지로 일련의 발달단계를 거친다. 가족발달이론은 개인의 발달단계와 함께 가족의 발달단계에 초점을 둔다. 가족 발달상 특정 단계에서 다음 단계로의 전이(transitions)는 대개 개인 발달상의 변화와 밀접한 관련이 있다. 예를 들어 신혼부부 가족, 유아가 있는 가족, 청소년 자녀를 둔 가족, 성인 자녀를 둔 가족은 각기 다른 발달단계에 있으며, 단계마다 달성해야 할 과업들은 각기 다르다.

둘째, 발달단계마다 수행해야 할 과업이 있다. 발달과업은 규범적 기대에 근거하여 정의되며, 단계마다 다음 단계의 발달을 위하여 수행해야 할 과업이 있다. 특정 단계의 발달과업을 수행하지 못했다고 해서 반드시 다음 단계로 이행할 수 없는 것은 아니지만, 다음 단계에서 가족이 최적의 기능을 수행하는 데 지장이 있을 수 있다. 예를 들어, 자녀양육에 지나치게 몰두한 나머지 부부관계에 소홀했던 부모들은 자녀가 독립한 후에 부부관계상 어려움에 직면할 수 있다.

셋째, 발달은 상호호혜적이다. 가족 구성원 개인의 발달은 가족 전체의 발달뿐만 아니라 다른 가족 구성원들에게도 영향을 주기 때문에 상호 호혜적이다.

넷째, 가족은 다양한 맥락에서 연구되어야 한다. 가족발달이론은 가족생활을 사회, 가족, 개인 등 다양한 맥락에서 고려한다. 사회적 맥락은 가족 내에서 일어나는 가족 현상과 가족 구성원 개인의 발달에 영향을 준다.

다섯째, 가족은 시간의 흐름에 따라 연구되어야 한다. 가족발달이론의 핵심은 가족이 정체되어 있지 않고, 시간의 흐름에 따라 역동적으로 변화한다는 것이다. 즉, '시간에 따른 변화'가 가족발달이론의 초점이다. 가족이 언제, 어떠한 방식으로 변화하며, 각기 다른 시점에서 어떠한 과업을 성취하며, 왜 변화하는지에 관한 의문은 시간의 흐름에 따라서 가족을 연구할 때 효과적이다.

제4절 가족생활주기

1 가족생활주기의 개념

가족은 결혼, 자녀의 출산과 양육, 자녀의 결혼 및 독립, 배우자와 본인의 사망 등 끊임없는 변화를 겪는다. 가족생활주기(family life cycle)란 결혼하여 가족을 함께 구성하는 사람들과의 생활주기를 의미한다. 개인의 인생주기도 시간의 흐름에 따라 변화하듯이 가족생활주기도 체계적인 변화 과정을 거친다. 가족생활주기에 따라 가족생활의 내용, 가족의 기능, 부부관계, 부모-자녀 관계, 형제-자매 관계와 같은 가족 구성원 간의 상호작용, 가족의 역할 등도 체계적으로 발달한다. 가족생활주기의 변화추세를 파악함으로써 결혼관과 생활양식의 변화, 문제점 등을 살펴보고자 한다.

2 가족생활주기의 단계

1) 듀발의 가족생활주기

가족생활주기는 1930년대 미국 농촌사회학자들에 의해서 제안된 개념이며, 그 후 많은 학자가 결혼 후 첫 자녀의 나이와 부모 나이 등의 기준에 따라 가족생활주기의 단계를 구분하였다. 여기서는 듀발의 가족생활주기 단계와 공세권이 제안한 우리나라 가족생활주기 단계(김명자 외, 2010, 재인용), 그리고 최근 가족생활주기의 변화 양상을 살펴보고자 한다(허혜경 외, 2013).

듀발(Duvall, 1985)은 첫 자녀의 나이와 학년을 기초로 8단계의 가족생활주기를 구분하였으며, 단계별 발달과업을 다음과 같이 제시하였다.

표 2-2 가족생활주기와 가족의 발달과업

단계	지위와 역할	발달과업
1. 부부만의 시기	아내 남편	• 서로 만족하는 결혼생활 • 임신과 부모됨의 적응 • 가족관계망에 조화시키기
2. 자녀출산 및 영아기	아내-어머니 남편-아버지 영아기의 자녀	• 자녀출산과 영아기 자녀에 적응하며, 영아의 발달을 지원 • 부모와 영아 모두를 위한 만족스러운 가족관계 형성
3. 미취학 아동기	아내-어머니 남편-아버지 딸-자매 / 아들-형제	• 성장을 자극, 촉진하기 위해 취학 전 아동의 욕구와 관심에 적응 • 부모는 부모 역할수행에 따른 에너지 소모와 사생활 부족에 적응하기
4. 학령기	아내-어머니 남편-아버지 딸-자매 / 아들-형제	• 학령기 아동을 위한 건설적인 가족공동체 형성 • 아동의 교육적 성취를 장려하기 • 지역사회에 조화시키기
5. 청소년기	아내-어머니 남편-아버지 딸-자매 / 아들-형제	• 성숙한 청소년으로서의 책임감과 부모로부터의 독립심의 균형 유지 • 청소년 자녀의 비행 다루기 • 성숙한 부모로서의 자질과 능력을 갖춤
6. 진수기	아내-어머니-할머니 남편-아버지-할아버지 딸-자매-숙모 아들-형제-삼촌	• 취직, 입대, 대학입학, 결혼 등 자녀의 발달과업에 직면하여 성인기로 자녀를 진수시키기 • 지지기반으로서의 가족 기능을 유지
7. 중년기	아내-어머니-할머니 남편-아버지-할아버지	• 부부관계에 다시 초점을 맞춤 • 신·구세대 간의 가족 유대감을 유지
8. 노년기	미망인이나 홀아비 아내-어머니-할머니 남편-아버지-할아버지	• 은퇴 적응하기 • 사망이나 독신 생활에 대처하기 • 가족 해체나 가족의 종말에 적응

※출처: Duvall & Miller(1985). Marriage and Family Development(6th ed.). p. 62.

(1) 1단계: 형성기: 구애와 결혼: 부부만의 시기

1단계는 부부가 가정을 형성하는 데 중점을 두기 때문에 형성기라고도 불린다. 결혼 초기의 과업들은 미래의 자녀에게 적합한 가정을 형성하는 데 초점을 두고 있다. 이러한 발달과업에는 가족계획, 임신에 관련된 합의, 육아문제에 관한 결정, 부모기에 관련된 지식습득, 자녀를 고려한 가정환경 조성들이 포함된다. 오늘날의 부부들은 '최적의' 임신 시기를 선택하는 일과 함께 '최적의' 시기를 결정하고 이에 대해 서로 합의하는 책임이 수반되어야 한다.

(2) 2단계: 자녀출산 및 영아기: 자녀 출산기 가족: 영유아기 자녀를 둔 가족

자녀의 출산과 함께 가족 구성원은 새로운 과업들에 직면하게 된다. 이 단계에서 신혼부부는 '아버지'와 '어머니'라는 새로운 부모역할을 수행해야 하고, 자녀양육 방식에 대해 서로 협의해야 하며, 가사분담 등을 재조정해야 한다.

자녀는 의식주부터 양육, 교육, 의료보호까지 부모에게 전적으로 의존하는 존재이다. 부모는 자녀의 인지적, 정서적 욕구를 충족시켜줄 책임과 의무가 있으며, 이 모든 일에는 재정적으로 추가 부담이 더해진다. 이 시기 양육 및 재정적 스트레스는 부부관계를 손상할 수도 있으므로 부부간의 굳건한 유대감을 유지하기 위해서는 효과적인 의사소통 전략이 필요하다.

(3) 3단계: 미취학 아동기: 학령 전 자녀를 둔 가족

한 자녀 이상을 둔 가족에게 첫 자녀의 출생 후 몇 년 안에 다음 자녀가 태어나는 것은 흔한 일이다. 두 명 이상의 자녀를 둔 가족의 경우, 부모는 자녀의 신체적 욕구를 충족시켜줘야 할 뿐만 아니라 정서적, 인지적 양육에 많은 관심을 기울여야 한다.

학령 전 자녀를 둔 가족은 자녀의 수가 증가할수록 물리적 공간과 재정적 요구가 추가되는 문제를 겪게 된다. 이 시기 부부는 그들 자신의 발달 욕구를 충족시키거나 성장하는 일은 더욱 어려워진다. 이 시기에는 아동의 욕구에도 관심을 기울여서 부모역할 수행에 전력을 기울일 뿐만 아니라 부부관계에도 소홀하지 않도록 노력하는 것이 중요하다.

(4) 4단계: 학동기: 학동기 자녀를 둔 가족

학교는 아동이 가정 이후로 접하게 되는 최초의 공적 사회 체계이다. 부모는 자녀에 대한 권위의 일부를 학교로 이양함으로써, 학교는 가족 구성원에게 큰 영향을 미치는 외부 사회 체계로 확장된다.

학동기 자녀의 주요 과업은 새로운 외부활동을 다각적으로 시도해 보는 것이다. 부모는 자녀에게 스포츠, 음악, 종교나 사회활동과 같은 교외활동을 할 수 있도록 지원해야 하며, 교사나 또래집단 학부모와의 관계를 발전시켜야 한다. 부모는 자녀가 가사를 돕고, 책임감 있는 행동을 하며, 나이에 적합한 활동, 학업성취 등을 이룰 수 있도록 돕는다. 부모는 각 아동의 발달단계에 맞추어 TV 시청지도를 하거나 책임감 있는 행동에 관한 교육, 외출지도 등을 적절하게 실시할 수 있다.

(5) 5단계: 청소년기: 10대 청소년 자녀를 둔 가족

이 단계에서는 청소년기 자녀의 개인적 발달이 전반적인 가족발달에 영향을 준다. 사춘기는 신체적, 인지적, 심리적 변화가 급격하게 이루어지는 시기이다. 이 시기 청소년인 자녀가 가족과 분리하여 자신의 정체성을 획득해야 한다(정체성 획득). 만약 이 시기에 청소년 자녀가 정체성을 확립하지 못하면 명확한 자아개념이 부재상태에 빠지게 되며(역할혼돈), 이때 부모들은 간혹 갈등이 생기더라도 자녀가 독립적으로 정체성을 획득하도록 적극적으로 지원하여야 한다.

듀발에 의하면 부모와 청소년 자녀 간의 개방적 의사소통은 서로 이해하고 세대간의 격차를 좁힐 수 있도록 도와준다고 주장한다. 이 시기 청소년 자녀가 더 많은 자율성을 요구하며, 신체적, 정서적으로 더욱 넓은 공간과 많은 활동이 이루어진다. 부모들도 자녀의 장래를 위하여 경제적으로 큰 비용이 소요되는 시기이다. 그러므로 청소년 자녀를 둔 가족은 협조적이고 공생적인 상호작용 방식으로 과업을 성취하여야 할 것이다.

(6) 6단계: 자녀진수기: 청년기 자녀를 둔 가족

진수기(launching stage)에 이르면, 자녀가 성장하고 독립함에 따라 가족의 크기가 감소하기 시작한다. 진수기는 첫 자녀가 독립하는 시점에서부터 막내 자녀가 독립할 때까지이며, 자녀 수가 많거나 터울이 크면 진수기는 장기화한다.

가족 구성원 중 한 사람이 가족을 떠날 때마다 가족은 새롭게 적응해야 하며, 이러한 적응과정에서 남은 구성원들간에 역할들의 새 조정과 재정적 자원의 재할당이 이루어진다. 자녀의 진수기에 가족 구성원 간의 의사소통 방식도 변화한다. 식탁에서의 일상적 대화는 일주일에 한두 번 정도의 전화통화로 대체되기도 한다. 만약 이전 단계에서 부모와 자녀 간에 효과적인 의사소통 패턴을 형성했다면, 진수기의 자녀가 변화와 함께 부모의 지원을 자연스럽게 받아들일 것이다.

자녀를 진수함과 동시에 가족의 범위는 다시 확장되는데, 이 시기에 지지적인 가정기반을 형성하며 변화에 적절히 적응하는 것이 중요하다.

(7) 7단계: 중년기: 중년기 가족

중년기는 자녀가 모두 독립하고 부부가 은퇴하기 전까지의 시기이다. 중년기 가족이 수행해야 할 과업 중 하나는 은퇴에 앞서 안정된 노후를 준비하는 것이다. 또한, 부부들은 상대적으로 분주한 부모역할을 하지 않아도 되기 때문에 부모역할과 가사부담을 재조정할 필요가 있다.

(8) 8단계: 노년기: 노년기 가족

마지막 단계인 노년기 가족은 한 배우자의 은퇴, 배우자의 사별 과정을 거쳐 남은 배우자가 모두 사망하면 가족생활주기가 종결된다(Duvall, 1977). 노년기의 주요 과업은 은퇴하면서 수반되는 수입의 감소 등 은퇴상황에 대해 적응하는 것이다. 노년기로의 전이는 가족생활 양식이나 가사활동의 변화를 요구한다.

노인들은 자녀의 성인기에도 자신의 노부모와 함께 그들의 자녀뿐만 아니라 손자녀까지 돌봐야 하는 일도 있다. 고령화 사회에서 흔한 '샌드위치 세대'는 위·아래 세대에 대하여 동시에 여러 가지 책임을 지게 되어 많은 어려움과 스트레스 상황에 직면하기도 한다. 아울러, 노부부들은 나이가 들수록 가족과 친구의 죽음을 자주 경험하게 된다. 이처럼 주변 사람들과 사별하면서 노부부는 자신이나 배우자의 죽음에 대비하게 되고, 가족생활주기는 마지막 남은 배우자가 사망하면서 종결된다.

2) 우리나라의 가족생활주기

공세권 등(1993)은 1985년도 인구센서스 자료를 근거로 하여 가족생활주기의 범위를 결혼부터 남편 사망 시점까지로 하고 자녀 출산, 자녀 결혼 등을 고려하여 다음과 같은 6단계의 가족생활주기로 구분하였다.

- 형성기: 부부가 결혼하여 첫 자녀를 출산할 때까지
- 확대기: 첫 자녀 출산부터 막내 자녀 출산까지
- 확대완료기: 막내 자녀 출산부터 자녀 결혼 시기까지
- 축소기: 자녀 결혼 시작부터 자녀 결혼 완료까지
- 축소완료기: 자녀 결혼 완료부터 남편 사망까지
- 해체기: 남편 사망부터 본인 사망까지

공세권 등의 가족생활주기는 5단계와 6단계를 구분함으로 특히 노년기 여성의 단계별 연구에 효과적이다. 축소완료기는 다시 자녀의 결혼이 시작되고 남편의 은퇴가 시작되는 초로(初老)부부기와 배우자의 사망 시점까지의 축소완료기로 나눌 수 있다. 그러나 막내 자녀 출생부터 자녀 결혼 시기까지를 단일한 확대완료기 단계로 범주화하였으나, 성장기 자녀의 나이 변화에 따른 발달과 자녀양육 등을 고려한다면 확대완료기의 하위 단계가 필요하다.

3 가족생활주기의 변화

최근 우리나라는 초혼나이의 상승, 출산율 저하, 평균수명 연장 등의 요인으로 가족생활주기가 변화하고 있다. 가족생활주기의 변화 양상을 정리하면 다음과 같다.

첫째, 평균수명이 연장됨에 따라 가족생활주기의 전 기간이 점점 길어지고 있다.

둘째, 고등교육기회의 확장과 초혼나이의 상승으로 가족생활주기 이전의 기간이 장기

화되고 있다. 우리나라는 1996년 이후 20대 후반 남성과 20대 초반 여성의 혼인건수가 점차 감소하고 있지만, 30대 이상 혼인건수는 지속적으로 증가하고 있다. 궁극적으로 청년기가 점점 장기화되고 가족생활주기의 진입이 늦어져 가족생활주기 이전의 기간이 장기화되고 있다.

셋째, 결혼에서 자녀출산까지의 가족형성기 및 확대기는 초혼나이의 상승과 출산율 감소 때문에 상당히 단축되고 있다.

넷째, 자녀양육 및 자녀교육기에 해당하는 확대완료기가 장기화되고 있다. 자녀의 교육기간이 길어지고, 과거보다 초혼나이가 늦어짐에 따라 확대완료기가 점차 길어지고 있다.

다섯째, 출생률 저하 때문에 자녀 수의 감소로 자녀출산 기간 및 첫 자녀 결혼부터 막내 자녀 결혼까지의 확대완료기는 극적으로 단기화되고 있다.

여섯째, 자녀의 결혼과 남편의 은퇴가 시작되는 초로(初老)부부기가 장기화되고 있다. 자녀양육 및 교육 기간인 확대완료기는 길어졌으나, 자녀 수의 감소와 평균수명의 연장으로 막내 자녀의 결혼 이후에 부부가 함께 보내는 기간이 길어지고 있다.

일곱째, 초로부부기를 거쳐 배우자가 사망하고 본인의 사망에 이르는 축소완료기 및 해체기는 과거보다 10년 이상 길어지고 있다. 가족생활주기의 변화 양상을 간단히 정리하여 나타내면 다음 〈표 2-3〉과 같다.

표 2-3 가족생활주기의 변화 양상

가족주기 이전	형성기	확대기	확대완료기	축소완료기	해체기
장기화	단축	단축	장기화	장기화	장기화

가족생활주기를 통해 점차 장기화되고 있는 자녀양육 및 교육 기간인 확대완료기 동안의 부모역할의 중요성이 주목되고 있다. 또한, 노년 부부기가 길어짐에 따라 축소완료기 및 해체기의 새로운 과업인 여가의 활용, 바람직한 노부부관계 형성 및 조부모상의 재정립 등이 요구된다. 현재의 가족생활주기는 주로 자녀의 발달에 따른 단계 구분으로 이루어져 있지만 최근 증가하고 있는 재혼가정이나 무자녀가족을 위한 가족생활주기의 체계적인 연구 역시 필요하다.

읽을거리

이외수의 마흔 이후 남자의 생존법

준비하는 습관이 필요하다

나이가 들수록 꼭 필요한 습관 중 하나가 준비라고 생각한다. 퇴직을 앞둔 남성들이라면 퇴직 후 어떻게 살 것인지를 고민하기 마련이다. (중략)

행복한 노후를 위해 퇴직 전 준비해야 할 것으로 경제적인 부분만 있는 것은 아니다. 더 중요한 것은 퇴직 이후 어떤 생활을 하게 될 것인지에 대한 준비이다. 그동안 직장생활을 해왔던 것처럼 또 다른 직장을 찾을 것인지 아니면 자신의 적성과 취미를 통해 새로운 일을 하고 싶은지에 대한 분명한 목표설정이 필요하다. 자원봉사와 나눔을 통해 더 행복한 인생을 살고 싶다면 자신이 봉사하고 싶은 분야에 대한 준비가 필요하다. 이 모든 것과 더불어 가족들과 함께 보낼 준비도 해야 한다.

퇴직 이후 갑자기 시작된 아버지의 잔소리와 간섭은 가족들을 좌불안석하게 할 수 있다. (중략)

가족들과 함께 시간을 보내고 좋은 추억을 만드는 데 있어 서로에게 익숙해지는 게 필요하다. 작은 관심을 표현하며 서로 마음이 오가는 대화가 이루어질 수 있도록 하는 데도 노력이 필요하다.

퇴직 이후 남자들의 인생은 미리 준비돼야 한다. 가족을 위해 수고한 삶이 평안한 노후를 보장하지 않는다. 지금부터 우리의 미래를 준비할 때, 퇴직의 순간을 삶의 한 과정으로 자연스럽게 받아들일 수 있다. 퇴직 이후의 인생은 그때 가서 서둘러 처리할 일이 아니다. 청년기를 통해 중년기를 살아왔듯이, 중년의 끝자락에 노년을 위한 준비와 노력이 더욱 절실히 필요하다. 그러려면 자신에 대한 이해를 넓히고 자신의 꿈을 명확하게 정리할 필요가 있다. 앞으로 어떻게 살아갈 것인지에 대해 가족들이 공감할 수 있도록 생각을 나누는 일도 매우 중요하다. 준비하는 만큼 미래는 두렵지 않게 되며, 미래를 준비하는 동안에도 인생을 즐길 수 있다. 올 한 해 동안 나의 미래를 위해 무엇을 준비할 것인지 스스로 목표를 정해보자. 때로 힘들고 어렵더라도 준비된 오늘이 가져다줄 미래의 행복을 상상한다면 기꺼이 수고를 감당할 수 있으리라. 지금 나의 수고와 인내는 고통이 아니라 미래를 위한 행복충전이기 때문이다.

※출처: 문화일보. (2016. 1. 6).

활동자료 Duvall의 가족생활주기에 따라 자신의 인생 설계하기

가족생활주기에 따라 미래 자신의 인생, 적응과제 및 과업 등을 자유롭게 설계해본다.

가족생활주기	나이	심리적, 신체적, 정신적, 경제적 과업 등
신혼기		
출산 및 유아 양육기		
학령 전기의 자녀 양육기		
학령기 자녀 양육기		
청소년기 자녀 양육기		
자녀 독립기		
중년기		
노년기		

활동자료 Erikson의 발달단계에 따라 인간관계 작성해보기

발달단계에 따라 그 시기를 회상하면서 인간관계에 대해 자유롭게 써본다. 어떤 일과 관련된 인간관계를 써도 된다. 과거의 인간관계가 기억이 나지 않으면 부모나 주변 사람에게 들어서 아는 것을 쓰고, 미래의 인간관계에 대해서는 자신의 희망하는 것을 예상하여 써본다.

발달단계	
신뢰감 대 불신감	
자율성 대 수치심	
주도성 대 죄책감	
근면성 대 열등감	
정체감 대 역할 혼돈	
친밀감 대 고립감	
생산성 대 침체성	
자아통합 대 절망감	

PART 02

가족의 탄생과 확대

CHAPTER

03

성 그리고 사랑

가족을 이루는 출발은 우리가 누군가를 만나 교제하고 친밀한 관계를 형성하는 것에서 시작된다. 두 사람이 만나 친밀한 관계를 맺으며 사랑하고, 나아가 결혼이라는 제도를 통하여 가족이라는 관계가 시작된다.

오늘날 우리 사회에서 사랑은 결혼의 중요 동기이자 목적으로, 그리고 성은 사랑을 표현하고 공유하는 행동양식으로 받아들여진다(정현숙 · 유계숙, 2007). 따라서 사랑과 성은 친밀한 관계를 발전시키는 원동력이자 결혼과 가족제도의 첫걸음이 되므로 올바른 이해와 지식이 필요하다.

제1절 성

인간의 성은 생식과 본능의 생물학적 차원을 넘어 사회 · 문화적 결과물이다. 인간의 성은 신체적, 사회적, 심리적 등 다차원으로 구성되어 있으며, 인간의 성 특성은 개인이 속한 사회의 제도, 관습 및 문화의 영향을 받아 형성된다. 개인에게 내재한 성에 대한 이해와 태도는 사회의 성의식에 영향을 미쳐 성에 대한 사회적 제도나 규범을 형성하게 된다. 이러한 순환적인 과정을 통해 개인의 성과 사회의 성은 상호작용하면서 변천하게 된다(이정우 외, 2001).

현대사회에서는 민주적이고 양성평등한 가치관이 확산됨에 따라 개인의 인격을 존중하고 남녀가 평등한 인간으로서 성에 대해 이해하고 행동하려는 노력이 더해지고 있다. 따라서 남녀 모두 건강한 성에 대한 가치관을 갖추고 건전한 성행동을 하기 위해서는 성에 대한 올바른 이해가 선행되어야 한다.

1 성(性)에 대한 물음

성과 관련된 개념들은 섹스(sex), 젠더(gender) 및 섹슈얼리티(sexuality)가 있다. 섹스(sex)는 일반적으로 성적인 행동, 성관계를 의미하기도 하나, 생물학적 남녀 구분을 의미하는 복합적인 개념이다. 인간의 성(sex) 구분은 생물학적 및 유전인자의 구성(성염색체

XY 혹은 XX), 성호르몬 분비(안드로겐과 에스트로겐), 생식선(고환과 난소), 그리고 외부적인 생식조직(음경과 음핵) 등으로 분류된다(유영주 외, 2000).

젠더(gender)는 사회 · 문화적 및 심리적인 개념으로 남성성(masculinity) 혹은 여성성(feminity)의 상태를 의미하며, 사람이 태어난 후 사회 · 문화적 환경에 의해 학습된 후천적인 성을 뜻한다. 따라서 젠더는 사회 변화에 따라 그 시대에 적합한 여성 · 남성으로 구분되는 젠더의 개념이 재정리되어야 한다.

섹슈얼리티(sexuality)는 개인의 성격, 감정, 행동뿐만 아니라 성적인 존재 및 성별 등을 나타내주는 포괄적인 의미로 사용되는 개념이다(허혜경, 박인숙, 2015).

그 밖에 성적 자아(sexual self)나 성 정체성(sexual identity)은 개인이 한 인간으로서 성적인 자기됨을 의미하는 용어로서, 자신의 성행동을 유발하는 개인적인 자질 · 자아인식 · 태도 · 가치 및 취향의 복합체를 의미한다. 또한, 개인의 사회화 과정이나 교육, 경험 등을 통하여 성에 대한 태도와 행동이 문화적으로 프로그램화된 일련의 기대인 성각본(sexual script)을 갖게 된다(유영주 외, 2000).

2 사회학적 성

1) 성역할

성역할이란 일반적으로 남성과 여성이 취할 적절한 행동에 관한 문화적으로 정의된 기대이다. 다시 말해 성역할은 여성과 남성이 어떻게 생각해야 하고, 행동해야 하며, 느껴야 하는지를 포괄하는 일련의 기대이다(허혜경, 박인숙, 2015). 예를 들어, 과거에는 여성이 주로 자녀를 양육하고, 가족의 식사를 준비하며, 그 밖의 가사 일을 전담하기를 기대하는 반면, 남성은 가계를 부양하고, 가사 일 보다는 집 밖의 일에 관여하도록 기대되었다. 하지만 최근에는 남녀 모두에게 가계 부양자 역할이나 가사 일을 공유하는 태도가 기대된다.

성역할에는 생식과 같은 생물학적인 요소와 심리적 · 사회적 요소가 모두 포함된다. 사회적 수준에서의 성역할은 남녀에게 바람직한 것으로 규정되는 역할에 대한 일련의 신념 체계, 즉 성역할 규범으로 나타난다고 보며, 이는 사회 구성원을 성별에 따라 사회화시키는 근거가 될 뿐만 아니라 각종 사회제도를 만드는 근거가 되기도 한다.

한편, 심리적 수준에서의 성역할은 사회화 과정을 거친 개인의 성역할 규범을 내면화시킨 정도, 즉 성역할 정체성이나 성역할 태도로 나타난다. 사회 구성원의 성역할 성향은 다시 성역할 규범을 정하는 근거가 되므로 이 두 수준의 관계는 선형적이라기보다는 상호적인 관계이다(임정빈, 정혜정, 1997; 홍숙자, 2000 재인용).

성과 성역할에 관련된 개념을 성 정체성, 성 고정관념, 성역할을 중심으로 정리하면 다음과 같다〈표 3-1〉.

표 3-1 성과 성역할에 관련된 개념들

용 어	개 념
성 정체성 (gender identity)	자신을 남성 또는 여성으로 여기는 개인의 성에 대한 자각
성 고정관념 (gender stereotypes)	남성과 여성의 능력, 인성 특성, 그리고 사회적 행동에 관한 신념 (종종 부정확한 것으로서 일반에게 널리 알려져 있음)
성역할 (gender roles)	남성과 여성이 취할 행동에 관한 문화적으로 정의된 기대

※출처: Lloyd, M. A. & Weiten, W.,(1997). Psychology applied to modern life(5th ed.), 유영주 외(2000) 재인용.

2) 성역할 이론

한 개인이 자신의 성역할을 이해하고 설명하는 대표적 이론으로 동일시이론(정신분석이론), 사회학습이론, 그리고 인지발달이론을 들 수 있다. 세 이론 모두 다 성인기 이전의 사회적 경험을 중요시하는 공통점이 있다. 동일시이론과 사회학습이론은 성역할 사회화에서 어렸을 때의 사회적 및 환경적 요소를 중요하게 여기지만, 인지발달이론은 아동의 주체적 인지능력을 중시하는 견해이다.

(1) 동일시이론(정신분석이론)

아동은 동성 부모의 행동이나 태도를 보고 동일시한다. 정신분석학자인 프로이트(Freud)는 아동은 두려움에서 벗어나려고 동성의 부모를 동일시한다고 주장한다. 여기서 동일시란 아동이 동성 부모의 성격, 가치 등 복잡한 형태의 태도, 감정, 그리고 성역할을 구성하는 행동기준을 획득하는 행위를 의미한다.

프로이트의 성격발달이론에 의하면, 심리성적발달단계 중 남근기에서 겪는 남녀의 서로 다른 경험이 남성과 여성의 근원적 차이를 빚어낸다고 한다. 부모를 향한 동일시는 4세경 남아에게는 오이디푸스 콤플렉스(Oedipus Complex), 여아에게는 엘렉트라 콤플렉스(Electra Complex)를 경험하며 진행된다. 소년은 자신이 음경을 가지고 있지만, 어머니에게는 없다는 것을 알게 됨으로써 어머니에 대한 성적인 느낌에 눈뜨게 된다. 그러나 소년은 무의식적으로 아버지가 어머니에 대한 자신의 애정을 알게 되면 자신을 거세할 것으로 생각하여 갈등을 느낀다. 남아는 거세불안(castration anxiety)을 감소시키기 위하여, 즉 오이디푸스 콤플렉스에 의해 야기되는 불안과 갈등을 해결하기 위하여 방어적으로 아버지와 동일시(identification)하게 된다. 남아는 아버지와 동일시를 통해 아버지처럼 행동함으로써 자신에게 적합한 성역할을 획득하게 된다.

한편, 여아는 4세경에 엘렉트라 콤플렉스를 경험하게 되는데, 여아 자신은 음경이 없다는 것을 알게 되면서 이것은 어머니 때문이라고 생각한다. 이를 보복하기 위하여 아버지에게 집중하고 아버지의 사랑을 얻기 위해 자신은 어머니처럼 행동해야 한다고 믿고, 어머니를 동일시하면서 성역할 동일시가 이루어진다(이경우 외, 2001; 허혜경, 박인숙, 2015).

동일시 이론에 의하면, 성역할의 학습은 인생 초기에 무의식적이고 내적인 동기에서 일어나므로 특별한 강화 없이도 유지되며, 평생 비교적 안정적이라고 가정한다. 동일시 과정은 동성 부모와의 '강한 정서적 결합'에 의해 이루어지며, 동성 부모의 행동을 모방하기 때문에 부모-자녀간의 성역할 행동 특성은 유사할 것으로 본다.

읽을거리

오이디푸스 콤플렉스, 엘렉트라 콤플렉스

◆ **오이디푸스 콤플렉스(Oedipus complex)**

남아가 아버지를 증오하고 어머니에 대해서 품는 무의식적인 성적 애착을 의미한다. 명칭은 그리스신화의 오이디푸스 왕의 이름에서 유래한 것으로, 오이디푸스는 테베의 왕 라이오스와 이오카스테(에피카스테)의 아들인데, 숙명적으로 아버지를 살해하고 스핑크스의 수수께끼를 풀어 테베의 왕이 되었다. 어머니인 줄 모르고 결혼한 그들은 그 사실을 알자 이오카스테는 자살하고 오이디푸스는 자기 눈을 뺀다.

◆ **엘렉트라 콤플렉스(Electra complex)**

딸이 아버지에게 애정을 품고 어머니를 경쟁자로 인식하여 반감을 갖는 경향을 가리키는 정신분석학 용어로 그 명칭은 그리스신화에서 아가멤논의 딸 엘렉트라가 보여 준 아버지에 대한 집념과 어머니에 대한 증오에서 유래하였다. 미케네 왕 아가멤논은 10년 동안 트로이전쟁을 마치고 귀국한 날 밤에 아내인 클리템네스트라와 간부(姦夫) 아이기스토스에게 살해당하였다. 엘렉트라는 동생인 오레스테스와 힘을 합쳐 어머니와 간부를 죽이고 복수하였다.

※출처: 네이버 백과사전

(2) 사회학습이론

성역할과 관련된 행동은 내적 동기보다는 외적·환경적인 힘의 영향을 받는다고 본다. 사회학습이론에서는 아동이 성역할을 획득하면서 아동의 행동에 대한 환경의 강화(보상과 처벌)를 중요한 요인으로 보고 있다.

미쉘(Mischel, 1970)은 직접학습(보상, 벌)과 관찰학습(모방, 대리학습)으로 아동의 성역할이 발달한다고 주장하였다. 아동이 성역할과 관련된 행동을 할 때 부모, 교사, 또는 친구 등과 같은 의미 있는 타인이 강화함으로써 성역할의 직접학습이 이루어진다. 즉, 아동은 자신의 성에 적합한 행동을 했을 때 보상을 받지만, 부적합한 행동을 했을 때는 처벌을 받게 되어 성장하면서 자신의 성에 적합한 행동을 학습하게 된다. 예를 들어, 여아가 장난감 총을 가지고 놀면 부모는 '여자답지 못하다'고 꾸중하고, 얌전하게 행동했을 때는 '여자답다'고 칭찬함으로써, 여아는 칭찬받은 대로 행동하며 자신의 성역할을 배운다. 이러한 직접학습을 통해 여아는 얌전하고, 협동적이며, 인형이나 소꿉놀이 장난감을 가지고 놀도록 장려되고, 남아는 경쟁적이고, 단호하고, 자동차나 총과 같은 장난감을 가지고 놀도록 장려된다. 또한, 아동은 관찰학습을 통해 많은 성역할 행동을 습득하게 된다. 아동은 부모나 친구 또는 다양한 매체를 통해서 자기 성에 적합한 행동을 학습하고, 이러한 행동유형은 환경적 강화를 통해 내면화된다.

(2) 인지발달이론

동일시이론이나 사회학습이론에서는 성역할을 습득하는 과정이 무의식적이고 수동적이라고 주장하고 있으며, 인생 초기에 형성되기 때문에 습득된 성역할은 일생동안 비교적 안정적으로 유지된다고 주장한다. 그러나 콜버그(Kohlberg)는 아동이 성역할을 습득해 나가는 과정은 매우 자생적이며 적극적이고 능동적이라고 주장한다. 이 과정은 인지발달과정과 밀접한 관련이 있어서 형식적 조작사고(formal operational thinking) 능력이 발달하는 청소년 전기 이후에는 성역할에 대한 가치관이나 신념이 변할 수 있다고 보았다. 즉, 개인은 인지발달에 따라 자신이 속한 사회 환경 속에서 적극적으로 정보를 탐색하여 자신의 성을 지각한다.

또한, 관찰학습을 통하여 타인의 행동을 선별하여 자신의 성에 적합한 행동이나 태도, 역할 등을 내면화하여 습득하거나 때로는 변형시키기도 한다. 따라서 성역할을 학습하는 데는 TV, 신문, 영화와 같은 미디어, 부모, 친구, 교사 등 다양한 문화적 경험과의 상호작용이 큰 영향을 미친다.

콜버그는 아동이 자신의 성을 인식함으로써 성역할 발달이 이루어지는데, 이러한 자신의 성에 대한 인지를 사회적 강화가 바꾸어 놓지는 못한다고 주장한다. 아동은 자신의 인지능력 발달에 따라 성역할을 학습하고, 자신의 성이 영구적임을 인식하고 나면 자신의 성에 적합한 행동을 하려고 한다. 즉, '나는 여자다'라는 인식이 먼저이고, 그 다음에 '그러므로 여성에게 적합한 행동을 한다.'는 것이다(정옥분, 1998). 즉, 아동은 자신이 인지한 성 개념에 따라 자신에게 적합한 행동을 관찰하고 자신의 성과 같은 또래집단에 합류하여 적절한 행동을 하며, 그 집단 속에서 성역할을 발달시키게 된다.

3) 성역할 발달에 영향을 미치는 요인들

성역할 발달에 영향을 미치는 요인 중 대표적인 것으로 가족, 학교, 또래, 대중매체 등을 들 수 있다.

첫 번째는 가족이며, 부모는 아동의 성역할 사회화의 첫 번째 담당자이다. 부모가 가지고 있는 성의식과 태도는 자녀가 태어나는 순간부터 청소년기까지 중요한 영향력을 행사한다. 특히 자녀양육 시에 아들과 딸의 성별에 따라 성역할을 강요하는 부모의 행동은 자녀에게 성역할 고정관념을 갖게 한다.

형제의 수, 출생순위, 형제관계 또한 성역할 발달에 영향을 미친다. 형제간에 모방이나 동일시가 일어날 수 있으며, 성역할 발달을 촉진한다.

두 번째로 학교를 들 수 있는데, 학교에서의 교과과정, 학교 조직, 교사 등이 성역할 발달의 매개요인이 된다. 그러나 교과과정에서의 성차별, 학교 행정과 운영은 대개 남성이 담당하고 있다거나 진로지도 시에 전통적인 성역할 고정관념 등이 남아 있어 학생들의 성역할 발달에 반영되기도 한다.

또래는 성역할 발달에 많은 영향을 미친다. 또래들이 사용하는 언어, 표현적인 역할 등은 개인의 성역할 발달의 기준이 되기도 한다.

마지막으로 대중매체를 들 수 있는데, TV, 잡지, 인터넷 등을 통해 성역할 모델링이나 동일시 대상이 정해지기도 하므로 그 영향력이 커지고 있다. 그러나 아직도 TV 프로그램 등에서는 전통적인 성역할을 많이 묘사하고 있으며, 건강하고 평등한 성역할을 수행하는 모델을 제시하는 것에는 소홀하다. 그러므로 대중매체를 통해 제시되는 성역할에 대한 검토가 필요하다.

읽을거리

왜곡된 성역할의 예 – 일곱 가지 남성 콤플렉스

콤플렉스(Complex)란 관념복합체 혹은 '마음 속의 응어리, 억압된 의식 아래 잠재해 있는 관념'으로 정의할 수 있으며 사고의 흐름을 방해하고 당황하게 하거나 화를 내게 하거나 마음을 찔러 목매게 하는 어떤 것이다. 대개 약점에 대해 흔히 열등의식으로 생각하기도 하지만, 열등감으로 생기는 불쾌한 감정뿐만 아니라 우열감과 희로애락과 같은 다양한 감정도 포함한다.
우리나라 남성들이 가지고 있는 남성 콤플렉스는 사내대장부 콤플렉스, 온달 콤플렉스, 만능인 콤플렉스, 외모 콤플렉스, 성 콤플렉스, 지적 콤플렉스, 장남 콤플렉스 등 7가지로 나누어 볼 수 있다.

◆ 사내대장부 콤플렉스
남자는 대범함 · 강직함 · 신중함 · 과묵함 등 남자다움으로 무장해야 한다는 생각이다. 꽁생원, 졸장부, 소인배, 샌님이라는 평가보다는 남자다운 품위와 체면을 지키려고 허세를 부리거나 폭력을 휘두르며 강한 남자로 위장하기도 한다.

◆ 온달 콤플렉스
"보리쌀 서 말이면 처가살이 안 한다? 오죽 못났으면 사내가 마누라 덕을 보느냐?"고 비아냥거리지만 어려서는 외가 덕, 젊어서는 처가 덕, 늙어서는 사돈 덕을 보고 싶은 것이 남자들의 심리다. 한 가정의 가장으로 위풍당당한 모습을 보이면서도 아내의 재산이나 지혜를 바탕으로 더 높이 발돋움하려는 심리를 감추고 있는 것이다.

◆ 성 콤플렉스
변강쇠는 나의 희망, 남성의 성은 적극적 · 능동적이며 성행위에서 주도권을 잃어서는 안 된다는 것이다. 그래서 자신의 성적 능력이 그 수준에 미치지 못하거나 여성을 만족하게 하지 못하면 위축되고 갈등한다.

◆ 지적 콤플렉스
남자는 여자보다 똑똑하고 이성적이어야 한다는 생각, 이런 남자들은 여성 상사나 선배의 지시를 받으며 일하는 것을 자존심 상해 한다. 또 지적인 여자는 좋지만 자기보다 유능한 아내는 싫다고 한다.

◆ 외모 콤플렉스
잘생긴 외모가 부럽지만, 외모에 연연하는 것은 남자답지 못하다고 생각하며 열등감에 시달리는 '가슴앓이파', 외모 열등감을 미인 아내를 얻어 보상받으려는 '미인 밝힘형', 계집아이 같다는 말을 들을 정도로 외모를 가꾸는 '꽃미남형', 탄탄한 몸을 가지려고 부단히 노력하는 '스포츠 맹신형' 등 다양하게 나타난다.

◆ 장남 콤플렉스
단 한 번도 가족들에게 어려운 것을 말한 적이 없는 남자, 나를 믿고 의지하는 가족들의 기대를 꺾기 두려워하는 남자들은 주로 장남이다. 장남들은 가족들의 신뢰와 기대로 심적 부담을 느끼기도 한다.

◆ 만능인 콤플렉스
남자라면 도둑질 빼고는 모두 잘해야 한다. 가정과 직장, 술자리, 취미생활에서까지 어느 자리에서나 남들보다 돋보이는 유능한 사람이 되어야 한다는 생각이다.

4) 성역할의 변화: 양성성

시대가 변화함에 따라 현대사회의 남녀 역할이 변모하고 있는데, 전통적인 여성성 혹은 남성성보다는 다양한 상황에서 융통성 있게 대처할 수 있는 양성성이 높은 사람을 요구한다.

양성성(androgyny)이란 하나의 유기체 내에 여성적 특성과 남성적 특성이 공존한다는 것을 의미한다. 즉, 양성성은 사회의 성역할 고정관념을 이루는 것 중 바람직한 여성적 특성과 남성적 특성이 결합하여 공존하는 것으로, 성격과 행동이 독립적이면서도 부드럽고 기존의 성역할에 고정되지 않는 건강하고 적응적인 성격이 나타난다. 양성성은 상황에 따라 남성적 역할과 여성적 역할을 융통성 있게 적절히 수행할 수 있다고 인식하는 효율적인 성역할 개념이라 할 수 있다.

Sandra Bem(1944~2014)

남성성과 여성성의 전통적인 개념에 대한 대안으로 양성성을 주장한 산드라 벰(Sandra Bem)은 양성성을 갖도록 사회화하는 것이 전통적인 성역할을 갖는 것보다 훨씬 기능적이라고 주장하였다. 양성적인 사람이 한 가지 성역할에 고정된 사람보다 자존감, 자아실현, 성취동기, 결혼만족도, 도덕성 발달 및 자아수준이 높고 정신적으로 더 건강한 것으로 나타났다(홍숙자, 2000).

제2절 사랑

사랑을 구체적으로 정의하고 설명하기란 무척 어렵다. 그러나 대다수의 사람들은 사랑 때문에 결혼하고, 사랑이 주는 행복으로 삶이 풍요로워질 것이라고 기대한다. 사실 이성간의 사랑은 인간이 경험할 수 있는 가장 가치 있고 충족감을 주는 감정이며 동시에 내면의 잠재력을 발휘하게 하는 강력한 감정이다(Satir, 1988). 이처럼 사랑은 인간의 삶에서 상당히 중요한 부분이며, 좋은 관계, 특히 행복하고 바람직한 결혼을 위해서는 그 관계 속에 반드시 사랑이 있어야 한다는 데 공감할 것이다. 여기서는 사랑에 대한 물음, 사랑의 구성요소, 사랑의 유형, 사랑의 성차, 그리고 사랑의 능력에 대해 살펴보고자 한다.

1 사랑에 대한 물음

사랑의 행위와 감정은 다양한 형태로 존재한다. 이성교제를 통해 이루어지는 이성간의 사랑은 남녀를 지속적으로 만나게 하는 동기이며 궁극적으로는 결혼에 이르는 과정으로서 의미가 있다. 이 과정에서 성은 사랑의 감정을 확인하고 더욱 강화시켜 주며, 이를 유지해 주는 도구로서 표현되는 인간활동이다. 그래서 사랑은 타인, 특히 이성과의 정서적인 유대관계와 성적인 관계를 기초로 이루어지는 인간행위라고 할 수 있다.

사랑은 기쁨과 슬픔, 환희와 고통, 행복과 불행을 좌우하는 오묘한 감정상태에 빠지게 하는 강렬한 정서적 경험을 수반한다. 그러므로 사랑은 사랑에 빠진 한 사람과 또 다른 한 사람을 융합시키고 강렬한 열정으로 서로를 원하게 하는 신비한 마력을 지니고 있다. 즉, 애정의 유지 여하에 따라 상반된 감정 상태가 될 수 있으며, 사랑이 우리의 행동이나 동기에 미치는 영향은 지대하다.

프롬(Fromm)은 "사랑이란 자신의 기쁨, 흥미, 지식, 슬픔 등 자기 자신 안에 살아 있는 모든 것들의 표현을 상대방에게 주는 것은 물론 자기의 생명까지 줌으로써 상대방의 감각을 강화하고, 상대방의 생활을 풍요롭게 만듦으로써 그 속에서 자기가 살고 있음을 느끼는 것"이라고 정의한다. 나스와 맥도날드(Nass & McDonald, 1982)는 "사랑이란 자신이 믿는 것을 상대방에게 알리고 행함으로써 상대방이 성장하도록 도와주며, 공통된 목표와 꿈, 희망을 상대방과 함께하며 어려운 일에도 기꺼이 상처를 받을 수 있는 감정"이라고 정의한다. 사랑은 각 개인이 겪는 특별한 경험이므로, 이러한 정의들은 수많은 사랑의 정의 중 일부에 불과하다(김모란, 2002).

사랑이 개인마다 독특한 경험에 근거하면서도 개인이 사랑이라는 감정을 깨닫는 것은 사랑에 대해 우리 사회에서 일반적으로 받아들이기 때문이다. 즉, 현재 내가 느끼는 감정이 사랑인지 아닌지는 우리 사회에 이미 정형화된 사랑의 틀을 자신의 감정에 적용해본 결과 깨닫는 것이다. 이는 각 개인의 특별한 감정이나 행위가 이미 보편화되고 정형화되었음을 의미한다. 따라서 사랑은 각 개인의 독특한 감정이면서도 모든 사람이 공유한다는 점에서 개인적인 동시에 사회적인 것도 된다. 이는 사랑이 개인의 특정한 상황에서 발생하는 감정에 대해 사회의 보편적 가치를 기초로 사랑이라는 의미를 부여함으로써 사랑을 확신하고 사랑은 남녀 상호간의 사회적 경험에 바탕을 두었다는 것이다.

사랑은 특정 상대에 대해 매력을 발견하고 상대에 대해 더 많은 것을 이해하려는 각별한 노력을 통해 형성된다. 이 과정은 황홀한 경험이기도 하지만, 때로는 고통스러운 것이기도 하다. 이런 점에서 사랑은 확실히 개인적이라고 할 수 있다. 다른 한편으로 두 남녀 사이의 경험이 인간 상호간의 사회적인 관계에서 이루어진다는 점에서 사랑은 각 개인에게 작용하는 사회구조나 제도, 문화적인 규범의 영향을 받는다. 이러한 과정을 거치면서 우리는 사랑하는 사람들의 심리적 특성과 행동특성을 이해하여 사랑을 줄 수도 있고 사랑을 받을 수도 있는 행복한 경험자로서 인생을 즐겁게 보낼 수 있다.

이렇게 본다면 결국 사랑이란 단순히 감정의 차원만이 아니라 인식의 차원이며, 사랑이란 하나의 지적 개념임을 알 수 있다. 중요한 것은 모든 사람이 일치할 수 있는 사랑의 정의를 발견하는 일이다(허혜경 외, 2015).

2 사랑의 삼각형 이론

1) 사랑의 구성요소

스턴버그(Sternberg)는 최소한 한 번 이상 사랑을 해 본 경험이 있는 다양한 연령층의 사람들을 대상으로 설문지와 면담을 통해 사랑을 연구한 결과, 사랑의 삼각형 이론을 제시하였다. 그는 사랑의 요소를 친밀감, 열정, 결심 · 헌신으로 보았으며, 그 구체적인 내용은 다음과 같다(Sternberg, 1993).

(1) 친밀감

친밀감이란 '정서적 요인'으로서 사랑하는 관계 안에서 경험하는 연결감, 유대감, 밀착감과 같은 '따뜻한 느낌(warmth)'이다. 친밀감 때문에 두 사람이 함께 있으면 행복하고, 서로에게 관심과 호의를 보이며, 어려움이 있을 때 서로 친밀하게 의사소통을 하고, 상대방을 이해하며, 정서적으로 지지해 준다. 그리고 상대방을 소중히 여기고, 자신이 가진 것을 함께 나누고, 서로 의지하며, 상대방의 행복을 희구한다.

친밀감을 나타내는 10가지 지표를 소개하면 다음과 같다(Sternberg & Grajek, 1984).

- 사랑하는 사람의 행복이 증진하기를 바라는 것

- 사랑하는 사람과 함께 있을 때 행복을 느끼는 것
- 사랑하는 사람에 대해 높은 존경심을 갖는 것
- 필요로 할 때 사랑하는 사람에게 의지할 수 있는 것
- 사랑하는 사람과 서로를 이해하는 것
- 자신의 소유물을 사랑하는 사람과 나눌 수 있는 것
- 사랑하는 사람에게서 정서적 지원을 받는 것
- 사랑하는 사람에게 정서적 지원을 제공하는 것
- 사랑하는 사람과 친밀한 의사소통을 하는 것
- 자신의 인생에서 사랑하는 사람의 가치가 높게 평가되는 것

사랑하는 관계를 지속함에 따라 친밀감은 서서히 상승해 가다가 어느 시점에 이르면 친밀감의 존재 여부를 느끼지 못하는 상태가 되어 버린다. 이러한 현상의 원인은 두 가지인데, 하나는 친밀감이 사라져 가는 경우이고, 다른 하나는 친밀감이 잠재되어 있지만 느끼지 못하는 경우다. 미지근하게 지속하던 연인관계나 부부관계가 이별이나 별거 혹은 사별로 종식된 후 그 연인이나 부부가 평소에 느끼지 못하고 있던 친밀감을 확인하고 후회하는 것을 종종 보게 되는데, 이것은 바로 후자의 경우다.

(2) 열정

열정(passion)은 사랑하는 관계에서 낭만이나 성행위 등으로 이끌어 주는 강한 신체적 매력, 감정 또는 성적인 욕구이다. 열정이란 '동기적 요인'으로서 사랑하는 사람과 하나가 되고 싶어 하는 결합을 갈망하는 상태다. 스턴버그는 이것을 '뜨거운 느낌(hot)'이라고 표현하였다. 이러한 욕구는 상황과 대상에 따라 다르게 나타난다. 즉, 부모-자녀간에는 양육 동기, 의존 욕구, 지배 욕구, 복종 욕구, 자아실현 욕구 등으로 나타나고, 이성간에는 사랑하는 사람과 결합하고자 하는 강한 갈망으로 나타나며, 성적인 욕구가 지배적이게 된다. 이성간에 낭만적인 감정이 발현되고 신체적 매력을 느끼면서 성적인 충동이 일어나는 상태다.

열정은 급속하게 달아올랐다가 쉽게 식어 버린다. 많은 경우 성적 욕구가 열정의 주요 부분을 차지하지만, 자존감, 타인과의 친화, 타인에 대한 지배나 복종 같은 욕구들이

열정을 일으키기도 한다. 상대방에 대한 열정은 마치 중독과 같아서 상대방이 곁에 없으면 상대에 대한 그리움에 강한 갈망을 일으킨다. 열정의 발달곡선은 중독현상에 내재해 있는 반대과정(opponent process)과 유사하다. 즉, 열정은 상대방에 대한 긍정적 충동이 절정에 달했을 때, 이와 정반대의 부정적 충동인 혐오감정이 서서히 생겨나서 결국에는 긍정적 충동은 사라지고 부정적 충동만이 남게 된다. 불같이 달아올랐던 격정이 순식간에 사라지고 서로의 마음속에 미움만 남아 헤어진 다음, 깊은 우울과 후회의 세월을 보낸 후 원래의 평정을 되찾게 되는 감정의 사이클은 바로 이러한 현상 때문이다. 그러나 열정과 친밀감은 밀접하게 상호작용한다. 즉, 열정적 관계에서 친밀한 관계로 발전할 수도 있고, 친밀한 관계가 발전하여 열정적 관계로 변화할 수도 있다.

(3) 결심 · 헌신

결심(decision) · 헌신(commitment)은 사랑의 '인지적 요인'으로서 '차가운 느낌(cold)'이라고 표현된다. 이것은 단기적으로는 어떤 사람을 사랑하겠다는 결심이며, 장기적으로는 그 사랑관계를 지속하기 위해 노력하고 책임지는 헌신이다. 그러나 이러한 장기적 · 단기적 측면이 항상 동반되는 것은 아니다. 즉, 사랑하지만 관계를 지속하지 않으려는 경우도 있고 관계를 지속하고 책임을 지고자 하는 것이 꼭 사랑의 결심을 의미하는 것은 아니다.

친밀감이나 열정과 함께 결심 · 헌신도 사랑의 중요한 요소다. 사랑의 감성적 측면은 진폭이 크고 불규칙한 데 비하여 눈이 오나, 비가 오나, 어려운 때에도 사랑관계를 일정하게 지속시켜 주는 역할을 하는 것이 바로 결심 · 헌신이다. 즉, 친밀감이나 열정은 통제하기가 매우 어렵지만, 결심 · 헌신의 측면은 통제할 수가 있다. 대체로 친밀감과 열정이 형성된 후에 결심 · 헌신이 뒤따르나, 결심 · 헌신 후에 친밀감과 열정이 수반되기도 한다. 전자는 연애결혼의 경우가 그 예가 될 수 있고, 후자는 중매결혼이나 부모-자녀관계에서 찾아볼 수 있다. 그러나 결혼하면서부터 '살다가 싫으면 이혼하지'라고 생각하면 친밀감이나 열정이 생기지 않을 수도 있다.

헌신은 관계의 초기부터 빠르게 발달하며, 시간이 지날수록 그 비중이 더 커진다. 자녀에 대한 부모의 사랑이나 오랫동안에 걸친 부부간의 사랑도 헌신에 해당한다. 완전한 사랑이란 친밀감, 열정, 결심 · 헌신의 세 가지 요소가 균형있게 갖추어져 있을 때 이루어지며, 이것이 사랑의 삼위일체다.

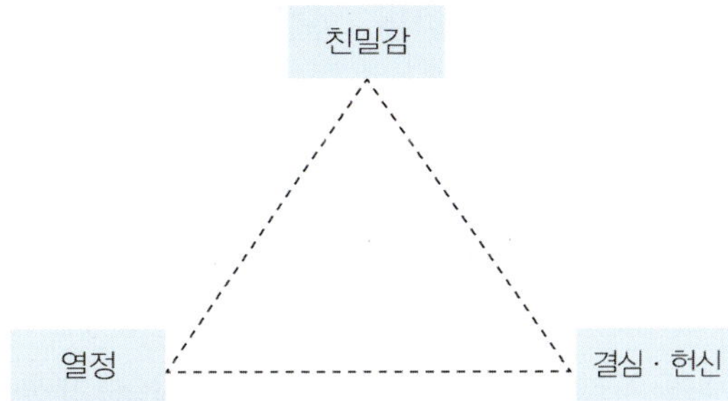

그림 3-1 사랑의 삼각이론: 사랑의 3요소

스턴버그에 따르면 열정은 사랑하는 관계에서 초기에 발생하지만, 시간이 지날수록 점점 그 강도가 줄어든다. 사랑하는 사람간에 일어나는 성적이고 열정적인 사랑은 빠르게 발전하여 정상의 감정에 도달하나, 쉽게 식어가는 특징이 있다. 반면, 친밀감과 결심 · 헌신은 시간이 지나면서 서서히 발전하게 된다. 그러므로 사랑하는 사람간에는 친밀감과 결심 · 헌신적 태도가 발달하여야 그 관계가 오래 지속될 수 있다.

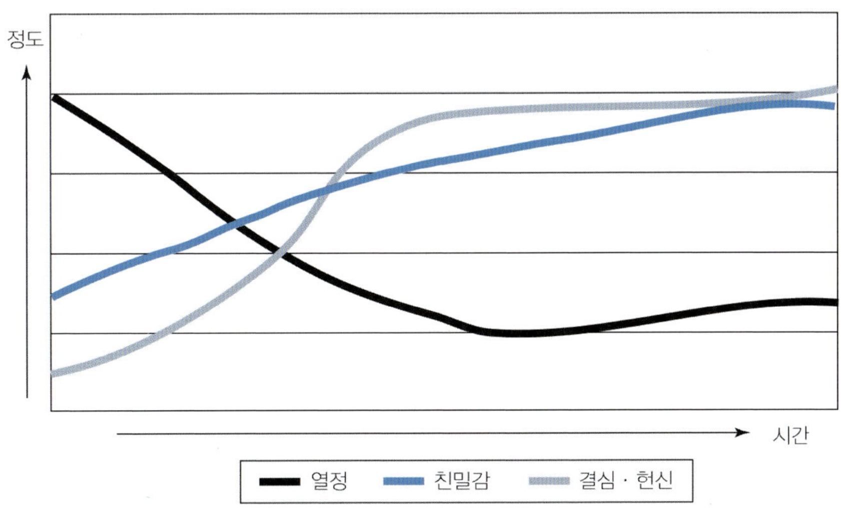

사랑의 세 가지 구성요소에 의하면 사랑의 강도와 균형이라는 두 측면에서 기하학적으로 설명될 수 있다. 사랑의 강도는 한 사람의 상대에 대한 사랑의 크기로 설명될 수 있다. 즉, 어떤 사람이 파트너에 대해 느끼는 사랑의 강도가 클수록 파트너를 향한 그 사람의 사랑 삼각형의 면적이 커진다. 한편, 사랑의 균형은 삼각형의 모양을 결정한다. 즉, 사랑의 세 요소가 적절히 균형을 이룬 완전한 사랑은 균형 잡힌 정삼각형으로 나타나지만, 세 요소 중 어느 한 요소만 있을 때 불균형적인 삼각형으로 나타날 것이다. 예를 들어, 친밀감 요소만 발달한 우애적 사랑은 위로 길쭉한 모양의 삼각형이 될 것이고, 열정의 요소만 있는 낭만적 사랑은 왼쪽 아래가 길쭉한 불균형적인 삼각형이 될 것이다.

사랑의 삼각형은 자기의 사랑 삼각형과 파트너의 사랑 삼각형의 크기와 모양을 비교해 보는 데도 유용하다. [그림 3-2]에서와 같이 파트너끼리 사랑의 삼각형의 크기와 모양이 어울리면 만족스러운 관계를 맺을 것이지만, 사랑의 삼각형이 조화를 이루지 못할수록 관계에 불만족할 가능성이 크다. 사랑의 삼각형은 자기가 인식한 삼각형과 상대가 인식한 삼각형을 구분할 수 있다. 즉, 자기가 상대방에게 표현했다고 인식하는 사랑의 삼각형과 상대방이 받았다고 인식하는 사랑의 삼각형이 차이가 있을 수 있다.

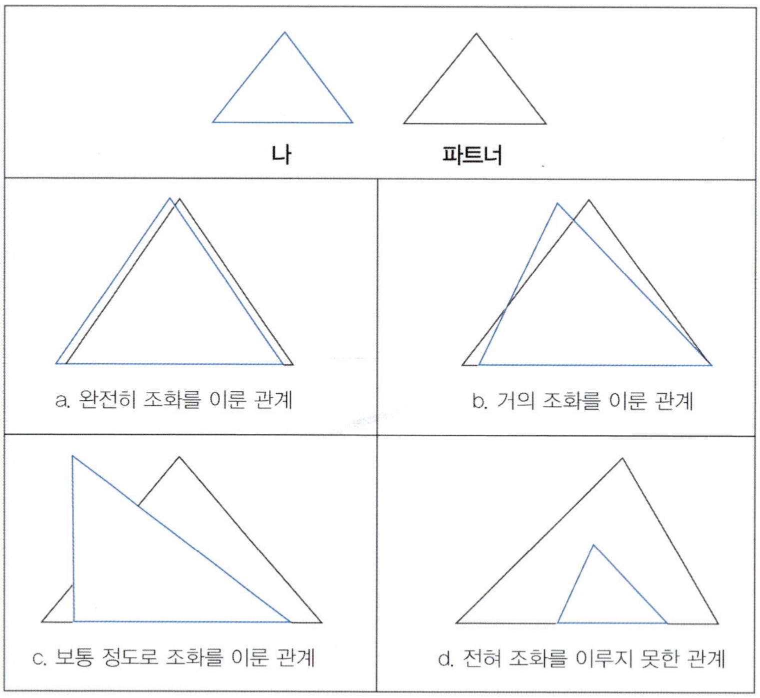

※출처: Sternberg & Barnes(1985); Strong & Devault(1994).

그림 3-2 사랑의 세 가지 구성요소에 의한 관계의 유형

2) 사랑의 분류

사랑을 표현하는 방법과 모습은 동서고금에 따라 다르다. 고대 그리스에서는 사랑을 에로스(Eros)라고 칭하였는데, 이것은 육체적인 사랑뿐만 아니라 진리에 이르고자 하는 동경과 희구를 내포하는 말이다. 그리스도교의 사랑, 즉 아가페(Agape)는 신에 대한 사랑 또는 인간에 대한 신의 조건 없는 사랑을 의미한다. 인간이 인간 또는 이성에 대하여 경험하는 사랑의 모습도 다양하다. 사람들은 '사랑'이라는 이름으로 환희를 경험하기도 하고 '사랑'이라는 이름으로 슬픔과 고통 등과 같은 경험을 하기도 한다. 이처럼 다양한 형태의 사랑을 심리학적으로 분류해 보는 것은 바람직한 사랑의 모습을 설정하는 데 있어서 매우 의미 있는 작업이다.

스턴버그(Sternberg)는 사랑의 세 가지 요소, 즉 친밀감, 열정, 결심 · 헌신의 조합 형태에 따라 사랑의 종류를 일곱 가지로 분류하였다(김애순 외, 1997). 그는 친밀감, 열정, 결심 · 헌신 중 한 요소도 포함되지 않은 경우는 사랑이 아닌 것으로 보았다. 그리고 친밀감, 열정, 결심 · 헌신 세 요소의 유무에 따라 좋아함, 눈먼 사랑, 얼빠진 사랑, 공허한 사랑, 낭만적 사랑, 동반자적 사랑, 완전한 사랑의 일곱 유형의 사랑으로 분류하였다.

먼저 '좋아함(liking)'은 친밀감을 주된 요소로 하여 정서적으로 따뜻함을 느끼는 우정과 같은 사랑이다. '눈먼 사랑(infatuated love)' 또는 도취한 사랑은 열정적 사랑으로 표현될 수 있으며, 호르몬 분비나 심장박동과 같은 신체적 증상을 동반하는 강한 열정은 있으나, 친밀감이나 책임감이 없는 사랑이다. 열정을 느껴 사랑을 하나 친밀감이 발달하지 못하면 단기간에 관계가 종식되어 버리는 '허구적 사랑(fatuous love)'이 되고 만다. 첫눈에 반해서 만난 지 2주 만에 결혼하고, 얼마 안 되어 이혼했다는 소식을 듣게 되는 커플이 이런 유형이다. '공허한 사랑(empty love)'은 사랑해야 한다는 의지와 결심 또는 상대방에 대한 책임감으로 이루어진 상태로서, 친밀감이나 열정은 없는 사랑이다. 중매결혼의 초기 또는 한때의 격한 열정이나 매력이 사라진 뒤 체면이나 법적인 관계에 얽매어 오랫동안 미지근한 관계를 유지해 오고 있는 중년의 결혼생활에서 흔히 볼 수 있는 현상이다. '낭만적 사랑(romantic love)'은 좋아하는 것 이상의 강한 친밀감과 상대에 대한 매력, 열정을 느끼는 것이다. 이러한 사랑에서 매력과 열정이 빠져나가고 우정과 같은 사랑으로 변하면, 상대방을 일생의 동반자나 친구처럼 느끼게 되는데, 이것을 '동반자적 사랑(companionate love)'이라고 한다. 마지막으로 친밀감, 열정, 결심 · 헌신의 세 요소가 균형 있게 갖추어진 사랑이 '완전한 사랑(consummate love)'이다. 이것은 모든 사람이 추구하고 갈망하는 사랑이다.

표 3-2 스턴버그의 사랑의 분류

사랑의 분류	사랑의 요소		
	친밀감	열정	결심 · 헌신
사랑이 아닌 것(non love)	X	X	X
좋아함(liking)	O	X	X
눈먼(도취한) 사랑(infatuated love)	X	O	X
공허한 사랑(empty love)	X	X	O
낭만적 사랑(romantic love)	O	O	X
동반자적 사랑(companionate love)	O	X	O
허구적 사랑(fatuous love)	X	O	O
완전한 사랑(consummate love)	O	O	O

3 리(Lee)의 사랑의 유형

사랑의 정의가 사람마다 다른 만큼, 사랑에는 여러 가지 유형이 있다. 그 여러 가지 요인을 캐나다의 사회학자인 리(Lee)는 『사랑의 색깔(Color of love)』이라는 저서에서 다음과 같은 여섯 가지 사랑의 유형으로 분류하였다.

① 낭만적 사랑
② 유희적 사랑
③ 우정과 같은 사랑
④ 소유적 사랑
⑤ 논리적 사랑
⑥ 헌신적 사랑

리(Lee)는 캔버스 위에 원색 물감들이 서로 배합되면 다양한 색상이 만들어지듯이, 사랑의 3원색인 일차적 사랑이 혼합되면 또 다른 색깔을 띤 이차적 사랑이 이루어진다고 보았다(김애순 외, 1997).

일차적 사랑에는 세 가지 색깔의 원형적 사랑인 낭만적 사랑(romantic love; 에로스 eros), 유희적 사랑(game-playing love; 루더스 ludus), 우정과 같은 사랑(best friends love; 스토르게 storge)이 포함된다.

낭만적 사랑, 유희적 사랑, 우정과 같은 사랑과 같은 일차적 사랑, 즉 사랑의 3원색이 혼합되면 또 다른 색상을 지닌 이차적 사랑이 형성된다. 이차적 사랑에 해당하는 유형은 소유적 사랑(possessive love; 마니아 mania), 논리적 사랑(logical love; 프라그마 pragma), 헌신적 사랑(unselfish love; 아가페 agape)이다.

일차적 사랑(사랑의 3원색)	이차적 사랑
• 낭만적 사랑(eros)	• 소유적 사랑(mania: eros + ludus)
• 유희적 사랑(ludus)	• 논리적 사랑(pragma: storge + ludus)
• 우정과 같은 사랑(storge)	• 헌신적 사랑(agape: eros + storge)

※출처: 김애순, 윤진(1997), p.153.

1) 낭만적 사랑(Romantic Love)

큐피드의 화살이 심장을 찔러 잠자던 격정을 일순간에 일깨워 놓는 사랑이다. 그래서 그들은 사랑을 사랑하는 사람이라고도 한다. 낭만적 사랑에서 가장 중요한 요건은 신체적 매력이며, 그들은 사랑에 빠지자마자 신체적 접촉부터 시작한다. 만일 상대방의 신체적 매력이 차츰 덜해지면 그들의 사랑도 시들해지나, 그럴 때면 과거의 추억을 되살려서 현재의 상대를 이상화하여 보기도 한다. 원래 사랑이란 어느 정도는 착각인데, 그들은 이 착각의 꿈에서 깨어나기를 거부하는 사람들이며, 사랑은 조건을 따지는 것이 아니라 느끼는 데 있다는 원리에 충실하다.

2) 유희적 사랑(Game-playing Love)

사랑이란 하나의 게임이며 즐기는 도전이라고 생각하는 사랑이다. 여기에서 헌신이니 책임이니 장래에 대한 언약이니 하는 것 따위는 고려의 대상이 되지 않는다. 게임의 목적은 어떻게 재미있게 놀이를 진행하는가 하는 것뿐이며, 친밀감을 조장하는 것은 오히려 방해된다고 생각한다. 그래서 이 사람들은 한 상대와 너무 오래 사귀지 않으며, 너무 정이 들려고 하면 관계를 깨어 버리며, 질투를 가장 유치한 행위라고 생각한다. 그러므로 이러한 사고방식에 동조하지 않는 사람들에게는 매우 상처를 줄 수 있는 사랑의 형태다.

3) 우정과 같은 사랑(Best Friends' Love)

오랫동안 가까운 친구로 서로 사귀어 온 관계가 언제부터인지도 모르게 사랑으로 변하여 애인 사이가 된 사랑이다. 주요한 특징으로는 서로가 좋은 동반자이며, 의사소통이 잘 되고, 서로 함께 취미도 즐기며 의존하고, 서서히 자신을 노출하는 스타일이다. 사랑의 상대에 대하여 백마를 타고 오는 왕자나 아름다운 공주와 같은 환상을 갖지도 않으며, 서로 잘 알지 못하는 사람을 사랑하게 된다는 것은 상상도 할 수 없는 일이라고 생각하는 사람들이다. 갑자기 열정적으로 뜨거워지는 사랑도 아니며, 한순간에 로맨스에 빠지는 애인도 아니지만, 이들의 사랑은 사려 깊고 온화하며 좋은 동반자적 애정으로 은근하며 깊이가 있다. 어쩌다 싸웠다고 해서 사랑에 금이 가지도 않으며, 한동안 떨어져 있다 해서 서로간에 부정을 저지르거나 의심하지도 않는다. 따라서 우정과 같은 사랑을 하여 결혼한 부부들의 이혼율은 낮을 수밖에 없다.

4) 소유적 사랑(Possessive Love)

사랑의 흥분에서 절망의 나락 속으로 금방 빠지며, 철저한 헌신이 일순간에 질투의 불길로 변하는 등 감정이 변화무쌍하며, 사랑하는 사람을 완전히 소유하거나 그로부터 완전히 소유 당하기를 원하는 사람이다. 그들은 함께 한곳을 바라보는 그런 사랑이 아니라 상대방으로부터 버림받지 않을까 하는 불안감에 휩싸여 있기 때문에 소유적 사랑 한다는 것은 항상 상대방의 사랑을 확인해야만 하는 불안하고 괴로운 나날의 연속이다. 왜냐하면, 그들은 자기 가치를 스스로 인정하는 충분한 자존감(자긍심)이 부족해서 마치 마약에 중독된 사람처럼 타인의 인정이나 애정에 의존하게 된다. 이들은 사소한 거부행위에도 과민하게 반응하며, 마치 질투를 사랑의 구성요인인 것처럼 잘못 생각한다. 이것은 피차간에 매우 피곤한 사랑싸움이 아닐 수 없다.

5) 논리적 사랑(Logical Love)

서로 사랑하는 사람이 되기 위해서는 한 사람의 남편과 아버지, 또는 아내와 어머니로서 갖추어야 할 조건이 있는 것이어서, 그 조건을 충족하지 않은 사람과는 결합할 수 없다는 사고방식이다. 이런 의미에서 논리적 사랑의 애인들은 매우 현실적이다. 이들은 자기가 원하는 상대가 어떤 사람인지 분명하며, 그런 사람이 나타날 때까지 기다린다. 상대방의 교육 정도, 성격, 가정배경 및 외모 등이 자기 자신과 어울려야 할 뿐만 아니라, 자기의 조건, 가령 얼마만큼의 돈을 모아야 한다든가 어떤 학위를 마쳐야 한다든가 하는 조건이 충족될 때까지는 사랑을 회피하거나 연기하는 사람들이다. 그러므로 이들에게는 이성이 감정보다 우선한다.

6) 헌신적 사랑(Unselfish Love)

헌신적 사랑은 조건 없는 그리고 이타적 사랑의 표본으로서, 사랑은 나보다 상대방의 필요에 따라서 결정된다는 순교자적 사랑이다. 그러므로 참된 사랑이란 받는 것보다는 주는 것이며, 자신보다는 상대방의 행복과 복지를 위하는 것이며, 상대방의 목표를 이루기 위하여 나를 희생하겠다는 의지라고 생각하는 것이다. 그들은 상대방이 나를 필요로 하는 한 아무리 상대방이 나를 좋아하지 않아도 나의 사랑을 포기하지 않는 사람들이다. 그러므로 이들의 사랑은 상대방이 나를 더 이상 필요로 하지 않는다는 확신이 생길 때 끝난다.

실제로 사람들이 하는 사랑은 위의 여섯 가지 유형의 사랑으로 정확하게 구분되지 않을 수 있으며, 때로는 그 여섯 가지의 색깔이 혼합되어 있을 수 있다. 또한, 일생을 통해서 볼 때, 사람은 교제하는 파트너에 따라 각기 다른 색깔의 사랑을 할 수도 있다. 첫사랑은 분명히 낭만적인 색깔이 짙었는데, 현재 진행 중인 대상과는 논리적인 사랑을 할 수도 있다. 간혹 한 사람과 장기간 사귀다 보면 사랑의 색깔이 변할 수도 있다. 처음 사귈 무렵에는 황홀한 감정에 모든 것을 바칠 수 있을 것 같은 낭만적이고 헌신적인 색깔이 짙었는데, 몇 년이 지난 다음 사랑의 색깔이 변해서 소유적이고 의존적인 색깔을 띨 수도 있다. 자신의 사랑의 색깔을 인식할 수 있을 때 더욱 성숙한 사랑으로 만들어 갈 수 있을 것이다.

사랑이란 인간에게 있어 가장 근원적인 감정의 움직임이며 인생의 가장 중요한 부분인 결혼생활의 근거가 되는 요인이다(허혜경 · 김혜수, 2015). 어떤 사랑이 자신의 자존감을 고양하고, 삶의 가치감을 느끼게 하며, 인격을 성숙하게 하는 사랑인지 신중하게 생각해 보아야 한다.

4 사랑의 생화학적 분석

사랑을 하면 우리의 뇌는 마약, 도박, 알코올, 니코틴 등에 중독되었을 때와 같다고 한다. 뇌에서는 욕망을 일으키는 도파민이라는 신경전달물질이 분비되면서 흥분과 쾌락을 느끼게 된다.

리보비츠(Liebowitz, 1983)와 피셔(Fisher, 1992)에 의하면, '첫눈에 반하다.'라는 사랑의 현상은 신체의 생화학적 성분 때문에 생기는 것이라고 한다. 열정적인 사랑에 빠지면 마치 마약에 취한 상태와 같이 기분이 황홀해지는데, 이러한 현상은 사랑이나 마약이 우리 신체의 특정 신경화학물질을 활성화하기 때문이다. 이 때문에 활기가 넘치고, 행복감에 도취하며, 상대방을 미화하고, 의기양양해지는 기분이 생기는데, 리보비츠는 이 모든 것이 페닐에틸아민이라는 화학물질 때문에 일어나는 현상이라고 하였다. 사랑에 눈이 멀어 부모의 말이 들리지 않고 판단이 흐려지는 것도 바로 이 화학물질 때문이라고 해석한다.

열정적인 사랑에 의해 생성되는 또 다른 화학물질은 엔도르핀이다. 이것은 동물의 뇌 등에서 추출되는 모르핀과 같은 진통효과를 가져오는 물질을 총칭하는 것으로서 이 물질은 사람에게 평온과 안정, 충족감을 가져다준다. 엔도르핀이라는 말은 내인성의 모르핀을 뜻하는 'endogenous morphin'에서 유래한 용어다. 이 물질은 동물 뇌 안의 시상하부, 뇌하수체 후엽에서 추출된 모르핀과 같은 펩타이드로서 마약성 진통제의 수용체인 오피에이트(아편제) 수용체에 특이하게 결합한다. 1976년에 처음 발견된 엔도르핀은 뇌하수체에 존재하여 호르몬과 같은 활동을 하는 것으로 알려졌지만, 그 생리적 작용체계는 아직 밝혀지지 않고 있다. 인체의 특정한 경혈을 침으로 자극하여 통증을 잊게 하는 메커니즘에 의하여 엔도르핀의 작용이 증명되었다.

사랑과 관련된 화학물질 중에는 신체 접촉으로 자극을 받으면 쾌감과 만족감을 느끼게 하는 옥시토신도 있다. 하지만 영원할 것 같던 사랑도 점차 식는다. 코넬대학교 인간행동연구소 신시아 하잔 교수에 의하면 점차 상대에게 익숙해지면서 사랑에 내성이 생기는데, 이는 도파민, 페닐에틸아민, 옥시토신 등 사랑을 지배하는 뇌분비물질이 감소하기 때문이다. 결국, 사랑의 감정은 1년 후에는 약 50%, 18~30개월이 지나면 거의 사라지게 된다. 카이스트 바이오 및 뇌공학과 정재승 교수는 "사람의 뇌는 예민해서 같은 상대에게 도파민 분비가 다시 왕성해지긴 어렵다."고 말했다. 성적인 끌림으로 시작했던 사랑은 점차 친밀한 애착관계로 발전하는데, 이때 옥시토신이 분비된다. 옥시토신은 마사지나 성관계 등 신체접촉 시에 분비되는데, 남녀의 첫 만남에서부터 서서히 증가해 애착관계가 형성돼 있는 동안은 계속 분비된다(한겨레, 2016).

읽을거리

사랑에 빠진 뇌, 마약중독과 비슷한 상태

사랑에 빠진 뇌는 마약 · 도박 · 알코올 · 니코틴에 중독됐을 때와 같다. 뇌에서 욕망을 일으키는 신경전달물질인 도파민이 마구 분비되면서 흥분과 쾌락을 느낀다. 사랑하는 사람을 위해 뭐든지 할 수 있는 것도 도파민 때문이다.

사랑은 황홀함과 함께 고통을 안겨준다. 카이스트 바이오 및 뇌공학과 정재승 교수는 "사랑은 감정이 아닌 무언가를 갈망하는 욕망이기 때문에 사랑하면 행복감과 관련된 신경 전달물질인 세로토닌이 오히려 감소한다."고 말했다.

영원히 활활 타오를 것 같던 사랑도 점차 식는다. 미국 코넬대 인간행동연구소 신시아 하잔 교수는 "점차 상대에게 익숙해지면서 사랑에 내성이 생긴다."고 주장했다. 도파민이나 페닐에틸아민 · 옥시토신 등 사랑을 지배하는 뇌 분비 물질이 줄기 때문이다. 결국, 사랑의 감정은 시작한 지 1년 후 50%로 떨어진다. 18~30개월이 지나면 거의 사라진다.

◆ 열정은 식지만 다른 차원의 사랑 시작

정재승 교수는 "사람의 뇌는 예민해서 같은 상대에게 도파민 분비가 다시 왕성해지긴 어렵다."고 말했다.

하지만 도파민이 줄었다고 사랑이 끝나는 건 아니다. 다른 차원의 새로운 사랑이 시작된다. 처음 사랑을 시작했을 땐 배우자에게 선택받기 위해 도파민이 분비돼 애쓰다 욕망이 성취되면 가정과 자녀에게 충실하게 하는 옥시토신 호르몬이 증가한다.

옥시토신은 남녀의 첫 만남에서부터 서서히 증가해 애착관계가 형성돼 있는 동안 계속 분비된다. 옥시토신은 마사지나 성관계 등 피부 접촉 시에도 증가한다. 서울성모병원 정신과 채정호 교수는 "개인차가 있지만, 사랑의 형태가 변하는 것은 확실하다."며 "하지만 성적인 끌림으로 출발했던 사랑은 점차 친밀한 애착관계로 발전한다."고 강조했다.

※출처: 한겨레. 2016. 11. 13. 정재승.

5 사랑의 학습

1) 사랑의 능력과 기술

사랑은 아무나 하는 것인가? 아니면 배워야 할 수 있는 것인가? 에리히 프롬(Erich Fromm)은 사랑이 감정이 아니라 의지라고 보았다. 그래서 그는 사랑이란 능력이며 배워서 익혀야 하는 기술이라고 주장한다. 즉, 사랑할 수 있는 능력은 경험과 학습을 통해서 얻어진다는 것이다. 그는 사랑의 의지적 요소를 정확히 통찰하였고, 이러한 사랑의 의지적 요소 때문에 성서에 기록된 '서로 사랑하라.'라는 말씀도 공허한 도덕경이 아니라 현실생활에서 따를 수 있는 실현 가능성을 지니게 된다고 했다.

에리히 프롬은 사랑이란 학습되어야 하는 기술(Art)이기 때문에 사랑하기 위해서는 사랑에 관한 지식을 배우고 익히는 노력이 필요하다고 했다. 사랑하기 위해서는 사랑의 의미와 가치를 알아야 한다. 사랑이 무엇이며, 그것이 인생에서 차지하는 의미가 무엇이고, 그것이 추구할 만한 가치를 지니는지에 대한 분명한 인식이 있어야 참다운 사랑이 가능하다. 그런 다음 사랑의 기술을 배우고 익히고 실행함으로써 사랑이 있는 삶을 영위할 수 있게 된다.

에리히 프롬은 사랑하는 기술에 대해 다음과 같이 열거하고 있다.

- 상대에게 자신의 욕구를 분명히 밝힌다: 마음이 평화롭지 않으면 사랑이 불가능하다. 스스로 욕구불만인 상태에서는 다른 사람을 사랑한다는 것이 곤란하기 때문에 자신의 기본적인 욕구를 먼저 충족시켜야 한다. 따라서 자기가 상대방에게 원하는 것이 무엇인지를 상대방에게 분명히 알려 주어야 한다. 사랑하는 사람들끼리 어떻게 사랑받고 싶은지를 자유롭게 말할 수 있다는 것은 그만큼 두 사람의 사랑이 기본적인 전제조건을 충족하고 있다는 것을 의미한다.
- 상대방의 욕구를 알고 충족시키려고 노력한다: 사랑은 교호적(交互的)인 것이므로 상대방 또한 그 욕구가 충족되어야 나를 사랑할 수 있다. 그러므로 상대방의 욕구가 무엇인지를 알고 그것을 충족시켜 주어야 교호적 사랑이 가능하다. 상대방의 욕구를 충족시키기 위해서는 다양한 기술과 노력이 필요하다. 상대방이 깔끔하고 부지런하기를 원하면 그렇게 하도록 노력해야 할 것이다. 또 유머 있는 사람이 되기

를 원하면 그렇게 되도록 노력해야 할 것이다.

- 상대방의 사랑하는 방식을 이해하고 존중한다: 사랑을 표현하는 방식은 사람마다 다르다. 경상도 사람과 서울 사람의 사랑 표현 방식이 다르고, 한국 사람과 프랑스 사람의 사랑 표현 방식이 다르다. 대부분의 사람은 어린 시절 자신이 사랑받았던 방식대로 사랑을 표현한다. 어떤 사람은 상대방을 성실하고 책임감 있게 보살피지만, 정감이 우러나는 말이나 열정은 전혀 보이지 않을 수도 있으며, 또 그 반대일 수도 있다. 따라서 자기 방식의 사랑만이 진정한 사랑이라고 생각하는 것은 독선이다.
- 사랑을 지킬 용기와 인내가 있어야 한다: 사랑은 우여곡절을 겪을 수도 있다. 이성 간의 사랑은 상대적이다. 사랑을 주기만 하고 받기를 포기하는 희생적인 사랑은 매우 드물다. 사랑하는 과정에는 욕구불만도, 좌절도, 그리고 상실감도, 실망도, 견디기 어려운 고통도, 위험도 있을 수 있다. 진정으로 그 사랑관계를 유지하기 원한다면 이러한 모든 것을 감수하고 견디는 용기와 인내가 필요하다. 때로는 상대방이 원하는 대로 자신을 변화시킬 수 있는 유연성도 있어야 할 것이다.

2) 사랑의 학습 조건

(1) 사랑하는 능력의 발달

사랑하기 위해서는 사랑하는 능력을 갖추어야 한다. "사랑을 받아 본 사람이 사랑할 줄도 안다."는 말이 있듯이 사랑하는 능력은 사랑을 받은 경험이나 사랑하는 행동을 통해 모델링하여 학습된다. 이러한 학습은 우리가 자궁 속에 있을 때부터 시작되어서 출생 후 부모와의 상호작용을 통하여 계속된다.

사랑의 능력은 일차적으로 부모-자녀간의 애착관계를 통하여 형성된다. 부모-자녀간의 애착관계의 질(質)은 양육의 질에 달려 있다. 즉, 부모가 유아의 요구에 즉각적으로 반응해 주고 충분한 관심과 사랑을 베풀어 주면 유아는 안정적인 애착관계를 형성하게 된다. 어린 시절 부모와 안정적인 애착관계를 형성한 사람들은 정서적으로 안정되어 자신뿐 아니라 타인들을 신뢰하고 긍정적으로 생각한다. 이들은 성장 후에도 긍정적인 자아상을 갖고 있으며, 대인관계도 원만하고, 타인을 사랑할 수 있는 능력을 소유하고 있다. 그러나 부모가 유아의 요구에 제대로 반응해 주지 못할 뿐만 아니라 무관심하고 거부적일 경우, 유아는 불안정한 애착을 형성하게 된다. 이들은 정서적으로 불안정할 뿐만 아니라 자신과 타인을 신뢰하지 못하고 부정적인 자아상을 형성할 수 있다. 성장 후에도 이들은 자신이 사랑받을 만한 존재가 아니라고 생각하며 타인들과 친밀한 관계를 형성하는 데 어려움을 느낀다.

(2) 자기애, 자아개념, 자아존중감

자신에 대한 사랑, 즉 자기애(自己愛)는 종종 이기심과 같은 것으로 오해되지만, 결코 같지 않다. 자신의 욕구나 유익에만 집착해 있을 뿐 진정으로 자신을 사랑하거나 가치 있게 생각하지 않는 이기심과 자기애는 구별된다. 에크하르트는 "만일 그대가 그대 자신을 사랑한다면, 그대는 모든 사람을 그대 자신을 사랑하듯 사랑할 것이다."라고 하였다. 또한, 성서에는 "네 이웃을 네 몸처럼 사랑하라."라고 기술되어 있다. 이러한 말은 자기 자신을 사랑하는 것과 타인을 사랑하는 것은 양립할 수 없는 것이 아니라 오히려 자기애가 타인에 대한 사랑의 전제라고 풀이된다. 어떤 한 사람을 사랑할 수 있는 능력은 자신을 포함한 인간 자체를 사랑할 수 있는 능력과 밀접한 관련이 있다. 만약 어떤 사람이 자신을 긍정하고 가치 있게 생각하며 진정으로 자신을 사랑한다면, 그는 다른 사람도 소중하게 생각하고 사랑할 수 있는 능력을 갖춘 것이다.

사랑할 수 있는 능력은 긍정적인 자아개념과 밀접한 관련이 있다. 자기 자신을 사랑할 수 있는 사람은 자아개념이 긍정적으로 형성된 사람이다. 긍정적 자아개념의 소유자는 자신을 가치 있게 생각하며 높은 자아존중감을 갖고 있다. 이들은 자신의 감정이나 느낌을 솔직하게 표현하며, 자신의 경험을 타인에게 공개하는 데 매우 개방적이다. 자신과 타인에게 모두 개방적인, 이른바 열린 마음(open-mind)의 소유자다. 그래서 자신의 단점이나 결함을 인정하고 수용하며, 자신의 욕구를 솔직하게 상대방에게 알릴 뿐 아니라, 타인의 단점이나 결함도 수용하고, 상대방의 욕구를 알아차리고 충족시키는 데서 기쁨을 얻는다. 반대로 자아개념이 부정적으로 형성된 사람은 자아존중감이 낮고, 자기혐오나 열등감에 빠져 있기 때문에 자기노출을 회피하고 폐쇄적이다. 또한, 자신의 느낌이나 감정을 솔직하게 표현하지 못하며 방어적이다. 따라서 이들은 자신을 수용하지 못할 뿐 아니라 남도 수용하지 못한다. 즉, 이들은 폐쇄적인 성격 때문에 남을 받아들일 여지가 없는 사람이다.

자아개념과 자아존중감은 사랑의 전제조건으로 여겨져 왔다(허혜경 외, 2013). 자아존중감이 높은 사람은 비교적 자신을 가치 있고 유능하며, 성공할 수 있고, 중요한 사람이라고 받아들인다. 또한, 이들은 자신의 생각이나 느낌을 솔직하게 표현하며, 자신의 경험에 대해 매우 개방적이며, 자신의 단점을 수용하고 인정하며, 타인의 비난에 대해 심각하게 괴로워하지 않는다. 또한, 이들은 타인의 존재를 존중하고 수용하며, 상대방의 욕구를 알아차리고 충족시키는 데서 기쁨을 얻는 '자타긍정(I am OK, you are OK)'의 생활태도를 보인다. 따라서 높은 자아존중감은 다른 사람을 진정으로 사랑하는 데 필요한 조건이라 할 수 있다. 그러나 자아존중감이 낮은 사람은 자신의 가치를 인정하지 않고 열등의식에 빠지기 쉬우므로 자신의 존재가 가치 없다고 여긴 나머지 솔직하게 자신의 생각이나 느낌을 표현하기를 주저하고 방어적이다. 자신을 수용하지 못하는 청년들은 상대방을 인정하고 수용하기도 어려우므로 상대방을 사랑할 여유가 없다. "자기 자신이 두 발로 설 수 없어서 누군가에게 매달린다면, 그것은 사랑의 관계가 아니며, 상대방은 단지 생명의 구원자일 뿐이다"라고 한 에리히 프롬의 말과 같이 자아개념과 자아존중감은 사랑할 수 있는 능력과 밀접한 상관이 있다.

6 사랑과 성적 행동

이성간의 사랑에서 성적 욕구는 매우 자연스러운 현상이다. 사랑에 빠진 남녀는 언제나 같이 있고 싶고, 서로 안고 싶고, 또 같이 자고 싶은 갈망이 있다. 성적 욕구는 인간의 본능적 측면에서 볼 때 고통스러운 긴장상태에서 벗어나 쾌락을 추구하려는 생물학적인 동기에서 생긴다. 이러한 생물학적인 차원에서의 성욕은 인간이나 동물이나 다를 바 없다. 성욕은 식욕이나 갈증처럼 본능적인 생물학적 욕구이기는 하나, 그 욕구를 충족시키는 데는 식욕이나 갈증과는 달리 사회문화적인 제약을 받는다. 또한, 성욕은 다른 생물학적인 욕구와는 달리 특정 대상(파트너)을 통해서만 충족될 수 있다.

성적인 욕망은 이러한 고통스러운 긴장의 해소라는 차원을 넘어서 외로움에서 벗어나려는 소망에서 생기기도 하고, 정복하거나 또는 정복당하려는 소망에 의해, 상처를 주고 파괴하려는 욕망에 의해, 심지어는 허영심에 의해 생기기도 한다.

남녀 상호간에 육체적 하나됨(oneness)의 갈망이 일어난다는 이유만으로 서로가 사랑하고 있다고 오해할 수가 있다. 육체적 하나됨을 이루려는 소망이 '사랑'에 의해 자극될 때 상호 이해와 보살핌, 존경과 책임감이 수반된다. 육체적 하나됨의 욕구가 사랑에서 비롯될 경우 자신의 욕구 충족만이 아니라 상대방의 만족까지도 배려할 수 있다.

사랑과 성을 연관 지어 생각할 때, 사랑은 성적 대상을 한 사람에게 국한하고 타인들에 대해서는 배타적인 것을 볼 수 있다. 이성간의 사랑이 우정이나 형제애, 모성애와 다른 점은 독점욕이다. 그러나 이러한 배타성은 오직 한 사람과 성적 친밀감을 형성하려고 한다는 의미에서만 배타적이지, 타인들에 대한 사랑을 모조리 배척하는 것은 아니다.

7 사랑과 성차

1) 사랑의 성차

사랑은 남성과 여성을 연결해 주는 가장 강렬한 감정이며 종종 성과 혼동하는 개념이기도 하다. 사랑의 개념에 대해서는 다양한 의견이 있지만, 사랑에 대한 남녀의 기대와 경험에 차이가 있다는 점에는 이견이 없다.

사랑의 욕구와 유형에 남녀간 차이가 있다. 대표적으로 미국의 심리학자 존 그레이(1995)는 이혼 직전에 있는 수만 쌍의 부부들을 대상으로 상담한 결과를 기초로 쓴 『화성에서 온 남자, 금성에서 온 여자』라는 저서에서 여성과 남성이 서로 다르게 사회화된 결과 의사소통이나 갈등해결 방법뿐 아니라 사랑의 욕구에서도 남녀간에 차이가 있다고 주장하고 있다. 즉, 남성과 여성이 생각하는 사랑은 여섯 가지 측면에서 다르다. 남성은 관계에서 근본적으로 신뢰, 인정, 감사, 찬미, 찬성, 격려가 필요하고, 여성은 사랑하는 상대방으로부터 관심, 이해, 존중, 헌신, 공감, 확신을 얻고 싶어 한다고 강조하였다.

표 3-3 사랑의 성차

여성의 사랑	남성의 사랑
• 관심 자신의 감정에 관심을 보이고 자신의 행복을 진심으로 염려해 주는 것이 사랑이다.	• 신뢰 자신이 전력을 기울이고 있고 노력하고 있음, 그리고 자신의 능력과 진심에 대한 믿음이 사랑이다.
• 이해 이해란 감정표현에 대해 비판하지 않고 공감과 호응을 나타내는 것이며, 이것이 곧 사랑이다.	• 인정 자신을 변화시키려 하지 않고 있는 그대로의 자신을 받아들이는 것이 인정이며 인정을 받을 때 사랑을 받는다고 느낀다.
• 존중 자신의 권리와 욕구와 바람을 인정하고 그 해결을 먼저 배려하는 것, 상대방의 행동이 자신의 생각과 감정을 고려하는 것이다.	• 감사 자신의 노력 덕분에 도움을 받고 있고 이익을 얻었음을 인정하는 것, 상대가 감사를 표하면 남성은 자기 노력이 헛되지 않았음을 알고 상대가 더욱 존중하게 되는 것이다.
• 헌신 상대방이 일이나 공부, 취미생활 같은 자신의 관심사보다 여성의 감정이나 욕구를 중요시하고 우선순위에 두는 것이다.	• 찬미 경이와 기쁨, 그리고 즐거움으로 자신을 바라보고 인정해 주는 것, 자신의 독특성을 받아들이고 재능으로 생각해 주는 것이다.
• 공감 자신의 감정에 이의를 제기하거나 시비를 걸지 않고 그 타당성을 기꺼이 인정해 주고, 그렇게 느낄 권리가 있음을 인정하는 것이다.	• 찬성 자신의 좋은 점을 인정하고 자신에게 전반적으로 만족하고 있음을 표현하는 것, 자신의 어떤 행동에 대해 당연히 그럴 만한 이유가 있었으리라고 생각하고 믿어주는 것이다.
• 확신 자신에게 지속적으로 관심과 이해, 존중과 공감을 보여주고 기꺼이 헌신할 때 얻게 되는 것이다.	• 격려 자신의 능력과 인격을 염려하기보다 신뢰를 표함으로써 희망과 용기를 불어넣어 주는 것이다.

※출처: 존 그레이(1995)를 기초로 재정리(김용미 외, 2009 재인용).

사랑과 성에 대한 시각에서도 남녀간에 차이가 있다. 에리히 프롬은 “사랑은 성적 만족의 결과가 아니며, 오히려 성적인 행복은 성적인 기교가 아닌 사랑의 결과이다.”라고 했지만, 사랑과 성을 바라보는 시각에서 남녀간에 차이가 있다. 남성은 애정과 성을 분리하려는 경향이 여성보다 더 강하지만, 여성은 대개 성을 관계적 시각에서 바라본다. 따라서 성행위를 갖기 전에 관계의 질이나 친밀감의 정도는 남성보다 여성에게 더 중요한 의미가 있다. 여성에게 사랑은 자존감과도 밀접한 연관이 있다(Strong & DeVault, 1994).

2) 의사소통과 친밀감의 성차

남성과 여성의 의사소통 방식에 차이가 있다는 점은 많은 심리학자에 의해 지적되었다. 존 그레이(Gray, 2000)는 남성과 여성을 화성인과 금성인으로 비유하며, 감정표현 중심의 여성 언어와 사실전달 중심의 남성 언어는 비록 같은 어휘를 사용하더라도 서로 다른 의미로 사용된다고 지적하였다. 최근에는 이러한 차이가 뇌의 구조와 기능의 차이에 따른 것이라는 주장도 나오고 있다(읽을거리: 말싸움에선 아내를 도저히 못 당하는 이유). 그러나 이러한 생리해부학적 관점은 성역할 사회화에 따른 남녀 차이를 생태적인 것으로 합리화함으로써 남녀간의 소통에 대한 동기를 저하할 수 있다.

의사소통은 흔히 언어적 소통과 비언어적 소통의 두 가지 수준으로 나눈다. 이 두 가지 영역에서 모두 남녀의 성차가 있는 것으로 나타났다. 우선 남성과 여성은 언어를 사용하는 방법이 다르다(Kaplan & Sedney, 1988). 남성이 여성보다 더 오래 말을 하고 더 자주 타인의 말을 가로막지만, 여성은 불확실한 표현을 더 많이 사용하고 실생활의 주제들에 대해 자세하게 말하는 경향이 있다.

또한, 비언어적 의사소통에서도 여성은 남성보다 더 자주 웃으며, 시선을 아래로 떨어뜨리거나 하던 말을 자주 중단하는 반면 남성은 여성보다 더 자주 응시하거나 손가락으로 가리키는 행동을 한다. 이러한 비언어적 의사소통의 상징에서 남성이 더 지배적인 표현을 자주 하지만, 여성은 복종적인 표현을 자주하는 것으로 나타났다(Kaplan & Sedney, 1988). 비언어적 표현에서의 남녀 차이는 관습적인 성역할 사회화와 맥을 같이 한다.

의사소통에서의 남녀 차이는 남성과 여성의 정보처리 방식과도 관련이 있다. 일반적으로 여성들은 자연스러운 의식의 흐름을 표현하는 편이다. 반면 남성은 반응을 보이기 전에 시간을 끌며 반응에 대한 예측을 궁리하고, 그 다음에 천천히 말을 하는 경향이 있다(Gray, 2000). 이럴 때 남성은 종종 침묵을 지키나, 여성은 이 침묵을 사랑이 떠난다는 신호로 받아들이므로 불안하게 반응한다.

여자들이 해결해야 할 가장 큰 난제는 남자가 말을 하지 않을 때 그것을 어떻게 받아들일 것이며, 어떻게 해야 그가 필요로 하는 도움을 정확히 제공할 수 있느냐 하는 것이다.

※출처: 존 그레이(2000). p. 104.

읽을거리

말싸움에선 아내를 도저히 못 당하는 이유

부부싸움을 할 때 말로는 아내를 당할 수 없어서 아예 입을 다물어 버리는 남편들, 다 이유가 있다. 케임브리지대 심리학과의 배런 코언 교수는 오랜 진화과정에서 여성의 뇌는 '공감하기'에 더 적합하게 프로그래밍이 되고, 남자의 뇌는 '체계화하기'에 더 적합하게 됐다고 주장한다. 여성은 언어력을 관장하는 좌반구가 남성보다 크게 발달해 커뮤니케이션 능력이 우수하다고 한다. 대뇌피질의 신경세포 또한 남자보다 11%가량 더 많은데, 특히 언어구사 등에 할애된 부분에 신경세포가 더 빽빽이 들어차 있어 '언어를 순발력 있게 구사하는 능력'이 뛰어나다고 한다.

예일대 샐리 셰이위츠 교수는 여성이 같은 절차로 시작하는 단어를 남성보다 더 많이 생각해 내고 동의어나 빛깔, 형태를 나타내는 단어도 더 빨리 생각해 내는데, 이는 "여성이 책을 읽을 때 뇌의 좌우반구에 있는 신경영역을 모두 사용하기 때문"이라고 한다. 여성은 언어와 제스처 같은 상징적 행동과 관계있는 부위에서 두뇌활동이 왕성해 말하거나 글을 읽는 속도가 남성보다 빠르다. 남성이 하루에 약 7천 개의 단어를 사용하는 반면 여성은 2만 개의 단어를 사용하는 것으로 나타났다.

또한, 여성은 육감을 통해 타인의 표정언어를 읽어내는 데 탁월하다. 여성의 육감은 막연한 감정상태가 아니라 뇌의 특정 부위에 의미를 전달하는 실제 감각이다. 여성의 뇌는 '거울신경'이 풍부해 타인의 감정을 거울처럼 비춰 읽어낼 수 있다. 그렇다고 모든 뇌 부위에서 여성이 뛰어난 것은 아니다. 체계화를 잘하는 남성은 구름 모양을 보고 곧 폭풍이 올 것을 예측하고 여러 사람으로 구성된 집단을 하나의 체계로 보고 주어진 목표에 맞게 이끌어갈 줄 안다. 따라서 남성이 기죽을 필요는 없다.

인간의 뇌는 그 구조와 기능에 영향을 미치는 성호르몬의 변화를 조정하고 촉진하면서 '타고난 운명'도 바꿀 수 있다. 여자는 수동적이고 소극적이라는 '상식'은 깨질 수 있고 '남자답지 않은 남자'의 문화가 현실적으로 존재할 수도 있다. 우리에게 익숙해진 남자다움과 여자다움의 개념은 시간과 장소에 따라 변하는 상대적일 뿐이다.

※출처: 주간조선(2008.10.27).

남녀관계에서 서로의 정서적 기대와 충족이 일치되는 것은 쉬운 일이 아니다. 많은 경우에 여성의 관계지향적인 욕구에 대해 남성의 반응은 불만족스럽다. 이혼자들을 대상으로 한 국내외 연구에 의하면 여성의 이혼사유는 복합적이며 관계적인 것들이 많지만, 남성의 이혼사유는 단순하고 외부 요인에 대한 귀인이 많음을 공통으로 보고한다(전영주 2006; Kitson, 1994). 심지어 남성들은 자신이 왜 이혼을 했는지 정확히 알지 못하는 경우도 많다. 이처럼 많은 남성과 여성은 금성인과 화성인 또는 개와 고양이처럼 정서적으로 교감하기 어려운 부분이 존재하며, 이는 관계에 좌절감을 낳고 결국 의사소통이 감소해 행복한 결혼생활의 걸림돌이 된다.

친밀감과 독립심의 욕구 주기(need cycle)가 남녀간에 서로 다른 것도 친밀감을 발전시키는 데 어려움을 유발한다. 남성은 파트너 여성을 사랑하고 있으면 때때로 멀어지고 싶은 욕구가 생긴다. 남성과 여성 모두 자신이 좋아하는 방식대로 사랑을 표현할 것이 아니라 상대방이 생각하고 느끼고 반응하는 방식이 자신과 어떻게 다른지 터득해 가야 할 필요가 있다(Gray, 2000).

활동자료

다음 각 문항을 읽고 자신과 가장 가깝다고 판단되는 점수를 다음의 5점 척도에서 찾아 답하시오.

1	2	3	4	5
전혀 그렇지 않다.	별로 그렇지 않다.	중간이다.	약간 그렇다.	매우 그렇다.

1. 우리(나와 애인)는 처음 만나자마자 서로에게 끌리기 시작했다.
2. 나는 애인에게 헌신하고자(마음을 다하고자) 하는 결심을 확실하게 해두고 싶지는 않다.
3. 나는 한참 지나고 나서야 내가 상대방을 사랑하고 있다는 사실을 알게 되었다.
4. 나는 애인에게 헌신하기로 하기 전에 우선 인생이란 어떻게 살아야 하는가에 관해 깊이 생각한다.
5. 애인과 나 사이에 일이 잘 풀리지 않으면 속이 뒤집혀 소화가 잘되지 않는다.
6. 애인이 어려울 때 나는 언제나 그를 도와주려고 한다.
7. 우리는 서로에게 금방 신체적으로 흥분되었다.
8. 애인이 비록 나에 대해 잘 모르고 있다 해도 상처를 받지 않을 것이다.
9. 진실한 사랑이란 상대방을 먼저 보살펴 주는 것이다.
10. 내 인생을 주도면밀하게 계획하고 나서야 애인을 선택하고자 한다.
11. 사랑하는 사람과의 관계가 깨지면 너무 우울해져서 자살하고 싶은 생각마저 든다.
12. 애인이 고통을 당하도록 내버려 두는 것보다 차라리 내가 고통을 당하는 편이 낫다.
13. 우리의 사랑은 매우 강렬하고 만족스럽다.
14. 나는 때로 애인을 둘씩 사귀면서 두 사람이 서로 알지 못하도록 한 적이 있다.
15. 내가 사랑했던 사람과 언제나 친구처럼 지내기를 바란다.
16. 배경이 비슷한 사람끼리 사랑하는 것이 가장 좋다.
17. 때때로 나는 사랑에 빠져 있다는 것이 너무 흥분되어 잠을 이룰 수가 없다.
18. 애인이 먼저 행복해야 나도 행복할 수 있다.
19. 우리는 서로를 위해 존재한다는 느낌이 든다.
20. 나는 연애 사건(love affairs)에서 쉽고 빠르게 벗어날 수 있다.
21. 최상의 사랑은 오랜 우정에서 시작되어 발전한다.
22. 애인을 선택할 때 중요하게 생각하는 것은 애인이 우리 가족의 일원으로 잘 어울리느냐 하는 점이다.
23. 사랑에 빠져 있을 때 나는 어떤 다른 일에도 집중할 수가 없다.
24. 애인이 소망하는 바를 이루게 하기 위하여 나 자신의 소망을 희생할 용의가 있다.

25. 우리는 만나자마자 얼마 안 되어서 신체적인 접촉을 시작하였다.
26. 만약 애인이 내가 다른 사람에게 했던 몇 가지 일을 안다면 속상해할 것이다.
27. 우리의 사랑은 우정에서 서서히 발전하였다.
28. 파트너를 선택할 때 중요한 것은 그 사람이 좋은 부모가 될 수 있을까 하는 점이다.
29. 애인이 누군가 다른 사람과 있다는 의심이 들면 나는 견딜 수가 없다.
30. 내가 가지고 있는 것은 무엇이든 애인이 원하는 대로 써도 좋다.
31. 우리는 진실로 서로를 이해한다.
32. 애인이 나에게 너무 의존적이 되려 할 때, 나는 약간 뒤로 물러서고 싶다.
33. 사랑은 진실로 깊은 우정이지, 신비스럽거나 알기 어려운 감정은 아니다.
34. 파트너를 선택할 때 중요한 것은 내 앞길에 도움이 될까 하는 점이다.
35. 애인이 나에게 관심을 기울이지 않으면 나는 전체가 아픈 것 같다.
36. 사랑하는 사람을 위해서라면 모든 것을 참고 견디겠다.
37. 내 애인의 외모는 나의 이상형에 꼭 들어맞는다.
38. 나는 여러 파트너와 사랑놀이하기를 좋아한다.
39. 내 경우 가장 만족스러운 사랑의 관계는 우정으로부터 발전되었다.
40. 어떤 사람과 가까워지기 전에, 내가 그 사람과의 사이에 자녀를 둘 때 자녀가 좋은 유전형질을 물려받을 수 있을까를 먼저 알아보고자 한다.
41. 애인이 잠시라도 나한테 무관심하면, 나는 그의 관심을 돌리기 위해 이상한 짓을 할 때가 있다.
42. 애인이 나한테 화를 낼 때도 나는 그 사람을 무조건 한없이 사랑한다.

※ 채점방식

각 사랑의 유형별 문항은 다음 표와 같다. 각 문항에 답한 점수를 근거로 하여 사랑의 유형별로 평균치를 산출하고, 평균치가 가장 높은 유형이 자신의 유형이다.

낭만적 사랑	유희적 사랑	우정과 같은 사랑	논리적 사랑	소유적 사랑	헌신적 사랑
1	2	3	4	5	6
7	8	9	10	11	12
13	14	15	16	17	18
19	20	21	22	23	24
25	26	27	28	29	30
31	32	33	34	35	36
37	38	39	40	41	42

CHAPTER

04

이성교제와 배우자 선택

제1절 이성교제

제2절 배우자 선택

제1절 이성교제

1 이성교제의 발달배경

청년기에 접어들면서 이성에 대한 관심과 호기심이 점차 증가하므로, 이성교제는 중요한 의미가 있다. 청년들은 이성교제를 통해 상대를 존중하는 능력을 키우고, 자기를 인식하는 동시에 타인을 이해할 수 있게 되며, 남녀의 역할을 익히게 된다. 또한, 삶의 목표를 세우고, 더욱 넓은 사회 경험을 쌓아 남녀가 함께 살아가는 사회에서의 적응력을 키울 수 있으며, 남녀가 공동으로 협력하는 사회인의 자질을 기를 수 있다.

이제는 흔한 개념인 데이트(date)라 불리는 이성교제의 역사는 100년이 채 되지 않는다. 미국의 대학생 사회에서 데이트가 등장한 것은 제1차 세계대전 이후부터이며, 1930년대에 와서 데이트가 일반화되었고, 1940~1950년대에는 데이트 하는 나이가 10대에까지 확산하였다(김정옥 외, 2012). 이처럼 과거에는 데이트가 결혼을 전제로 한 남녀의 만남으로 간주했으므로, 미성년자의 데이트는 흔치 않았으며, 성인의 이성교제 역시 부모의 허락을 통해 인정받을 수 있었다.

데이트 문화의 발생 배경을 살펴보면 산업화와 도시화의 영향을 들 수 있다(김양희 외, 2011). 전쟁을 전후하여 젊은이들은 도시로 이주하였으며, 부모의 통제권을 벗어나 군수품 생산공장 등에 취업하게 되었다. 산업화와 함께 기술혁신이 일어나고, 문명이 발달함에 따라 물자가 풍부해져 전화, 자동차, TV, 영화, 레스토랑과 카페, 댄스장, 다양한 스포츠 및 레저문화 등이 발달하여 부모의 보호와 감시로부터 자유로운 젊은 남녀의 접촉이 증가하였다. 또한, 여성교육의 확산, 남녀 공학제도의 도입, 경제활동에 참여하는 여성인구의 증가 등은 더욱 진보적이고 자유로운 이성교제를 가능하게 했다. 이성교제를 통해 남녀간의 친밀한 대화와 만남이 이루어졌으며, 사랑, 낭만성, 친밀감 등의 정서를 경험하게 되었다.

21세기로 넘어오면서 정보화 시대, 지식기반사회가 도래하였고, 인터넷 혁명, 모바일의 상용화는 이성교제의 양상을 변화시켰다. 오프라인과 함께 온라인에서의 교제 경향이 두드러지고 모바일의 사용은 교제 중인 남녀의 행보에 모니터링 역할을 하는 등 정보화 사회의 기술혁신은 이성교제의 패턴을 변화시켰다.

최근에는 남녀 당사자가 스스로 이성교제를 진행하며, 데이트 행위의 책임, 나아가 이성교제를 종결하는 결정권도 스스로 행사하는 것이 보편적이다. 특히 가족중심적 사고에서 개인중심적 사고로 전환됨에 따라 부모의 영향력은 감소하고 있는 반면, 개인의 행복과 사랑을 위해 배우자 선택의 결정권을 스스로 행사하는 경향은 증가하고 있다. 이처럼 부모 영향력의 점진적인 감소는 이성간의 접촉 기회를 증가시키고 이성교제의 자유로움과 낭만성을 더하는 요인으로 작용하였다.

이성교제를 통해 남성과 여성의 장단점을 파악하게 되어 이성에 대한 이해도를 높이며, 이성간의 상호작용을 통해 함께 어울려 지내는 방법을 습득하게 되어 삶의 활력을 받는다. 나아가 이성교제의 경험을 통하여 장래 배우자를 선택하는 안목을 키우고, 원만한 인간관계의 기술을 배우게 된다. 특히 성인 초기에는 결혼과 가정의 형성이라는 발달과업을 수행하기 위하여 이성교제는 반드시 필요하다.

프로이트(Sigmund Freud)는 "가장 성공적인 삶이란 사랑하고 일하는 것이다(Lieben und Arbeiten)."라고 말함으로써 인생에서 가장 의미 있고 중요한 것 중 하나는 자신의 존재 의의와 보람을 느끼는 일을 하면서 사는 것이고, 다른 하나는 평생 어떤 대상을 사랑하면서 사는 것이라고 하였다. 전 생애에 걸친 심리 · 사회적 발달단계를 발전시킨 에릭슨(Erik Erikson)은 성인 초기를 이성교제를 통해 사랑에 눈뜨게 되며 친밀감이 발달하는 중요한 시기라고 보았다. 이성교제는 청년들이 향후 결혼을 하기 위하여 배우자를 선택하는 과정에 도움이 된다.

2 이성교제의 발달과정

이성교제는 청소년기 또는 성인기의 '남자와 여자가 만나서 좋은 관계를 맺는 것'이다(김양희 외, 2011). 최근에는 이성교제를 하는 연령대가 점차 낮아지는 추세를 보이고 있으며, 아동기나 청소년기의 이성교제는 동성간의 친구관계와 함께 중요한 대인관계로 여겨진다.

허록(Hurlock)은 이성에 대한 관심이 변화하는 양상에 대해 이성 의식의 발달단계를 나이별로 7단계로 분류하였다(허혜경, 김혜수, 2015).

- 1단계: 중성적 시기(1~5세)

  자신을 돌봐주는 사람에게 애정을 표시하며 남녀 구분 없이 잘 어울린다.

- 2단계: 성적 대항기(6~12세)

  주로 동성과 어울리면서 남녀간의 신체적 차이를 의식한다. 이성 친구와 놀 경우 때로는 또래로부터 놀림을 당하기도 한다. 남녀의 대립 양상은 초등학교 3~4학년경부터 현저하게 나타나 남아는 힘이 센 것으로 자신 있게, 여아는 약자로서의 열등감 또는 대항 의식을 가진다.

- 3단계: 성적 혐오기(12~13세)

  이성에 대한 혐오 또는 증오의 감정이 강렬해지는데, 이는 사춘기의 신체 변화 때문에 여성들은 생리, 임신 등에 대한 불편함으로 남성을 혐오하거나 연애를 불결하게 생각하고, 남성을 냉담하고 무뚝뚝하거나 때로는 거칠게 대하기도 한다.

- 4단계: 성적 애착기(14세경)

  이성에 대한 혐오감의 이면에 숨어 있는 이성에 대한 호기심과 이성의 접근 때문에 감정적 불안정을 다른 대상을 통해 안정시키고자 하는 욕구가 강해진다. 이러한 이중적 욕구가 겹쳐 연장자인 이성 또는 동성에게 강한 애착을 보인다. 자신보다 연장자인 동성에게 외모, 학력, 인격 면에서 강한 매력을 느껴 질투도 하고, 그러한 자신의 모습에 대하여 자신이 혹시 동성애자가 아닌지 고민하기도 한다.

- 5단계: 송아지 사랑기(15~16세)

  남녀간의 신체적인 변화에 대한 관심과 성적 호기심이 증가하며, 공상과 영화 속의 주인공을 꿈꾸는 시기이다. 이성을 접할 용기가 없어 연장자인 선배, 연예인, 운동선수 등을 사랑하며 그들의 말투나 복장을 모방하기도 한다.

- 6단계: 강아지 사랑기(16~18세)

  이성에 대한 관심이 연장자인 이성에게서 같은 또래의 이성으로 바뀌면서, 이성 전반에 대해 애정을 품는다. 그러나 아직 일대일의 이성교제보다는 두세 사람의 친구와 같이 만나며, 상대의 주의를 끌기 위해 적극적으로 접근한다. 이성교제를 하는 친구를 부러워하거나 자신의 이성 친구에게 한없이 잘 대해 주다가도 사소한 말다툼으로 헤어지기도 한다.

- 7단계: 연애기(19~20세 이후)
  한 사람의 이성에게 관심이 집중되고, 두 사람만의 만남을 원한다. 자기의 부족함 등을 보충하고자 상대를 찾는 경향이 있다. 연애와 성욕을 분리하려는 생각을 하게 되는 것도 연애기의 특징 중 하나이다. 때로는 연애와 성욕을 혼동하여 성적 충동에 의한 열정을 낭만적인 연애감정으로 착각하기도 한다.

청년기의 이성교제에 대한 나이별 분화 정도를 보면 다음 〈표 4-1〉과 같다(김양희 외, 2011).

표 4-1 이성교제의 나이별 특성

연령	이성교제의 특성
12~15세	아직 이성교제에 대한 낭만적 관계를 수용하지 못하는 시기이므로 절대적인 관심을 끌지 못한다. 이 시기 이성교제는 남녀가 단체로 학교 또는 외부에서 큰 부담과 걱정 없이 함께 시간을 보내는 방식으로 진행된다.
16~18세	이성교제가 상당히 일반화되는 시기이다. 이성과 반드시 친밀한 관계는 아니며 우발적으로 이루어지는 경우가 많은데, 즉 근거리에 있는 관심을 보이는 이성을 좋아할 확률이 높아진다. 또한, 이 시기는 이성교제의 가능성만으로도 쾌감을 갖는 경우가 많아 실제로 이루어지는 이성교제의 유형은 격식을 차리지 않는 경우가 많다. 이성교제의 형태는 짝으로 이루어진 남녀가 시간을 보내는 경우가 많아지며, 점차 외모를 가꾸는 등 격식을 갖추는 방향으로 변화된다. 그러나 동성친구와 이성친구의 분화가 확립되지 않은 경우가 많다.
19~22세	점차 남녀간의 관계가 친밀해지고 성적 안정감을 보이며, 자기에 대한 비판력이 향상하여 자신에게 부족한 부분을 이성 및 동성친구에서 찾기 희망하는 '이상적 연인'을 찾으려 한다. 애정의 대상은 1인으로 좁혀지고, 영속적인 이성 관계를 획득하게 된다. 교제의 빈도는 독립성이 확보될수록 증가하게 된다.

이성교제(date)는 결혼을 전제로 한 연애(courtship)와는 차이가 있다(송진숙 외, 2006). 이성교제는 교제 자체를 즐기고, 상대방을 한정하지도 않으며, 관계의 종결도 비교적 자유롭다. 반면 결혼을 전제로 한 연애는 상대가 한 명으로 한정되어 결혼을 목적으로 이루어지는 교제로서 이성교제에 비해 더욱 친밀하고 책임감이 수반되는 관계이다. 그러므로 이성교제를 통해 다양한 성격의 이성을 경험하고, 상대방에게 자신을 투영함으로

써 자신의 특성, 매력, 능력 등을 확인할 기회를 가지면서 대화나 감정이 일치하는 특정한 한 사람에게로 대상을 좁혀 연애하는 것이 이상적이다(정현숙 외, 2003).

청년 후기에 해당하는 대학생들은 신체적으로는 생식기관이 성숙 단계에 이르고, 정신적으로는 인지발달이 완성 단계에 이르는 시기이다. 이 시기는 자신의 실체를 인식하고, 자신이 처해 있는 환경과 성의 의미를 인식하여 성인으로서 장차 선택할 역할이나 지향하고자 하는 개성을 신장시키는 전 생애적 설계가 가능하다. 그러므로 청년들이 이성교제를 통해 직·간접적으로 경험하는 성에 대한 생각과 감정은 성인기의 직업, 배우자 선택, 결혼 등과 같은 대인관계와 사회생활을 예측할 수 있는 척도가 되므로 상당히 중요하다.

3 이성교제의 기능

이성교제는 이성의 상대와 관계를 어떻게 조화롭게 이루어갈 것인가에 대한 훈련이다(김정옥 외, 2012). 특히 이성교제는 배우자 선택을 위한 기초 과정으로서 이를 통해 이성에 대한 관심을 보다 구체화할 수 있다. 또한, 사랑하는 과정을 통해 사랑의 기쁨과 좌절을 경험하기도 하고, 서로의 인격이 존중받기도 하여 삶의 의미를 깨달아가며 성숙할 수 있다.

이성교제가 지니는 일반적인 기능은 다음과 같다(김정옥 외, 2012; 송진숙 외, 2006).

1) 인격 도야의 기능

이성과의 상호 접촉은 사회가 기대하는 정상적인 인격을 형성하는 데 중요한 역할을 한다. 이성교제를 통해 자신의 장단점을 인식하게 되면서 자기 자신을 상대방에게 투사하여 자신을 성찰하는 자기평가와 자아의식을 발달시키는 계기가 되어 더욱 성숙한 인격 형성을 도모할 수 있다. 또한 상대방의 행동에 자신이 영향을 받고, 자신의 행동이 상대방에게 영향을 주는 것을 경험하면서 자신과 타인의 행동에 대한 이해가 깊어지고, 나아가 전반적인 대인관계 형성과 사회생활에 도움을 줄 수 있다.

2) 오락의 기능

이성교제는 당사자들에게 생활의 활력을 더해주는 즐거운 일이다. 이성교제는 결혼을 목적으로 하거나 배우자를 선택하기 위한 만남을 의미하는 것은 아니다. 다시 말해, 이성교제는 서로에게 매력을 느끼는 두 남녀가 반드시 결혼해야 한다는 것을 배제하고, 긴장을 풀며 여가를 즐기는 일이다. 이성교제는 이성과의 사귐을 통해 삶의 만족을 증진할 뿐만 아니라 함께 여가를 즐기는 오락의 기능을 지닌다.

3) 이성에 대한 적응의 기능

사춘기 이후에 청년들은 이성에 대한 관심이 증가하면서, 이성 앞에서 지나치게 긴장하거나 어색함과 수줍음을 느낀다. 이성과 직접 만나서 사귀며 친해지는 과정을 통해 이성에 대한 적응력이 생기게 되며, 일반적인 사회생활에서도 성숙한 대인관계의 기술을 습득하게 된다. 또 이성교제를 하는 과정에서 이성에 대한 막연한 기대, 사랑에 대한 환상 또는 비현실적인 사고방식에서 점차 벗어나게 된다. 다양한 이성들과의 접촉과 교제를 통해 인간관계를 형성하고 발전시킬 기회를 가지게 된다.

4) 사회화의 기능

이성교제를 하는 것은 사회인으로서 기대되는 성인 남녀의 역할을 하는 준비단계다. 다양한 이성친구들과 접촉하거나 교제하면서 사회에서 기대하는 자신의 성역할을 습득하게 되며, 이성과 친밀하고 깊이 있는 만남을 유지하는 방법을 터득하게 된다.

구체적으로 데이트하면서 어떻게 대화를 시작해야 하는지를 배우며, 상대방의 말을 경청하거나 공감을 표현하는 것과 같은 대인관계 기술을 발달시키게 된다. 때로는 이성교제를 통해 한 개인으로 하여금 지배나 복종과 같은 경험을 하게 되며, 자연스럽게 남녀 간에 조화의 중요성을 깨닫게도 한다. 어떻게 육체적으로 다른 남녀가 서로 가까워지고 깊은 만남을 경험하는지 배우는 성의 사회화도 이성교제의 중요한 역할이다. 즉 이성교제는 결혼 후 가족이라는 사회에서 상대방을 이해하고 함께 문제를 해결하는 방법, 성역할 등을 습득하는 사회화의 기능을 수행한다.

5) 배우자 선택의 기능

이성교제의 중요한 기능 중 하나로는 배우자 선택을 들 수 있다. 비록 이성교제가 내포하는 배우자 선택의 의미가 과거보다 약화했지만, 다양한 이성교제를 통해 인격적으로 잘 조화되고 사랑할 수 있는 배우자를 선택하는 안목을 가질 수 있다. 상대방의 성격은 한두 번의 만남이나 특정 장소에서의 행동만으로는 정확하게 파악하기 어려우므로, 다양한 상황에서 일정 기간의 이성교제를 통해 가능하다. 일반적으로 데이트 기간과 성공적 결혼은 밀접한 관련이 있으므로 교제기간이 길수록 유리하며, 오랜 기간의 이성교제를 통하여 서로를 파악하는 과정에서 자연스럽게 배우자를 선택할 수 있다.

4 이성교제의 진행

이성교제가 진행되는 형태에 대해서는 학자들간의 견해가 다양하지만, 그룹 데이트, 일시적 데이트, 지속적 데이트, 결정적 데이트의 순서로 진행되는 것이 일반적이다(오영희 외, 2005; 송진숙 외, 2006).

1) 그룹 데이트(group date)

이성교제를 시작하는 단계에서 그룹 데이트는 동성간의 우정에서 이성간의 교제로 전환되는 과도기적 기능을 한다. 일반적으로 이성교제의 경험이 부족한 사람들이 이성교제에 대한 부담감을 줄이기 위해 그룹 데이트의 방법을 선호한다. 우리나라에서 흔히 하는 미팅도 그룹 데이트의 한 형태이다.

2) 일시적 데이트(casual date)

일시적 데이트는 여러 사람과 자유롭게 교제하면서 상대방을 파악하고 자신과 맞춰보는 것으로 임의로운 데이트라고도 불린다. 일시적 데이트의 목적은 오락적인 즐거움을 추구하면서 지속적인 데이트 상대를 찾는 것이다. 상대방에 대한 구속이나 책임감은 없으므로 교제의 시작과 종결이 자유롭다. 일시적 데이트 형태의 다양한 이성교제를 통하여 자신을 이해하고 이성에 대한 판단 기준을 형성하게 된다.

3) 지속적 데이트(steady date)

지속적 데이트는 고정된 데이트라고도 불리며, 데이트 상대자 중 가장 매력을 느낀 한 이성과의 고정적인 만남을 의미한다. 일반적으로, 일시적 데이트의 단계가 지나면 매력적인 특정인과 지속적인 관계를 유지하고 싶어 한다. 특별히 상대를 구속하지는 않지만, 상대가 자신과의 관계만을 유지하길 원하는 동시에 자신도 상대방에게만 집중한다. 지속적인 데이트를 통해 남녀는 심리적 안정을 얻게 되고 자아욕구를 충족시키며, 친밀한 상호관계를 유지하면서 상대방에게 애정을 느끼게 된다. 또한, 데이트 상대에게 적절한 매력을 보이며 경쟁을 해야 하는 초기 데이트 단계의 부담감에서 벗어날 수 있다. 데이트가 진행되면서 서로 미래를 설계하거나 상대방의 가능성에 대해 객관적으로 평가하기 시작한다. 또한, 오락적 측면과 함께 보다 책임감을 갖고 자신들의 관계를 생각하게 된다. 그러나 이성관계의 폭이 좁아지고 성적 욕구가 강해지기도 한다.

4) 결정적 데이트(pinning date)

지속적 데이트를 긍정적인 방향으로 지속한다면 청혼을 하게 되고 결혼에 대하여 더욱 확실히 약속하게 된다. 결혼을 전제로 하는 결정적 데이트는 당사자들이 다른 이성과 배타적 관계를 약속하는 구속적인 속성을 지닌다. 커플은 미래에 대하여 구체적이고 진지한 의견교환을 하고 서로 신뢰하며, 점차 정신적 및 육체적 친밀도가 높아진다. 즉, 결정적 데이트는 약혼의 시험적 단계이다.

5 이성관계의 발전

이성관계는 만난 횟수가 증가하면서 점차 발전하게 된다. 두 남녀는 친밀감과 애정을 느끼게 되어 서로 사랑하게 된다. 사회심리학자들은 서로 사랑하는 이성관계처럼 인간관계가 심화하는 과정을 사회적 침투(social penetration)라 지칭한다. 올트만과 테일러

(Altman & Taylor, 1973)는 이성관계의 발전과정을 사회적 침투과정의 5단계로 설명하고 있다(권석만, 2014; 김종운, 박성실, 2016).

1) 첫인상 단계(first impression stage)

첫인상 단계에서는 상대방을 만나 주로 외모나 행동을 관찰하면서 인상을 형성하게 된다. 이 단계에서 상대방에게 좋은 인상, 즉 호감이 가게 되면 상대에 대한 관심이 높아져 더 알고 싶은 마음이 생겨나며 개인적 정보를 알기 위해 노력을 기울인다.

2) 지향 단계(orientation stage)

지향 단계에서는 서로 자신에 대한 피상적인 정보를 교환하고, 상대방을 탐색한다. 상대방에게 좋은 인상을 주려고 노력하면서, 상대방도 자신에게 호감이 있는지 타진해 본다. 자신을 긍정적으로 보이려 하고, 타인에 대해서도 비판을 회피하는 다소 긴장된 상태의 단계이다. 이 단계에서 개인적 정보에 근거하여 관계를 지속할지가 결정되는데, 대부분의 만남이 여기서 끝난다. 지향단계에서 상대로부터 거부를 당해 자존심이 상할 수는 있으나, 마음의 상처는 그다지 크지 않다.

3) 탐색적 애정교환 단계(exploratory affective exchange stage)

탐색적 애정교환단계에서는 좀 더 친근한 태도를 보이고, 대화의 내용이 좀 더 풍부해지며 자발성도 증가하게 된다. 상대방에 대한 호감 이상의 초보적인 애정과 사랑의 감정을 느끼게 된다. 따라서 상대방을 좋아하는 감정을 어떻게든 알리려고 노력하고, 상대방이 자신을 사랑하는지 확인하려 한다. 그러나 애정표현에 있어서 상대방이 허용한 범위를 넘어가면 상대방에게 부담을 주게 되어 관계로부터의 이탈 가능성이 있기 때문에 다소 형식적이고 초보적인 애정교환이 이루어진다. 상대방의 말과 행동에 예민해져서 감정의 변화가 심해지는 이 단계는 살얼음판을 걷듯 가장 예민하고 불안정하다. 이 단계에서 상대에 대한 실망이나 상대로부터 거부를 당해 관계가 종결될 수 있다. 이미 감정이 상당 수준 개입되었기 때문에 관계 종결에 대한 상당한 아픔을 겪을 수 있다.

4) 애정교환 단계(affective exchange stage)

애정교환 단계에서는 편안하게 상대를 칭찬도 하고 때로는 비판도 한다. 서로 좋아한다는 것 또는 서로 사랑하는 연인 사이라는 것을 암묵적으로 인정하고 사랑을 표현한다. 사랑하는 마음을 전달하기 위해 빈번한 전화통화, SNS, 만남, 선물 교환, 서로를 위한 이벤트 등을 준비하면서 친밀감이 형성된다. 아직은 상대방에게 자신의 속마음을 완전히 털어놓지는 않으며, 자신의 약점과 단점이 드러나지 않도록 조심한다. 이 단계는 서로 사랑에 대한 약속을 한 상태가 아니므로 여전히 사랑에 대한 확신은 없으나, 상대의 사랑을 확인하고 신뢰를 형성해 가는 단계이다.

5) 안정적 교환 단계(stable exchange stage)

안정적 교환 단계에서는 서로 마음을 터놓고 대화하며 서로의 소유물에도 마음 놓고 접근한다. 자신의 단점이나 약점도 두려움 없이 보이게 된다. 상대방의 사랑에 대한 확신을 하게 되고 친밀감과 신뢰를 바탕으로 안정된 애정 교환이 이루어진다. 이 단계에서 대부분 결혼 약속을 하게 되고, 육체적 애정교환이 이루어지기도 한다. 안정적 교환 단계를 지속하다가 결혼에 이르게 되는 경우는 행복한 경우이지만, 부모의 반대, 유학, 이사, 질병, 죽음 등의 이유로 결혼에 이르지 못하고 헤어지는 경우, 두 사람 모두 상당한 마음의 상처를 입게 된다.

6 이성교제의 어려움

이성교제가 진행되는 동안 남녀는 행복, 기쁨과 같은 긍정적인 정서를 느끼기도 하지만 헤어진 후의 좌절과 슬픔 등 부정적인 정서를 경험하기도 한다. 이성교제를 하는 커플의 경우 나이, 시기, 조건, 사회적 기대, 성가치관, 가정문화 등의 요소는 서로를 위해 도움이 되기도 하지만 경우에 따라서는 어려움을 초래하기도 한다. 현대사회에서 개인은 자신의 이성교제에 대한 선택권을 가지지만, 아직은 이성교제에 대한 명확한 기준이 있는 것은 아니다. 따라서 이성교제가 미혼 남녀의 성공적인 결혼을 위해 반드시 필요하지만, 교제시 예상치 못했던 문제점이 발생하기도 한다. 여기서는 이성교제시 발생할 수 있는 어려움에 대해서 살펴보고자 한다(김양희 외, 2011; 송진숙 외, 2006).

1) 이중 기준

이성교제에 있어서 남녀 간에 사고방식, 가치관, 행동 등의 차이가 있을 수 있다. 이는 남성과 여성이 같은 상황에서 생각하는 것이나 기대되는 행동이 다르므로 나타나는 자연스러운 현상이다. 예를 들어 여성과 남성들 각자가 생각하는 성가치관이나 문화적 차이, 지속적이고 안정적인 관계를 유지하고자 하는 동시에 성적 친밀감 억제 등에 초점을 맞추는 여성의 성향, 그리고 데이트의 경제적 부담이나 성적 진전을 우선시하는 등 남성의 관점도 문제로 여겨질 수 있다. 이중 기준에는 남녀 성별의 문제를 떠나 한쪽은 오락적 측면에서 이성교제를 하고자 하지만, 다른 한쪽은 결혼을 전제로 한 지속적인 관계를 원하는 경우처럼 관계인식의 차이도 포함된다.

2) 데이트 불안

이성교제는 사회생활이므로 대인관계의 기술과 자기 확신이 필요하다. 성장 과정에서 대인관계기술이나 의사소통기술을 올바르게 습득하지 못하거나 자기 확신이 부족하면 이성교제시 불안감이 야기된다. 이러한 불안은 결혼으로의 진전을 방해할 뿐 아니라 결혼 후에도 갈등을 유발하거나 우울감, 학업 및 취업의 실패와 관련되기도 한다. 즉, 사회성 발달이 미숙함에 따라 인간관계에 능숙하지 못한 경우 이성교제도 불안하게 될 뿐만 아니라 자신의 심리적 건강 및 사회생활에도 어려움을 겪을 수 있다(박경란 외, 2002).

3) 부모와의 갈등

부모는 자녀의 배우자 선택에 무관심할 수 없으므로 배우자 선택의 시험 단계인 이성교제에도 관심을 갖게 마련이다. 부모의 요구보다 자신의 의견이 더욱 중시되는 오늘날에는 이성교제와 관련된 부모와의 갈등이 심화하고 있다.

부모들은 자녀의 이성교제를 결혼과 관련지어 생각하는 경향이 있으므로, 지나친 염려나 반대를 하기도 한다. 이성교제에 대해 부모-자녀간의 갈등을 해결하기 위하여 먼저 부모들은 권위의식을 버리고 자녀와의 대화를 통하여 자녀의 이성관계를 이해하려는 마음가짐을 가져야 한다. 또한, 부모는 이성교제 전에 자녀가 대인관계의 기술을 습득하도록 지원하고, 성교육 또는 성담론(sex talk) 등을 통하여 올바른 이성교제를 하도록 돕는 것이 중요하다.

4) 일, 학업의 지장

이성교제는 삶의 활력을 주는 오락적인 기능이 있지만, 이성교제에 지나치게 몰입하면 다른 생활에 지장을 겪을 수 있다. 남녀가 서로 생각하고 그리워하는 것은 사랑하는 관계에서는 자연스러운 일이지만, 과도하면 자신의 일이나 학업에 몰두하지 못하여 어려움에 봉착할 수 있다. 따라서 이성교제시 자신의 새로운 생활인 데이트에 시간과 노력을 할애해야 하는 점을 고려해 더욱 효율적으로 시간을 배분하여 자신의 일과 학업을 짜임새 있게 관리해야 한다.

5) 혼전 성행위

성행위에 대한 기준과 가치는 사회, 문화 그리고 시대에 따라 변화한다. 오늘날에는 혼전 성행위에 대하여 비교적 자유롭고 개방적으로 바뀌면서 성경험의 나이가 점차 낮아지고 있다.

이성교제가 증가하면서 자연스럽게 남녀의 신체적 접촉의 기회와 빈도가 늘어나게 되고 육체적 쾌락에 대한 통제력 상실 때문에 무분별한 혼전 성관계가 문제시되기도 한다. 특히 자기표현을 적극적으로 하는 젊은 세대들은 혼전 성관계에 대한 정보를 다양한 매체를 통해 접하게 되면서 사랑한다면 육체적 성관계를 당위적인 과정으로 착각하기도 한다.

그러나 우리나라에서는 여전히 남성의 순결에 대한 기준이 여성보다 관대한 반면, 여성에겐 더욱 엄격한 기준이 적용되고 있다. 혼전 성관계에 의하여 임신한 경우에는 결혼한다 하여도 갈등의 원인이 될 수 있으며, 만약 결혼하지 않으면 남성과 여성 모두에게 심각한 정신적 상처를 남긴다.

성에 관한 의식이 개방적으로 변화되고 있는 현대에는 첫 성관계 경험의 나이가 점차 낮아지고 있으므로 무분별한 혼전 성행위에 따른 죄책감, 피임의 실패 및 불충분한 준비로 인한 미혼 부모의 발생 등에 따라 보다 책임감 있는 성의식이 요구된다. 혼전 성행위에 대하여 남녀 모두 신중한 자세로 책임 있는 이성교제를 하여야 한다.

6) 데이트 폭력(Dating Violence)

데이트 폭력이란 일반적으로 미혼 남녀가 혼전에 교제하는 과정에서 상대에게 해를 끼칠 의도를 가지고 행한 모든 언어, 신체, 정서, 성적인 행위를 의미한다. 데이트 폭력에는 모욕적 언사, 욕과 같은 언어적 공격과 물건 부수기, 위협하기 등의 비언어적 공격을 포함하는 심리적 및 물리적 폭력, 상대방에게 의도성 혹은 잠재적 의도성을 가지고 힘이나 도구를 사용해 상해를 입히는 신체적 폭력, 그리고 성관계를 강요하거나 강압적으로 원치 않는 성관계를 하는 성폭력이 포함된다.

특히, 데이트 폭력이란 데이트 중 명백한 동의가 없는 상태에서 한쪽의 일방적인 강요에 의해 일어나는 폭력 및 성폭력이지만, 가해자와 피해자가 이것을 폭력으로 인식하지 못하고 윤리적인 잘못 또는 난폭한 성관계로 간주하는 경우가 흔하다. 그러므로 데이트 폭력이라도 고소하는 경우는 많지 않으며, 간혹 고소하는 경우에 가해자가 데이트 폭력을 서로 동의한 성관계라고 주장하면서 피해자를 무고죄나 명예훼손죄로 맞고소하는 일도 있다(한국성폭력상담소 www.sisters.or.kr).

국내에서 데이트 폭력의 양식은 물건 던지기, 뺨 때리기, 떠밀기, 성폭력 등 다양하며, 폭력의 발생장소는 주말에 사적 장소로 교제하는 사람의 거주지, 부모의 거주지, 야외, 자동차 안 등이었다. 폭력 발생요인으로는 첫째, 폭력을 수용하는 태도, 성가치관, 인성과 같은 심리적 요인, 둘째, 성장기의 가족환경(부모이혼, 별거, 가정폭력 등), 아동기의 폭력 경험과 같은 가족 요인, 셋째, 과거 데이트에서의 폭력 경험, 대화의 질 등의 인간관계 요인, 넷째, 학업성적, 경제적 문제, 취업 등과 같은 긴장 요인으로 분류할 수 있다.

데이트 폭력은 호감을 느낀 이성간에 일어나기 때문에 가해 상대방에게 책임을 묻기가 어려워 피해가 반복되는 경우가 많다. 데이트 폭력은 상호 정서적으로 부정적 영향을 주게 되는데, 특히 여성이 남성보다 약 3배 감정적 상처를 받으며 자존감의 손상을 입는 것으로 나타났으나(Mabepeace, 1986; 이영숙, 박경란, 2010, 재인용), 이러한 문제로 인해 전문가의 도움을 받는 비율은 낮았다.

데이트 폭력은 나아가 부부폭력으로 연장될 수 있기 때문에 가정폭력을 예방하기 위한 차원에서 다루어져야 할 심각한 사회문제로 대두되고 있으며, 폭력의 정도가 심하지 않더라도 상습적인 폭력을 행사하는 상대방이라면 조속히 관계를 정리하는 것이 현명하다.

7) 관계의 종결

두 사람이 관계를 끝내고 싶으나 여러 가지 이유로 관계의 종결이 지연될 수 있다. 정 때문에 혹은 두려워서 말을 못하거나 만나면 다투지만 헤어지면 외롭고 마음이 공허하여 다시 만나기도 한다. 그러나 좋은 파트너를 만나 관계를 발전시키는 것만큼 중요한 것은 자신에게 맞지 않는 파트너와 잘 헤어지는 것이다.

자신이 관계를 끝맺어야겠다고 결정하였을 때에는 상대방이 상처를 받을 것임을 인정하고, 명확한 이유로 관계를 종료할 것을 분명히 밝힌 뒤 관계를 끝내야 한다. 만약 상대방 쪽에서 관계를 정리하고 싶어 하면 심리적 고통이 심할 수 있으나, 이러한 고통은 일시적이라는 것을 인지하고 그 사람을 생각하게 하는 기념물이나 사진, 문자 등을 정리하고, 혼자만의 시간을 갖는 것이 좋다. 이성교제가 종결된 후에는 당연히 전화, 방문, 문자 등은 하지 않도록 한다.

이성관계의 종결에는 세 가지 유형이 있다. 첫째, '일방적 실연'은 한쪽이 헤어질 것을 통보함으로써 이루어지며, 통보를 받은 쪽은 우울감, 상처, 분노 등을 경험하게 된다. 둘째, '합의된 실연'은 서로 합의하고 관계를 종결하는 경우이며, 상대에게 불만이 있어 헤어지는 것이므로 상대적으로 고통은 적으나, 간혹 아쉬움이나 후회를 남기기도 한다. 셋째, '강요된 실연'은 외부 요인으로 관계가 중단되는 경우로 부모의 반대, 한쪽의 죽음, 부득이한 사고 등을 들 수 있다. 강요된 실연은 관계는 중단되더라도 그리움이나 아쉬움으로 인해 사랑의 감정이 더 애틋해질 수 있다. 때로는 주변의 반대와 같은 외부 요인은 연인간의 사랑과 결속을 강화시키는 '로미오와 줄리엣 효과'를 낳기도 한다(권석만, 2004; 김양희 외, 2011 재인용).

제2절 배우자 선택

1 배우자 선택

결혼은 개인이나 개인이 속한 집단에게 중대한 사건이다. 결혼의 성공 여부는 배우자 선택에 의하여 상당 부분 결정된다. 현대사회는 가족의 기능이 변화하면서 배우자에 대한 정서적 및 애정적 기능이 강조되고, 가족의 안정성과 자녀양육의 문제도 배우자 선택에 의해 크게 영향을 받는다. 그러므로 결혼 적령기에 있는 사람과 그 부모는 적절한 배우자의 선택으로 고민하게 된다.

1) 배우자 선택의 원리

배우자를 선택하는 데에는 몇 가지 원리가 존재하는데, 이는 사회학적, 심리학적, 경제학적 원리로 설명할 수 있다.

(1) 사회학적 원리

사회학적 관점에서는 배우자 선택이 '동질혼(homogamy)'과 '족내혼(endogamy)'의 원칙에서 이루어진다고 본다. 동질혼이란 가치나 태도, 그리고 사회적 배경 등에서 서로 유사한 동질성을 지닌 사람들끼리 서로 배우자로 선택한다는 것이다. 같은 사회집단에 속한 사람들은 여러 가지 면에서 동질적이므로, 사회 내에서 결혼하는 족내혼이 보편적이다.

물론, 동질혼과 족내혼의 원칙에서 벗어나는 일도 있다. 그 대표적인 예가 근친금혼(incest taboo)으로 같은 혈연집단이야말로 가장 밀접한 집단이며, 가장 동질적인 집단이지만 동서고금을 통해 일반적으로 가까운 혈연집단 내에서의 결혼은 금하고 있다.

근친금혼의 규정 외에도 동질혼과 족내혼의 예외가 발견될 수가 있다. 집단의 크기가 작거나, 집단 내에서 성비의 균형이 맞지 않거나, 집단 내의 사람들간의 이질성 정도가 크면 다른 집단의 사람들과 결혼하는 것을 종종 발견할 수 있다. 예를 들어, 미국 속의 이민 한국인집단은 그리 크지 않기 때문에 결혼연령에 속한 사람들도 그리 많지 않다. 더구나 미국은 인종적 또는 문화적 이질성이 크기 때문에 이민 2세대는 이질적인 사람들과도 쉽게 친해지고 교류하면서 이민 한국인집단이 아닌 다른 집단에서 배우자를 선택하는 경향이 있다.

(2) 심리학적 원리

배우자 선택에서 '유사성'과 '보상성'과 같은 개인간의 특성이 심리학적 원리로 작용하게 된다.

일반적으로 사람들은 자신과 유사한 사람들에게 호감을 느끼게 된다. 자신의 가치나 태도와 비슷한 사람들에게는 호감을 느끼지만 그렇지 않은 사람들은 싫어하는 경향을 들 수 있다. 유사성이 배우자 선택의 기준으로 작용한다는 설명은 사회학적 관점에서의 동질혼 및 족내혼의 원칙과 일관적이다.

유사성에 대해 매력을 느끼는 정도를 실제 상황에서는 완전하게 파악하기 어렵다. 일단 사람의 태도는 무수한 주제에 대해 무수한 형태로 나타나므로, 한정된 주제에 대한 태도만으로 어느 정도 매력을 느낄 것인가를 예측하기란 쉽지 않다. 게다가 모두가 유사성에 대해 비슷한 방식으로 반응하지는 않으므로 유사한 사람에 대해 반드시 매력을 느낀다고 결론짓기는 어렵다.

한편, 상대방의 특성에 따라 유사성이 호감을 유발하기도 하지만 오히려 부정적인 감정을 유발할 수도 있다. 예를 들어, 어떤 상황에서 상류층의 사람과 자신의 행동이 유사할 때 호감을 불러일으킬 수 있겠지만, 경우에 따라서는 자신의 태도와 정신질환자의 행동이 유사하다는 것을 발견할 때 오히려 혐오감을 느끼고 더 싫어하게 될 수 있다.

다른 한편으로는 남녀가 서로 하나 또는 두 개의 속성에서 달라 보상이 되어 서로에게 만족을 제공하게 된다. 배우자 선택에서 이러한 보상성이 작용하는 경우는 대개 성격, 심리적 욕구, 단순한 행동에서 보상성이 나타날 경우이며, 나이, 사회 · 경제적 지위, 인종, 교육수준 등의 기본적인 특성에서 유사할 경우, 서로간의 보상적인 특성이 작용하기 쉽다.

(3) 경제학적 원리

경제학적 원리에서는 사회교환의 원칙에 의해 남녀의 교제행위를 이성적이며 계산된 행위로 간주한다. 즉, 사람들은 자신에게 최대의 보상을 줄 수 있는 배우자를 선택하고자 하고, 특정 사람과 결혼하는 것과 독신으로 사는 것 각각의 이익과 비용을 계산해서 그 사람과의 결혼이 이익이 될 때 결혼이 이루어진다고 설명한다(문숙재 외, 2001).

결혼성립의 조건을 공식으로 표현하면 다음과 같다[그림 4-1]. 즉, 결혼의 이익에서 비용을 뺀 순이익이 독신의 순이익보다 크거나 같을 때 결혼을 한다는 것이다.

$$(M_b - M_c) = M_n,\ (S_b - S_c) = S_n$$
$$M_n \geqq S_n$$

M: 결혼　S: 독신
b: 이익　c: 비용　n: 순이익

그림 4-1 결혼성립 조건의 공식

여기서 결혼비용이란 결혼을 하기 위해 또는 결혼생활을 유지하는 데 필요한 여러 가지 비용을 포함한다. 예를 들어, 결혼식을 위해 필요한 화폐 비용, 즉 결혼식 비용, 신혼여행 비용, 배우자 예단 및 예물 비용, 살림살이 비용, 주택 비용 등을 들 수 있다. 또한, 결혼생활을 유지하기 위한 노력, 시간, 정신적 스트레스 그리고 결혼의 기회비용, 즉 결혼하기 위해 포기해야 하는 독신생활, 커리어 등과 같은 다양한 비용이 포함된다.

결혼이 주는 이익이란 결혼을 함으로써 얻게 되는 금전적 및 비금전적 이익을 의미한다. 결혼의 이익은 세 가지 측면에서 이해할 수 있다.

첫째, '가족공공재 사용의 효과'가 있다. 한 배우자가 어떤 재화나 용역을 사용한다고 해서 다른 배우자의 사용기회를 감소시키지 않으므로, 같은 자원으로 더욱 여러 사람이 혜택을 입는다. 둘째, '외부 효과'인데, 한 배우자의 재화 및 용역의 사용이 다른 사람의 복지에 영향을 미치게 되므로 역시 같은 자원으로 여러 사람이 혜택을 받는다. 셋째, '상호부양의 효과'는 결혼이 주는 이득이다. 한 배우자가 다른 배우자의 복지를 위해 의도적으로 하는 행위로서, 배우자가 신체적, 정신적으로 건강을 유지하도록 예방적 차원에서 건강관리에 노력하며, 또한, 배우자 건강이 손상되었을 때에는 빨리 회복할 수 있도록 치료의 도움을 제공하는 기능이다.

이러한 결혼의 비용과 결혼의 이익을 계산한 순이익이 독신생활의 순이익보다 크거나 같을 때, 사람들은 독신생활을 포기하고 결혼을 한다는 것이다. 그러나 결혼의 이익과 비용에 대한 판단은 주관적이기 때문에 이 공식을 획일적으로 적용하기는 어렵다.

2) 배우자 선택의 결정권

배우자 선택의 결정권이 어디에 있느냐에 따라 아래와 같이 양극을 잇는 하나의 연속선상에서 생각할 수 있다. 연속선의 왼쪽 끝은 중매혼(arranged marriage)이며, 오른쪽 끝은 자유혼(free choice of mate)이다[그림 4-2]. 다시 말해 왼쪽에서 오른쪽으로 갈수록 배우자 선택에서 개인의 자유의사가 강하게 반영됨을 나타낸다.

그림 4-2 중매혼과 자유혼의 관계

중매혼이란 배우자 선택의 결정권이 결혼 당사자에게 주어지지 않는 경우이다. 주로 가족, 특히 가족 내의 연장자가 배우자 선택의 유력한 의사결정자가 된다. 결정권자인 가족은 결혼을 보편적으로 기존 가족의 안정과 연속을 위해, 누가 집안 식구로서 적절할 것인가의 입장에서 배우자를 선택하게 된다. 일반적으로 중매혼에서 고려되어야 할 요건은 결혼 당사자와의 관계와 함께 기존 집안 식구들과의 관계가 원만할 것인가, 기존 가족의 질서에 순응할 수 있을 것인가를 고려하게 된다.

자유혼은 결혼 당사자 이외에 누구의 의사도 반영하지 않으며, 사회적 규범도 상관없이 전적으로 결혼 당사자의 자유에 의해 배우자를 선택하는 경우이다. 그러나 현실적으로 완전한 의미에서의 자유혼은 존재하기 어렵다. 완전한 의미에서의 자유혼이란, 돈, 권력, 사회적 지위, 직업, 교육, 나이, 근친관계, 가족상황, 성 같은 상대방의 특성에 대한 주변의 의견이나 사회적 규범과는 무관하게 배우자를 자유롭게 선택하는 것을 의미하기 때문이다(문숙재 외, 2005).

표 4-2 연애혼과 중매혼의 비교

영역	연애혼	중매혼
이성교제	매우 중요함	고려되지 않음
사랑	매우 중요함	중요하지 않음
상대방에 대한 지식	많이 알고 있음	비교적 적음
함께 하는 시간	많음	비교적 적음
혼전 성관계	있을 수 있음	거의 없음
부모 동의	약간 중요함	매우 중요함

※출처: Davis H. Olson, John DeFrain & Amy K. Olson (2007). 21세기가족문화연구소 편역, 행복한 결혼 건강한 가족. 경기: 양서원. p. 24 수정.

이 외에도 중매혼과 자유혼의 중간 형태인 절충혼이 있는데, 이는 배우자 선택의 결정권이 부모로부터 점차 당사자에게 주어지는 형태이다. 절충혼에는 두 가지 유형이 있는데, 하나는 당사자가 자유로운 교제를 통하여 결혼 상대를 선택한 후 부모에게 소개하고 동의를 얻는 방법이며, 다른 하나는 부모가 상대를 선택한 후 자녀의 동의를 얻는 방법이다.

배우자의 소개 경로를 보면 집안 어른이 소개하는 경우, 친구가 소개하는 경우, 본인이 직접 만나는 경우, 그리고 결혼정보회사와 같은 결혼 대행업체에서 주선하는 경우 등이 있으며, 이는 배우자 소개의 시대적 양상을 반영한다(신용주, 김혜수, 2012). 절충혼은 중매혼의 단점을 보완할 수 있고 상대를 구할 수 있는 범위가 넓으므로 많은 젊은이가 선호하는 편이다. 어떤 면에서는 오히려 부모의 역할에 의존하고 판단을 신임하는 경향도 있는데, 이는 부모를 통해서 상대방의 배경을 알고 교제하면 안전성이 높고 부모와 갈등을 겪지 않는다고 생각하기 때문이다(유영주 외, 2000). 현대사회에서는 결정권 소재의 측면에서 배우자 선택 방식이 중매혼에서 자유혼의 방향으로 움직여 왔으며, 최근에는 절충혼도 흔하다. 자신의 배우자를 선택하면서 자유혼에서처럼 개인의 선택이 점차 중요해지더라도, 자신이 속한 가족과 사회의 규범으로부터 온전히 자유롭기는 어렵다. 단지 배우자 선택에서 개인의 결정권이 어느 정도 존중되는가의 문제이다.

3) 배우자 선택이론

(1) 여과망이론(Filter Theory)

케르코프와 데이비스(Kerkoff & Davis, 1962)는 배우자 선택의 다양한 요인을 발달적 모형으로 제시하였다. 약혼 단계의 대학생 커플을 종단 연구한 결과, 그 관계의 초기 단계에는 인종·나이·종교·사회계층 같은 사회적 특성이 중요한 요인으로 작용하였으며, 관계가 진전되면서 가치관의 공감이 중요해졌고, 좀 더 오랜 기간 사귄 친밀한 관계에 이른 단계에서는 상호보완의 기능이 중요한 것으로 나타났다.

우드리(Udry, 1971)는 배우자 선택에 영향을 미치는 요인에 관한 이론을 정교화시켜 모든 가능한 데이트 상대로부터 관계를 맺기 시작하여 결혼에 이르기까지 6개의 여과망(filter)을 거치면서 점차 그 대상이 좁아지고 제한되어 마지막에 한 사람을 선택하게 된다고 하는 여과망이론을 제시하였다. 여과망이론에서 배우자 상대를 걸러내는 여과망으로는 근접성의 여과망, 매력의 여과망, 사회적 배경의 여과망, 의견 일치의 여과망, 상호보완성의 여과망, 그리고 결혼준비상태의 여과망이 있으며, 이것을 그림으로 나타내면 [그림 4-3]과 같다.

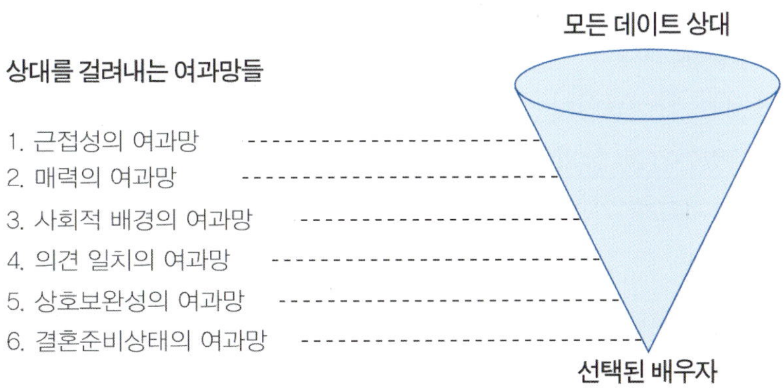

※출처: 송진숙 외(2006). 결혼과 가족, 그리고 부모됨. 서울: 창지사. p.89.

그림 4-3 여과망이론

(2) 자극-가치-역할 이론(Stimulus-Value-Role: SVR이론)

머스틴(Murstein, 1980)은 배우자 선택이 자극, 가치, 역할의 3단계를 거치며 진행된다고 하는 자극-가치-역할 이론을 제시하였다(김애순, 2005; 이경희, 2010). 배우자를 선택하여 결혼에 이르기까지의 배우자 선택과정 3단계를 살펴보면 다음과 같다.

① 자극 단계(stimulus stage)

여기서 자극이란 매력에 의한 것을 의미한다. 이 단계에서는 최소한의 상호작용만 존재하는 단계이므로, 사람들은 외적으로 나타나는 특성에 의해 상호 매력을 느낀다. 즉, 상호작용 전에 관찰 가능한 상대방의 신체적 · 사회적 · 정신적 속성을 평가하여 매력을 발견하는 것이다. 각자가 지니고 있는 조건, 예컨대 외모, 사회성, 지적 능력, 명성과 같은 속성에 대한 상대방의 평가를 기초로 하여 이루어지며, 매력은 상대방이 소유한 자원과 가능성의 교환에 달려 있다. 자극 단계에서는 쌍방의 자원을 비교하는데, 이때 상대방으로부터 얼마 만큼의 보상을 받느냐에 따라 그 관계가 지속된다. 상대방의 외모 · 사회적 기술 · 명성 · 지적능력 등이 기초가 되어 공평한 교환이 이루어질 수 있는지 분석하고, 서로 총체적 매력이 균형을 이룬다고 판단하면 다음 단계로 진전된다.

② 가치 단계(value stage)

가치 단계에서는 인생관이나 성 · 결혼에 대한 가치나 태도 등을 비교하여 모순되지 않고 용납할 수 있는가를 살펴본다. 자신들의 가치가 서로에게 적합하고 양립할 수 있는지를 평가하고, 서로의 가치관이 유사하다고 느껴지면 관계는 더욱 발전하게 되어 다음 단계로 넘어간다.

③ 역할 단계(role stage)

일부는 자극 단계 혹은 가치 단계를 기초로 결혼하지만, 가치의 유사성만으로는 배우자를 선택하기에 충분치 않기 때문에, 대부분의 사람은 역할 단계로 넘어간다. 역할 단계에서는 두 사람이 부부라는 단위로 기능할 수 있는가에 관심을 두며, 역할이 서로에게 적합할 수 있을 것인지를 확인하는 단계이다.

여기서 역할이란 남편 혹은 아내로서 수행해야 할 역할을 의미한다. 또한, 남편이 아내에게 잘 대해 주는 역할이나, 가족의 경제적 안정을 유지하기 위한 활동적 역할 등 다양한 역할을 예상하며, 그 역할의 수행 가능성을 보는 것이다. 역할 단계에서는 자신과 미래의 배우자가 함께 서로의 기대를 확인하고, 협상하며, 기대를 만족하게 하도록 타협한다. 즉, 두 사람이 부부로서 수행해야 할 다양한 역할에 얼마나 적합할지 예측해 보는 것이다. 이 단계에서는 특정한 상황에서 각자에게 기대되는 행동과 역할을 정립하는 것이 중요하다.

세 단계가 성공적으로 이루어지면 일반적으로 결혼에 도달하게 된다. 그러나 어느 단계에서든지 서로가 맞지 않으면 두 사람의 관계는 그 단계에 머무르거나 종결되며 다음 단계나 결혼으로 진전되지 않는다. 자극-가치-역할 이론에서는 자극 단계, 가치 단계, 역할 단계가 연속적이며 단계적으로 일어난다고 하지만, 전 단계에 걸쳐 이 세 요인이 함께 작용할 가능성도 있다(정현숙 외, 2003).

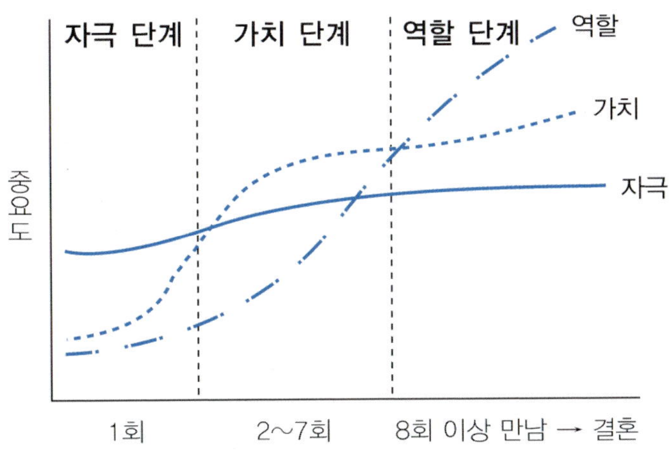

※출처: 김애순(2005). 청년기갈등과 자기이해.
이경희(2010). 아동발달과 부모교육.

그림 4-4 머스틴(Murstein)의 배우자 선택과정 단계

4) 배우자 선택에 영향 미치는 요인

배우자 선택에 영향을 미치는 요인들은 매우 다양하다. 여기에서는 신체적 요인, 사회경제적 요인, 상황적 요인의 세 측면에서 각 요인이 배우자 선택에 어떠한 영향을 미치는지를 살펴보고자 한다.

(1) 신체적 요인: 외모의 중요성

배우자 선택에 영향을 주는 신체적 요인으로 주로 상대방의 외모가 작용한다. 현대사회의 문화는 외모라는 피상적 특성에 대해 많은 가치를 부여하며, 이에 대한 선호는 데이트, 구애, 결혼에서 가장 두드러지게 나타난다. 배우자 선택에서 외모가 중요한 요인이 되는 이유는 세 가지로 설명할 수 있다.

첫째, 현대사회에서는 외모가 개인을 평가하는 중요한 기준으로 작용하기 때문이다. 문화적으로 약간의 차이는 있지만, 현대인들은 외모에 기초하여 다른 사람을 판단하며, 신체적으로 매력적인 사람들은 성격이나 능력 등에서도 긍정적인 특성이 있는 것으로 생각하는 경향이 있다.

디온, 벌쉐이드, 그리고 월스터(Dion, Berscheid & Walster, 1972)는 신체적 매력에 대한 사람들의 고정관념에 대해 연구하였다. 연구자들은 남녀 대학생들에게 외모가 아름다운 사람들의 사진, 보통으로 생긴 사람들의 사진, 못생긴 사람들의 사진 등 세 종류의 사진을 보여주며 그 사진 속의 인물에 대한 여러 속성을 평가하도록 하였다. 연구결과에 의하면 대학생들은 외모가 매력적인 사람들이 성격, 능력, 직업, 결혼생활 등에서 더 좋은 속성을 지니고 더 행복하다고 생각하는 것으로 나타났다.

둘째, 상대의 외모가 타인으로부터 받은 자신의 평가 잣대가 되기 때문이다. 신체적으로 매력적인 배우자를 둔 사람은 다른 사람들로부터 부러움을 받고, 더 좋은 평가를 받는다. 그러나 이러한 '미의 방출효과(radiating beauty effect)'에는 성차가 있다. 현대사회에서는 남성보다는 여성의 외모를 더 고려하므로, 여성의 미가 더 큰 재산 가치를 가진다.

셋째, 신체적으로 매력적인 사람들이 그렇지 못한 사람들에 비해 자아개념이나 사회적 기술이 더 긍정적인 경향이 있기 때문이다. 물론 신체적 매력은 나이가 들면서 변하기 때문에 이것이 개인의 생애 전반에 걸친 발달에 영향을 미칠 것인가에 대한 의문이

생길 수 있다. 그러나 사람들은 다른 사람의 외모를 평가하는 일반적인 기준을 가지고 있어서 그 사람에 대해 시간이 지나도 비교적 일정한 신체적 매력의 이미지를 가진다. 따라서 신체적으로 매력적인 사람들은 시간이 지나도 계속 매력적이라는 이미지를 가지며, 이 때문에 계속 긍정적인 피드백을 받게 되는 것이다.

그러나 여기에서 언급한 신체적 매력이란 각 개인에 따라서 상대적으로 작용할 가능성이 있다. 그 첫 번째 가능성은 외모의 관점으로, 이는 문화, 시대, 장소에 따라 다른 상대적 개념이므로 다른 사람들이 서로 다른 외모의 기준으로 상대방을 평가할 수 있다는 점이다. 두 번째 가능성은 신체적 매력을 무엇으로 평가하는가의 문제이다. 특정 부위보다는 전체적인 인상으로 상대의 매력을 평가하기 때문에 단순히 얼굴의 아름다움과 같은 특정 부위가 아닌 다른 기준으로 서로의 매력을 볼 가능성이 있다. 세 번째 가능성은 신체적 매력만이 아니라 다른 사회 경제적 능력 또는 성격적 장점 등의 속성들도 고려해 서로의 적합성을 가늠하기 때문이다. 마지막 가능성은 배우자 선택의 초기인 거르는 단계(Screening stage)에서는 신체적 매력이 중요하게 작용하지만, 일단 신체적으로 매력적이지 못한 사람들이 걸러진 상황에서는 다른 속성들이 배우자 선택에서 더 중요시될 수 있기 때문이다.

(2) 사회 경제적 요인

① 나이

대부분의 사람은 비슷한 나이에서 배우자를 선택한다. 우리나라는 부부간의 연령차가 지속적으로 줄어드는 추세다. 최근에는 남자 연상 부부의 비율은 점차 감소하고 있지만, 여자 연상 또는 동갑 부부의 비율은 지속적으로 증가하고 있다.

그러나 아직은 초혼연령 추이가 남성이 여성보다 더 높은 편이며, 이는 남성의 신체적 성숙이 더 늦다는 이유와 함께 주 경제 부양자가 되기 위한 준비기간이 필요하기 때문이다. 이처럼 남성이 여성보다 결혼연령이 높아서, 출산율의 변화 때문에 결혼 적령기 인구의 성비 불균형 현상이 생기게 된다. 이러한 현상을 '혼인에 대한 외압 현상(marriage squeeze)'이라고 한다. 혼인에 대한 외압 현상은 출산율이 증가하면 결혼연령 인구 중 여성이 과다해지고, 출산율이 감소하면 남성이 과다해지므로 나타난다.

우리 사회는 출산율 저하 때문에 나이 집단별 성비가 남성이 많은 쪽으로 불균형을 이루고 있다. 2015년도 전체 출생 성비(여아 100명당 남아 수)는 105.3명으로 나타나 전년 대비 정상 성비 수준을 유지하고 있는 것으로 나타났다(통계청, 2015).

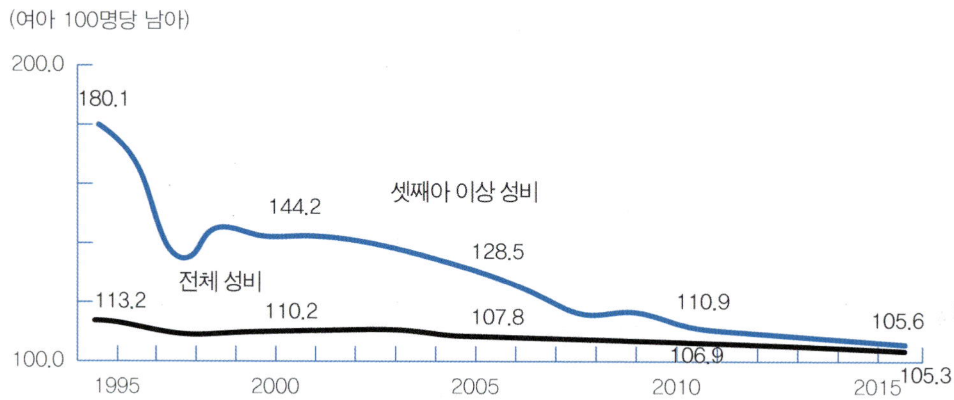

그림 4-5 출산 순위별 출생 성비, 1995-2015

② 사회계층

대부분의 사람은 비슷한 계층의 사람들끼리 결혼한다. 부모의 직업이 서로 비슷하거나, 여성이 약간 열세인 경향이 있다. 여성이 약간 열세인 경우는 여성의 외모나 다른 보상요인이 있는 경우가 대부분이다.

③ 종교

일반적으로 같은 종교를 가진 사람들끼리 결혼하는 경향이 있다. 그러나 종교의 유형에 따라 다른 종교와의 결혼을 허용하는 정도가 다르다. 같은 기독교 계통에서 개신교와 가톨릭 신자들간의 결혼은 종종 발견된다. 그러나 불교와 기독교 계통의 신자들간의 결혼은 드문 경향이다.

(3) 상호작용적 요인

① 물리적 근접성

물리적 근접성은 사람들의 접촉 가능성을 높이고, 상호작용을 빈번하게 해 주기 때문에 배우자 선택에 중요한 요인으로 작용한다. 물리적으로 가깝거나, 같은 거리라도 접촉 가능성이 더 많은 경우에 사람들은 서로 결혼할 가능성이 크다. 보싸드(Bossard, 1980)의 연구에서 결혼 직전의 주소를 조사한 결과, 결혼한 사람들의 반 이상이 20블록 이내에 거주하던 사람들이라는 사실을 통해 물리적 근접성의 중요성을 알 수 있다.

② 정서의 상대성

대부분 인간은 상대방과 상호작용하는 가운데 자신의 기분이나 상대방의 반응에 대한 자신의 지각에 의해 영향을 받기 쉽다. 사람들은 자신이 기분이 좋을 때는 상대방을 긍정적으로 평가하는 경향이 있지만, 기분이 나쁠 때는 다소 부정적으로 평가하게 된다. 또한, 상대방이 자신에 대해 어떤 반응을 하는지를 감지하여 그에 따라 상대방에게 반응하게 된다. 사람들은 자신을 좋아하는 사람에게 긍정적인 태도를 형성하고, 싫어하는 사람에게 부정적인 태도를 형성한다.

③ 바람직하다고 여겨지는 특성

사람들은 바람직하다고 여겨지는 특성이 있는 사람들에게 더 매력을 느낀다. 일반적으로 사람들은 자신보다 지나치게 우월한 상대보다는 자신의 눈높이에서 약간 우월한 사람에게 더 매력을 느낀다.

5) 배우자 선택시 고려할 점

현대사회에서는 결혼의 동기가 개인의 행복추구나 자아실현, 나아가 당사자간의 애정이나 인성을 바탕으로 한 개인적 측면이 강조되고 있다. 젊은이들은 자유로운 이성교제를 통해 폭넓은 배우자 선택의 가능성을 가진다. 수명의 연장과 함께 한두 명의 자녀를 낳아 독립시키고 난 뒤에 두 부부만이 생활하는 주기가 장기화되고 있음을 고려할 때, 어떤 배우자를 만나느냐는 평생 결혼생활의 행복 또는 불행을 좌우하는 결정적인 요인이다. 그러므로 행복하고 건강한 결혼생활을 위해서는 앞서 살펴본 신체적 요인, 사회경제적 요인, 상호작용적 요인과 함께 가치관, 애정·매력 등 배우자 특성에 대해 충분히 고려하여 신중하게 선택하여야 한다.

배우자 선택 시 고려할 점은 다음과 같다(송진숙 외, 2006).

① 사랑한다는 것만으로는 결혼의 이유가 충분치 않으며, 결혼은 책임과 의무가 수반되는 냉혹한 현실이다. '사랑은 모든 장애를 극복할 것이다'라는 일반적 생각은 우리의 환상일 따름이며 현실과는 맞지 않는다.

② 외모와 같은 신체적 매력이나 외적 조건이 사랑의 전부는 아니다. 상호 애정·존경·신뢰 등이 수반되지 않는 한, 외적 조건이 아무리 훌륭하여도 그 관계는 행복하게 지속하기 어렵다. 그러므로 서로의 인생관·결혼관 등 기본적인 가치관이 상호 조화되어야 한다.

③ 상대방의 결점·약점을 있는 그대로 받아들일 수 있어야 하며, 자신의 약점 또한 솔직하게 보일 수 있어야 한다. 한 사람을 배우자로 선택한다는 것은 상대방의 약점이나 부족한 점도 함께 수용하는 것을 의미한다. 개인의 욕구를 100% 충족시켜 줄 상대방은 존재하지 않기 때문에 상대방으로부터 완전함을 기대하는 것은 무리다.

④ 교제 기간이 길다고 해서 반드시 성공적인 결혼생활이 보장되는 것이 아니지만, 충분한 교제기간을 통하여 서로를 이해하고 파악한 후에 결혼하는 것이 부부간의 적응에 보다 도움이 된다. 일반적으로 9개월 이상의 교제기간이 바람직하다.

⑤ 결혼하면 자신 또는 상대방이 변하리라는 기대는 잘못된 생각이다. 따라서 상대방을 변화시키려는 시도보다는 서로에게 적응하려는 노력이 중요하다.

⑥ 특정한 상황에서 느낄 수 있는 매력이 또 다른 상황에서는 전혀 다른 느낌이 들 수도 있으므로, 다양한 상황에서 상호관계를 통해 서로의 관계를 재검토하고 이해도를 높여간다.

⑦ 부모나 친구 또는 주위사람들의 지지가 결코 무시되어서는 안 된다. 특히 자녀의 행복에 가장 큰 관심을 기울이는 부모님이 반대한다면 반대하는 이유를 냉정하게 검토해 볼 필요가 있다.

활동자료 사랑의 6가지 시험

결혼을 전제로 하는 만남이 아니더라도, 상대방을 사랑한다면 거쳐야 할 시험이 있다. 쉽지만은 않은 사랑을 위하여 거쳐야 할 사랑의 6가지 시험에 대해 살펴보기로 한다.

▸ 사랑의 시험 1: 서로 나누는 시험

진정한 사랑은 서로 나누고 싶어 하고, 서로 이해하려 노력한다. 그것은 자기 자신을 생각하는 것이 아니라 상대방을 생각하기 때문이다. 당신은 어떤 것을 읽을 때 몇 번이나 그것을 그 사람과 나누고 싶다고 생각하는가? 어떤 계획을 세울 때 당신은 자신이 무엇을 하고 싶은가에 대해 생각하는가, 혹은 다른 사람이 무엇을 즐기고 싶어 하는지를 생각하는가?

독일 작가 허만 오이서는 "자신이 행복하고 싶은 사람은 결혼해서는 안 된다. 중요한 것은 다른 사람을 행복하게 만드는 일이기 때문이다. 이해받기를 원하는 사람은 결혼해서는 안 된다. 중요한 것은 상대방을 이해하는 것이기 때문이다."라고 했다.

질문 1. "우리는 함께 나눌 수 있는가? 나는 행복하기를 원하는가? 혹은 행복하게 해 주기를 원하는가?"

▸ 사랑의 시험 2: 힘의 시험

저자는 연인과의 관계에 대해 염려하고 있는 사람으로부터 편지를 받은 일이 있다. 그는 어디선가 진정한 사랑에 빠진 사람은 몸무게가 준다는 것을 읽었다. 그러나 그는 사랑함에도 자신의 몸무게가 줄지 않아서 그것을 염려하고 있었다.

사랑의 경험이 육체적으로 영향력을 미치는 것은 사실이다. 그러나 긴 안목으로 볼 때 진정한 사랑은 당신의 힘을 빼앗아 가서는 안 된다. 오히려 사랑은 당신에게 새로운 힘과 열정을 주어야 한다. 사랑은 당신을 기쁨으로 충만하게 하며, 창조적으로 만들고, 더 많은 것을 성취하고 싶게 해야 한다.

질문 2. "우리의 사랑이 우리에게 새로운 힘을 주며, 우리에게 창조적인 에너지를 공급하는가, 혹은 그것이 우리의 힘과 열정을 빼앗아 가는가?"

▸사랑의 시험 3: 습관의 시험

언젠가 약혼을 한 유럽 여성이 내게 와서 아주 걱정스러워하며 말했다. "나는 나의 약혼자를 굉장히 사랑하고 있어요. 그러나 나는 그가 사과를 먹는 태도를 견딜 수가 없어요." 청중 가운데에서 이해할 만하다는 듯한 웃음소리가 들렸다.

사랑은 상대방을 그의 습관과 함께 용납한다. 이러이러한 것들은 나중에 변화될 것으로 생각하면서 분할 계획하에 결혼하지 마라. 결코, 그것들은 변화되지 않을 것이다. 당신은 상대방을 지금 있는 그대로 그의 습관과 단점을 포함해서 수용해야 한다.

질문 3. "우리는 단지 서로 사랑하기만 하는가?, 혹은 우리는 서로 좋아하기도 하는가?"

▸사랑의 시험 4: 말다툼의 시험

한 쌍의 남녀가 내게 와서 결혼하고 싶다고 말할 때 나는 그들에게 정말 말다툼, 즉 단순히 간혹 있는 의견의 차이가 아니라 정말 싸움을 한 일이 있느냐고 묻는다. 많은 경우 그들은 "아, 아뇨, 우리는 서로 사랑하고 있습니다"라고 말한다. 물론 요점은 말다툼이 아니라 서로 화해할 수 있는 능력이 있느냐는 것이다. 화해할 수 있는 능력은 결혼하기 전에 훈련되고 시험 되어야 한다. 성관계가 아니라 오히려 이 말다툼이 결혼 전의 시험으로써 요구된다.

질문 4. "우리가 서로 용서할 수 있으며 서로에게 질 수 있는가?"

▸사랑의 시험 5: 존경의 시험

존경이 없는, 상대방을 우러러보지 않는 진정한 사랑은 없다. 한 여자가, 축구를 하는 남자가 득점하는 것을 보고 감탄할 수 있다. 그러나 만일 그녀가 '저 남자가 나의 아이들의 아빠가 되기를 원하는가?'라고 스스로 질문한다면 대부분은 망설여질 것이다. 한 남자가 춤을 추고 있는 여자를 보고 감탄할 수 있다. 그러나 만일 그가 '저 여자가 내 아이들의 엄마가 되기를 원하는가?'라고 스스로 묻는다면 다른 차원의 고민을 다시 해야 할 것이다.

질문 5. "우리는 진실로 서로 충분히 존경하는가? 나는 상대방을 자랑스럽게 여기는가?"

▸사랑의 시험 6: 시간의 시험

결혼하려고 하는 한 젊은 남녀가 내게 왔다. "당신들은 얼마나 오래 알아 왔습니까?"라고 물었다. "벌써 3주, 거의 4주가 되었습니다."라고 그들이 대답했다. 그것은 너무 짧다. 최소한 일 년은 알아 왔어야 한다. 물론 2년이면 더욱 안전할 것이다. 외출복을 입었을 때만 아니라 일하면서, 일상생활 가운데 면도하지 않았을 때, 티셔츠를 입고, 혹은 머리를 감지 않았을 때나 빗질을 하지 않았을 때, 그리고 스트레스를 느끼거나 위험한 상황에서 서로를 보는 것이 좋다.

이런 속담이 있다. "당신이 당신의 배우자와 함께 여름과 겨울을 지낼 때까지는 결혼하지 마라". 당신이 자신의 사랑에 대한 감정을 의심하면 시간이 그 진부(眞否)를 가려줄 것이다.

질문 6. "우리의 사랑은 여름과 겨울을 지냈는가? 우리는 서로 충분히 오랫동안 알아왔는가?"

그리고 마지막으로 확실하게 해야 할 말은 성관계는 사랑의 시험이 아니라는 것이다.

※출처: 양은순 역(2009). 나는 너와 결혼했다. 서울: 생명과 말씀사.

CHAPTER 05

결혼과 부부관계

제1절 결혼

제2절 부부관계

제1절 결혼

1 결혼

1) 결혼의 개념

성인이 된 남녀는 이성교제를 통해 서로 이해하고, 서로가 원하는 배우자 선택이 이루어지면 결혼에 이른다. 결혼은 본인의 자유로운 의사에 따른 남녀의 결합이지만, 법적인 승인을 얻어서 양가의 가정, 사회, 그리고 국가에 공포함으로써 부부로 인정받는 사회적 의미를 지닌다. 하지만 사회적 승인이 없는 남녀의 동거생활이나 성생활은 사회적 비난을 받게 될 뿐만 아니라 사회에서 정식부부로 인정을 받지 못한다.

대부분 사회에서는 특정한 형식이나 의식을 통해 가족 · 친지에게 부부가 된다는 것을 공고하며 법적인 승인으로 혼인신고를 해야 한다. 우리나라는 과거의 결혼이 관습혼주의였기 때문에 혼례식이 부부로서 사회적으로 승인을 받는 실혼(実婚)을 의미했다. 요즘에는 신고혼주의(법률혼주의)로 혼인신고만 해도 부부로서 인정을 받으나 과거 관습혼의 의식이 남아 있어 뒤늦게 결혼식을 하는 경우가 많다.

결혼 그 자체는 남녀간의 성적 결합으로 이루어지는 개인적인 생활관계라고 할 수 있으나, 한편으로 결혼은 일체의 친족적 생활의 기초를 이룬다. 부부라는 신분질서는 관습이나 법에 따라 승인되어야 하며 윤리나 사회질서에 큰 영향을 미치는 사회적 제도라고 할 수 있다. 또한 이 결합에 의해 생성되는 자녀에 대한 일정의 권리와 의무를 포함한다.

사회는 법적 승인을 받은 결혼에 대하여 특권적인 관계를 승인한다. 예를 들면 부부만의 성관계를 공인함으로써 사회의 도덕 수준을 높여 주고, 여기서 출생하는 자녀의 합법성을 인정하며, 부모의 권리와 책임 있는 부양관계를 성립시킨다. 또한, 가정의 재산권을 보호하여 재산의 소유와 상속에 대한 문제를 적절히 하고, 결혼 당사자의 권리를 보장해 주고, 중혼이나 부적격자의 결혼으로부터 보호받을 수 있는 관계가 성립된다(채옥희 외, 2004).

2) 결혼의 현황

결혼은 필수가 아니라 선택이라는 인식이 높아지면서 우리 사회의 결혼관련 통계는 다양한 결혼 추이를 보여주고 있다. 초혼을 중심으로 한 우리나라의 결혼 현황을 살펴보면 다음과 같다.

표 5-1 평균 초혼연령 2005~2015

(단위: 세)

		2005	2006	2007	2008	2009	2010	2011	2012	2013	2014	2015	증감	
													전년 대비	10년전 대비
초혼 연령	남자	30.9	31.0	31.1	31.4	31.6	31.8	31.9	32.1	32.2	32.4	32.6	0.2	1.7
	여자	27.7	27.8	28.1	28.3	28.7	28.9	29.1	29.4	29.6	29.8	30.0	0.2	2.3

※출처: 통계청(2015). 2015년 인구동태연보(혼인, 이혼 편). 세종: 통계청.

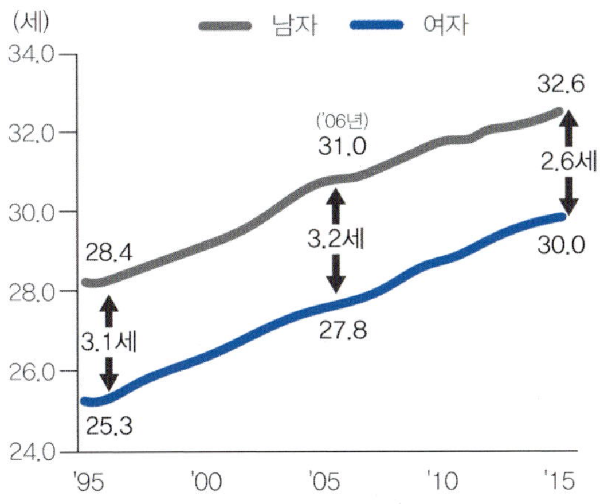

그림 5-1 평균 초혼연령, 1995-2015

첫째, 우리나라의 나이별 혼인현황을 보면 남녀 모두 20대 혼인율은 감소하고, 30대 이상 혼인율이 증가하는 '만혼화' 현상이 나타나고 있다. 우리나라는 남녀 모두 평균 초혼연령이 높아지고 있다. 특히, 여성의 고학력화와 그로 인한 자아성취의 욕구 증가, 자녀출산기피 현상 등으로 초혼연령이 지속적으로 상향화하고 있다. 매년 남녀 모두 지속적으로 평균 초혼연령이 증가하여, 2015년 평균 초혼연령은 남성 32.6세, 여성 30.0세로 나타나 남녀 모두 평균 초혼연령이 30대에 진입하게 되었다. 특히 남성 초혼연령보다 여성 초혼연령의 상향화 현상이 더욱 두드러진 것으로 나타났다〈표 5-1〉.

둘째, 최근 초혼부부의 가장 뚜렷한 변화 중 하나는 혼인의 남녀 연상 구성비로서, 우리나라에서 통상적으로 받아들여졌던 남성 연상부부의 비율은 점차 감소하고 있지만, 여성 연상 또는 동갑 부부의 비율은 지속적으로 증가하고 있다. 특히 우리나라의 부부간 연령차에서 주목할 만한 변화로는 여성 연상의 부부가 꾸준히 증가한다는 점이다. 2015년 초혼부부의 총 혼인건수 23만 8천건 중 여성이 연상인 부부는 3만 9천건으로 16.3%를 차지하여 동갑내기(16%)보다 더 많은 비중을 차지한 것으로 나타났다(통계청, 2016a).

표 5-2 평균 초혼연령 및 초혼부부 혼인건수

(단위: 세, 천 건, %)

	평균 초혼연령		혼인 건수[1]	여성 연상	구성비	동갑	구성비	남성 연상	구성비
	아내	남편							
1990	24.8	27.8	356.6	31.2	8.8	32.3	9.0	293.2	82.2
1995	25.3	28.4	341.6	29.7	8.7	35.3	10.3	276.6	81.0
2000	26.5	29.3	271.8	29.1	10.7	34.8	12.8	207.9	76.5
2005	27.7	30.9	232.0	28.2	12.1	35.0	15.1	168.9	72.8
2010	28.9	31.8	254.6	37.9	14.9	40.8	16.0	175.9	69.1
2011	29.1	31.9	258.6	39.5	15.3	42.3	16.4	176.8	68.4
2012	29.4	32.1	257.0	40.0	15.6	41.7	16.2	175.3	68.2
2013	29.6	32.2	255.6	41.3	16.2	41.4	16.2	172.8	67.6
2014	29.8	32.4	239.4	38.9	16.2	38.5	16.1	162.1	67.7
2015	30.0	32.6	238.3	38.9	16.3	38.2	16.0	161.1	67.6

※주: 1) 초혼부부의 혼인건수
※출처: 통계청, 「인구동태통계연보(혼인 · 이혼편)」 각년도

셋째, 우리 사회 혼인의 형태를 살펴보면 만혼과 결혼기피 인식 등으로 인해 남녀 모두 초혼의 비율은 점차 감소하고 있으나, 이혼율과 함께 재혼가정의 비율은 점차 증가하고 있다. 혼인건수는 꾸준히 감소하고 있으며, 조혼인율(인구 1천명당 혼인 건수)은 2015년 5.9건으로 1970년 통계 작성 이후 최저를 기록했다.

표 5-3 혼인 건수 및 조혼인율, 2005-2015

	2005	2006	2007	2008	2009	2010	2011	2012	2013	2014	2015
혼인 건수(천 건)	314.3	330.6	343.6	327.7	309.8	326.1	329.1	327.1	322.8	305.5	302.8
증감(천 건)	5.7	16.3	12.9	-15.8	-18.0	16.3	3.0	-2.0	-4.3	-17.3	-2.7
증감률(%)	1.8	5.2	3.9	-4.6	-5.5	5.3	0.9	-0.6	-1.3	-5.4	-0.9
조혼인율*	6.5	6.8	7.0	6.6	6.2	6.5	6.6	6.5	6.4	6.0	5.9

*인구 1천 명당 건
※출처: 통계청(2015). 2015년 인구동태연보(혼인, 이혼 편). 세종: 통계청.

넷째, 최근에는 외국인과의 혼인율이 2010년까지는 증가추세를 보이다가, 2011년부터는 감소추세로 돌아섰다. 2015년에는 전체 혼인 중 외국인과의 혼인비중은 7.0%로 전년(8.8%) 대비 감소한 것으로 나타났다.

표 5-4 외국인과의 혼인, 2005-2015

(단위: 천 건, %)

	2005	2006	2007	2008	2009	2010	2011	2012	2013	2014	2015	구성비	전년대비 증감률
총 혼인 건수	314.3	330.6	343.6	327.7	309.8	326.1	329.1	327.1	322.8	305.5	302.8	100.0	-0.9
외국인과의 혼인	42.4	38.8	37.6	36.2	33.3	34.2	29.8	28.3	26.0	23.3	21.3	7.0	-8.8
한국남성+외국여성	30.7	29.7	28.6	28.2	25.1	26.3	22.3	20.6	18.3	16.2	14.7	4.8	-9.1
한국여성+외국남성	11.6	9.1	9.0	8.0	8.2	8.0	7.5	7.7	7.7	7.2	6.6	2.2	-7.9

※출처: 통계청(2015).2015년 인구동태연보(혼인, 이혼 편). 세종: 통계청.

2 결혼의 동기

결혼은 어떠한 형태로든 인류의 역사 속에서 지금까지 이루어져 왔고, 많은 사람이 부모-자녀 관계를 유지하며 살아왔다. 앞으로도 결혼은 대부분의 역사 속에서 가장 오랜 전통을 가질 것이며, 사회화의 과정에서 사람들은 결혼하도록 자극받을 것이다. 그러나 현대사회에서 결혼이란 필수가 아니라 선택이며, 삶의 목표 중 일부분이지 반드시 궁극적 목표는 아니라는 의식이 크게 자리 잡고 있다.

결혼의 동기는 개인적 욕구를 충족하기 위한 개인적 측면과 사회적 욕구를 충족하기 위한 사회적 측면으로 크게 분류할 수 있다. 개인적 측면의 결혼 동기로는 성적 만족과 심리적 안정을 추구하기 위해서이며, 사회적 측면의 결혼 동기로는 사회적 유대감을 증진하고 가문을 계승하기 위해서이다. 최근에는 결혼 동기의 개인적 측면이 사회적 측면보다 더욱 중요하게 인식되고 있다.

무엇이 결혼하도록 자극하며, 왜 사람들은 결혼하려고 하는지 알 수 있는 결혼의 동기를 살펴보면 다음과 같다(허혜경 외, 2013).

1) 사랑의 실현

우리 시대의 결혼욕구 중 가장 강한 동기는 사랑하는 사람과 함께 지내고 싶기 때문이다. 사랑의 실현을 위해서는 결혼이라는 관문을 통과해야 하며, 실제로 결혼생활을 통해 성숙한 사랑을 발전시켜 나간다.

2) 합법적 성의 부여

성숙한 남녀는 생물학적으로 성욕구를 표현하게 되어 있는데, 사회가 합법적으로 부부로 인정하고 성관계를 허용하는 제도가 결혼이다. 즉, 개인적인 성욕구의 충족은 결혼에 의해서만 합법화될 수 있다. 이를 통해 안정감을 갖고, 종족계승의 기능을 달성하여 사회질서를 유지하게 하는 사회적 동기를 가진다.

3) 경제적 안정추구

결혼을 하게 됨으로써 경제적 협력이 가능하다. 전통적인 성역할 수행 과정에서는 남편이 경제적으로 부양하고, 아내는 가정을 돌봄으로써 경제적 안정을 도모하였다. 최근 들어서는 맞벌이가정이 증가하고 있는데 배우자 선택 시에도 빠른 시일 내에 경제적으로 안정할 수 있는 직업을 가진 사람, 즉 안정된 직장을 가진 여성 또는 남성을 좋은 조건으로 여기는 경향은 결혼의 동기 중 경제적 안정이 중요하게 작용하기 때문이다.

4) 자녀출산의 기회

전통사회에서는 자녀출산과 가계계승의 수단이 결혼의 가장 큰 동기였다. 적절한 시기에 자녀를 갖고 싶은 욕구도 결혼을 결정하는 요인이 된다.

5) 정서적 안정의 추구

결혼은 개인에게 정서적, 감정적 안정을 부여해 준다. 결혼함으로써 생의 동반자로서 서로 이해해 주고 감정적 뒷받침을 해줄 수 있다. 또한, 자신이 신뢰하는 사람과 더욱 친밀한 관계를 유지해 정서적 안정의 욕구를 충족시킨다.

6) 성인으로서의 신분획득

결혼이라는 것은 어느 사회에서나 성인이 되는 신분을 부여한다. 우리나라에는 '성년의제(「민법」 제826조의 2)'라는 제도가 있어 미성년자가 혼인하면 성년자로 간주한다. 다시 말해, 미성년자라 할지라도 혼인신고를 하면 성인의 신분을 주는 것이다. 결혼을 통하여 부모에게서 독립하면, 독립된 성인 신분을 획득할 수 있으므로 결혼을 하려는 욕구가 작용한다. 특히, 우리 사회는 결혼해야 성인으로 취급하는 의식이 강하게 나타나고 있다.

읽을거리

성년의제

미성년자가 혼인함으로써 성년자로 간주하는 것(민 826의2)을 말한다. 1977년 「민법」의 일부 개정에서 신설된 규정이다. 미성년자는 친권이나 후견에 복종하므로 혼인하더라도 부부의 일방 또는 쌍방이 미성년자인 경우는 부부의 생활이 제삼자의 간섭을 받게 되어 부당하다. 또한, 부부의 일방이 미성년자인 경우는 다른 일방이 후견인이 되는 것도 부당하다. 왜냐하면, 부부평등의 원칙에 어긋나기 때문이다. 그러므로 미성년자도 혼인하면 친권 또는 후견을 벗어나서 행위능력을 갖추는 것으로 한다. 성년의제의 적용범위는 민법에만 한정된다고 하는 것이 원칙이다. 그러나 소송능력 같은 것은 인정된다(민소 55). 혼인이 취소된 경우에도 혼인에 의해 취득한 능력을 없애는 것은 거래의 안전 등을 해칠 수 있으므로 성년의제의 효과는 소멸하지 않는다고 봐야 한다.

※출처: 네이버 백과사전

7) 사회적 기대의 부합

대부분 사회에서는 성인이 되면 당연히 결혼해야 한다고 생각한다. 특히, 타인지향성이 강하고 가족주의가 강한 우리나라에서는 적절한 시기에 결혼하지 않고 있으면 주위 사람이나 환경으로부터 압력을 받게 된다. 따라서 결혼하는 것 자체가 이러한 압력에 대한 돌파구가 되기도 한다.

배우자 선택 후 결혼을 위해 반드시 필요한 것은 열정보다는 우정의 감정과 책임감이 포함된 사랑으로 부부관계를 맺는 것과 자신과 상대방 모두의 성적인 욕구가 만족해야 하는 것이 중요하다. 그러나 돈, 명예, 사회적 지위, 불행한 가정환경이나 고독감으로부터의 도피, 부모의 강요, 복수심, 동정심, 혼전 임신 등과 같은 부정적인 동기로 결혼하는 경우도 있다. 이와 같은 부정적인 결혼 동기로 결혼하면 행복하고 만족스러운 결혼생활을 영위하는 데 어려움을 가져올 가능성이 크다. 결혼의 동기가 순수하면 순수할수록 더욱 나은 배우자를 선택할 확률이 크며, 결혼 실패의 가능성도 줄어든다(이경화 외, 1999; 신용주 외, 2011 재인용).

3 결혼의 성립

현대사회의 가족관계는 대가족적 가족공동체에서 부부중심, 친자중심의 가족관계로 변화하고 있다. 이러한 사회 변화에 따라 국가는 개인의 권리를 옹호하고 사회의 질서를 유지하기 위해 결혼을 법적으로 통제하고 있다. 가족법상 가장 기본적인 규율 대상이 결혼관계이다. 일반적으로 결혼제도에서 중요한 문제가 되는 것은 결혼의 실질적인 성립요건이다.

1) 결혼의 성립요건

우리나라의 결혼은 「가족 관계의 등록 등에 관한 법률」에 따라 신고를 해야 성립하는 신고혼주의 또는 법률혼주의를 채택하고 있다(「민법」 제812조, 제815조). 따라서 결혼의 성립요건을 다음과 같이 들 수 있다.

(1) 결혼의 합의가 있을 것(「민법」 제815조)

(2) (혼인 적령) 만 18세에 달할 것(「민법」 제807조)

(3) 미성년자와 피성년후견인은 부모 또는 후견인의 동의를 얻을 것(「민법」 제808조)

미성년자가 결혼할 때 부모의 동의를 받아야 하며, 부모 중 한쪽이 동의권을 행사할 수 없을 때에는 다른 한쪽의 동의를 얻어야 하며, 부모가 모두 동의권을 행사할 수 없을 때에는 미성년후견인의 동의를 받아야 한다.

피성년후견인은 부모나 성년후견인의 동의를 받아 혼인할 수 있다.

(4) 근친혼이 아닐 것(「민법」 제809조)

근친혼의 범위에 관하여 ① 8촌 이내의 혈족(친양자의 입양 전의 혈족을 포함한다.) 사이에서는 혼인하지 못한다 ② 6촌 이내 혈족의 배우자, 배우자의 6촌 이내의 혈족, 배우자의 4촌 이내의 혈족의 배우자인 인척이거나 이러한 인척이었던 자 사이에서는 혼인하지 못한다 ③ 6촌 이내의 양부모계(養父母系)의 혈족이었던 자와 4촌 이내의 양부모계의 인척이었던 자 사이에서는 혼인하지 못한다고 명시하고 있다.

윤리적인 면이나 우생학적인 이유에서 일정한 근친간의 결혼을 금지하는 것은 세계적으로 공통적인 현상이지만, 이 규정은 세계에서 유례를 볼 수 없는 가장 넓은 금혼의 범위이다.

(5) 중혼(重婚)이 아닐 것(「민법」 제810조)

민법은 일부일처를 결혼의 기본 이념으로 하고 있기 때문에 배우자가 있는 사람은 결혼할 수 없다. 중혼이란 법률상의 결혼이 이중으로 성립하는 경우이므로 사실혼과 중복되는 경우는 중혼이라고 할 수 없다.

읽을거리

드라마 속 생활 법률

약혼한 사람이 집안, 학력, 경력 등을 속였다면 파혼할 수 있는가?

–드라마 '비밀남녀' 중에서–

미모의 성형외과 의사인 정아미 선생의 대타로 맞선을 보게 된 서영지, 영지는 대리운전 등 밤낮없이 아르바이트를 뛰며 동화작가의 꿈을 키우는 소녀 가장.
맞선남 준우는 외모에 실력, 재력을 갖춘 완벽한 백마 탄 왕자.
정아미 선생인 척해야 하는 영지는 좌충우돌 실수를 연발하는데…
맞선 상대인 준우는 그런 영지가 특별하게 다가온다.

드라마 '비밀남녀'에서는 영지가 가짜 정아미였다는 것을 준우에게 고백하면서 사랑과 조건 사이에서 갈등하는 싱글들의 모습이 그려진다.

Q. 그런데 만약, 끝까지 영지가 아미인 척하고 약혼을 하게 되고 후에 준우가 그 사실을 알게 된다면, 과연 파혼은 가능할까?

A. 「민법」은 제804조에서 약혼해제사유로서 상대방이, "약혼 후 자격정지 이상의 형을 선고받은 경우", "약혼 후 성년후견개시나 한정후견개시의 심판을 받은 경우", "성병, 불치의 정신병, 그 밖의 불치의 병질(病疾)이 있는 경우", "약혼 후 다른 사람과 약혼이나 혼인을 한 경우", "약혼 후 다른 사람과 간음(姦淫)한 경우", "약혼 후 1년 이상 그 생사(生死)가 불명한 경우", "정당한 이유 없이 혼인을 거절하거나 그 시기를 늦추는 경우", "그 밖에 중대한 사유가 있는 경우" 등을 규정하고 있다.
위 사안 같은 경우 위 약혼해제사유 중 기타 중대한 사유가 있는 때에 해당하는지 문제가 될 수 있다. 이에 관하여 관례를 보면, "약혼은 혼인할 것을 목적으로 하는 혼인의사를 결정하는 데 있어 중대한 영향을 미치는 사항에 관하여 이를 상대방에게 사실대로 고지할 신의성실의 원칙상의 의무가 있다. 이러한 신의성실의 원칙에 위반한 행위로 인하여 믿음이 깨어져 애정과 신뢰에 바탕을 둔 인격적 결함을 기대할 수 없으므로 「민법」 제804조 제8호 소정의 '그 밖에 중대한 사유가 있는 경우'에 해당하여 이로 인한 약혼해제는 적법하다."라고 하였다.
(대법원 2005. 12. 8. 선고 94므1676, 1683 판결).

※출처: 법무부–드라마 속 생활법률(http://www.moj.go.kr)

2) 결혼식과 결혼 설계

결혼식은 제3자가 지켜보는 가운데 남녀가 부부관계를 맺는 서약을 하는 의식으로, 법적으로는 민사 계약의 하나로 생각되고 있으나, 이와는 별도로 전통적인 관습, 종교적 의식 등을 수반하여 이루어지는 경우가 많다.

우리나라의 결혼식은 전통 혼례방식과 현대식 혼례방식으로 크게 분류되며, 다양한 장소에서 여러 형태로 진행되고 있다. 먼저 전통 혼례방식은 주자가례가 가정의례로 권장되던 조선시대부터 장기간에 걸쳐 변화되었으며, 의혼, 납채, 납폐, 친영, 폐백 등의 절차에 의해 시행되었다(김양희 외, 2009). 현대식 혼례방식은 일본과 서구문화가 도입되면서 양복과 예식용 드레스를 입고 주로 결혼식장에서 치르는 혼례방식이다. 신부 집으로 신랑 친구들이 찾아가는 함들이, 혼수 등의 교환이 끝나고 행해지는 결혼식에서는 개식선언, 주례소개, 신랑입장 후 신부입장, 맞절, 혼인서약, 주례사, 내빈께 인사, 부부행진의 순으로 진행된 뒤 폐백이나 피로연의 선택 여부에 따라 종결된다. 현대식 혼례방식의 특징 중 하나는 결혼식을 마친 뒤 신혼여행을 가는 것을 거의 필수적으로 연결하고 있다(김양희 외, 2011). 선상 결혼식 또는 야외 결혼식 등 결혼식장이나 결혼방식에 개성을 추가하여 의미를 부여하는 이색 혼례방식도 종종 볼 수 있다.

혼인 당사자는 결혼이 결정되면 서로 상의하에 자신의 가치관이나 여러 상황을 고려하여 혼인예식일과 혼례방식을 정하여 결혼식을 올린다. 신혼여행은 국내 유명지, 외국여행, 크루즈여행 등 호화 신혼여행이 현대 결혼식의 문제점으로 주목되고 있는 바, 예비부부의 경제조건과 생활조건, 가치관 등에 따라 서로 상의하여 현명하게 결정하는 것이 바람직하다.

결혼식 외에도 혼수, 신혼살림, 거주지 결정 등과 같은 결혼생활의 설계가 필요하다. 결혼 날짜가 정해지면 자신의 가치관, 직업, 경제력, 거주지 등을 고려하여 혼수 목록과 혼수 예산을 수립한 후, 혼수와 신혼살림을 준비하는 것이 바람직하다. 서로의 직장과의 거리, 양가 부모님과의 거리, 경제 상황, 가치관 등을 고려하여 신혼집을 마련하거나 부모님과 함께 신혼살림을 시작하는 등의 거주지 결정을 내리고 신혼살림을 갖춘다. 예를 들어 부모님과 함께 살면 신혼방을 꼼꼼히 점검한 후에 신혼살림을 마련하는 것이 중요하다. 자기 투자를 계속해야 하는 직업이나 학생의 경우, 또는 예산이 부족한 경우에는 가능한 현금 내에서 우선순위를 정해서 결혼설계를 하는 것이 합리적이다.

물질적으로 풍요로운 혼수와 화려한 예식, 호화 신혼여행이 가정생활의 행복을 보장하는 것은 절대 아니다. 확실한 주관 없이 체면, 유행, 모방혼수 등으로 인한 무리한 혼수 준비는 양가 부모님이나 결혼 당사자에게 스트레스와 경제적 부담을 가중하여 행복한 결혼생활을 시작하는 데 저해요인으로 작용할 수 있다(김명자 외, 2012).

통계청(2016b)에서 실시한 2016년 사회조사 결과에 따르면, 우리 사회의 결혼 비용이나 의식 절차 등을 포함한 결혼식 문화에 대해 75.4%가 '과도한 편이다'라고 응답한 것으로 나타났다. 최근 우리나라에서 2010년대에 번지기 시작한 예식 트랜드로 스몰 웨딩(small wedding)을 들 수 있다. '스몰 웨딩' 또는 '작은 결혼식'이란 기존 결혼식의 문제점으로 지적되던 허례허식에서 벗어나 적은 비용으로 가족과 지인 등 친한 하객들만 초대하여 조촐하게 치러지는 결혼식을 의미한다. 스몰 웨딩은 거품 없는 결혼식을 지향하는 개념 있는 젊은 세대들의 새로운 결혼 문화로 여겨진다. 바람직한 신(新) 결혼 풍속도로 여겨지는 작은 결혼식에 대한 국가적 지원도 뒤따르고 있는데, 예를 들면 여성가족부는 '작은 결혼식' 장소로 일반인에게 개방된 공공시설 예식장을 확대하여 거품 없는 결혼식을 활성화하고 있다(이투데이, 2016).

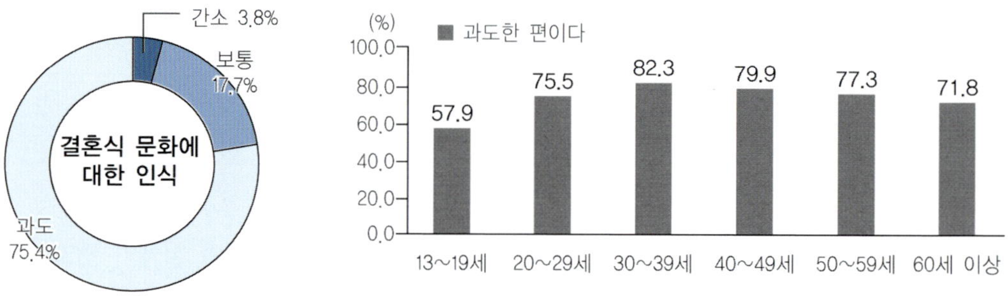

※출처: 통계청(2016b). 2016년 사회조사 보도자료.

그림 5-2 결혼식 문화에 대한 인식

읽을거리

혼인 예식 이렇게 바꿉시다!

- 과시적이고 경쟁적인 혼례식을 자제하고 분수에 맞는 혼례를 치르자.
- 일생에 한 번뿐이라는 생각으로 혼례를 성대히 치르려는 가치관을 고치고, 합리적이고 실용적인 가치관으로 혼례를 치르자.
- 혼례의 참 의미를 이해하고, 번잡한 혼례절차는 지양하자.
- 상업주의에 편승한 상향된 호화 사치풍조를 지양하자.
- 자녀의 혼례비용을 주도하려는 부모들의 의식을 바꾸자.
- 혼례비용을 부모님께 의존하려는 미혼 남녀의 의식을 바꾸자.
- 공동체 의식을 가지고 건전한 혼례를 주도하려는 의식을 가지자.

※출처: (사). 한국가정생활개선진흥회. 혼례는 이렇게 치르도록 합시다.

혼수와 신혼살림 준비 등 결혼 설계에서 가장 중요한 것은 혼인 당사자의 확실한 주관이 있어야 한다는 점이다. 다시 말해, 혼인 당사자들은 경제적 및 인격적으로 독립된 주체가 되어 결혼설계를 통한 준비된 가정경영인이 되어야 할 것이다.

4 결혼생활의 적응

결혼을 하게 되면 자연히 부부관계가 성립되며, 그 영역은 법적, 인격적, 성적, 사회적, 경제적 등 다방면에 걸쳐 영향력을 발휘한다. 부부관계란 결혼한 남자와 여자, 두 사람이 서로의 생리적 · 심리적 · 사회적인 욕구를 충족시키기 위해 상호 적응하는 관계를 의미한다. 여기서 적응이란 부부간의 적응뿐만 아니라 사회 경제적 또는 모든 내적 및 외적인 환경에의 적응을 포함한다. 부부간의 적응은 성적 적응, 인격적 적응 그리고 경제적 적응 등 세 가지로 구분할 수 있다(유영주, 1984; 신용주, 김혜수, 2011 재인용).

1) 부부의 성적 적응

결혼생활에서 부부간의 성생활은 극히 자연스러운 일이며, 부부는 성적 적응을 통해서 재생산의 성공률을 증가시키고, 성적 욕구를 만족하게 한다. 원만한 성적 적응을 위해서는 부부가 서로 동등한 위치에서 서로에 대한 신체적 · 심리적 · 인격적인 이해가 수반되어야 한다.

부부관계에서 성의 의미를 살펴보면 다음과 같다(김용미 외, 2006). 첫째, 부부간에 성은 생식을 통한 자녀출산의 목적이 있다. 둘째, 성은 부부간의 사랑과 친밀감의 표현인 동시에 사랑과 친밀감을 위한 의사소통의 또 다른 유형이라 할 수 있다. 셋째, 부부는 성을 통해 쾌락과 즐거움을 누릴 수 있다. 넷째, 부부간의 성생활은 결혼이라는 합법적인 제도하에 상대방에 대한 상호 신뢰 및 소유의 표현이다.

부부의 성적 적응 정도는 결혼 만족도뿐만 아니라, 부부간의 친밀감을 형성하는 데에 상당히 중요하다. 그러나 부부간의 갈등이나 성에 대한 무지, 비현실적인 성적 기대감, 피로와 스트레스, 신체적 질병 등은 성적 부적응을 유발하는 요인으로 작용할 수 있다. 성적으로 만족감을 누리는 부부는 건강하고 행복한 삶을 누릴 수 있으므로 부부간의 성적 적응이 필요하다.

2) 부부의 인격적 적응

부부의 인격적 적응이란 심리적이며 내적인 적응을 의미한다. 이는 부부관계 속에서 자신의 인격이 지속적으로 변화될 수 있으며, 상대방의 인격 또한 적응시킬 수 있는 특징을 지닌다.

물론, 개개인의 타고난 성품이 원만하여 부부의 인격적 적응이 순조로운 때도 있다. 그러나 대부분은 부부가 인격적으로 적응하는 데 필요한 갈등을 정상적인 것으로 인식하되, 단시간 내에 발전적인 방향으로 갈등을 해결하려는 상호간의 노력이 필요하다. 이를 위해서는 상대방의 인성과 행동을 이해하며, 서로 독립적인 존재로 인정하는 사고방식이 필요하다.

3) 부부의 경제적 적응

부부의 경제력은 교육적 배경이나 직업과 밀접한 관계를 지니며, 이는 가족이 생활해 나갈 수 있는 경제적인 능력을 의미한다. 결혼생활에서 경제적으로 적응하기 위해서는 유산이나 부모로부터 받은 재산의 상속보다는 부부의 경제력과 소비에 대한 태도가 무엇보다도 중요하다. 금전적인 문제는 결혼 초기 거의 모든 부부가 직면하는 현실적인 문제이자 갈등의 주요 요인이 될 수 있으므로, 신혼기의 경제적 적응은 중요하다.

경제적 적응을 위해서는 부부의 수입원을 고려하여 예산계획을 수립하고 지출 기록을 남겨서 부부가 함께 서로의 소비패턴을 분석함으로써 예산 한도를 초과하거나 무절제한 지출을 지양할 수 있다. 우리나라에서는 대부분은 부인이 경제권을 가지고 있으나, 부부 공동형으로 지출에 대한 의사결정권을 행사하는 것이 가장 바람직한 형태이다. 재정 관리도 부부가 공동으로 하거나 아니면 부부 중 경제 감각이 좀 더 나은 사람이 관리하는 것이 효과적이다.

부부간의 적응은 결혼생활의 만족도뿐만 아니라 부부관계의 유형을 좌우하는 결정적인 요인으로 작용한다. 인간은 누구나 자신이 선택한 배우자와 결혼하여 행복한 부부가 되기를 바란다. 결혼이란 개인적으로 둘 사이의 사랑을 가꾸어 나가야 하고 사회적으로는 부부라는 새로운 사회적 관계를 맺음에 따른 지위의 변화에 법률적 · 사회적으로 기대되는 성인으로서의 책임과 권리를 갖기 때문에 계속 적응하려는 노력이 필요하다. 결혼생활의 적응은 머물러 있는 것이 아니라 새로운 상황과 새로운 지위의 변화에 융통성 있게 대처하며 함께 살아가는 것을 터득하고, 상호간의 기대에 부응하도록 자신을 적절히 변화시켜야 원만한 적응이 이루어진다.

5 결혼에 대한 환상

결혼을 꿈꾸는 젊은이에게 결혼한 사람들은 흔히 결혼은 연애와 다르다고 한다. 연애는 사랑만으로도 유지될 수 있지만, 결혼생활은 사랑만으로는 유지될 수가 없기 때문이다. 결혼에 대한 환상은 결혼생활에 부딪히면서 서서히 무너지게 되는데 실제로 결혼생활을 경험하고 우리가 실망하게 되는 이유는 결혼생활의 실체에 대한 인식의 부족에서 비롯된다.

사람들은 결혼에 대해 실제와 전혀 다른 생각들을 하고 있다. 크녹스와 스캐치(Knox & Schachy, 1999)는 사회가 결혼에 대한 다음과 같은 비현실적인 믿음을 영속시키고 있다고 주장한다(채옥희 외, 2004).

- 환상 1: 우리의 결혼은 다를 것이다.

결혼에 임할 때 자신의 결혼은 다른 사람들의 결혼과는 다를 것이라고 믿는 사람 중 많은 사람은 자신의 기대를 충족시키기 위해 자신들만의 관계를 만들려고 노력을 기울이기보다는 무의식적으로 타인들의 결혼생활을 모방한다. 결혼생활이란 대부분 비슷한 양상을 보이지만 타인의 삶이 아닌 진실한 두 사람의 생활을 창조하는 것이 필요하다.

- 환상 2: 우리는 상대방을 행복하게 만들 것이다.

사람들은 자신이 배우자를 행복하게 할 책임이 있다고 믿는다. 부부는 서로에게 상당히 큰 영향을 미침에도, 배우자 개개인은 배우자라는 역할 이외에 다른 많은 역할을 수행하여야 한다. 마찬가지로 배우자를 행복하게 하려고 전력을 다하지만, 상황이 어려울 수 있다. 누군가가 자신을 행복하게 만들어 주기만을 기다린다면 평생을 기다려야 할 수도 있다.

- 환상 3: 우리의 갈등은 심각하지 않다.

많은 부부들은 그들이 문제가 있다는 것을 인식하지만, 자신들의 문제는 하찮은 것이며 단지 결혼생활의 일부분이라고 생각한다. 그러나 '해결되지 않은', '중요하지 않은' 갈등들이 실제로는 결혼생활을 위협할 수 있다. 따라서 사소한 갈등이라도 누적되지 않도록 하는 지혜가 필요하다.

- 환상 4: 내가 원하는 모든 것을 배우자가 충족시켜 줄 것이다.

사람들은 타인으로부터의 지원에 대한 욕구가 있다. 이런 욕구는 함께 영화를 보러 가거나, 개인적인 문제에 대해서 함께 이야기하거나, 상대에 대한 사랑을 육체적으로 표현하는 것 등 다양하게 표출된다. 사람들은 자신들이 가진 이러한 지적, 육체적, 그리고 감정적인 욕구를 배우자가 모두 충족시켜 줄 것이라는 믿음을 갖고 있지만, 그런 기대는 바람직하지 못하다. 따라서 부부는 서로 대화를 통해 자신이 바라는 욕구를 공유하는 것이 필요하다.

- 환상 5: 사랑이 깊을수록 갈등은 적을 것이다.

실제로 사랑이 깊다고 해도 시간이 지나면 갈등이 증가한다는 연구가 있다. 우리가 결혼에 대해 가지고 있는 여러 환상을 현실적으로 조정한다면 결혼생활의 적응에 많은 도움을 받을 수 있을 것이다.

6 성공적 결혼, 행복한 결혼

결혼은 성적·인격적·경제적으로 적응하는 과정으로써 결혼을 선택한 부부는 행복한 가정을 이루고자 노력해야 할 것이다. 부부는 결혼생활에 대한 준비와 노력, 투자를 아끼지 말아야 하며, 이것은 곧 가족의 행복을 저축하는 전략이 된다.

결혼의 의미는 독신의 생활에서 완전한 성생활, 책임감 있는 태도와 능력, 가족원을 위한 구매, 우리의 생활, 배우자의 입장, 며느리·사위의 입장, 가족중심의 습관으로의 변화를 특징으로 들 수 있다(김양희, 2009).

- 독신의 불완전한 성생활에서 공인된 두 사람간의 '완전한 성생활'로
- 낭만적 사랑에서 현실과 관련된 '책임감 있는 태도와 능력'으로
- 개인의 구매에서 배우자와 '가족원을 위한 구매'로
- 나의 생활에서 '우리의 생활'로
- 자녀의 입장에서 '배우자의 입장'으로
- 자녀의 입장에서 '며느리·사위의 입장'으로
- 개인적 습관에서 '가족중심의 습관'으로

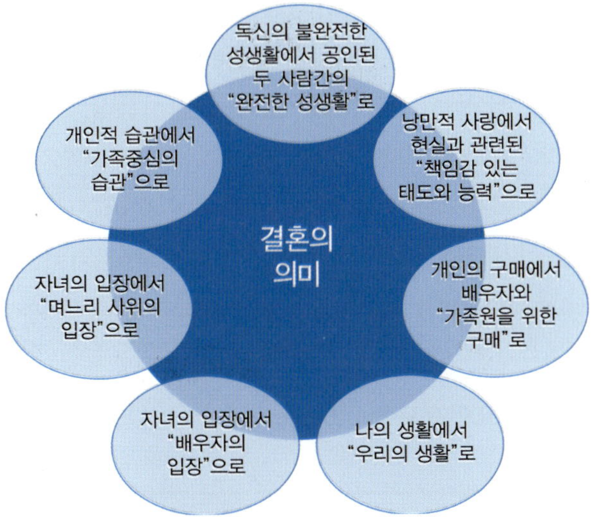

※출처: 김양희(2009). 신혼기 건강가정을 위한 길라잡이; 우리 방금 결혼했어요. 동작구 건강가정지원센터.

그림 5-3 결혼의 의미

우리가 바라는 성공적 결혼, 행복한 결혼에 대하여 살펴보면 다음과 같다(허혜경 외, 2013).

1) 성공적 결혼

성공적 결혼이란 개인의 만족에까지 도달할 수 있도록 두 사람 상호간에 역동적이고 발전적인 관계가 이룩되고 있는 결혼을 말한다. 성공적 결혼의 필수적인 요소는 상대방의 성격, 특성 등을 이해하고 서로 조화를 이루려고 노력하는 자세에 있다. 상대방의 능력, 자유, 자존심을 존중하고, 그의 목표에 도달할 수 있도록 용기를 주며, 격려하고 수용해 줘야 한다. 상대방의 모든 행동을 무시하거나 방해하거나 거부하는 태도는 두 사람의 관계를 저해하는 요소이다.

또한 성공적 결혼은 법률적 요소를 충족시켜야 한다. 즉, 사회적 기대나 그 사회의 문화, 도덕, 윤리의 규범 안에서 허용되는 결혼이어야 한다. 성공적 결혼이란 건전한 정서적 발달을 추구하여야 하며, 그 때문에 좋은 가정 분위기를 형성하는 것이다. 결혼이란 두 사람만의 관계뿐만 아니라 많은 가족, 친척 등의 인간관계를 포함하는 것이므로 그 사회의 기대 수준에 맞아야 그들의 결혼을 성공적으로 이끌 수 있다.

성공적 결혼이 반드시 행복하고 이성적이며 만족스럽고 완전한 것은 아니다. 다만, 이것이 외적인 측면과 아울러, 내적인 개인의 욕구를 만족하게 해줄 수 있을 때, 비로소 완벽한 것이 될 수 있다. 내적 요인이란 두 사람의 인성특성, 적응능력을 말하며, 외적 요인은 사회적 · 경제적 · 가족 여건을 들 수 있다.

성공적 결혼의 결정 요인으로는 사회의 요구와 기대에 어긋나지 않게 이루어진 결혼, 당사자가 원하고 기대했던 사람과의 결혼, 양가의 가족들이 지지하는 결혼, 현대사회에서 살아갈 수 있는 경제적 능력이 있고 이에 잘 적응할 수 있는 성숙한 배우자를 들 수 있다.

또한, 결혼생활의 성공 요인으로는 다음을 들 수 있다(유영주 외, 2000; 오영희 외, 2005).

첫째, 부부의 공동관심이 가정, 자녀, 사랑 및 종교와 같은 문제에 있을 경우가 돈, 명예, 향락, 오락 등에 관심을 둔 부부의 경우보다 안정되고 성공적이다.

둘째, 부모들의 결혼생활이 행복할 때, 자녀의 결혼생활도 행복하게 될 가능성이 많다. 행복한 가정과 부모 밑에서 자란 사람일수록 자기들의 생활을 행복하게 꾸려나갈 소양을 갖고 있다.

셋째, 결혼 전 교제기간이 길었던 사람들이 비교적 결혼생활에 행복하게 적응할 수 있다. 갑작스러운 기분이나 일시적인 충동으로 이루어진 결혼일수록 결혼생활의 만족도 또는 행복의 지속성이 낮다.

넷째, 교육수준, 직업, 생활 정도, 취미가 비슷할 때에 적응이 비교적 쉽기 때문에 비슷한 사회적·문화적 배경을 지닌 배우자간의 결혼이 성공적일 가능성이 크다.

2) 행복한 결혼

일반적으로 성공적 결혼과 행복한 결혼을 혼동하여 사용할 경우가 많다. 행복이란 주관적이고 단편적이며 순간적이기 때문에 일반화시켜 설명하기가 어렵다. 행복이란 오래 가는 감정이 아니므로, 결혼에는 여러 가지 요인이 작용하여 부분적으로 행복을 느끼거나 만족을 느낄 수 있지만, 전적으로 행복한 결혼이라는 표현은 쓰기 어렵다.

성공적 결혼은 행복할 가능성이 크지만, 행복한 결혼이 반드시 성공적일 수는 없다. 왜냐하면, 결혼한 두 사람의 조건이 앞서 제시된 성공적인 결혼의 조건에 따라가지 못하는 경우라도 두 당사자는 서로 행복할 수 있기 때문이다. 즉, 행복이란 어디까지나 주관적인 개념이므로 결혼의 행복 여부는 쉽게 판단하기 어렵다.

이처럼 행복이란 단편적이고 주관적인 데 반해, 결혼은 오랜 기간의 생활이고 다양한 요인이 작용하므로, 결혼생활의 행복이란 단순한 행복감으로 표현할 수 있다. 행복감을 가진 사람은 우선 기분 좋은 상태의 감정을 가진다. 완전히 긴장을 풀고 자유롭고 편안하며 불편이 없는 상태로 모든 것을 완화할 수 있다. 또한 행복감을 가진 사람은 매일의 생활에서 충실감을 가지고 책임감 있게 행동하며, 자신의 생에 대한 계획을 단계적으로 실현하고, 아울러 자아발전의 욕구를 품고 전진해 나간다. 또한, 생을 긍정적으로 받아들이고, 생활을 즐겁게 보낼 줄 알며, 쓸데없는 불평이나 불만으로 시간을 헛되이 낭비하지 않는다.

결혼생활에서 행복감이란 개인의 충동, 습관, 희망 등이 적절하게 방출되어 자기발견,

자아실현을 위해 안정감을 가지고 충실하게 생활할 수 있는 심리상태를 말한다. 이렇듯 결혼생활의 성공이나 행복은 그대로 얻어지는 획득물이 아니라 끊임없는 적응, 자기 노력, 수행, 투쟁으로 만들어지는 생성물이다. 따라서 결혼의 성공 및 행복은 부부 당사자의 노력 여하에 달려 있다(유영주 외, 2000).

제2절 부부관계

1 현대사회에서의 부부관계의 의미

1) 전통적 부부관계의 의미

한국의 전통적 부부관계는 유교적 가족주의 하에서 결혼은 가문 대 가문의 결합으로서의 의미를 지니고 있어, 개인의 안녕보다는 가족 전체의 안녕을 더 중요하게 여겼다. 그러므로 개인의 자유의사에 의한 연애혼보다 부모의 의사에 의한 중매혼이 성행하였다. 따라서 결혼은 집안의 가계계승 및 발전을 목적으로 하였다. 이렇게 결혼은 가족의 대를 이을 자녀, 즉 아들을 출산하기 위한 공식적이고 합법적인 근거를 마련해 주는 하나의 형식적 절차나 도구로서의 부차적인 의미가 있기 때문에, 결혼에 의해 새로운 가족이 창출되기보다는 이미 존재하고 있는 부계가족에 단지 여성이 혼입하여 들어가는 것으로 간주하였다. 이러한 혼인의 목적 때문에 결혼생활의 지속성을 강조하고 이혼을 엄격하게 통제하였다.

부계를 영속적으로 계승해 나가는 것이 가족 전체 최상의 목표였던 만큼, '효'라는 가족 중심원리를 가지고 모든 가족원이 이에 상응하는 관계 그리고 지위와 역할이 형성되었다. 일단 가족의 중심축은 부자관계였으며, 부부관계는 부자관계에 부차적이고 종속적인 관계였다. 부자중심 가족문화에서 아내는 남편으로서 자신(남편)보다 자신의 부모가 좋아하지 않는다면 내쫓아야 하고, 반대로 사랑하지 않더라도 남편의 부모를 잘 섬기면 평생 부부생활을 계속해야 했다.

또한, 가족간에 성과 나이를 기준으로 지위와 역할이 배분되었다. 남성 중 연장자가

'가부장권'을 가진다. 남편의 가장권은 가족의 의사와 이익을 대표하는 대표권, 가족 구성원의 사소한 행위에서부터 집안 대소사까지를 지시하여 지배, 감독하는 감독권, 가족이 공동으로 소유하는 자산을 관리하는 재산권, 그리고 조상에 대한 제사권으로 구성된다(신수진, 1998; 허혜경 외, 2013, 재인용). 이에 반해 아내에게 순종과 정절은 자신의 생명과도 바꿀 수 없으므로, 삼종지도, 부창부수, 여필종부, 칠거지악, 부부유별, 남존여비 등의 개념이 포함되었다.

아내는 한 개인으로 인정되는 것이 아니라, 부인 혹은 며느리라는 예속적 지위에 머물렀다. 그러므로 자신의 감정이나 주장은 억압하고, 생각을 하는 인격체로서가 아니라 오로지 시댁의 가계를 계승하기 위해 아들을 낳고, 남편을 내조하며, 시댁의 생활에 필요한 노동력을 제공하는 역할만을 담당하였다. 전통적인 부부관계에서의 적응은 남편과 시댁에 대한 아내의 일방적인 적응이었다.

이렇게 부부간 역할수행에 따른 기능적 기대만 존재하였으므로, 가부장적이고 성 고정관념적인 가족문화가 팽배했다. 부부간의 사랑이나 애정과 같은 감정적 표현은 무시되거나 표현할 수 없는 것으로 여겨졌다. 또한, 부부간의 성관계는 애정 표현이나 욕구를 충족하는 방법이 아니라 단지 자녀를 출산하기 위한 의무가 우선시 되었고, 자녀양육도 가계를 계승하기 위해서였다. 부부관계에서 중요하게 여겨지는 것은 자신에게 맡은 소임을 잘 수행하여 가족의 기능적 안정을 꾀하는 것이었다.

2) 현대적 부부관계의 의미

현대적 의미의 부부관계는 서구적 가족주의의 영향을 많이 받고 있다. 서구적 가족주의는 핵가족 단위 내에서의 가족결속을 강조하는 가치관이다. 따라서 부부관계, 부모-자녀 관계를 포함하는 모든 가족관계에 대해 애정적 유대가 중요한 요소가 된다. 그러므로 현대적 의미의 가족은 우애적 가족으로서의 개념을 가진다.

이러한 우애적 가족에서 중심원리는 '사랑'이다. 부부관계에서도 역할보다는 부부간의 정서적 유대가 더 중요하게 여겨져 부부간의 성이나 사랑이 결혼의 성립과 유지의 중요한 쟁점이 되었다. 즉, 부부관계가 결혼의 중심축이 된 것이다. 부모-자녀 관계도 부모와 자녀를 맺어주는 절대적 복종의 '효' 개념 대신 '사랑'이 중시되어, 부모가 자녀의 의견을 존중해 주는 더욱 평등한 관계로 변화가 나타났다〈표 5-5〉.

표 5-5 전통적 부부관계와 현대적 부부관계

	전통적 부부관계	현대적 부부관계
가족개념	• 제도적 가족	• 우애적 가족
결혼의 의미	• 가문 대 가문의 결합	• 개인 대 개인의 결합
결혼의 목적	• 가계계승을 위한 부차적 관계 • 결혼의 책임과 영원성 강조	• 개인의 자유와 행복 • 결혼해체의 가능성 증가
가족중심원리	• 효	• 사랑
가족관계 중심축	• 부모-자녀 관계	• 부부관계
부부관계의 특징	• 가계계승을 위한 부차적 관계 • 지배와 복종의 예속적인 불평등한 관계 • 성과 나이를 기준으로 지위와 역할배분 • 역할수행에 따른 기능적 기대	• 사랑을 기반으로 한 평등한 관계 • 각자가 지니는 자원에 의해 편의적 역할배분 • 감정적 유대에 따른 정서적 기대

※출처: 문숙재 외(2005). 현대사회와 가정. 서울: 교문사.

가족 구성원들이 평등해지고 또한 서로의 관계를 맺어주는 중심원리가 '효'에서 '사랑'으로 대체되면서 가족간 역할은 개인의 자원에 의해 편의적인 방향으로 나아간다. 아직도 남성은 가계수입을 버는 가계부양 역할을 주로 담당하고, 여성은 가정에서 가사를 수행하고 자녀를 낳아 기르는 애정적·정서적 역할을 담당하는 성 고정관념인 도구적-표현적 역할분담은 여전하나, 기혼여성의 경제활동 참여율이 증가함에 따라 점차 부부간의 역할 구분이 예전처럼 엄격하지는 않을 것으로 예상한다.

부부간의 권력구조와 역할분담에도 변화가 나타나 과거의 권위주의적, 수직적 부부관계에서 평등주의적, 수평적 관계로 바뀌면서, 가장의 권위와 결정권의 집중 형태에서 부부 공동결정의 유형으로 변화되었다.

자녀에 대한 가치관도 변화하여, 가계를 계승하기 위해서라기보다는 부부의 정서적 욕구충족에 관련하여 사랑을 주고받을 수 있는 목적이 더 우선되었다. 그래서 자녀양육 자체에 대한 보람과 자녀를 통한 자신의 자기발전에 의의를 두는 경향이 많아지고 있다.

이러한 부부간의 역할 수행에 대한 기능적 기대보다는 감정적 유대에 따른 정서적 기대가 더 많아졌다. 부부간에 사랑의 표현이 자연스럽고, 성생활 또한 이제는 자녀출산을 위한 것이 아니라 사랑의 확인이나 그 자체의 쾌락이나 만족을 위해 행해지게 된 것이다. 이처럼 우리 사회에서 가족관계를 규제하는 규범이 크게 달라지면서, 부부관계와 배우자간의 지위와 역할에 대한 기대 역시 변화되었다.

2 부부관계의 유형

큐버와 해로프(Cuber & Haroff, 1986)는 결혼 후 10년 동안 단 한 번도 이혼을 고려하지 않고 결혼생활을 하는 부부 211명을 대상으로 연구한 결과 〈표 5-6〉과 같이 부부관계를 여섯 가지 유형으로 범주화하였다(신용주, 김혜수, 2011, 재인용; 최규련, 2008).

〈표 5-6〉의 여섯 가지 부부관계 유형 이론에 의하면, 한 부부관계 유형이 평생 지속하는 것을 의미하는 것은 아니며, 갈등 유발 시 해결하는 방법도 부부관계 유형별로 다양하다. 예를 들면, 배우자의 부정과 같은 사건이 발생하면 갈등이 습관화된 부부는 부부싸움을 통해 해결하고 다시 부부관계를 지속하는 반면, 전체적인 부부관계는 결혼생활의 해체라는 결론으로 갈등을 해결하는 경향이 있다.

표 5-6 부부관계 유형

유형	특징
주기적 부부관계 (The Cyclical Relationship)	부부가 극심한 갈등상황 하에서 심리적으로 힘들어지나, 화해나 회복을 반복하여 다시 평정을 찾는 상황을 주기적으로 반복하는 부부관계이다.
갈등이 습관화된 부부관계 (The Conflict-Habituated Relationship)	만성적으로 갈등과 불만이 쌓여 있고 불화가 있지만, 이혼을 생각하지 않는 유형이다. 사소한 일상생활의 견해 차이에서부터 정치 및 종교와 같은 심각한 문제에 이르기까지 극심한 긴장과 갈등을 가진 불안정한 유형이나, 결코 부부싸움이 가정을 해체할 만한 이유로는 작용하지 않는 부부관계이다.
활기가 약화된 부부관계 (The Devitalized Relationship)	신혼 초기에는 열정적이고 활기가 넘쳤으나, 결혼생활을 지속함에 따라 점차 의무적으로 가족과 시간을 보내고, 자발적이기보다는 책임감으로 행동하며 그럭저럭 살아가는 부부관계이다. 즉, 결혼 초에는 부부간에 상호작용과 친밀감이 많았으나, 세월이 지나면서 부부 상호간에 활력이 없어진 유형이다.
냉담으로 일관된 부부관계 (The Passive-Congenial Relationship)	신혼 초기부터 활기가 없었다는 점에서 활기가 약화된 부부관계와 큰 차이가 있다. 결혼을 친밀감보다는 자아실현, 경제적 안정, 자녀의 희망, 출세 등과 같은 안락한 삶의 방편으로 여긴다. 이 부부는 결혼에 대한 비현실적인 기대가 적으므로 이혼에 이르는 경우가 드물며, 상대의 불만족스러운 부분에 대해서는 개입하기보다는 체념하고 살아가므로 비교적 갈등도 적다.
활력적인 부부관계 (The Vitalized Relationship)	결혼 초부터 친밀감, 유대감, 상호작용이 활발하게 교류되고 계속 유지되는 유형이다. 이 부부에게는 부부관계 자체가 각자에게 중요한 삶이다. 각자가 독자성을 지니며 서로의 심리적인 행복과 사회적 성공에 모두 관심이 있다. 갈등이 생기면 현실적으로 문제의 핵심을 파악하여 조속히 갈등을 해결하고, 다시 활력적인 관계를 유지하려는 적응능력과 노력이 강한 부부관계이다.
전체적인 부부관계 (The Total Relationship)	부부 두 사람간에 친밀감, 유대감, 동반활동이 가장 강하고, 다른 일보다 결혼생활과 배우자와의 관계에 우선순위를 두는 유형이다. 이 부부는 비슷한 직업, 같은 직장이나 함께 운영하는 사업에 종사하는 경우가 많으며, 생활의 많은 부분에서 활력적인 부부관계와는 차이가 있다. 이 유형은 갈등 시에는 갈등의 최소화에 주력하므로 누구의 잘잘못을 고려하기보다는 관계를 유지하며 해결하려는 데 초점을 둔다. 이 부부는 많은 시간을 부부 중심으로 지내기 때문에 자녀에게 소외감을 줄 우려가 있다.

3 부부관계에서의 사랑

1) 부부관계에서 사랑의 개념

사랑은 남녀간의 관계에서 중요한 요소이다. 사랑은 결혼하지 않은 연인관계뿐만 아니라 결혼한 부부관계에서도 중요하다. 현대사회의 가족관계는 부부관계를 중심으로 이루어지며, 부부관계의 중심원리는 사랑이다. 그러므로 배우자 역할은 상호간의 사랑을 확인하고 발전시키는 데로 집중된다. 그러나 부부관계는 일반적인 연인관계와는 구별되어 결혼이라는 사회적, 법적 약속으로 이루어진다. 또한, 일생을 두고 그 관계를 유지하겠다는 결정과 책임을 근거로 시작되는 관계이다. 그러므로 부부관계에서의 사랑은 그 실체와 중요성, 관계의 역동성 또는 질, 그리고 일반적인 연인관계에서의 사랑과는 차이가 있다.

한 연구에서 결혼생활 50년 이상인 부부를 대상으로 결혼을 정의할 수 있는 단어를 열거하도록 함으로써, 행복한 결혼생활에 대한 연구를 수행하였다. 그 결과 여성 응답자들은 결혼을 정의하는 단어를 사랑, 주고받는 것, 자녀를 갖는 것, 가족, 가정, 두 사람의 결합, 하나님과 성경, 영원함, 행복의 순으로 응답하였다. 반면 남성은 영원함, 우애, 결혼생활을 위해 함께 노력하는 것의 순으로 결혼을 정의하였다. 이 결과를 통해 남성보다 여성이 결혼에 대해 더 많은 기대 혹은 생각을 하는 것을 알 수 있다. 또한, 젊은 부부에게 하고 싶은 충고를, 여성은 종교적 중요성, 사랑, 주고받음, 가정, 가족, 자녀, 결혼생활을 위해 함께 노력하기, 이해와 인내의 순으로 응답하였으며, 남성은 결혼생활을 위해 함께 노력하기, 정직과 진실, 주고받는 것, 사랑, 종교, 가정, 가족, 자녀의 순으로 응답하였다.

결혼한 지 50년 된 부부를 대상으로 한 이 연구에서 부부들은 결혼과 부부관계에서 사랑이나 정서적인 교류를 중요하게 여기고 있음을 알 수 있다. 아울러 부부간의 노력, 영원함, 종교 등의 결혼생활에 필요한 역할수행이나 의무 등과 같은 규범적인 측면도 강조하고 있다.

일반적으로 역할수행과 관련하여 부부관계를 설명할 때, 도구적 역할(instrumental role)과 표현적 역할(expressive role)로 구분한다. 도구적 역할은 가족의 생계와 집안일을,

표현적 역할은 애정, 성, 공감, 친구관계 등을 말한다. 표현적 역할은 애정적 유대에 기반을 두고 있기 때문에 사랑의 개념에 더 가깝다고 할 수 있다. 그러나 도구적 역할과 표현적 역할은 서로 독립적이거나 어느 한 역할만 중요한 것이 아니라 서로 밀접한 관계를 가지며 결혼생활에 이바지하는 것으로 나타난다.

예를 들어 스캔조니(Scanzoni, 1975)의 연구에서, 여성들의 부부간 공감도에 대한 만족은 경제적 만족도와 가장 큰 관련이 있었다. 이는 남편이 돈을 잘 벌어오는 데 대한 기대도 크고, 남편의 도구적 역할수행 때문에 표현적 역할수행에 대해서도 만족스러워 한다는 것을 의미한다. 남성들의 부부간 공감도에 대한 만족 역시 아내의 도구적 역할수행에 의해 영향을 받는 것으로 나타났다. 아내의 가사능력, 가정 밖에서의 능력, 지성과 교양 등에 의해 영향을 받는 것이다.

현대 부부관계에서 지위와 역할에 대한 규정은 전통적 부부관계에서처럼 엄격하지는 않다. 현대 부부관계에서 중요한 것은 서로 감싸 안아줄 수 있는 사랑이다. 성공적인 결혼생활을 위해서는 부부 상호간의 사랑에 대한 기대를 충족시켜주고 서로의 사랑을 조화롭게 유지해 나가야 한다. 따라서 부부간의 사랑을 유지하고 발전시키기 위해서는 부부 각자가 자신의 지위와 역할에서 오는 기대를 적절히 충족시켜야 한다.

2) 부부관계에서의 사랑의 조정

행복한 결혼생활을 위해서는 부부 상호간에 사랑을 조화롭게 유지해 나가야 하고, 사랑의 조화를 유지하기 위해서는 부부 상호간의 사랑에 대한 기대를 충족시켜 주어야 한다.

(1) 사랑의 조화

결혼생활에서 사랑의 조화란 남편과 아내가 서로에 대한 사랑이 크기나 모양에서 균형을 이루는 것을 의미한다. 한 배우자의 사랑이 다른 배우자의 사랑보다 작으면 부부관계에 소극적으로 관여(underinvolvement)하는 것이고, 크면 과도하게 관여(overinvolvement)하는 것이며, 다른 모양이면 잘못된 방식으로 관여(misinvolvement)하는 것이다. 소극적이든, 과도한 것이든, 잘못된 방식이든 이러한 부조화의 정도가 클수록 부부간의 사랑이 어긋나게 되고 부부관계도 만족스럽지 못하게 된다.

이러한 부부간의 사랑이 얼마나 조화를 이루는지는 몇 가지 방식으로 진단해 볼 수 있다.

첫째, 자신과 배우자의 사랑을 비교해 볼 수 있다. 부부 서로가 갖는 사랑의 삼각형이 일치할수록 부부관계는 만족스럽다. 둘째, 부부가 각기 지각하는 사랑을 비교해 볼 수도 있다. 자신의 배우자에 대한 사랑을 실제로 그린 삼각형과 배우자가 나로부터 사랑받는 정도를 지각해서 그린 삼각형간에 일치가 클수록 부부관계는 만족스러울 것이다. 셋째, 자신의 사랑에 대한 사고와 행동, 넷째, 사랑의 실제와 이상간에 어느 정도나 일치하는지를 비교하는 방법이 있다.

요약하면, 자신의 생각을 나타내는 삼각형과 실제로 표현하는 행동을 나타내는 삼각형이 어느 정도나 일치하는지, 또한 자신이 이상적으로 생각하는 사랑의 모습과 부부관계에서 실제로 경험하고 있는 사랑의 모습이 가능한 한 일치하는 것이 바람직하다.

설사 성숙하고 서로 일치하는 사랑의 상태에서 결혼한 부부라 하더라도 그 사랑을 유지하기 위해서는 끊임없이 적응하고 조정하는 노력을 기울여야 한다. 그 이유는 사랑이 시간의 경과에 따라 변화하는 속성이 있을 뿐 아니라 남녀간에 사랑의 개념이 서로 다르기 때문이다.

(2) 시간의 경과에 따른 사랑의 변화

스턴버그(Sternberg, 1987)는 친밀감, 열정, 결심 · 헌신의 사랑의 세 요소가 시간에 따라 질적으로 다른 사랑의 유형 조합을 만들며, 이 세 요소의 상대적 중요성도 시간을 두고 변화한다고 하였다.

친밀감은 시간 경과와 함께 서서히 감소하다가, 어느 시점에서 다시 점차 증가하게 된다. 열정은 욕망이라는 동기를 부여하여 남녀가 서로 매력을 느끼게 함으로써 초기에는 급속히 발달한다. 그러나 그 후에는 습관화가 나타나 더는 자극이 되지 않는 중독 증상과 같은 패턴을 보인다. 배우자가 같은 정도의 흥분을 하지 않으면 열정과 낭만은 증가하지 않고 안정된 상태를 지속하게 된다. 한편, 결심 · 헌신은 관계의 초기에는 서서히 그리고 점차 속도가 빠르게 증가하며 발달하나, 결국은 안정된 상태를 유지하게 될 것이고, 관계가 실패하면 급속히 감소하거나 사라진다.

액커와 데이비스(Acker & Davis, 1992)는 18~68세인 남녀 204명을 대상으로 사랑의 세 요소의 변화를 연구하였다. 그 결과, 여성들에게서만 시간이 지남에 따라 열정 수준이 줄었고, 친밀감 수준은 오랜 기간 지속해온 애정관계에서는 줄어들지 않은 것으로 나타났다. 또한, 오래 지속해 온 관계에서 결심·헌신과 같은 책임감이 결혼 만족도에 가장 강력하고 안정적인 예측 변인이었다. 그러나 이 연구는 횡단적 연구방법을 사용한 것으로서 시간의 경과에 따른 사랑의 변화를 과연 측정하였다고 보기에는 무리가 있다(문숙재 외, 2005).

사랑의 세 요소가 시간의 경과에 따라 어떻게 변화하는지를 결론적으로 이야기하기는 어려우나, 사랑의 세 요소는 정체된 개념이 아니라 전 생애 동안 역동적 과정을 거치는 것임에는 분명하다.

(3) 부부간 사랑의 성차

전반적으로 남성들이 여성들보다 그들의 결혼에 대해 더 높게 평가하고 더 만족하는데, 그 이유는 다음과 같이 설명할 수 있다.

첫째, 여성은 남성보다 사랑의 기교가 월등하다. 그래서 여성들이 남성들을 만족하게 하는 정도에 비해 남성들이 여성들을 만족하게 하는 정도가 작다. 둘째, 결혼과 가족은 여성에게는 전부이므로 이에 대한 기대가 크지만, 남성은 전부가 아니므로 이에 대한 기대가 비교적 적다. 따라서 같은 정도의 충족도 여성을 만족하게 하기가 어렵다. 이러한 두 가지 이유가 상호작용함으로써 여성보다 남성이 더 만족할 수밖에 없다.

이렇듯 성에 따라 사랑의 기교와 결혼에 대한 기대가 다른 것은 남녀간에 사랑에 대한 개념이 다르기 때문이다. 여성은 주로 자기 노출이나 감정적 몰입, 애정표현 등 정서적인 측면을 중요하게 여기지만, 남성은 함께 활동하고, 시간을 보내고, 성관계를 하는 등 도구적인 활동이나 행동적인 측면을 중요하게 여긴다. 따라서 정서적인 측면을 강조하는 여성들은 친밀감을 표현하는 기교가 남성들보다 더 높지만, 행복의 유지를 중시하는 남성들은 그들이 여성들보다 빠른 속도로 관계에 책임감을 느끼며, 여성보다 더 오랫동안 관계에 헌신하는 경향을 보인다.

읽을거리

대화 · 치유의 기술을 공부하는 것도 방법

시들해진 사랑도 물을 주고 햇볕을 쬐주면 다시 꽃피울 수 있다. 그렇다고 멀어진 부부 · 연인관계가 자석처럼 갑자기 들러붙진 않는다. 부부상담 전문가인 송길원 박사(하이 패밀리 대표)는 "뇌 호르몬에 이끌린 사랑의 단계가 지나면 전인격적 사랑으로의 모드 전환이 필요하다. 이때 부부관계에 도움을 주는 강좌를 듣거나 책을 읽어 사랑의 기술을 익히면 도움이 된다."고 말했다. 힐리언스 선마을 등에서 '행복더하기 부부캠프'가 열리는 것도 그 일환이다.

사랑의 황홀함을 다시 느끼고 싶다면 스킨십을 통해 잠자고 있는 뇌의 사랑 영역을 깨우자. 심드렁해진 잠자리를 뜨겁게 회복하려면 배우자의 발을 주물러 보자. 뇌에서 발의 감각을 담당하는 영역은 음핵과 음경을 맡는 뇌 부위 옆에 있다.

향긋한 냄새는 성적 자극을 높인다. 여성에게 베이비파우더 향을 맡게 하면 아기를 갖고 싶다는 생각이 들면서 질 내 혈류량이 증가한다. 남성은 계피 · 라벤더 냄새를 좋아한다. 신체적인 흥분도 사랑의 감정을 키운다. 함께 롤러코스터를 타고 공포영화를 보는 등 흥분되고 긴장된 상태에서 서로 눈을 맞추면 심장박동이 빨라지면서 사랑을 느낀다.

※출처: 중앙일보. 2011. 1. 10. 이주연 기자 gold@joongang.co.kr

4 부부관계에서의 역할

가족 구성원은 가족 내에서 일정한 지위를 갖게 되며, 지위와 관련하여 가정적으로, 사회적으로 기대되는 구실을 해야 한다. 부부는 결혼에 의해 남편으로서, 또는 부인으로서의 지위를 가지게 되며 그에 따른 역할을 기대받게 된다. 즉, 책임 있는 남편으로서의 역할과 아내로서의 역할을 얼마나 잘 수행하느냐가 한 가족의 행복을 크게 좌우한다. 이처럼 역할수행은 개인에 국한된 것이 아니라 가정과 나아가 사회에 큰 영향을 끼치게 된다. 부부간의 역할은 성역할 개념의 변화에 따라 역할 기대가 달라진다.

전통적으로 남성은 남성성을, 여성은 여성성을 나타내는 구실을 하는 것이 건강하고 바람직하다고 하였다. 파슨스(Parsons, 1955)에 의하면 남성성은 목표 지향적이고, 주장이 강하며, 타인과 자신을 분리하는 독립적인 행동을 하고, 도구적이며, 기능적인 특성을 지니고 있으며, 여성성은 감성적이고 정서적이며, 이타적이고 독립된 개인이기보다는 상호관계를 추구하고, 표현적이며, 친화적인 특성을 지니고 있다. 이러한 남성성의 특성, 여성성의 특성은 각각의 성 모두에게 공존하지만, 남성은 기능성이 여성은 친화성이 좀 더 강한 경향을 보이는데 기능성과 친화성이 모두 공존해야 개인이나 사회가 존속될 수 있다고 하였다.

전통적으로는 양극으로 분리된 남성성, 여성성을 남녀가 각각 소유해야 한다는 성역할 개념이 지배적이었으나, 현대사회에서는 남녀 구분 없이 한 개인이 남성성, 여성성 특징 모두를 포함하는 양성성을 지녀야 훨씬 더 바람직하고 기능적이라는 견해가 대두하고 있다.

한편, 남녀간의 역할에 대한 견해는 전통주의, 여권주의, 신전통주의로 구분된다(Adams, 1980). 전통주의란 남녀 역할이 각각의 성별 특성에 근거하여 분담되어야 한다는 견해로 여성은 여성성을 나타내는 표현적 역할을, 남성은 남성성을 나타내는 도구적 역할을 담당해야 한다는 것이다.

여권주의란 남녀 역할을 공유해야 한다는 견해로 남녀간에 수행되어야 하는 역할이 성별에 따라 구분되지 않고 개인의 특성에 따라 정해져야 한다는 것이다.

신전통주의란 전통주의와 여권주의의 절충적인 견해로 남녀간의 기본적인 역할을 유지하면서 필요에 따라서는 상호 협조해야 한다는 것이다.

부부간의 역할에 대한 견해도 개인의 성역할 개념의 변화와 같은 맥락으로 변화되고 있다. 즉, 전통주의적 견해에서 여권주의, 그리고 신전통주의의 견해로 바뀌고 있다.

읽을거리

사랑받는 아내가 되려면

- 남편이 하는 일에 감탄하자.
- 남편 인맥의 경조사를 챙겨 주자.
- 간식도 아이들보다 남편위주로 챙겨 주자.
- 뻔한 거짓말도 때론 눈감아 주자.

사랑받는 남편이 되려면

- 아내의 자기계발을 도와주자.
- 처가 식구들에게 더 많은 관심을 두자.
- 아내의 사소한 이야기도 정성껏 들어주자.
- 아내에게 휴식시간을 주자.

※출처: 행복발전소 하이패밀리(2010). 건강한 가족.

활동자료 결혼 설계하기

자신의 가치관과 계획을 빈칸에 적어본 후, 상대방과 서로 토론하면서 여러분의 결혼 설계를 구체적으로 적어보자.

	본인	파트너
현재 나이		
직업		
결혼 시기		
결혼 예상비용		
주거 형태		
결혼생활에서 중요한 것	① ② ③ ④ ⑤	① ② ③ ④ ⑤
혼수 우선순위 다섯 가지	① ② ③ ④ ⑤	① ② ③ ④ ⑤
신혼여행	________에서 보내고 싶다. 예산: 일정: 계획:	________에서 보내고 싶다. 예산: 일정: 계획:
자녀계획		
결혼생활을 통해 꼭 이루고 싶은 것		

※출처: 김명자 외(2012). 아는 만큼 행복한 결혼, 건강한 가족. 경기: 양서원.

CHAPTER

06

현대사회 그리고 부모역할

제1절 부모됨의 출발

제2절 부모양육모형

제3절 부모역할

제4절 자녀 발달단계에 따른 부모기의 단계

제5절 기능적인 부모–자녀관계

인간은 그 어느 생명체보다 가장 오랜 시간에 걸친 누군가의 양육과 보호를 받아야 할 불가피성을 지니고 있다. 인간의 이러한 특성은 자녀에게 투영되는 부모의 모습이 얼마나 중요한가를 나타낸다. 따라서 부모가 된다는 것은 기존의 부부관계에서의 책임과 새로운 책임간의 균형을 이루어야 하므로 많은 긴장을 불러일으키는 발달적 과정이다.

이 장에서는 부모 되기의 시작으로 왜 부모가 되어야 하는지의 동기, 부모의 유형을 비롯해 부모의 역할은 어떠해야 하는지, 그리고 자녀의 성장에 따른 부모역할 단계와 마지막으로 건강한 부모-자녀관계를 유지해 나가기 위한 기능적 부모-자녀관계를 알아보고자 한다.

제1절 부모됨의 출발

인간은 일정 시기가 되면 결혼을 하고 자녀를 낳아 기르면서 부모가 되는 것을 당연시했다. 누구나 부모가 있고 또한 부모가 되는 것은 자연스러운 사회적 현상으로 간주해 심리학, 사회학 등의 학문에서조차도 자식을 낳아 돌보는 것은 인간, 특히 여성의 본능에서 오는 자연스러운 생물학적 현상이라고 보았다.

그러나 현대에는 과거에 자녀가 있던 경제적 가치는 사라지고 부모에 대한 '효' 의식도 사라져 가고 오히려 자녀에 대한 부모의 의무만 더 많이 강조되고 있다. 더욱이 과학문명과 의학의 발달로 과거에 불가능하던 일이 현실화되면서 현대인은 부모가 되는 동기를 스스로 선택하게 되었다. 결혼하여 언제 몇 살 터울로 몇 명을 낳을 것인지 안 낳을 것인지를 부부가 합의하여 부모가 되기를 결정하거나 부모가 되지 않기를 결정할 수 있다. 또한, 아내나 남편의 공동의 문제든지 아니면 어느 한 쪽의 임신이 어려운 신체적 및 그 밖의 문제로 임신이나 출산할 수 없는 때도 있으나, 의학의 발달로 일정부분 해소되고 있다.

그럼에도 결혼한 사람의 대부분은 자녀출산을 아직도 자연스러운 현상임과 동시에 의무로 받아들이고 있다. 우리 사회에서 부모가 된다는 것은 출산과 더불어 신체적 안정을 비롯하여 의·식·주를 포함한 기본적인 자원을 제공해 주는 것과 무한한 사랑과 애정을 주는 것이다. 그러므로 부모가 된다는 것은 거듭되는 선택의 과정이며 가족관계에 많은 변화를 가져온다. 부모됨은 즐거움뿐만 아니라 역할과 관계, 책임감 증가, 가족구성원간의 상호작용 등의 변화 때문에 자신의 정체성에도 변화를 가져다준다(송진숙 외, 2006).

1 부모됨의 동기

부모가 된다는 것은 하나의 사회적 과정으로 단순하게 인식하기 쉬우나, 부모가 되는 데에는 동기가 존재한다. 부모가 되는 동기는 심리적 과정으로서 부모로서의 태도를 결정하는 요인이다. 오늘날 부모가 되는 것을 결정하는 데 있어서 자신의 선택이 결정적이다. 현대의 부모는 의학의 발달과 과학기술의 발달로 말미암아 과거 부모와는 다르게 부모가 되는 것을 선택하게 되었다. 부모가 될 것인지와 부모가 되는 시기는 이제 자연스러운 선택과정이다.

라빈(Rabin, 1965)은 부모가 되는 동기 유형을 다음 4가지로 제시하였다.

- 숙명적 동기(fateful motive): 부모가 되는 동기는 숙명적으로 받아들이는 태도에서 비롯된다. 자녀를 갖는 것이 인간이 존재하는 이유라고 믿으므로, 부모가 되는 것은 선택의 문제가 아니라는 입장이다. 피임하는 것은 신에 대하여 죄가 되며, 부모가 된다는 것은 인간에게 주어진 운명으로 가계를 이어갈 수 있는 동기가 된다.
- 이타주의적 동기(altruistic motive): 자녀에게 관심과 사랑을 표현하고자 하는 이타주의적 동기에서 부모가 되고자 한다. 자녀를 돌보아주고 싶은 부모의 비이기적인 욕구 때문에 부모됨을 의미한다.
- 자기도취적 동기(narcissistic motive): 성인으로서 자녀를 가질 수 있을 만큼 성숙했다고 기대하는 점에서 자기도취적 성향을 보인다. 성인으로서 자녀를 가짐으로써 자녀가 있는 다른 성인들과 동료의식이나 공감대를 형성할 수 있기 때문이다. 자아도취적 동기는 자녀를 가짐으로써 성인 대열에 속했다는 심리적 안정감에서 부모가 되는 것을 의미한다.

- 도구적 동기(instrumental motive): 도구적 동기는 부모가 자녀를 통해 제2의 삶을 살고자 하는 욕구에서 비롯된다. 자녀를 통해 부모의 꿈을 실현함으로써 대리보상을 하고자 하는 동기 때문에 부모가 된다. 따라서 부모를 대신하여 자녀가 어떤 목적을 성취해 주길 바라며, 그러한 것들이 부모에게 만족감을 주기 바라는 데에서 시작한다.

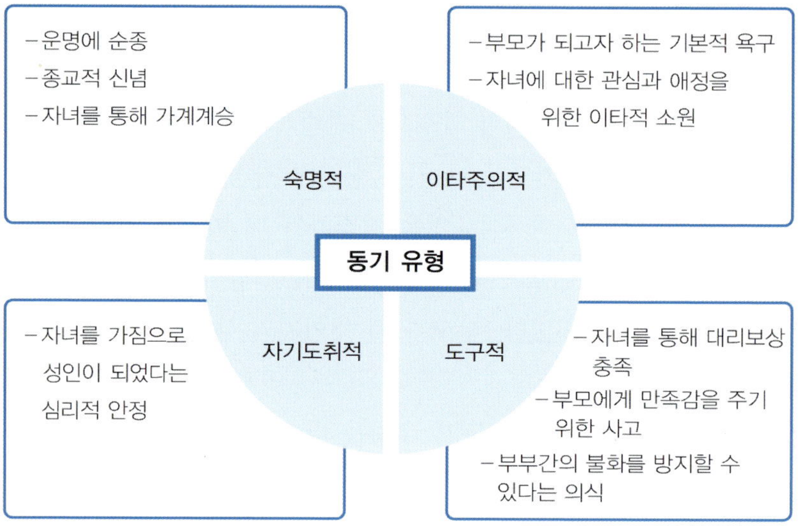

※출처: 허혜경 외(2013). 현대가정의 이해. 서울: 문음사.

그림 6-1 부모가 되는 동기 유형

2 부모됨의 의미

부모됨의 동기는 본능이 아니라 획득된 동기이며, 각 개인에 따라 내부적 요인이 복합적으로 작용할 수 있기 때문에 정확히 설명하기 쉽지 않다. 따라서 부모가 된다는 것이 내포하고 있는 의미를 자아확장, 사랑·애정의 욕구, 지위 획득, 성취감, 지도와 권위, 희열과 행복, 발달 증진의 측면에서 살펴보고자 한다(김정옥 외, 2012; 이숙 외, 2010).

1) 자아확장

부모는 자녀를 통해 자기를 이어주는 지속감(sense of continuity)인 자아확장을 느낄 수 있다. 부모됨을 통해 자기 세대가 연장되는 자아확장감을 가지거나, 자신의 연장으로서 또는 분신으로 생각하기도 한다. 일반적으로 부모는 자신의 성격이나 행동특성이 어떻든 간에 자신을 그대로 자녀에게 투사하고 반영한다. 때로는 자녀를 정성껏 양육함으로써 자기 보상(compensation)의 대상으로 삼기도 하고, 자녀를 통해 못다 이룬 자신의 소망을 실현하여 자기를 확장하려 하기도 한다.

2) 사랑 · 애정의 욕구

부모됨은 인간의 기본 욕구 중 하나인 사랑 · 애정의 욕구를 채워줄 수 있다. 부모가 됨으로써 자녀를 양육하고, 위험으로부터 보호하며, 감정적 교류와 상호작용을 통해 사랑 · 애정의 욕구가 충족될 수 있다.

3) 부모됨의 지위 획득

부모됨에 따라 자녀에 대한 양육적, 경제적, 교육적 책임과 의무를 져야 하지만, 부모가 되기 원하는 것은 부모라는 사회적 지위를 얻게 되기 때문이며, 자녀를 양육함에 따라 요구되는 발달과업을 수행할 수 있기 때문이다.

4) 성취감

부모는 자녀를 가짐으로써 성취감을 느끼게 된다. 부모됨으로 인한 성취감은 어머니보다 아버지가 더 강하게 갖는 심리적 동기라고 한다. 일반적으로 아버지는 아들에게, 어머니는 딸에게 동일시 과정(identification process)을 통해 성취적 동기를 투사하고자 한다. 또한, 부모는 자녀를 통해 자신의 계획을 성취하고, 자기보다 나은 자녀를 남기고 싶은 욕구를 지닌다.

5) 지도와 권위

인간은 권위에 대한 사회적 욕구를 지닌다. 부모들은 자신의 자녀를 지도하고 양육함으로써 이러한 사회적 욕구의 일부를 해결한다. 부모는 자신의 사회적 지위의 고하를 막론하고 자녀를 훈육하거나 지도할 수 있으며, 부모의 권위를 가질 수 있다. 자녀에 대한 부모의 태도는 가정마다 다르겠지만, 여기서 부모는 자녀들에게 권위 있는 존재라 할 수 있다.

6) 희열과 행복

부모가 됨으로써 누리는 만족은 단순한 일을 통해 얻게 되는 만족감과는 달리 자아확장, 성취, 권위, 애정, 긍지 등의 감정이 종합된 포괄적인 만족감이다. 자녀를 가짐으로 누리는 부모됨의 만족은 인간이 누릴 수 있는 창조적인 희열이자 행복감이며, 희생감이 내포된 미적 정서라 할 수 있다.

7) 발달 증진

부모가 된다는 것은 부모 개인의 성장 및 발달의 값진 경험을 할 수 있다. 부모됨을 통해 부모 자신의 인지적, 정서적 발달이 촉진되며, 자녀의 롤 모델로서 끊임없이 자아성찰과 발전을 하게 되는 기회를 가진다.

3 부모됨의 어려움

과거에는 성인의 발달 단계에서 결혼을 하고 자녀를 낳는다는 것은 자연스러운 발달 과정 중의 하나였다. 그러나 현대사회에서 부모가 된다는 것은 이전 세대와는 다른 많은 어려움이 있어 부모됨을 선택하는 것은 매우 중요한 결정이다. 여성 교육수준의 향상과 취업의 증가 및 다양한 사회적 환경의 변화는 결혼과 가족에 대한 태도에 많은 영향을 미쳤다. 그 결과 현재의 부모들은 과거보다 부모역할을 하는 데 많은 어려움이 있다. 따라서 부모가 된다는 것은 많은 준비와 부부간의 합의가 요구되며 문제해결에 대한 의사소통이 요구되는 과정이다(정현숙 외, 2001).

1) 부모됨 선택의 어려움

현대사회의 경제적, 구조적 변화는 결혼한 사람들이 그들의 부모세대와 비교해서 자녀출산과 관련하여 더 많은 선택을 하게 한다. "자녀를 낳을 것인가 혹은 낳지 않을 것인가?", "낳는다면 언제 낳을 것인가?", "터울은 어떻게 할 것인가?", "불임일 경우 어떤 방법(시험관 아기, 무자녀, 입양 등)을 선택할 것인가?", "직장에 다니면 자녀양육은 어떻게 해결할 것인가?" 등 부모가 되는 과정은 끊임없는 선택의 과정이다. 여성취업의 증가와 자녀양육에 드는 경제적인 비용의 증가는 이러한 결정을 더욱 어렵게 하고 있다. 게다가 다양한 피임법의 개발 및 임신 중절에 대한 신체적, 심리적, 도덕적 논쟁들도 부모됨을 선택해야 하는 이유가 되고 있다. 특히 임신 중절은 다른 사회문제와는 달리 도덕적 문제와 결부되기 때문에 더 많은 논쟁이 되고 있다. 임신 중절이 태아의 생명을 살해하는 행위로서 윤리적 문제로 인식되기 때문이다. 이러한 현상은 의사나 산모 모두에게 가치와 행동 사이의 모순을 드러내는 것이므로, 부모들은 부모가 되기 위해 다양한 선택에 직면하게 된다. 이처럼 오늘날의 부부들은 이전 세대의 부모들보다 더 많은 선택을 하며, 그 과정에서 더 많은 갈등을 경험하게 된다.

2) 여성의 역할 변화로 인한 어려움

우리 사회에서는 많은 남편이 과거보다 가사일에 더 많이 참여하고 자녀를 돌보는 데 적극적이나, 전일제로 취업한 여성들도 여전히 남편들보다 가사일과 양육에 더 많은 책임이 있다. 혹실드(Hochschild, 1989)가 지적한 것처럼 여성의 직업역할은 변화했으나, 여성들의 가족역할이 변화하지 않음으로 인하여 과중한 부담이 있는 아내들은 역할 갈등에 시달리게 되었다. 그러나 이러한 가족을 위한 사회적, 정책적 배려의 부재로 맞벌이 부부들의 부모역할 수행은 많은 어려움을 갖고 출발하게 된다.

건강한 가족들의 일상 패턴이 다른 가족과 가장 구별되는 것은 건강가족의 부모들이 가정 안과 밖의 생활간에 균형을 잡고 있다는 사실이다. 남편들은 직장에서의 어려움을 가정에서의 안식으로 보상받으려고 하며, 여성들은 가정에서 많은 에너지를 써 버리고 직장이나 다른 친구와의 상호교류로 행복을 추구하려 한다(Larson & Richards, 1999). 이러한 불균형은 배우자 각자에게는 감정적 유지를 위하여 생활의 특별한 부분에 의존하도록 하고, 이것이 결국에 왜곡된 가족관계로 발전된다. 행복한 가정의 이미지는 함께할 때 만족을 느낀다. 따라서 현대사회에서 맞벌이가정의 증가로 일과 가족에 대한 조화의 중요성이 강조되면서 부모역할이 과거보다 어려워지고 있다.

3) 사회의 기대

사회적 역할에 대한 개인의 역할수행이 사회의 기대에 얼마나 일치하는가에 따라 개인들은 긍정적이거나 부정적인 영향을 받는다. 우리나라에서 여성은 전통적으로 집안일을 하고 자녀를 양육하는 역할이 강조됐다. 이에 따라 상대적으로 눈에 보이지도 않으며, 보수가 없는 가정에서의 역할이 여성의 최우선 역할로 기대되었다. 또한 가사일 소홀은 사회적 비난의 대상일 뿐만 아니라 여성 자신에게도 죄의식이나 불편한 감정을 느끼게 하였다(Lopata, 1993). 특히 자녀의 가치가 결혼생활에서 부부관계의 가치보다 중요시되는 우리나라에서 여성이 직업을 가짐으로써 가지게 되는 부모역할 갈등은 가족관계의 전반에 큰 영향을 미칠 수 있다.

비록 가사와 양육을 가족이 분담하는 경향은 증가하고 있으나, 일인다역을 수행하는 여성들은 많은 어려움을 겪고 있다. 또한, 우리나라는 '어린 자녀를 둔 기혼여성의 취업'에 대한 사회적 편견이 여전히 남아 있으며, 부모가 아동의 행동에 가장 큰 영향을 미치는 사회적 대행자라는 인식이 팽배하므로 맞벌이가정에서 여성들이 느끼는 긴장수준은 매우 높다고 볼 수 있다.

4) 새로운 역할모델에 대한 요구

대부분의 부부가 자신이 성장했던 가족에서의 생활방식과는 다른 형태의 부모역할을 기대하지만 실제로 새로운 패턴을 확립하기는 어렵다. 현대사회에서 부모됨의 의미는 역할이나 의무수행 등 규범적인 부모-자녀관계가 중시되었던 과거와 달리 개인적이고 인격적인 관계에 기반을 둔 애정과 정서적 유대감을 강조한다. 그러나 현대사회의 핵가족 속에서 부모들은 자녀양육이나 교육에 과거보다 커다란 영향력을 행사하고 있으나,

과거처럼 친족이나 이웃, 공동체의 지지와 도움을 받지 못하므로 부모역할에 부담을 느끼고 종종 자신을 잃기 쉽다(정현숙 외, 1998).

5) 정서적 부담의 증가

여성의 역할에 대한 사회적 기대뿐만 아니라, 사회가 가지고 있는 가정에 대한 환상, 즉 '냉혹한 세상에서의 안식처'로서의 가정에 대한 인식도 부모역할을 어렵게 하는 요인이 된다(Cowan & Cowan, 1999). 개인주의가 발달하고, 교육수준이 향상됨에 따라 부부 개인의 자아실현욕구와 자기능력개발욕구가 증가한다. 또한, 성공에 대한 강한 욕구와 더 많은 즐거움을 추구하는 삶, 독립성의 추구 등 현대에 중요시하는 가치체계는 부모로서의 역할수행과는 경쟁 되는 가치이기 때문에 부모역할을 수행하기가 점차 어려워진다(Anderson & Sabatelli, 1999). 그러나 사회에서는 가족을 위해서 개인의 관심사를 하위에 두어야 하기 때문에 이러한 사회적 기대는 부부들에게 큰 정서적 압박이 되고 있으며, 부모가 되는 것이 과거보다 어려운 이유이기도 하다.

6) 아동성장을 위한 가족구조의 다양성

이혼과 사별로 인한 한부모가정이 증가하고, 미혼부모와 10대 청소년들의 임신이 증가하며, 재혼가족의 증가 등의 사회적인 변화 때문에 과거의 핵가족이나 확대가족과는 다른 다양한 가족구조가 형성되었다. 다양한 가족구조에 따라 아동이 직면해야 할 갈등과 사회적 요구가 독특하다. 따라서 모든 가족은 그 가족의 독특한 구조와 상황 및 가족 구성원에 따라 적절한 적응을 이루어야 하는 어려움이 있다. 생애과정에서 한 개인은 다양한 가족구조를 경험하게 되지만, 이러한 다양성에 대해 부모들이 준비되어 있지 못하기 때문에 과거보다 부모역할 수행이 더 어려워지고 있다. 또한, 다양한 가족구조에 대한 사회적 규범이 없어서 다양한 가족구조에서 부모역할을 수행하는 것은 매우 어렵다.

제2절 부모양육모형

자녀가 태어나면 가장 먼저 부모는 자녀를 양육하는 역할과 함께 자녀의 사회화를 도와주는 다양한 역할을 담당하게 된다. 이렇게 부모가 자녀를 성인이 될 때까지 보호하고 발달을 도와주는 모든 활동, 자녀를 보살피고 키우는 행위를 양육이라고 한다. 또한, 부모가 자녀를 양육하는 가운데 취하는 일반적인 태도나 행동의 경향성을 양육태도라고 한다. 부모의 자녀양육태도는 부모 역할수행과 부모-자녀관계의 질을 결정해 주며, 유아의 전반적 발달에 큰 영향을 미친다.

부모의 양육태도를 이론적으로 체계화한 최초의 학자는 시몬드(Symonds, 1949)이다. 그는 부모의 양육태도를 거부적-과보호적, 우세적-복종적이라는 두 차원으로 구분하였는데 이는 부모양육방식을 체계화하는 데 큰 이바지를 하였으나, 부정적 측면을 중심으로 설명했다는 한계를 가지고 있다.

이후 쉐퍼(Schaefer, 1959)와 바움린드(Baumrind, 1973)에 의해 부모양육태도에 대한 연구가 이루어져 최근까지 활용되고 있다. 본 절에서는 쉐퍼의 양육태도 유형과 바움린드의 양육유형(허혜경 외, 2013), 그리고 가트맨의 감정코치 양육 모형(유운영, 2010)에 대해 살펴보고자 한다.

1 쉐퍼의 양육태도 유형

쉐퍼가 30년 이상 장기적으로 수행한 종단 연구 결과를 살펴보면 부모의 양육에 가장 중요한 두 요소로 애정과 자율을 제시하였다. 쉐퍼는 애정과 자율을 축으로 하는 양육모형을 구성하였는데, 애정의 반대쪽을 거부, 자율의 반대쪽을 통제로 보아 양육태도를 '애정-거부(love-hostility)'의 차원과 '자율-통제(autonomy-control)'의 차원으로 분류하였다.

애정-거부 차원에서 애정 차원은 칭찬이나 애정표현 또는 자녀의 요구에 민감하지만, 거부 차원은 비난하지도 않고 애정도 표현하지 않는 등의 행동을 말한다. 자율-통제 차원은 부모의 통제를 측정하는 데 연구자간의 차이를 보이므로 애정-거부 차원이 자녀의 발달에 미치는 영향력만큼 뚜렷한 영향력을 제시하지는 못한다. 자율-통제 차원이 자녀

발달에 미치는 영향력은 부모의 애정-거부 차원의 정도에 따라 차이를 보인다.

쉐퍼는 '애정-거부' 차원과 '자율-통제' 차원을 고려하여 다음과 같은 네 가지 양육태도 유형으로 분류하였다.

1) 애정적-자율적 태도

애정적-자율적 태도는 부모가 자녀에게 자율적, 허용적, 민주적, 수용적인 양육태도를 보이는 유형이다. 이런 양육태도를 보이는 부모는 자녀에게 관심을 두고 함께 대화를 나누며 자녀의 의사를 존중하고 허용적이며 관용적 태도를 보인다. 또한, 통제나 복종을 피하고, 부정적 감정도 표현할 수 있도록 허용하여 자녀의 정서적인 안정을 지원한다.

애정적-자율적 태도의 부모를 둔 자녀는 능동적이고 외향적이며 독립적이고 사회 적응능력이 높다. 또한, 창의적이고 자신이나 타인에 대한 적대감이 없다.

2) 애정적-통제적 태도

애정적-통제적 태도를 보이는 부모는 자녀에게 애정을 주면서도 자녀의 행동에 제약을 많이 하는 유형이다. 부모가 의존성을 조장하고, 소유적인 태도를 보이는 경향이 많다. 자녀를 소유물로 생각하므로, 자녀가 독립적 행동을 할 때 오히려 좌절감을 느끼기도 한다. 자녀에게 새로운 탐색의 기회를 제한하여 궁극적으로 자녀가 스스로 학습할 기회를 축소한다.

따라서 이러한 부모의 자녀는 애정-자율적인 부모의 자녀보다 더 의존적이고 사교성, 창의성이 적은 편이며 상상적 적대감을 품는 경향을 보인다.

3) 거부적-자율적 태도

거부적-자율적 태도의 부모는 자녀를 수용하고 받아들이지 못하는 동시에 자녀를 마음대로 행동하도록 두는 형태이다. 이러한 양육유형의 부모는 자녀에 대해 거리감, 무관심, 태만 및 냉담한 태도를 나타낸다. 따라서 자녀가 불안정한 정서를 갖게 되어 공격적이고 위축된 행동을 보이거나 자신의 행동 조절이 자유롭지 못하게 된다.

4) 거부적-통제적 태도

거부적-통제적 태도의 부모는 자녀를 따뜻하게 받아들이지 않을 뿐만 아니라 자녀를 체벌하거나, 심리적으로 통제하는 특성을 지닌다. 즉 권위적, 독재적, 거부적 태도를 나타내게 된다. 특히 이 유형의 부모는 정서적으로 미성숙하고 불안정하여 일관성 없는 태도로 심하게 훈육하며, 절대적 기준에 따라 자녀의 태도와 행동을 평가하는 경우가 대부분이다.

이러한 부모 밑에서 성장한 자녀는 자아에 대한 분노가 발생하며 내면적 갈등과 고통을 지니게 되어 사회적 적응이 어려우며 자학적, 퇴행적이 되기도 한다. 특히 정신질환을 보이는 사람들의 부모에게서 이러한 태도가 많이 나타난다.

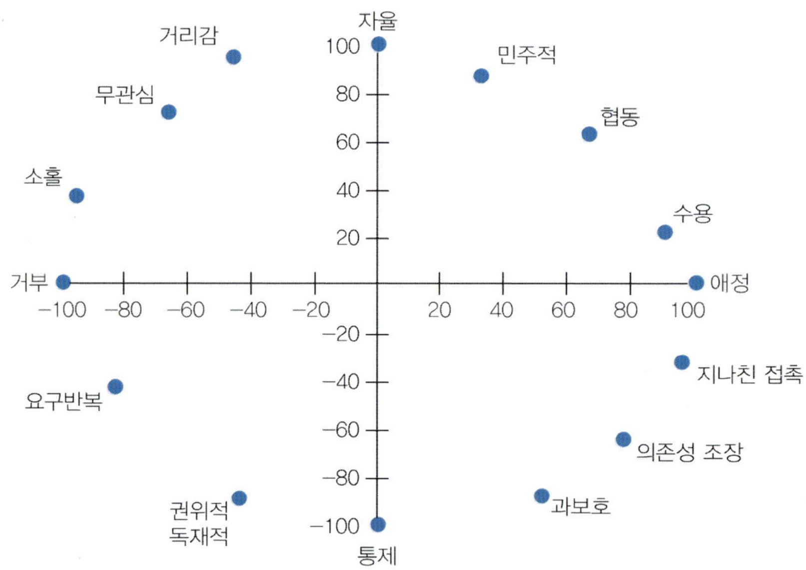

※출처: 김현주, 손은경, 신혜영(2003), 허혜경 외(2013)

그림 6-2 쉐퍼의 양육태도 모형

2 바움린드의 양육유형

바움린드의 부모양육유형은 두 가지 차원으로 설명할 수 있다(허혜경 외, 2015). 첫 번째는 부모가 자녀에게 베푸는 사랑과 따뜻한 정도다. 이것은 사랑과 증오(love-hostility) 또는 따뜻함과 거부(warmth-rejection) 등 학자에 따라 사용하는 용어는 다양하나, 궁극적으로 그 개념은 유사하다. 두 번째는 부모가 자녀에게 허용하는 자율성-통제(autonomy-control)다. 자율성이란 자녀가 부모나 다른 성인의 영향력으로부터 자유를 얻고자 노력하는 과정이라 할 수 있다(Collins, Lausen, Mortensen, Luebker, & Ferreira, 1997). 자율성-통제 차원은 자녀가 청소년기에 접어들면서부터 자율성을 점점 더 누리고자 하는 자녀의 요구와 부모가 기존에 해오던 양육행동간에 미묘한 갈등과 도전을 받게 된다.

Diana Baumrind(1927~)

바움린드(Diana Baumrind, 1967, 1991)는 유아교육기관에 다니고 있는 유아들의 행동 특성에 따라 부모양육유형(parenting style)을 분류하였는데, 부모양육유형은 애정(responsive)과 통제(demanding)라는 두 요인으로 설명하였다. 그녀는 부모가 자녀에게 표현하는 애정의 정도, 그리고 규칙의 분명함과 적용에서의 일관성으로 표현되는 통제의 정도에 따라 부모 양육태도를 다음 세 가지로 나누어 설명한다(허혜경 외, 2013).

첫째, 애정과 통제 수준이 모두 높아 가장 바람직한 양육 형태로 여겨지는 권위 있는 양육(authoritative parenting), 둘째, 애정은 낮으나 통제 수준이 높은 독재적인 양육(authoritarian parenting), 셋째, 애정은 높으나 통제가 낮은 허용적인 양육(permissive parenting)이며, 그 특징은 다음과 같다.

1) 권위 있는 양육(authoritative parenting)

권위 있는 양육유형의 부모들은 자녀를 애정과 수용으로 대하여 어느 정도 제한된 범위 내에서 아동이 자율성을 갖도록 격려한다. 부모가 민주적이고 합리적인 방식으로 통제하면 이성적 설득과 명백한 권위 혹은 심리적 강화 등을 통제할 줄 아는 사람으로 자라도록 한다. 또한, 부모-자녀간의 의사소통도 잘 이루어지는 가장 바람직한 양육유형이다.

2) 독재적인 양육(authoritarian parenting)

독재적인 양육유형의 부모들은 합리적인 통제 방법을 사용하지 못하며 자녀의 행동을 통제하는 데 벌이나 강압적 방법을 사용하기도 하고 권위적 행동을 하며 부모가 내린 결정이나 규칙을 절대적으로 준수하도록 강요하며 자녀에게 매우 성숙한 행동을 요구한다. 이 경우 자녀는 쉽게 불안정해지며, 퇴행적이고 신뢰심이 적고 또래집단에 흥미가 없는 아동으로 자라게 된다. 부모는 자녀에 대한 애정과 동정심이 적고, 양육에서 융통성이 없으며, 자녀와 원활한 의사소통을 하지 못한다.

3) 허용적인 양육(permissive parenting)

허용적인 양육유형의 부모들은 자기신뢰감이 없고 자기 통제력도 부족하며 온정적이기는 하나, 자녀를 통제하지 못하고 자녀에게 성숙한 행동을 요구하지도 않는다. 부모의 역할이 자녀의 친구와 같이 되려고 하므로, 자녀에게 자유를 제공하지만, 훈육은 거의 하지 않는다. 가정도 체계적으로 운영하지 못해 이러한 유형의 부모를 둔 자녀는 미숙하고 의존심이 많으며 자아통제를 하지 못하고 퇴행성이 심하며 새로운 경험을 회피하려는 경향이 많다.

이후 맥코비와 마틴(MacCoby & Martin, 1983)은 바움린드의 양육유형을 더욱 발전시켰다. 그들은 바움린드의 허용적인 양육(permissive parenting)을 방임적인 양육(indulgent parenting)으로 명명하였으며, 애정과 통제 수준이 모두 낮은 무관심한 양육(neglectful parenting)을 포함하여 네 가지 유형의 양육 형태를 제시하였다(https://en.wikipedia.org/ wiki/Parenting_styles).

표 6-1 양육유형의 분류

바움린드의 세 양육유형 및 맥코비와 마틴의 네 양육유형		
	통제적(Demanding)	비통제적(Undemanding)
애정적 (responsive)	권위 있는 양육 (authoritative parenting)	허용적인 양육(permissive parenting) 방임적인 양육(indulgent parenting)
비애정적 (unresponsive)	독재적인 양육 (authoritarian parenting)	무관심한 양육(neglectful parenting)

※출처: https://en.wikipedia.org/wiki/Parenting_styles

방임적인 양육(indulgent parenting)은 허용적이고(permissive), 비지시적이며(non-directive), 자유분방한(libertarian) 양육방식이다. 방임적인 부모는 자녀에게 바른 행동도 요구하지 않으며, 적절하게 행동하도록 규제하지도 않는, 즉 행동적 기대 수준과 통제 수준이 매우 낮은 것이 특징이다. 방임적인 부모는 애정 수준은 높으나, 양육에 대한 책임감이 낮아, 방임적인 부모 슬하에서 자라난 청소년은 비행이나 반사회적 행동을 할 경향이 높은 것으로 나타났다.

무관심한 양육(neglectful parenting)은 애정과 통제 수준이 모두 낮으며, 자녀 양육에 관여하지 않는 양육유형이다. 양육유형 가운데 가장 부정적으로 유형으로, 부모가 양육에 관심을 집중하지 않아 자녀와 정서적 유대관계를 맺지 못하고 양육에 거의 참여하지 못하는(uninvolved) 경우이다. 또한, 자녀와의 애착 수준은 상당히 분리적이며(detached), 자녀의 감정이나 의견에 부정적이고(dismissive), 자녀 양육에 관심이 없는(hands-off) 특성을 보인다. 자녀에 대한 어떠한 요구와 책임도 지지 않으려 하며, 심하면 자녀를 거부하는 극단적인 양상을 보이기도 한다. 무관심한 부모 밑에서 양육된 아동은 정서적으로 고립된 특성을 보이거나, 의존적이거나 화를 잘 내고, 충동적인 경향을 보인다.

이처럼 부모의 양육태도가 다양하게 나타나는 것은 부모들의 사회 경제적인 지위, 가정환경, 가족구조 등이 부모와 자녀와의 관계, 부모의 태도, 요구 및 기대에 영향을 미칠 수 있기 때문이다(Simons, Whitbeck, Conger, & Melby, 1990). 현대사회에서 부모의 양육은 신체적 양육과 정신적 양육 과정이 모두 포함된 통합적인 역할이 강조되므로 다양한 부모 양육유형을 이해할 필요가 있다.

3 가트맨의 감정코치 양육모형

John Gottman(1942~)

가트맨(Gottman, 2007)은 기노트(Ginott)의 인본주의 부모교육 이론을 기초로 하여 감정코치 양육모형을 제시하였다. 가트맨은 부모와 자녀 사이에 감정과 정서의 교류가 이루어지는 관계이므로 감정이 수반될 수밖에 없으며, 이에 따라 좋은 양육법이란 지성 이상의 것을 필요로 한다고 보았다. 또한, 현대사회는 이혼율이 높고 청소년 비행 등과 같은 문제점이 유발될 수 있으므로 시대에 부응하는 새로운 양육 모형이 필요하다고 보았다.

가트맨은 3,000여 가구를 대상으로 한 연구를 통해 축소전환형, 억압형, 방임형, 그리고 감정코치형의 네 가지 양육 모형을 제시하였다. 그는 모든 분야의 성공과 행복을 좌우하는 요인은 지능지수(IQ)가 아닌 정서인식과 감정대처 능력이라 주장하며, 자녀의 감정에 관여하는 부모를 '감정코치(Emotion Coach)'라 정의하였다(https://www.gottman.com).

그가 감정코치라는 용어를 쓴 이유는 부모도 마치 운동 코치처럼 자녀에게 삶의 희로애락에 대처하는 방법을 가르쳐야 한다고 보기 때문이다. 가트맨은 기쁨과 행복만을 느끼게 하고 인정하는 것이 아니라, 분노, 슬픔, 두려움과 같은 부정적인 정서 속에서 인생의 교훈을 얻을 수 있으므로 무시하지 않았다. 감정코치로서 부모는 자녀의 행동을 훈육하되, 감정을 제한해서는 안 된다.

가트맨은 축소전환형, 억압형, 방임형, 그리고 감정코치형을 제시하였다. 그는 자녀에게 '정서지능(EQ)'을 가르치는 데 실패한 부모의 양육유형으로 축소전환형, 억압형, 방임형을 제시하였다(유윤영, 2010).

- 축소전환형 부모: 축소전환형 부모는 자녀의 부정적 감정에 무관심하거나 대수롭지 않게 여긴다.
- 억압형 부모: 억압형 부모는 자녀가 부정적인 감정을 드러내는 것을 비판하고, 감정 표현을 했다는 이유로 나무라거나 벌을 주기도 한다.
- 방임형 부모: 방임형 부모는 자녀의 감정을 인정하고 공감하지만, 자녀의 행동을 바람직한 방향으로 이끌거나 한계를 제시하지는 못한다. 방임형 부모는 자녀의 행동을 좋은 방향으로 이끌기보다는 아이의 눈높이에서 타협하는 경향을 보인다.
- 감정코치형 부모: 감정코치형 부모는 자녀의 감정에 관여하여 적절히 대처하도록 양육하는 바람직한 양육모형이다.

감정코치형 부모는 다음과 같이 분명한 한계를 정한다는 점에서 방임형 부모와 차이가 있다.

① 자녀의 부정적 감정을 인정한다.

② 자녀가 느낀 감정을 그대로 느끼도록 한다.
③ 자녀가 우는 동안 곁에서 함께 있어 준다.
④ 슬퍼하는 자녀의 관심을 결코 딴 데로 돌리려고 하지 않는다.

감정코치형 부모에게 양육된 자녀는 문제상황에서 대처하는 능력과 감정회복력이 뛰어난 것으로 나타났다. 양육유형에 따른 부모의 반응과 자녀에게 미치는 영향을 표로 정리하면 다음과 같다(Gottman, 2007).

표 6-2 양육유형별 부모의 반응 및 자녀에게 미치는 영향

유형	부모의 반응	자녀에게 미치는 영향
축소전환형	• 자녀의 부정적 감정은 독이 되므로 빨리 사라지기를 바란다. • 자녀의 감정은 비합리적이기 때문에 중요하지 않다고 본다. • 부정적 감정에 초점을 맞추면 문제를 더 악화시킨다고 여긴다. • 부정적 감정을 보이는 것은 자녀가 정서적으로 안정되지 못해서라고 믿는다. • 자녀와 문제를 함께 해결하지 않고, 시간이 지나면 문제가 해결될 것이라고 믿는다.	▷ 자녀는 자신의 감정이 옳지 않으며, 부적절하다고 느끼며, 자신이 상황을 느끼는 방식이 본질적으로 옳지 않다고 생각할 수 있다. ▷ 자녀가 자신의 감정을 조절하기 어려워한다. ▷ 자기 자신과 다른 사람의 감정을 인식하는 능력이 부족할 수 있다.
억압형	• 많은 행동이 축소전환형과 유사하나 더 부정적이다. • 자녀의 감정표현이 옳은지 그른지 판단하고 비판한다. • 자녀에게 한계를 정할 필요성을 지나치게 의식한다. • 부정적 감정은 성격이 나쁘기 때문이며, 억제해야 한다고 여긴다. • 감정은 나약하게 만들기 때문에, 자녀가 정서적으로 강해지기를 바란다. • 자녀에게 권위에 대한 복종을 기대하며, 부모가 옳다고 생각하는 기준에 순응하기를 요구한다.	▷ 축소전환형과 같은 결과를 가져온다.
방임형	• 자녀의 모든 감정 표현을 거리낌 없이 수용한다. • 부정적 감정을 위로하지만, 감정에 대해 가르치지는 않는다. • 지나치게 관대하여 한계를 설정해 주지 않으며, 문제해결법을 가르쳐주지 않는다. • 부정적 감정은 이겨내는 것 외에 할 수 있는 일이 없다. • 감정이 분출되면 모든 것이 해결된다고 믿는다.	▷ 감정을 조절하는 법을 터득하지 못한다. ▷ 집중력이 부족하고 친구 사귀기와 타인과 좋은 관계맺기가 어려워진다.

감정코치형	• 자녀가 부정적 감정을 느낄 때가 곧 부모와 친밀감을 높일 기회라고 생각한다. • 슬퍼하거나 화를 내거나 두려워하는 자녀와 시간을 보낸다. • 자녀의 감정을 존중하며, 부정적 감정을 놀리거나 무시하지 않는다. • 자녀를 위해 자신이 모든 것을 해결해야 한다고 느끼지 않는다.	▷ 자신의 감정을 신뢰하게 된다. ▷ 감정을 조절하고 문제를 해결하는 방법을 터득한다. ▷ 자긍심이 높고, 학습능력이 뛰어나며, 다른 사람과 원만한 관계를 형성한다.

4 부모양육유형 발달에 영향 미치는 요인

수용과 통제의 양육 방식들은 자녀양육에 대한 부모의 태도, 부모와 자녀의 성격, 자녀의 나이, 자녀 수, 사회적 규범 등 여러 가지 변인들에 의하여 형성된다. 부모-자녀관계에서 부모역할에 영향을 미치는 요인을 벨스키(Belsky, 1984)는 [그림 6-3]과 같이 설명하였다.

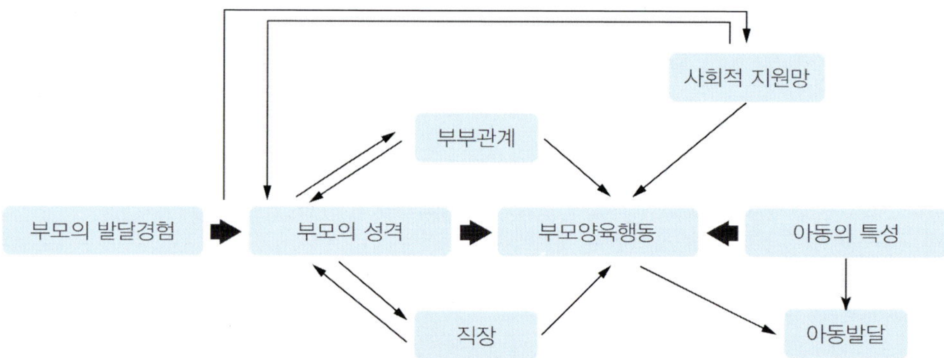

※출처: 정현숙 외(2007). 가족관계. 서울: 신정.

그림 6-3 부모역할의 영향요인에 대한 과정 모델(Belsky, 1984)

부모-자녀관계는 부모의 성장환경에서의 경험과 성격뿐 아니라 현재의 부부관계 및 직장과 같은 사회적 환경에 의해서 영향을 받으며, 자녀의 특성에 의해서도 영향을 받는다. 또한, 가족생활주기에 따라 부모-자녀관계도 변화하는데, 부모와 자녀의 개인적 성장발달과 함께 부모역할에 대한 인식도 변화하기 때문이다.

갈린스키(Galinsky)도 전 생애과정적 관점에서 자녀의 성장과 함께 부모도 발달하여야 하며, 자녀의 발달단계에 따라 6단계의 부모기를 거치는 것이 필요하다고 제안하였다. 이처럼 부모-자녀관계는 아동의 성장뿐만 아니라 부모의 성장과 발달 및 사회의 다양한 조건에 의해 영향을 주고받는다. 이처럼 부모-자녀관계는 고정된 것이 아니라 변화 · 성장하는 과정이다.

1) 부모의 영향

부모 자신의 원가족에서의 발달적 경험은 아동양육행동에 많은 영향을 미친다. 또한, 부모의 성격과 양육태도도 큰 영향요인이다. 예를 들면, 학령기의 자녀의 자존감 발달은 성취감과 자율감에 기초하여 형성되는데, 아동의 자존감은 부모의 양육태도와 성격에 의해 차이가 나타난다(Rosenberg, 1965). 자존감이 높은 부모는 일정한 환경 내에서 자녀에게 자유를 허용해 주고 따뜻하게 수용하는 경향이 있으며 부모들의 성격이 적극적이고 안정되어 있으며 자기 확신적인 경향이 있다. 특히 위험이 따르지 않는 범위 내에서 아동의 호기심을 자극해 주고 자유를 주며, 자녀에게 관심이 많으며, 애정어린 태도로 양육하기 때문에 자녀는 자존감이 높게 성장한다. 또한, 다른 사람의 입장을 고려하는 성격을 가진 부모들이 양육적인 행동을 나타낸다.

2) 자녀의 영향

자녀의 성별과 나이는 부모의 자녀양육태도 및 행동에 큰 영향을 미친다. 그러나 자녀의 영향은 한 방향으로 부모에게 영향을 미친다기보다는 양 방향적으로 상호 영향을 주고받는다. 즉, 부모양육행동은 자녀의 기질에 영향을 받을 뿐만 아니라 부모 자신의 성격 특질에 따라 자녀의 요구에 어떻게 반응을 할 것인가도 결정된다. 따라서 자녀의 기질이나 자녀의 개인적인 특질뿐만 아니라 부모 자신의 기질도 함께 상호작용한다. 즉 부모와 자녀가 더 잘 맞을수록 부모-자녀관계 상호작용의 질은 향상하게 된다(Belsky, 1984).

3) 상황적인 요인

자녀양육은 신체적 · 정서적 노력이 많이 드는 과업이기 때문에 스트레스가 많은 부모는 자녀에게 효과적으로 반응할 수 없다. 부모의 생활에 다양한 스트레스와 지지를 제공하는 상황적인 요소인 부부관계와 사회적 지원망 및 일과 관련된 영역, 그리고 자녀의 수는 부모양육행동에 많은 영향을 미치는 요소이다.

(1) 부부관계

부부관계는 부모역할을 하는 데 가장 중요한 지지원으로 정서적, 도구적 지원을 제공한다. 결혼생활이 불행한 부모들은 부정적인 부모역할을 수행하게 되어 자녀에게 덜 애정적이고 덜 지지적인 태도를 나타낸다. 즉, 결혼관계에서의 스트레스와 갈등은 가족체계 전체에 반향을 일으켜 부모-자녀관계에 영향을 미친다.

(2) 사회적 지원망

부모역할을 위해 부부관계가 일차적 지원망이라면 친구나 친인척, 이웃은 그다음으로 중요한 사회적 지원망이 된다. 사회적 지원망을 통한 지지는 부모의 자신감과 자존감을 높여주고, 언어적, 정서적 반응을 증가시키며, 부모의 통제나 벌을 감소시키고, 자녀에 대한 민감성을 증가시킨다(Belsky et al., 1991).

(3) 일과 가족

대부분 부모에게서 일과 결혼생활과 부모역할의 균형을 이루는 것은 매우 어려운 과업이다. 직장에서의 일에 대한 요구와 업무의 융통성 및 시간적 제약 등은 부모역할에 많은 영향을 미치며, 부모의 직업에 대한 태도 등은 부모들의 자아개념과 연결되므로 부모역할과 책임을 어떻게 받아들이는가에 영향을 미친다.

(4) 자녀의 수

가족의 크기에 따라 부모-자녀의 상호작용 패턴의 차이가 나타나는 이유는 가족의 크기에 따른 부모의 양육행동이 차이가 나기 때문이다. 즉, 규칙을 제정하는 방식이나 행동수정의 방식, 애정표현 방식에서 차이가 나타난다. 또한, 가족의 크기가 커지면 가족에서의 갈등의 양이 많아지며 부모들이 더 통제적 양육방식을 나타내게 되기 때문이다 (Hurlock, 1978).

가족의 크기에 대한 연구는 블레이크(Blake, 1989, Hogan & Eggebeen, 1997에서 재인용)에 의해 제안되었다. 블레이크는 대규모 자료 분석을 통해 형제의 수가 아동의 인지발달과 사회적 발달(특히 교육적인 성취)에 부정적인 영향을 미친다는 사실을 발견하였다. 이러한 현상을 한정된 자원을 가진 부모는 자녀가 많을수록 각 아동에게 투자할 수 있는 자원의 유입(input)이 제한되어 낮은 결과(output)를 낳을 수밖에 없다는 '희석 이론(dilution model)'으로 설명하였다. 즉, 가족의 크기는 부모의 자녀양육방식과 부모-자녀 상호작용에 영향을 미치며, 가족의 다양한 자원과 관련되므로 아동발달에 중요하다.

제3절 부모역할

과거에 사람들은 결혼하면 자연스럽게 자녀를 출산하고 양육하는 것이 정상적인 가족생활이라고 생각하였으나 현대에는 자녀출산과 부모됨이 결혼과 자동으로 이어지는 단계가 아니라 선택의 문제로 바뀌었다. 이러한 시점에서 부모-자녀관계는 급격한 사회변동, 전통적인 가치관과 현대적인 가치관의 혼재, 학벌 위주의 사회구조와 풍토 속에서 부모-자녀관계도 변화를 일으켰다. 전통적으로 자녀양육에서 아버지 역할이 미비했었던 것에서 벗어나 여성의 사회진출이라는 사회적 변화가 어머니 역할뿐만 아니라 아버지 역할까지도 변화를 일으켰다.

1 부모역할의 특성

부모역할(parenting)은 자녀를 둔 성인 남녀가 가정에서 수행하는 가장 중요한 역할이라 할 수 있다. 부모역할이란 첫째, 자녀를 양육하는 것으로 자녀를 낳아서 그 자녀가 성장하여 성인이 되어 독립할 때까지 돌보는 것을 의미하며, 둘째, 부모로서 행동하는 것으로서 최근에는 하나의 기술(technique)이며, 역할, 기대, 태도 등을 포함하는 개념을 의미한다(최혜순, 2013).

부모역할의 일반적인 특성을 정리해 보면 다음과 같다(류왕효, 2009).

- 부모역할은 부모에게 가장 중요한 역할이다.
- 부모는 자녀의 최초 교사이다.
- 부모역할은 어머니와 아버지가 함께 수행하는 팀 리더십이다.
- 부모역할은 임신부터 시작되어 부모의 죽음으로 끝난다.
- 부모역할은 그 중요성에 비해 부모됨에 대한 준비나 교육이 부족하다.
- 부모역할은 자녀에 따라, 자녀의 나이에 따라 달라질 수 있다.
- 부모역할은 취소할 수 없다.

부모역할은 임신 기간부터 시작하여 부모가 사망할 때까지 장기간 수행하여야 하는 역할이다. 또한, 자녀가 성장함에 따라 다양한 형태로 변화된 부모-자녀관계에서 상호작용하며 부모역할을 수행하여야 한다. 브룩스(Brooks, 1981)는 부모역할이란 자녀의 발달과 함께 자녀가 필요로 하는 영양, 보호, 지도 등을 위한 과정을 수행할 뿐 아니라 부모-자녀가 상호 변화되어 가는 것으로서, 자녀만 성장 발달하는 것이 아니라 부모 역시 자녀와 함께 인간관계의 기능을 향상해 나간다고 하였다. 즉, 부모역할은 일방적인 역할담당(role-taking)의 개념이 아니라 부모와 자녀가 상호 발달해 가는 과정이다.

일반적인 부모역할인 양육자로서의 부모, 개인 발달로서의 부모, 직업인으로서 부모, 사회 구성원으로서의 부모, 그리고 교육자로서의 부모에 대해 살펴보고자 한다(박화윤 외, 2006).

1) 양육자로서의 부모

양육자로서의 부모역할은 가정환경 내에서 가장 대표적으로 요구되는 부모역할이라 할 수 있다. 부모는 양육자로서 자녀가 잘 성장할 수 있도록 애정 있는 보호와 관심을 기울이며 양육하는 것이다. 양육자로서의 부모역할의 특성은 다음과 같다.

첫째, 양육자로서의 부모역할은 항상 자의적이거나 선택의 기회를 주는 것은 아니다. 부모가 된다는 것은 항상 원하거나 선택해서 되는 것도 아닐뿐더러, 설령 피임한다 하더라도 실패할 수 있기 때문이다.

둘째, 양육자로서의 부모역할은 원할 때 언제든지 그만둘 수 있는 성질의 것이 아니다.

셋째, 부모역할을 위한 준비가 대체로 부족하다. 결혼하면 대부분 1~2년 이내에 부모기에 접어들게 되며, 부모기를 위한 구체적인 교육이나 경험 부족은 성공적인 부모역할을 준비하기에 미흡하다.

넷째, 부모역할은 자녀의 모든 일에 대하여 총체적인 책임을 지는 것이다. 부모는 궁극적으로 자녀의 모든 일에 대한 일차적 책임자의 역할을 한다.

다섯째, 부모는 부, 모 두 사람이 한팀이 되어야 한다. 따라서 부부가 행복한 결혼생활을 하면 그것이 자녀를 양육하는 데 있어 장점으로 작용하는 반면, 부부관계에 문제가 있는 경우 부모역할을 제대로 수행하는 데 심각한 문제가 발생할 수 있다.

2) 개인 발달로서의 부모

개인 발달은 전 생애에 걸쳐 진행되므로 부모 역시 발달의 연속선상에 놓여 있다. 부모는 결혼과 부모기의 발달과업을 수행하는 과정에서 자신의 정체성을 재정비하게 된다. 부모는 자녀가 성공적으로 발달 과정을 진행하면서 자녀의 발달 단계에 적합하도록 부모로서 유능감과 정체성을 느끼고 자신의 능력을 발달시키게 된다.

3) 직업인으로서의 부모

부모에게 있어서 직업과 양육의 역할 균형을 이루는 것은 어려운 문제다. 최근에는 여성의 고등교육 기회의 확대, 새로운 직업 기회의 창출로 여성의 경제활동의 확장, 유아 양육비 및 생활비 지출의 증가, 가사노동 시간의 축소, 삶의 질 향상 추구, 양성평등적 가치관 등의 요인 때문에 여성의 사회 진출이 증가하고 있다. 하지만, 여성의 경우 직업을 가지고 있으면서 자녀양육의 책임도 수행하여야 하므로 많은 육체적 · 정신적 스트레스를 갖게 된다.

4) 사회 구성원으로서의 부모

가족 기능은 지역사회와 밀접한 연관이 있다. 부모는 사회 구성원으로 사회 공동체에 도움을 줄 수 있을 뿐만 아니라 자신의 가족이나 자녀양육을 위해서 지원을 받을 수도 있다. 부모는 사회 공동체 내에서 사회자원을 활용하고 학습함으로써 부모역할을 보다 기능적으로 수행할 수 있다. 또한, 부모는 사회 내에서 자녀와 가족의 권리와 의무를 지지해 줄 수 있다.

5) 교육자로서의 부모

부모는 자녀가 사회에서 효율적으로 적응하는 데 필요한 지식과 기술을 가르지는 교육자로서의 역할을 담당하여야 한다. 부모가 수행하는 교사로서의 역할 중 주요 과제는 자녀의 사회성 발달을 지원하는 것과 학습자로서의 아동 발달을 돕는 일이다(Geskwicki, 2000).

대다수 부모가 아이를 기르는 데 부모 모두의 역할에 대한 인식이 높아지고 있다. 부모역할에 대한 특징은 [그림 6-4]와 같다. 양성평등한 부모역할을 수행하기 위해서는 아버지들도 가부장적 권위주의에서 탈피하여 더욱 적극적으로 자녀양육에 참여하여야 하며, 가족 중심의 생활을 뒷받침할 수 있는 고용구조와 국가 정책이 마련되어야 한다.

※출처: 동아일보. 2010.09.28.

그림 6-4 부모역할의 특징

2 어머니 역할과 아버지 역할

파슨스와 베일즈(Parsons & Bales, 1955)는 전통적인 부모역할을 도구적 역할(instrumental role)과 표현적 역할(expressive role)로 구분하였다. 아버지는 가정의 생계유지자로서 도구적 역할을 주로 수행하며, 어머니는 가족 구성원의 양육과 정서적 욕구를 충족시켜주는 표현적 역할을 할 때 가장 기능적이라고 보았다. 과거에는 어머니가 아버지보다 상대적으로 더 막중한 부모역할을 수행하고 있으며, 그에 따른 책임감도 더 무거운 편이다. 그러나 이러한 성 고정관념적으로 뚜렷하게 구분되었던 부모역할은 사회변화에 따라 점차 그 구분이 모호해지고 있다.

1980년대부터 아버지의 중요성이 주목받으면서 아버지 역할(Fathering)과 어머니 역할(Mothering)이 모두 강조되고 있다. 물론 바람직한 부모역할은 어머니 역할과 아버지 역할을 함께 충실히 수행하는 팀 리더십이지만, 여기서는 어머니 역할과 아버지 역할을 각각 나누어 살펴보고자 한다.

1) 어머니 역할

어머니 역할은 임신 기간부터 출산 이후 자녀의 성장발달에 지대한 영향을 미친다. 태어나면서부터 자녀가 처음으로 대면하게 되는 사람인 어머니는 자녀의 영양 공급, 신체적 요구 충족, 그리고 기본 신뢰감과 애착의 형성과 같은 다양한 욕구를 일차적으로 해결해 준다. 어머니 역할의 특성을 살펴보면 다음과 같다(류왕효, 2009; 허혜경 외, 2013).

(1) 인격 형성의 역할

아이가 태어나서 가장 먼저 만나게 되는 대상은 어머니이며, 이때부터 형성하게 되는 어머니와의 애착은 이후 자라서 형성하게 되는 인격의 기초를 이루게 된다. 특히 어머니의 사회화 과정, 양육방식, 그리고 수유나 배변훈련 등의 신체적 보살핌이 어떻게 이루어지는지와 같은 생애 초기 경험은 아동의 성격 형성에 결정적인 영향을 미친다.

(2) 여성의 성역할 모델

어머니는 자녀가 최초로 만나는 여성으로서, 자녀에게 여성의 존재를 알게 하는 역할을 한다. 자녀는 어머니를 느끼고, 보고, 듣고, 말하고, 상대하는 과정에서 어머니를 여성의 대표성을 가지는 사람으로 경험하게 된다. 일반적으로 '어머니와 같은 여성'이 가치판단의 기준으로 자연스럽게 자리 잡게 되어, 어머니와 같은 여성에게 친근감과 편안함으로, 호감을 느끼게 된다. 반대로, 어머니에 대한 경험이 부정적일 경우에는 여성에 대하여 부정적인 인식이 생길 수 있다.

(3) 대화자 · 중재자의 역할

어머니는 자녀를 보살피면서 자녀의 상호작용 능력을 발달시킨다. 어머니와 자녀의 상호작용은 대화를 통한 의사소통뿐만 아니라 비언어적 의사소통도 포함한다. 어머니의 양육행위는 자녀에게 자극을 제공하며, 상호작용과 사회화를 통해 자녀의 미래 삶의 질을 결정할 수 있는 다양한 반응들을 창출한다는 데 의의가 있다. 자녀는 무엇을 원하는지 무엇을 느끼는지 어떻게 하고 싶은지 상대방이 어떠한지를 지각하게 되어 사회화 과정에 성공하게 된다.

자녀의 변화하는 성장 환경 맥락 속에서 언어적으로 중재하는 어머니의 능력은 자녀의 발달에 상당한 영향을 미친다. 또한, 가족 개개인을 잘 파악하여 가족 구성원간의 관계를 대화를 통해 중재하는 역할을 한다. 아버지와 자녀, 자녀와 자녀, 기타 가족 구성원과의 관계를 중재하여 가족관계가 원만하도록 조정하는 중심적 역할을 한다.

(4) 교육자의 역할

어머니는 자녀를 사랑으로 돌보는 최초의 교사이다. 자녀의 의식주와 관련된 신체적 욕구를 충족시키며, 신체발달을 지원한다. 자녀의 삶 속에서 상호작용하면서 희로애락의 정서를 유발하고, 하고 싶은 일과 하지 말아야 할 일을 구분하고 통제하면서 정서 및 심리발달을 도모한다. 언어발달의 결정적 시기에는 자녀와 끊임없이 의사소통을 하여 언어발달을 촉진시킨다.

(5) 부양 실행자의 역할

어머니는 가족 부양의 세부적인 실행자 역할을 한다. 과거의 어머니는 생활의 필요에 맞게 경제를 분배하고 통제하며, 가족 구성원을 양육하거나 돌보는 표현적 역할을 담당하였다. 그러나 최근에는 여성의 사회참여가 활성화됨에 따라 가족부양의 역할과 함께 부양실행자의 역할을 담당하는 취업모가 증가하고 있다.

(6) 기타

이 외에도 어머니는 가정에서 필요한 모든 일을 주관하는 가사전담자의 역할을 한다. 최근에는 양성평등한 가족문화의 확산 때문에 부부가 가사분담을 하는 예도 있다. 그러나 아직은 어머니가 주로 가사를 전담하고, 아버지나 다른 가족 구성원이 일부를 분담하는 예가 많다.

어머니는 자녀와 신체적 움직임이 적고 조용한 상호작용, 즉 정적인 상호작용을 주로 하지만, 아버지는 놀이와 양육행동에서 보다 역동적인 상호작용의 특성을 보인다.

2) 아버지 역할

아버지는 자녀가 태어나서 처음 접하게 되는 남성으로, 어머니와 함께 자녀의 성장발달에 큰 영향을 준다. 아버지는 어머니와 함께 교육자의 역할과 성역할 모델을 함께 수행한다. 아버지의 양육행동과 태도, 어머니와의 애정적인 관계와 협력, 가족 구성원과의 바람직한 관계형성 등은 자녀의 균형적인 발달에 필수적이다. 어머니가 신체적, 정서적, 언어적인 면에서 자녀에게 주로 영향을 미치는 데 비해 아버지는 자녀의 사회성 발달, 인지발달, 성취동기, 도덕적인 면에서 영향을 미친다. 최근에는 아버지 역할도 어머니 역할에 못지않게 중요하다는 인식이 확산되고 있다. 아버지 역할의 특징을 살펴보면 다음과 같다(류왕효, 2009; 오영희 외, 2012; 허혜경 외, 2013).

(1) 남성의 성역할 모델

아버지는 자녀가 처음 만나게 되는 남성이다. 자녀에게 아버지는 남성의 대표성을 가진 사람으로서, 아버지를 통해 남성이 하는 일을 경험하게 된다. 자녀에게 아버지는 남성에 대한 가치판단의 기준이 되어, '남자란 아버지와 같은 사람'이라 여기게 된다.

아버지는 남성성과 여성성의 문화적 개념을 자녀에게 일차적으로 전달하는 사람으로(Lamb, 1981), 아들뿐만 아니라 딸의 성역할 행동에도 많은 영향을 미친다. 아버지가 내리는 의사결정은 아들의 자아개념, 남성성과 여성성, 성역할 선호성, 성역할 행동의 선택 등에 영향을 주며, 나아가 이성과의 관계에도 영향을 미치게 된다.

(2) 사회성 발달

아버지가 따뜻하고 민감하게 행동하여 자녀와 안정된 애착관계를 형성할 때 자녀는 다른 사람과의 긍정적인 관계능력을 함양할 수 있다. 아버지와의 애착관계를 통해 자녀는 정서적 안정에 도움을 받을 수 있으며, 이러한 아버지와의 관계에서 축적된 긍정적인 경험은 사회성 발달에 중요한 학습원이 된다.

자녀 양육에 적극적으로 참여하는 아버지는 자녀에게 이타주의와 관대함을 길러주며, 특히 자신을 동일시하고 자신의 도덕성을 내면화하는 아들을 가진다고 한다(Hoffman, 1970).

또한, 자녀는 아버지가 자신을 대하는 방법을 통해 의사소통기술과 사회성을 발달시켜 나간다. 아버지가 애정적일 때 남아는 높은 자아존중감을 가지며 성격 조절도 쉽다. 아버지가 양육적일 경우 여아는 이성관계에 적응하기 쉽고 행복감을 느끼지만, 아버지가 소원하면 심리적 부적응을 겪을 수 있다.

(3) 인지발달

아버지는 자녀의 양육행동에 있어서 어머니보다 상대적으로 더 역동적이다. 특히, 아버지는 어린 자녀의 놀이 상대됨으로써 인지발달에 긍정적으로 이바지한다. 아버지는 다양한 놀이상황에서 자녀들에게 칭찬, 격려, 자극 등을 제공하면서 자녀의 인지발달을 촉진할 수 있다.

아버지의 양육과 자녀의 인지발달에는 여아보다 남아에게서 명백하게 나타났다. 양육적인 아버지를 가진 남아들은 아버지와의 동일시를 통해 지적인 과제에서 진보된 능력을 보였다.

(4) 성취동기

아버지는 자녀의 성취동기에 상당한 영향을 미친다. 특히 학업, 직업, 경제적 생활 등의 영역에서 자녀에게 포부를 갖게 하고 성취동기를 부여하는 데 아버지의 역할은 결정적이다.

아버지와 자녀가 친밀한 관계를 유지하고, 또 아버지가 권위가 있으면서도 민주적일 때 남아와 여아 모두 높은 성취동기를 가진다. 반대로, 성취동기가 낮은 남아들은 아버지와 부적절한 관계를 맺고 있으며, 자신의 아버지를 적대적으로 생각하였다.

아버지가 여아를 표현적인 방식으로 양육하는 예가 있으며, 지적 수행을 촉진하는 방식으로 대하는 경우가 있는데, 그 결과는 다양하게 나타났다. 여아에게 지적 수행을 격려한 경우에만 성취 욕구를 증가시키는 것으로 나타났다.

제4절 자녀 발달단계에 따른 부모기의 단계

부모는 가정에서 자녀의 사회화를 담당하는 중요한 역할을 한다. 자녀는 출생 후부터 영유아기, 아동기, 청소년기를 지나 진학이나, 취업, 결혼 등으로 부모를 떠나 독립할 때까지 지속적으로 성장·발달하는데, 이 과정에서 가장 훌륭한 교사가 바로 부모이다. 한 생명을 잉태하는 순간부터 세상을 떠나는 시점까지 진행되는 부모기는 자녀의 발달하는 양상에 따라 함께 변화한다.

이처럼 자녀의 성장발달에 따라 변화되는 부모역할 및 수행해야 할 과제에 대하여 갈린스키(Ellen Galinsky, 1980)는 성장하는 부모기의 6단계 이론(The six stages of Parenthood)을 정립하였다. 발달심리학자인 갈린스키는 부모기를 성인의 발달과정으로 보았으며, 생명을 잉태하는 시기부터 자녀의 발달단계와 맞물려 발달해가는 부모의 발달단계를 다음과 같이 나누었다.

(Ellen Galinsky, 1942~)

- 이미지 형성 단계(image-making stage): 출산 및 부모기에 대한 준비
- 자녀 양육 단계(nurturing stage): 영아기
- 권위 형성 단계(authority stage): 유아기
- 설명하는 단계(interpretive stage): 학령기
- 상호 의존하는 단계(interdependent stage): 청소년기
- 떠나보내는 단계(departure stage): 성장한 자녀가 가정을 떠나는 시기

부모기는 연습이 없이 이루어진다는 점이 특징이다. 바람직한 부모기를 보내기 위해서는 인간 발달에 대한 이해와 대인관계 기술이 요구된다. 갈린스키가 제시한 부모역할의 6단계의 특징을 살펴보면 다음과 같다(김명희, 2011; 허혜경 외, 2013).

1 이미지 형성단계

첫 번째 단계는 이미지 형성단계(image-making stage, 예비부모기)로서 부모역할을 어떻게 수행할 것인지에 대하여 생각하고 이상적인 부모역할을 연습하는 시기이다. 이 단계는 부모기를 준비하는 예비부모기로서, 부모들은 출산과 부모기에 대한 이미지를 형성하는 시기이다.

이 시기에는 태아에게 애착을 갖기 시작하며, 곧 이 세상의 존재가 될 것이라는 사실을 이해하고, 출산을 준비한다. 또한, 임신한 것에 대한 성취감, 여성이란 존재의 재확인, 인간의 창조로 말미암은 자랑스러움, 자녀가 생기는 것에 대한 환희 등을 느끼게 된다. 한편, 태어날 자녀와 출산 과정에 대한 두려움과 성인으로서의 책임감을 느끼기도 한다. 예비부모들은 자신의 부모보다 더 나은 부모가 될 것을 기대하고 다짐하며, 자신의 부모 이미지를 형성해간다.

2 자녀 양육단계

두 번째 단계는 자녀 양육단계(nurturing stage)로서 자녀의 출생 후부터 애착관계를 형성하는 약 2세까지의 시기이다. 이 단계에서는 부모와 영아간에 신뢰롭고 안전한 애착을 형성하는 일이 중요하다. 애착형성에서 자녀의 초기경험과 부모와의 접촉이 자녀의 인생에 장기적으로 중요하기 때문이다. 부모는 새로운 가족 구성원이 된 영아를 양육하면서 가족 내 불균형을 바로잡고 부모 자신의 자아감도 재정의할 필요가 있다.

부모는 자녀 양육 때문에 부부관계에 소홀하거나, 예상치 못한 자녀의 기질과 성격, 육아의 어려움 때문에 당황할 수 있다. 따라서 부모는 자녀에 대한 기대와 현실간의 차이를 인정하고 자녀와 애착을 형성하면서 자녀와 적응하는 부모기로의 성공적인 전이가 필요하다.

3 권위 형성단계

세 번째 단계는 권위 형성단계(authority stage)로서, 자녀가 어린이집이나 유치원에 들어가는 시기(2~4,5세)이다. 이 시기 유아들은 어린이집, 유치원 등과 같은 기관에서 2차 사회화 과정을 거치게 되며 성역할을 습득하고, 자아개념을 형성하며, 인성의 틀이 만들어지는 성격 발달의 중요한 시기이다. 이 시기에 부모는 자녀에게 좋은 본(modeling)을 보임으로써 부모로서의 신뢰감과 권위를 형성해 나가는 중요한 시기이다.

또한, 자녀와 어떻게 상호작용하며 의사소통할 것인지를 선택하는 시기이기도 하다. 부모는 자녀의 발달을 이해하여야 하며, 자녀가 고집부릴 때 다루는 기술, 자녀의 변화에 대처하는 기술 등을 알아야 한다. 때로는 부모의 기대와는 다르게 커가는 자녀를 보면서 예상치 못한 실망과 분노가 생기기도 하지만, 자녀의 발달적 욕구에 따른 행동의 옳고 그름, 적절성과 부적절성 등 책임감을 수용하고 유아를 능가할 수 있는 권위를 가져야 한다.

4 설명하는 단계

네 번째 단계는 설명하는 단계(interpretive stage)로서, 만 4, 5세부터 12, 13세 정도까지이다. 자녀가 유치원이나 초등학교에 입학하면 부모는 부모기에 대한 이미지를 검토하고, 그 이미지가 얼마나 실현되었는지 자신에게 묻게 되는 단계다.

부모는 상황에 따른 현실을 어떻게 설명하고, 그들의 질문에 답하고, 훈육하고, 가르칠 것인지 생각해야 한다. 부모는 자녀의 기술습득을 돕고 가족의 가치를 자녀에게 전달하는 역할을 한다. 또한, 어떠한 가치관으로 자녀의 잠재력을 발굴하여 향상해줘야 하는지 탐색하는 시기이다.

특히 이 시기는 개별화와 분리에 대한 욕구가 충돌하는 시기이므로, 부모는 자녀의 건전한 발달을 지원해야 하며, 자녀와의 다양한 갈등을 효과적으로 처리하는 기술이 요구된다. 또한, 가족의 역할과 권위를 재조정함으로써 부부의 경계와 자녀의 경계를 재조정하는 것도 필요하다.

5 상호 의존하는 단계

다섯 번째 단계인 상호 의존하는 단계(interdependent stage)는 자녀의 청소년기 동안에 계속된다. 신체적 성장급등, 생리적 변화, 이성에 대한 관심, 자율성 증가 등 때문에 청소년 자녀는 심한 스트레스를 받게 된다. 10대 자녀를 둔 부모는 훌쩍 자란 자녀의 모습을 발견하고, 자녀와의 관계 속에서 어떻게 상호작용을 할 것인지 고민하게 된다. 자녀가 제2차 성징이 나타나는 사춘기를 맞이하게 되면, 부모는 자녀를 성적욕구를 지닌 존재로 받아들여야 하며, 자녀의 독립에 대한 욕구와 정체성 등을 인정하고, 이를 충족시키는 역할을 하는 것이 중요하다.

청소년기 자녀는 심리적 갈등과 정서적 불안감이 증가하고, 현실과 이상, 기존의 가치와 새로운 가치간에 갈등을 겪으며, 자신의 진로와 자아정체성을 획득하기 위하여 고민하므로, 부모의 깊은 관심과 배려가 필요하다.

부모는 이 시기에 중년기의 스트레스를 받게 되게 되며, 자녀가 성장하여 부모로부터 심리적으로 점차 멀어지게 되면서 받게 되는 빈 둥지 증후군, 삶의 허탈감 등과 같은 심리적 갈등을 겪기도 한다.

6 떠나보내는 단계

마지막 단계는 떠나보내는 단계(departure stage)로서 자녀가 가정을 떠나는 시기이다. 부모는 부모기의 모든 경험을 평가하고, 자녀를 떠나보내며, 부모의 권위를 자녀에게 이양시키는 것이다. 그동안 키워 온 자녀에 대해 평가하고, 떠나는 자녀와 자신과의 이미지를 생각하며, 성공과 실패를 맛보기도 하는 시기이다.

자녀를 잘 떠나보내기 위해서는 부모입장에서 자녀를 떠나보낼 준비가 이루어져야 하며, 자녀를 떠나보낸 상황에서 부부관계를 새롭게 재정립하는 것이 중요하다. 이처럼 떠나보내기 위한 준비, 떠나보내고 나서의 적응, 자녀가 떠난 후 변화된 부모역할에의 적응, 부부관계의 변화 등을 경험하는 단계이다.

아울러 부모는 자녀를 잘 키웠나? 부모로서 살다 보니 나의 존재는 무엇인가? 등과 같은 부모기 동안의 자신에 대하여 평가해보게 된다. 또한, 나는 엄마처럼 살 거야, 아빠처럼 살지 않을 거야, 등과 같은 자녀의 평가에도 직면하게 된다.

요약해 보면, 갈린스키가 부모기의 6단계 이론에서 제시한 것은 부모역할은 본질적으로 정체되기보다는 발달단계에 따라 변화한다는 것이며, 그 상호작용과 역동성은 양 방향적이라는 것이다. 부모역할은 자녀의 성장과 함께 변화하는 개인성장의 과정이며 매우 오랜 기간에 걸쳐 지속하는 과정이다. 평균수명이 연장됨에 따라 부모역할을 수행해야 하는 기간이 과거보다 더 늘어났다. 효과적인 부모역할을 위하여 자녀의 발달적 요구와 부모의 발달적 요구를 조화시키면서 부모역할을 수행할 수 있도록 준비해야 한다.

제5절 기능적인 부모-자녀관계

읽을거리

'좋은 부모'되기 위한 십계명

1계명. 행동으로 본보기가 되어라
2계명. 사랑은 넘치게 주어라
3계명. 아이의 삶에 참여하라
4계명. 아이의 눈높이에 맞춰라
5계명. 지켜야 할 규칙을 정하라
6계명. 나이에 맞는 독립성을 키워라
7계명. 말과 행동의 일관성을 유지하라
8계명. 절대로 때리지 말라
9계명. 부모의 규칙과 결정을 설명하라
10계명. 아이도 인격체임을 잊지 말라

※출처: 좋은 부모 되기 위한 10계명-자녀교육바이블(로렌스 스타인버그 저, 신민섭 외 공역, 2006)

부모가 되면서 가족체계에서는 부부관계 외의 부모-자녀관계가 성립된다. 부모는 아동이 성인이 될 때까지 의식주 생활과 함께 아동의 발달이 원만하게 이루어지도록 책임질 뿐만 아니라 상생의 관계가 될 수 있도록 양육할 책임이 있다. 변화하는 21세기 사회경제적 특성에 맞추어 적응능력을 갖춘 인간상을 기르는 첫 번째 책임과 의무가 부모이며 부모와 기능적인 상호작용 능력의 학습은 아동의 대인관계 기술의 바탕이 되는 매우 중요한 발달 과제라고 할 수 있다.

가족이 전체로서 어떻게 기능을 잘 수행하고 있는가에 대해 측정되는 영역은 가족의 응집력 · 성장능력 · 적응력 · 정서적 관여 · 통제력 · 의사소통 등이다. 올슨(Olson)은 가족의 적응력 · 응집력 · 의사소통을 가족진단의 핵심적 영역으로 선정하였으며, 이러한 관점에서 잘 기능하는 건강한 부모-자녀관계에 대하여 서술해 보기로 한다.

1 적응력 있는 관계

적응력이 있는 부모-자녀 관계란 가족체계가 상황적으로 또는 발달과정에서 발생할 수 있는 문제에 대응하여 가족의 권력구조나 역할, 관계의 규칙을 변화시킬 수 있는 능력, 즉 융통성의 정도가 높은 가족을 말한다. 가족체계가 제대로 기능하기 위하여 안정과 변화를 모두 필요로 하는데, 변화능력은 기능적 가족과 역기능적 가족을 구분하는 기준이 된다.

가족적응력의 차원에서 역기능적인 부모-자녀관계란 부모-자녀 체계가 경직되어 있거나 혼돈된 관계를 말하며, 그 특징은 다음과 같다. 부모-자녀 관계가 지나치게 안정 지향적이고 자녀의 주장이 수동적, 공격적이며, 부모가 권위주의적 리더십으로 자녀를 통제하고, 훈육이 매우 엄격하고 부모-자녀 사이에 제한된 협상을 하므로 문제해결 능력이 매우 빈약하다. 또한, 역할분담의 측면에서 고정타입의 경직된 역할수행과 경직된 규칙을 갖고 있어서 명시된 규칙이 많고 함축적인 규칙이 적으며 엄격하게 규칙 준수를 요구한다.

혼돈된 부모-자녀관계는 지나치게 변화 지향적인 관계로서 가족원의 주장이 수동적, 공격적이고 리더십이 없으며 훈육이 매우 관대하다 못해 방임적이고 무한정한 협상으로 문제해결 능력이 매우 빈약하다. 역할분담의 측면에서 역할의 극적인 변화가 많고 규칙의 극적인 변화, 함축적인 규칙이 많으며 명시적인 규칙이 거의 없이 규칙을 마음대로 적용하는 관계이다.

기능적 부모-자녀관계란 부모-자녀간에 주장이 단호하고 동등한 리더십으로 통제하며 민주적이고 부모-자녀간에 타협적이어서 문제해결 능력이 좋은 관계이다. 역할확립 및 역할분담이 자연스럽고 가족 규칙의 변화가 가능하며 명시적 규칙보다는 함축적 규칙이 많고 때로는 가족 규칙을 강요할 수도 있는 관계이다.

2 응집력이 적절한 부모-자녀관계

부모-자녀 사이에 응집력은 가족체계 내에서 부모와 자녀 상호간에 지니는 정서적 유대감과 부모 또는 자녀 개인이 경험하는 자율성의 정도를 의미하는 것으로 부모-자녀간의 친밀감이나 일체감, 유대감을 느끼는 정도이다. 부모-자녀간의 응집력이 지나치게 높은 관계를 속박관계라 하고 응집력 수준이 지나치게 낮은 관계를 과잉분리관계라 한다.

속박관계는 부모-자녀간에 지나치게 밀착되어 있어서, 개인의 자율성이 모자라고 사생활 침해를 받으며 개인의 목표를 실현하지 못하므로 역기능적인 관계가 된다. 속박은 전 가족원에 해당하는 현상이 아니고 가족 내의 하위체계에 국한되는 것이며, 건전하고 높은 수준의 응집력과는 구분되는 속박이다. 이러한 속박관계의 특징은 정서적 유대가 매우 높은 대신 외부와의 경계가 폐쇄적이고 내부의 경계는 혼잡하다. 함께 보내는 시간이 매우 많고, 개인 친구가 거의 없으며 대부분의 활동과 관심사는 가족과 함께 나눠야 하고 모든 결정은 가족만이 결정해야 하는 관계이다. 이러한 부모-자녀간의 연합이 속죄양의 현상을 빚기도 한다.

과잉분리관계는 응집력 수준이 지나치게 낮아 부모-자녀간의 정서적 유대나 친밀감이 거의 없이 서로 무관심하며, 외부와의 경계가 개방적임에 반해 부모 또는 자녀간의 연합 정도가 약하고 부모-자녀간의 물리적 정서적 시간적 분리가 매우 크다. 의사결정이 개별적으로 이루어지며 부모와 자녀가 함께하는 시간보다 개별 활동이 많다. 부모-자녀 각자가 지나치게 자율성과 개성을 지니는 가족이므로 역시 역기능적이다.

기능적인 가족은 속박관계와 과잉분리관계의 중간 수준인 분리-연결관계이다. 부모와 자녀간에 적절한 수준의 응집력을 지니므로 기능적이다. 분리-연결관계란 외부와의 경계가 반개방적이고 내부와의 경계가 개방적이며 세대간의 경계가 명확한 관계이다. 가족 하위체계에서 부부의 연합 정도가 강하다. 가족이 함께 보내는 시간을 중요시하고 개인 친구와 가족 친구가 함께 활동하며 개별적으로 내려야 할 결정도 함께 나누고 가족활동을 함께하지만, 합당한 이유라면 개별시간을 허용하며 가족은 개별활동에 관심을 보이는 것이 특징이다.

3 의사소통이 잘되는 부모-자녀관계

기능적인 부모-자녀관계에서 의사소통의 방식은 매우 중요하다. 의사소통은 남들과 어떤 관계를 맺고 무슨 일을 겪는가를 결정하는 요인이다. 그러므로 의사소통 기술은 관계를 잘 가꿀 수 있는 기술이다. 의사소통은 인간의 신체와 가치들과 감각기관들, 말할 수 있는 어휘와 음성, 과거의 경험과 학습내용을 축적하는 두뇌의 작용들이 통합작용함으로써 이루어지게 된다. 그러므로 잘못된 의사소통 방법은 두통과 같은 신체적 고통을 수반하기도 한다. 의사소통은 학습되며 최초의 학습장소는 가정이다. 이러한 의사소통 방식이 잘못 학습되었을 때 아동은 수평적인 자기표현이 어렵고 학습이나 교우관계 발달에 장해를 받을 수 있으며, 가족 전체의 잘못된 의사소통 방식은 문제 있는 가정을 만들기도 한다.

건전한 가족의 특징은 가족의 권력구조가 신축성이 있고 자녀는 가족의 의사결정에 자유스럽게 참여하며 상호 우호적이다. 가족 특성 면에서 지나친 가족 집단의식이나 미분화된 이기심이 없으며 의사소통 방식에 이중속박이나 미혹됨 없이 자기표현이 자연스럽고 분명하다. 가족의 자율성 면에서 자체가정, 행위 목표를 위한 책임감이 분명하고 감정 · 사고 · 책임의 표현이나 소재가 분명하며, 부모와 자녀는 서로를 빈정대거나 조롱하지 않는다. 부모는 자녀의 의견을 존중하고 자녀는 부모의 의견을 존중하여 부모와 자녀가 서로의 독자성을 인정하며 투사 · 비난 · 부정 등의 방어기제를 사용하지 않는다. 부모와 자녀 사이에는 서로 개방적이며 서로를 수용하는 자세를 가진다. 문제에 대해서는 창의적 협상에 의하여 타결을 보며 시간과 공간 관념에서 '현재 이곳'에서 일어나는 문제를 중요시한다.

즉, 기능적이고 건강한 부모-자녀관계는 개인의 정서적 안정과 정신건강 행복감 증진에 큰 영향을 미친다. 건강한 가족이란 부부간의 결혼만족도가 높고 부모-자녀간의 만족도가 높으며 가족원 상호간의 욕구를 충족시켜주는 가족이라고 정의할 수 있다.

이러한 건강한 부모-자녀관계의 특성을 다시 요약해 보면 다음과 같다.

① 부모-자녀간에 긍정적인 감정을 지니며, 상호 심리적으로 격려하고 지원하는 관계로서 상대방의 장점을 부각하며, 이에 관심을 보이고 존중하며 인정하는 분위기이다.

② 가족 내외에서 함께 지내는 시간이 많으며 함께 활동하면서 많은 일을 공유한다. 이들은 의미 없이 유연히 함께 시간을 보내는 것이 아니라, 함께 있는 자체를 즐기며, 많은 생활 영역에서 함께 지낼 수 있도록 각자의 생활을 구조화한다. 집 밖에서의 산책, 여행, 관찰, 운동 등에 부모와 자녀가 함께 하면서 가족간의 유대감을 더욱 돈독히 한다.

③ 부모 또는 자녀의 행복과 만족에 상호 깊이 관여한다. 많은 일을 처리해야 하는 바쁜 사회생활 가운데에서도 가족간의 행복을 우선시하고, 보다 적극적으로 부모-자녀관계의 질을 향상하도록 생활을 구조화한다.

④ 바람직한 의사소통 유형을 발전시키고 부모-자녀간에 함께 대화를 나누는 시간이 많으며, 상대방의 견해에 존중감과 관심을 보이며, 갈등에 대하여 개방적으로 토론함으로써, 갈등을 효율적으로 활용하는 법을 터득한다.

⑤ 부모-자녀가 함께 종교의식이나 종교활동에 참여하며, 가족원 모두가 종교단체의 구성원이 되며 신앙심도 깊다.

⑥ 위기나 문제에 당면했을 때, 긍정적으로 대처할 수 있는 능력이 있다. 현실 생활에서 당면하는 어려움 때문에 가족원간의 갈등을 유발하기보다는 온 가족이 결속하여 후원적으로 대처해 나가는 것이 기능적이고 건강한 부모-자녀관계의 특징이라고 할 수 있다.

기능적으로 대화하는 방법은 토마스 고든의 효율적인 의사소통의 세 가지 방법, 나-메시지 전달법, 적극적 경청법, 무패법을 활용할 수 있으며 고든의 『부모교육』 등의 책을 활용할 수 있다.

활동자료 바람직한 부모역할 지수 체크리스트

A. 건강을 위해 운동이나 활동을 한다.
B. 여가를 잘 활용한다.
C. 현재의 삶에 만족한다.
D. 나의 성장을 위해 돈과 시간을 투자한다.
E. 지역사회의 봉사활동을 한다.
F. 부부가 같이하는 취미생활이 있다.
G. 자녀의 친한 친구에 대해 알고 있다.
H. 자녀가 무엇을 원하는지 안다.
I. 부모교육을 받아본 적이 있다.
J. (아내가) 아기를 가졌을 때 행복했다.

〈1〉
① 전혀 아니다
② 대체로 아니다
③ 보통이다
④ 대체로 그렇다
⑤ 매우 그렇다

K. 이웃에 누가 사는지 모른다.
L. 부부간의 대화가 잘 안 된다.
M. 스트레스를 받으면 견디기 어렵다.
N. 감정을 표현하고 조절하는 것이 힘들다.
O. 가정의 경제수준이 불만스럽다.
P. 고민을 털어놓는 친구가 없다.
Q. 자녀의 말과 행동에 가정이 쉽게 좌우된다.
R. 자녀가 말을 안 들으면 신체적, 언어적 폭력을 쓴다.
S. 나와 생각이 다를 때 아이의 말을 무시한다.
T. 가족이 함께 모이는 자리를 싫어한다.

〈2〉
① 매우 그렇다
② 대체로 그렇다
③ 보통이다
④ 대체로 아니다
⑤ 전혀 아니다

∗ A~J까지는 〈1〉의 응답문항에 체크하고, K~T까지는 〈2〉의 응답문항에 체크한다.
평가방법: 답안 문항 번호를 점수로 계산해 합산한다.

- 70점 미만: 부모교육이 필요하다. 상당수 부모가 해당한다.
- 70~80점 미만: 부모의 기본자격은 갖췄지만, 실제 문제에선 소리를 지르거나 일방적으로 자녀를 대하는 경우가 많다. 올바른 부모역할에 대해 알고 있지만 실천은 하지 않는 유형이다.
- 80~90점 미만: 보통 때는 괜찮아도 문제가 생기면 갈등 소지가 있다.
  부모와 자녀의 문제가 맞물리면 매우 힘겨워한다.
- 90점 이상: 부모로서 역할모델이 될 만하다.

※출처: 동서심리상담연구소.

CHAPTER

07

부모교육의 다양한 패러다임

제1절 부모교육의 개념 및 필요성
제2절 부모교육 이론
제3절 부모교육의 방향

부모는 자녀의 성장과정에서 중요한 인적자원이다. 그래서 부모의 역할은 성장기에 놓여 있는 자녀의 발달에 결정적 역할을 한다. 부모되기는 자녀의 출산과 동시에 저절로 이루어지는 것이 아니어서 자녀의 성장과정 동안 부모역할을 원활하게 수행하기 위해서는 체계적이고 지속적인 교육이 필요하다. 이 장에서는 부모교육 본질로서 그 필요성과 목적을 기초로 부모교육이론을 개괄해 봄으로써 바람직한 부모교육의 방향을 제시하고자 한다.

제1절 부모교육의 개념 및 필요성

1 부모교육의 개념

부모는 성장기에 놓여 있는 자녀에게 중요한 인적자원이다. 따라서 부모교육이란 부모가 자녀를 바람직하게 양육하고 교육할 수 있게 하려고 부모를 교육하는 것을 말한다. 즉, 부모에게 자녀를 기르는 데 필요한 지식과 정보, 기술과 방법, 깨달음 등을 주어 자녀를 잘 양육할 수 있도록 하는 것을 의미한다.

부모교육의 개념에 대해서는 광의로 보느냐, 협의로 보느냐와 참여 형태, 참여 정도 등에 따라 학자마다 다양하게 정의하고 있다. 부모교육을 종합적으로 정의하면 '부모의 자녀에 대한 이해와 지식을 증진해 사고와 감정, 그리고 행동에서 습관적인 방법을 검토해 보도록 함과 동시에 자녀를 양육하는 새로운 방법을 습득하도록 도와주는 다양한 교육적 경험'이라고 할 수 있다(이재연, 김경희, 1994).

부모교육(parent education)과 유사한 개념으로 혼용되고 있는 용어들로서 부모참여(parent participation), 부모개입(parent involvement), 부모지지(parent support), 부모훈련(parent training), 부모 역할(parenting) 등이 있는데, 이들은 부모교육의 여러 형태를 의미하기도 하고 가정 강화(strengthen family)의 개념에서 보기도 한다. 이 중에서 우리나라 유아교육현장에서 가장 많이 사용되고 있는 용어는 부모교육과 부모참여이다. 이는 부모가 관여하는 모든 형태를 부모교육으로 보는 광의의 개념이라기보다는 수동적으로 교육받는 형태는 부모교육으로 보고, 적극적으로 참여하는 형태를 부모참여로 보는 관점에 의한 분류이다.

한국교육개발원(1984)은 Gordon의 분류(1971)에 따라, 부모의 관여 정도에 따라 부모교육의 정의를 다음과 같이 개념화하였다.

첫째, 최소한의 관여로 부모가 아동발달이나 교육 등에 대한 지식을 수동적으로 전달받는 소극적이고 수동적인 역할을 하는 경우이다.

둘째, 약간 발전된 부모관여의 형태로서 부모가 학급의 보조교사, 자원인사로서 자발적으로 참여하고 봉사하는 경우이다. 이 형태는 부모가 교구 · 교재의 제작 및 개발에 참여하고, 유아의 휴식 · 간식 · 자유놀이시간 등에 보조교사로서 활동하며, 가끔 교사의 지도와 보조 하에 부분수업 또는 흥미영역별 수업을 주도하는 경우이다. 이 형태는 유아교육기관의 프로그램 운영에 부모의 요구가 적극적으로 반영되어 자녀의 교육프로그램 결정에 참여, 선택할 수 있는 재량권을 행사하는 경우이다.

1960년대를 전후로 하여 부모교육의 개념은 변화하였다. 1960년대 이전의 부모교육은 교사나 전문가들이 부모가 모르는 것을 부모에게 가르친다는 수동적 의미가 강했다. 그러나 1960년대 이후에는 부모교육 전문가나 교사가 부모와 동반자적인 입장에서 상호작용하면서 부모를 참여시키고 개입시키는 능동적이고 참여적인 의미의 부모교육으로 그 개념이 변화하였다.

이는 1960년대 보상교육의 성격으로 시행되었던 미국의 헤드스타트(Head start) 프로그램 시행 후, 성장기 자녀의 교육이 성공하기 위해서는 능동적이며 상호작용적인 부모교육 때문에 부모의 변화, 가정의 변화가 선행되어야 한다는 연구결과에 따른 것이다. 이로써 성장기 자녀교육 성패의 주요인으로 부모변인과 능동적인 부모교육, 즉 부모참여가 강조되었을 뿐 아니라 관련연구가 보다 심층적으로 이루어지게 되었다.

따라서 부모교육은 자녀의 양육과 교육활동에 참여하고 있는 부모들이 교육기관과 동반자로서 동등한 입장에서 상호 유대관계를 유지하여, 더욱 효율적인 성장기 자녀교육 및 발달을 위해 적극적으로 노력하는 모든 과정을 의미한다.

2 부모교육의 필요성 및 목적

자녀가 출생 후 접하게 되는 일차적 환경은 가정이며 부모는 이러한 가정환경을 형성하는 데 주도적 역할을 한다. 성장 초기는 신체 · 인지 · 언어 · 사회 · 정서적 성장과 발달이 가장 급격하게 이루어지는 인간 발달의 기초적 시기이자 결정적 시기이므로 부모는 가장 영향력 있는 최초의 양육자이며 교사로서 자녀의 발달에 큰 영향을 끼친다(Berger, 1991).

그러나 현대사회는 핵가족화, 저출산, 고도의 과학기술 발달과 같은 급격한 외현적 변화와 가치관이 급속하게 변화함으로써 부모의 역할 변화를 가져오게 했다. 또한 부모역할에 대한 상충적인 정보가 공존하게 되어 부모들은 바람직한 부모역할을 하는데 어려움을 겪고 있다. 최근 가족과 사회에서 발생하고 있는 심각한 사건들은 부모로서 유능하게 행동하도록 준비시키는 것이 필요하다는 점을 시사한다. 오늘날 성인사회에서 보이는 물질, 행동, 그리고 관계에서 넓게 퍼져 있는 다양한 가치관에서 비롯된 풍조는 초기 원가족과의 관계에서 부적절하고 비효과적인 부모와의 관계를 경험한 사실에 기인한다(박성연 외, 2007).

이러한 맥락에서 부모에 의한 아동의 성적, 정서적, 신체적 학대의 영향에 대해서 인식과 관심이 증가하고 있다. 많은 전문가는 이러한 상황이 부분적으로는 부모가 되는 것에 대한 미흡한 준비 때문에 일어나고, 부모역할에서 오는 스트레스에 대한 적절한 대처기술 부족으로 발생한다고 믿고 있다(Reeves, 2003).

여성 취업기회가 확대되고 핵가족화 등 때문에 가정의 교육적 기능이 약화하면서 자녀 성장을 위한 교육적 환경이 과거보다 빈약해져 주로 가정에서 이루어졌던 교육과 양육이 교육기관으로 옮겨지는 현상까지 일반화되었으며, 이러한 가정교육 기능 약화는 빈곤층, 저소득층일수록 더욱 심각한 상황에 놓여 있다.

이처럼 자녀양육방식의 변화 때문에 부모교육의 필요성을 김영옥(2007)은 다음과 같이 제시했다.

- 대부분의 성인 중 많은 사람이 부모가 될 것이다.
- 예비부모교육이 가정에서는 물론 기초적 교육에 포함되어 있지 않다.

- 부모에 대해 충분치 못한 지침들이 혼란과 갈등을 일으킨다.
- 태아기로부터 성장기에 이르는 어린 시절은 대단히 중요하다.
- 부모역할은 혼란스럽고 어려운 과제이다.
- 부모들은 도움을 원하며 또 필요로 한다.
- 많은 여성이 취업하고 있으며 양육이 현실적인 문제가 되었다.
- 아버지 참여가 양육에 있어서 중요한 요인이다.
- 부모기에 없애야 할 많은 신화가 있다.
- 부모교육은 부모도 성장해 가는 과정이다.

오랫동안 부모가 되기 위한 형식적인 훈련 또는 교육의 필요성을 알고 있던 사람들은 드물었다. 그러나 오늘날 부모와 밀접하게 일하는 많은 사람은 그러한 훈련이 절실하게 필요하다고 생각한다(박성연 외, 2007).

이러한 관점에서 부모교육의 필요성을 아동, 부모, 사회의 세 측면에서 나누어 살펴보면 다음과 같다(김현주, 손은경, 신혜영, 2000).

1) 아동의 측면

아동의 모든 성장 발달에 부모의 양육법 및 태도, 가치관이 절대적인 영향을 미치기 때문에 부모교육의 필요성은 더욱 강조되고 있다. 특히 유아기에는 부모가 아동의 사회·신체·정서·인지·언어 등 발달 전 영역에 영향을 미치고 영향의 강도도 강하고 그 효과 또한 오래간다는 것이 과학적으로 입증되었다. 따라서 아동의 성장과 발달을 돕기 위해 부모교육을 통해 효율적으로 자녀를 양육할 수 있도록 도움을 주는 것이 필요하다.

2) 부모의 측면

(1) 양육 경험의 부재로 적절한 모델이 적다.

요즘 젊은 부모들은 과거와는 달리 성장과정에서 양육과정에 참여할 기회를 거의 얻지 못한 채 성장해왔다. 그리고 고등학교나 대학에서도 예비부모 또는 부모교육 강좌

등을 통해 부모로서의 올바른 역할과 자세를 바르게 학습할 기회를 받지 못하였다. 과거에는 형제 수가 많아 직접 동생을 돌본다든가 확대가족 및 대가족하에서 사촌이나 친지들의 어린 동생을 돌보아 주는 경험을 자연스럽게 할 수 있었다. 그리고 어머니를 비롯한 친척의 자녀양육 실제를 가까이에서 볼 기회가 많았다. 하지만 요즈음은 이러한 기회가 없을 뿐만 아니라, 양육과정에 참여하는 일보다 공부하는 일에 더 우선순위가 주어지고 있다. 어떻게 보면, 다른 어떤 시대의 세대보다 지금이 부모교육의 필요성이 가장 요구되는 세대라고 할 수 있다. 요약하면 요즘의 대다수 젊은 부모들은 자녀양육 및 교육에 대한 체험적 경험들이나 정규 학교교육을 통해 훈련받는 경험들이 거의 없다. 또한, 이웃이나 친지들에게서 자녀양육 실제에 관한 필요한 사항들을 쉽게 자문받을 수도 없는 아파트나 빌라 등 단절된 생활공간 속에 살고 있다. 따라서 현대의 부모들이 자신에게는 물론이고, 사회적 · 문화적으로도 의미 있는 부모역할에 대한 모델과 이미지를 정립할 수 있게 하려면 부모교육이 필요하다.

(2) 바람직한 부모역할에 대한 상충적인 정보가 공존하기 때문에 부모교육이 필요하다.

현대사회의 특징 중 하나가 많은 정보가 제공된다는 것이다. 부모역할에 대한 정보도 예외는 아니어서 많은 이론을 바탕으로 0~5세 자녀를 대상으로 연령별 발달 수준을 자세히 밝혀 자녀의 발육상태 및 정상여부를 확인할 수 있는 양육에 지침이 되는 연구도 있고, 각 영유아에 적합한 교구, 놀잇거리, 교재, 그림책 등의 목록을 제시해 실제 양육에 참고될 수 있는 자료들도 있다.

이러한 자녀의 양육 및 교육에 관련된 전문적 정보 및 지식의 폭발적 증가 덕분에 이들 정보량을 습득하기 위한 부모의 교육적 노력이 절대적으로 필요하다. 물론 과거로부터 전승되어 온 부모역할에 대한 조언과 주변에서 자녀를 양육하면서 체험적으로 터득한 자녀양육에 대한 조언도 있으나, 이런 정보와 조언은 때로 정반대되는 경우도 많다. 예를 들면 자녀가 넘어져서 울면 자립심을 키워 주기 위해서 안아 일으켜 주지 말라고 조언하기도 하고, 반대로, 자녀가 부모에게 사랑받는 존재라는 것을 확인하고 타인의 감정을 잘 헤아려 줄 수 있도록 하기 위해서는 안아서 위로해 주라고 조언하기도 한다. 부모들은 많은 정보를 주체하지 못하고 이것저것을 시도해 보고 실패하고 좌절하기도 한다. 그러므로 많은 정보 가운데 자신에게 적절하고 자신의 자녀에게 효율적인 정보를 찾아 활용할 수 있게 도와주기 위해서 부모교육이 필요하다.

(3) 현대의 부모들은 만능 부모가 되어 만능 자녀를 양육해야 하는 중압감을 느끼기 때문에 부모교육이 필요하다.

과거에는 부모들에게 자녀의 의식주를 최소한의 수준에서 해결해 주고 최소의 교육을 제공하도록 요구했으나, 현대사회는 부모에게 많은 구실을 하도록 요구하고, 요구수준도 높아졌다. 부모들은 자녀의 의식주를 해결해 주어야 할 뿐만 아니라, 놀아 주어야 하고 여행이나 문화활동 등을 통하여 다양한 경험을 제공해 주어야 하며, 학교교육뿐만 아니라 음악 · 미술 · 운동 같은 다양한 특기교육도 해야 한다. 부모들은 자기 자녀를 다른 가정의 자녀와 끊임없이 비교하고, 경쟁하고, 우열을 겨루는 상황에서 많은 스트레스를 받고 있다. 그러므로 현대의 부모들이 어떻게 하는 것이 자신과 자녀를 위해 옳은 길인지를 결정하고, 신념을 지니고 실천하고, 부모역할을 수행하는 데서 오는 스트레스를 적절하게 해결할 수 있게 하려면 부모교육이 필요하다.

(4) 현대의 문화와 대중매체가 비현실적인 부모상과 부모역할에 대한 허상을 심는 경우가 많아서 부모교육이 필요하다.

광고, 텔레비전, 영화, 잡지 등과 같은 대중문화나 매체에서 묘사하는 부모의 모습, 자녀의 모습, 부모의 역할은 비현실적이고 지나치게 이상적이거나 극단적으로 묘사되는 경우가 많다. 예를 들면, 광고에 나오는 자녀는 모두 예쁘고, 울지 않으며 항상 웃고, 건강하고, 무엇이나 잘하는 모습으로 묘사되기 때문에 많은 부모가 자신의 자녀도 그럴 것이라는 허상을 갖기 쉽다. 또한, 부모의 역할이 항상 재미있고, 힘이 들지 않는 것으로 묘사되는 경우가 많으므로 예비부모들이 부모가 되기란 쉽고, 자녀를 양육하는 일은 재미있는 일로만 생각하기도 한다. 그러나 실제로 자녀가 생기고 부모 역할을 할 때 자신이 기대했던 것이 실현되지 않으면, 심한 혼란과 좌절을 느끼고 자신이나 자녀를 예외적인 존재로 생각하여 열등감을 느끼게 된다. 그러므로 부모가 된다는 것이 어떠한 것이며, 자녀는 부모에게 어떠한 존재이며, 부모의 역할에는 어떤 희생과 준비가 있어야 하는지에 대한 올바른 기대가 있어야 하는데, 예비부모들을 위한 교육을 통해 도와줄 수 있기 때문에 부모교육이 필요하다.

(5) 부모역할은 사회에서 맡은 역할 중의 하나이기 때문에 준비가 필요하며 그 준비로서 부모교육이 필요하다.

오랜 기간 사람들은 부모가 되기 위해서 형식적인 교육을 받을 필요가 없다고 생각했다. 누구나 태어나고, 자라고, 성장하면 결혼하는 것이고, 부모가 되면 자녀를 키우면 된다고 생각하여, 자녀를 키우는 것은 따로 교육받지 않고도 누구나 할 수 있는 일이라는 인식이 지배적이었다. 그러나 과거처럼 부모가 된다는 것은 자연적 결과나 숙명적인 길로 여겨지지 않고 성인의 다른 제반 일처럼 선택하는 일이라는 인식이 높아져 가고 있다. 각종 피임도구의 개발, 여성의 사회참여 및 경제활동 참여의 증대, 정보화시대에서 요구하는 고도의 전문화된 지식 습득에 따른 교육연한의 연장 등으로 부모가 된다는 것은 개인의 철학에 따른 선택으로 받아들여지고 있다. 다시 말해, 부모가 될 수 있는 충분한 준비를 하지 않은 상태에서 부모의 길을 택하기는 매우 어렵다. 마치 어떤 직업을 선택하느냐에 따라 그에 따른 인생 여정이 타인과 판이하게 달라지는 것과 마찬가지로 부모의 길을 택하는 것으로 그렇지 않은 사람과 전혀 다른 인생 여정을 거치게 된다. 자녀에게 훌륭한 부모가 된다는 것은 훈련 또는 교육을 받지 않고 저절로 이루어질 수는 없다.

(6) 부모교육을 통해 부모들이 인간으로서 성장할 기회를 잡을 수 있기 때문에 부모교육이 필요하다.

부모의 역할은 일생을 통해 이루어지는 성인교육의 한 측면으로 생각할 수 있다. 성인이 담당하는 다른 역할과는 달리 부모의 역할은 자녀가 성장함에 따라 함께 변해 자녀의 성장에 따른 다양한 요구에 적절히 적응하고 민감하게 반응해 주어야 한다. 부모교육을 통해서 부모는 부모로서 성장할 기회를 잡을 수 있을 뿐만 아니라 인간으로서도 성장하고 발달할 기회를 잡을 수 있으므로 부모교육이 필요하다.

3) 사회적 측면

(1) 정부나 국가에서 투자의 효율성을 고려해 볼 때 부모교육이 필요하다.

경제적인 측면에서 살펴보면 국가나 정부는 사회의 구성원이 어릴 때 적은 비용을 들여 부모교육을 함으로써 효율적인 부모역할을 통해 자녀가 성장하고 발전하는 것을 도울 수 있다. 그 결과 국가는 질 높은 인적 자원을 확보하고 사회발전의 원동력을 얻을 수 있다. 또한, 자녀가 사회에 이바지하는 존재로 성장하게 되면 비정상적으로 성장한 청소년이나 성인을 교화하고 치료하는 데 드는 비용을 절감할 수 있고, 사회보장제도에 의존해서 살게 되었을 때 드는 비용을 절감할 수 있다는 측면에서도 투자의 가치가 있다.

(2) 가정과 교육기관과의 연계성을 확립하기 위하여 부모교육이 필요하다.

가정에서 부모가 자녀의 교육을 전적으로 담당했던 과거와는 달리 현대사회에서는 가정과 교육기관이 유아의 교육을 함께 담당하고 있다. 더욱이 유아들이 교육기관에 취원하는 시기가 점차 빨라짐에 따라 교육기관의 역할도 중요시되고 있다. 교육이 효과적으로 이루어지기 위해서 각 기관은 교육철학, 운영방침, 교육과정, 교수방법, 그리고 자녀 지도방법을 부모교육을 통해 부모에게 알려 가정에서도 일관성 있는 환경을 제공하도록 지원하고 있다. 또한, 부모들도 교육기관과 가정과의 관계를 유지하여 가정에서 발생하는 여러 가지 문제를 교육기관과 함께 해결해 나가야 하며, 이런 이유로 부모교육이 필요하다.

(3) 미래사회에 적응할 수 있는 자녀로 기르기 위해 부모교육이 필요하다.

현대사회는 급속히 변하고 있고 변화의 속도는 더욱 가속화될 전망이다. 부모들은 자녀가 미래사회의 사회질서를 따르고 사회발전에 이바지할 수 있도록 준비시켜야 한다. 과거에는 부모가 살아온 사회와 자녀가 살아갈 사회가 크게 다르지 않으므로 자녀의 사회화를 담당하는 일은 어려운 일이 아니었다. 그러나 급변하는 사회에서 자녀가 살아갈 사회가 어떤 곳인지, 자녀에게 어떤 가치 · 태도 · 기술 · 능력을 갖춰야 할지를 예측하는 일은 쉬운 일이 아니다. 그러므로 부모들이 미래사회를 살아갈 자녀들에게 필요한 것이 무엇이고 어떻게 준비시켜야 할지에 관한 도움을 주기 위해서 부모교육이 필요하다.

(4) 현대사회에는 다양한 형태의 가족이 존재하고 각 가족 형태에서 요구하는 부모의 역할이 다르기 때문에 부모교육이 필요하다.

현대사회가 점차로 다양해짐에 따라 가족의 형태도 점차 다양해져 가고 있다. 양부모가 있는 가족, 한부모 가정, 소년 · 소녀가족, 조부모가 이끄는 가족, 핵가족, 대가족 등 그 형태도 다양하며, 다양한 형태의 가족이 생기는 이유도 이혼, 부모의 사망, 가족 구성원의 폭력, 가출, 유기 등으로 다양해졌다. 이러한 가족 형태를 비정상적이라고 보던 시각도 많이 바뀌어 현재는 이런 다양한 가족 형태를 정상적인 범주의 것으로 받아들이고 있다. 따라서 다양한 형태의 가정에서 부모의 역할을 하는 사람들의 문제도 다양하고 그들이 긍정적으로 수행해야 할 역할도 달라서 부모교육이 필요하다. 현대사회가 다양해지고 복잡해지고 급속하게 발달함에 따라 부모의 구실을 하는 데 많은 어려움을 겪고 있으므로 부모교육이 필요할 뿐만 아니라 유아 개인과 국가 전체의 이익을 위해서도 부모교육이 필요하다.

파인(Fine, 1991)은 부모교육의 목적을 네 가지로 나누어 설명하였다.

첫째, 부모에게 자녀양육과 교육에 도움이 되는 정보와 지식을 습득할 수 있도록 강연, 집단토의, 관련서적 읽기, 집단 모임 등으로 부모 상호 간에 정보 나누기(information sharing)를 한다.

둘째, 부모에게 자녀양육을 위한 기술훈련(skill building)의 기회를 제공한다. 구체적인 부모훈련 프로그램에 참여하여 부모역할을 배우도록 한다.

셋째, 부모가 자기인식(self-awareness)을 증진하도록 돕는다. 자신의 양육방식에 영향을 준 부모세대의 방식을 인식하고, 현재 부모 자신의 가치관 명료화 등 부모의 신념과 통합한다.

넷째, 자녀양육과 자녀발달에 관련된 문제해결(problem solving)의 기본적 방법을 부모들에게 가르쳐 중재할 수 있도록 한다.

제2절 부모교육 이론

20세기 후반부터 부모 역할 및 자질 향상에 대한 관심과 부모와 자녀의 수평적 관계 형성에 대한 중요한 자각은 여러 가지 부모교육의 전략을 개발하는 이론을 발전시키게 되었다. 대표적인 부모교육이론은 드라이커스의 민주적 이론, 기노트의 인본주의 이론, 고든의 부모효율성 훈련 이론, 번의 상호교류 이론 등이 있다.

1 드라이커스(Dreikurs)의 민주적 부모교육이론

드라이커스(Rudolf Dreikurs)는 아들러(Adler)의 개인심리학 이론을 부모교육에 적용해 과거의 권위적 방법이 아닌 민주적 방식의 부모-자녀 관계를 강조하였다. 아들러와 드라이커스는 가족 내에서 일어나는 사회화 과정을 중요시하여 상호 존중감, 민주적 의사결정 등을 통해 사회적으로 책임 있는 아동으로 자라도록 하였다.

Dreikurs(1897~1972)

드라이커스의 민주적 부모교육 이론에서 부모-자녀 상호작용은 다음과 같은 가정에 그 기초를 두고 있다.

첫째, 아동의 모든 행동은 반드시 원인과 목적이 있으며 사회적 관계성이나 배경 내에서 이해할 필요가 있다.

둘째, 사회집단에 소속하려는 욕구는 가장 기본적이며 중요한 욕구이다.

셋째, 유아를 포함한 모든 인간은 누구나 그들의 행동에 대한 지침으로 인생을 설계한다.

드라이커스의 민주적 부모교육의 원리는 다음과 같다.

1) 생활양식

생활양식은 사회화 과정을 통해 형성되는 인성, 태도, 신념, 능력 등을 의미한다. 유아기에 형성되는 생활양식은 이후 그 사람의 행동을 통제하고 목표를 달성하는 데 중요한 역할을 하게 된다.

이 시기 자녀는 부모에게 상대적 열등감을 느끼고 이에 대한 보상으로 가상적 목표를 세우게 된다. 가상적 목표 달성을 위해 어떤 행동을 하게 되고 이런 행동을 반복하는 것이 유아의 생활양식이 되므로 부모는 자녀가 달성하려는 행동 목표가 무엇인지 파악하고 바람직한 방법으로 목표를 달성할 수 있게 해야 한다(김진영 외, 2000; 양옥승 외, 2001).

2) 가상적 목표

효과적 부모역할을 수행하기 위해서는 부모가 자녀의 사고방식, 가족 구성원과의 관계에 대해 자녀가 느끼고 있는 생각 등과 같은 자녀 행동의 가상적 목표를 이해해야 한다.

자녀들은 이러한 가상 목표를 달성하기 위해 관심 끌기, 힘 행사하기, 보복, 부적절성 혹은 무능함 보이기 등의 행동을 하는 경우가 많다. 이러한 행동목표는 가족집단에서 소속감을 획득하기 위해 잘못 설정된 접근 방법이다. 그러나 부모가 자신을 사랑한다고 느끼며 소속감과 안정감을 가지는 아이들은 긍정적 방향으로 목표를 세우고 잘 적응하게 된다.

3) 창조성

자녀들은 자신의 욕구 충족을 위해 가상적 목표를 설정하고 목표의 성공을 위해 다양한 행동 양식을 창조하게 된다. 이러한 과정에서 부모의 반응은 중요하며 잘못된 행동에 대해 자녀의 의도대로 반응하게 되면 바람직한 방법보다는 잘못된 방법으로 목표를 달성하고자 한다. 따라서 부모는 자녀의 잘못된 행동을 변화시키기 위해서 부모 자신의 태도를 먼저 변화시키고 다음으로 자녀의 긍정적 행동을 격려해 줌으로써 자녀가 바람직한 방법으로 자신을 창조해 나가도록 한다.

4) 행동 통제

부모는 자녀에게 스스로 책임 있는 결정을 하도록 자연적 귀결과 논리적 귀결의 행동

통제방법을 사용하도록 제시하고 있다. 자연적 귀결은 자연스러운 상황에서 자녀 자신의 행동 때문에 자신이 보상받는다고 느끼는 방법을 말하며, 논리적 귀결은 상황에 따른 결과가 자녀 자신의 행동뿐 아니라 부모에 의해 행동 결과가 정해지는 방법이다. 이때 행동결과에 대한 판단 준거는 미리 정해 놓은 규칙에 근거한다(양옥승 외, 2001).

이상과 같은 교육원리를 가지고 있는 드라이커스의 민주적 부모 교육이론에 근거한 부모교육 프로그램은 집단 토의를 중심으로 하는 부모 연구 집단과 상담 중심의 부모-교사 교육센터 활동으로 대표되고 있다(Gamson, Hornstein, & Borden, 1989).

2 기노트(Ginott)의 인본주의적 부모교육 이론

기노트(Haim G. Ginott)는 인본주의 심리학을 부모교육에 적용해 부모-자녀간의 의사소통을 향상할 수 있는 기법을 제안하였다. 인본주의 부모교육 이론은 부모 중심 치료나 상담보다는 유아를 중심으로 하는 교육을 강조하여 부모와 자녀 사이에 긍정적 상호작용 경험을 중시하였다. 기노트의 인본주의적 부모교육의 원리는 다음과 같다.

Ginott(1922~1973)

1) 부모와 자녀간의 의사소통

부모가 자녀와 의사소통할 때 전제 조건이 되는 것은 유아를 존중하는 마음과 의사소통하는 기술을 익히는 것이다. 바람직한 의사소통을 위해 부모는 자녀에게 민주적 태도와 관심을 보이며 부드럽게 대해주어야 하며, 문제가 있을 때 행동 자체에 집중하기보다는 그 행동에 대한 자녀의 감정에 집중하여 반응을 보이며, 기본적으로 자녀의 행동을 판단하고 비판하기보다 이해하려는 태도를 지녀야 한다.

2) 자녀의 행동지도

자녀의 행동 때문에 부모가 화가 나거나 갈등상황이 생기는 경우가 많다. 부모가 자녀와의 갈등을 해결하고 긴장을 없애기 위해서는 기본적으로 자녀가 부모를 화나게 할 수 있고 부모도 화낼 수 있다는 점, 그리고 자녀도 부모 행동에 대해 불만을 품고 반응할 수 있다는 점을 인정해야 하며, 죄의식이나 수치심을 갖지 말고 자신의 감정을 솔직하게 표현하는 것이 필요하다.

3) 부모의 수용적인 자세

부모들이 자녀와의 관계에서 패배감을 느끼게 되는 경우 자녀에게 위협, 뇌물주기, 빈정대기, 훈계, 외압 등으로 자녀를 부모에게 복종시킨다. 그러나 이러한 태도는 자녀의 잘못된 행동을 반복시키는 결과를 가져오게 된다. 자녀는 부모가 자신의 말을 주의 깊게 들어주고 자신을 있는 그대로 수용해 줄 때 자신의 긍정적 · 부정적 감정을 솔직하게 표현하게 된다.

4) 훈육방법

부모가 자녀를 훈육할 때 자녀에 대한 기본적 신뢰를 기초로 분명하고 간결한 언어로 훈육해야 한다. 또한, 자녀에게 수용할 수 있는 행동과 수용할 수 없는 행동을 분명히 알려주어야 한다. 효과적인 훈육의 4단계는 다음과 같다(이재연, 김경희, 1989).

- 1단계: 자녀가 원하는 바를 인정하고 간단한 말로 다시 반복해서 말해 준다.
- 2단계: 잘못된 행동에 대해서는 분명하고 단호하게 통제하는 말을 해준다.
- 3단계: 자녀가 원하는 바를 최소한 일부분이라도 수용할 수 있는 다른 방법을 제시해 준다.
- 4단계: 부모가 자녀의 행동을 통제할 때 자녀에게 일어날 수 있는 분노의 감정을 표현할 수 있도록 허용하고 도와주어야 한다.

기노트의 인본주의적 부모교육 프로그램은 실제적인 문제를 중요시하여 이에 필요한 양육기술을 익히도록 하고 있다. 부모 교육자를 통해 양육 기술단계를 익힌 부모들은 자녀와의 상호작용 과정에서 이를 직접 활용해 봄으로써 자녀와의 관계를 긍정적으로 발전시킬 수 있다. 인본주의 부모교육 프로그램의 교육과정은 이야기 털어놓기 단계, 감수성 증진단계, 개념형성단계, 기술 익히기 단계를 거치도록 구성되어 있다.

3 고든(Gordon)의 효율적인 부모훈련 이론

고든(Gordon)은 부모-자녀 간의 문제는 부모-자녀간의 인간관계에서 발생한 것이므로 양자의 관계를 개선하는 방법을 부모에게 교육해야 한다는 생각에서 부모 효율성 훈련(Parent Effectiveness Training, PET) 프로그램을 개발하였다. 고든이 제시한 부모효율성 훈련원리는 효율적 수용능력과 언어 사용능력을 향상함으로써 개발될 수 있다고 보는 것이다.

1) 수용성의 수준 파악하기

부모가 일상생활에서 자녀의 행동을 보는 견해는 항상 일정하지는 않다. 자녀의 행동은 부모에게 수용적 행위 혹은 비수용적 행위 가운데 하나로 보인다. 부모는 자녀의 행동을 판단하기 전에 자신의 수용성 수준이 어느 정도인지 파악할 필요가 있다. 수용성의 정도는 부모의 기분, 집안 사정, 주위환경, 사회 분위기에 따라 변하며 자녀 특성에 따라서도 달라진다.

2) 문제의 소유자 가려내기

첫 번째 단계에서 부모의 수용성 수준을 파악한 이후에 부모와 자녀 가운데 누구에게 문제가 있는지 파악해야 한다. 만약 자녀의 어떤 행동이나 말에 대해 부모가 거부 감정을 가졌다면 이는 부모가 문제를 소유하고 있는 것이다. 반면에 부모가 수용할 수 있고 아무 문제도 없는데, 자녀가 어려움을 겪고 있는 경우 문제 소지자는 자녀이다. 자녀가 문제가 되는 사람일 경우는 적극적 경청을 통해, 문제가 되는 사람이 부모일 경우에는 나-메시지 전달법(I-Message)을 통해 문제를 해결할 수 있다. 나아가 부모와 자녀가 모두 문제를 가지면 대안 찾기의 방법으로 문제를 해결할 수 있다.

3) 적극적 경청

적극적 경청(active listening)은 자녀가 문제를 소지하고 그 문제에 관해 부모에게 이야기할 때 부모가 사용하는 기술이다. 적극적 경청은 말하는 사람의 이야기를 비판 없이 그대로 수용하고 그 사람의 감정을 이해하려고 노력하며 적극적으로 의사소통에 참여하는 것을 말한다. 적극적 경청의 단계는 침묵하며 들어주는 것에서부터 시작하여 소극적 경청과 개방적 반응, 그리고 적극적 경청을 포함한다.

적극적 경청의 방법을 통해 부모는 자녀문제를 자신이 해결해 주는 것이 아니라 자녀 스스로 문제를 해결해 나가도록 도와줄 수 있다.

4) 나-메시지 전달법(I-Message)

나-메시지 전달법은 문제가 되는 사람이 부모일 경우에 자신의 생각과 감정을 자녀에게 효과적으로 전달하는 기술이다. 나-메시지 전달법은 너-메시지 전달법을 사용하는 경우와 달리 자녀의 행동을 판단하지 않는 가운데 부모의 감정 상태를 전달할 수 있기 때문에 원만한 관계로 이끌 수 있고 부모가 수용할 수 없는 자녀 행동까지도 변화시킬 수 있는 유용한 방법이다. 나-메시지 전달법은 감정의 진술, 자녀 행동에 대한 비판단적 진술, 그리고 자녀 행동이 부모에게 미치는 효과에 대한 진술이 포함된다.

5) 무승부법(No-lose Method)

부모가 자녀에게 나-메시지 전달법이나 적극적 경청의 방법을 사용한다 하더라도 해결되지 않는 문제들이 있을 때 활용할 방법이다. 부모와 자녀가 갈등상황에 부딪히게 되었을 때 일반적으로 부모는 이기고 자녀는 지게 되는 방식이나 부모가 지고 자녀가 이기게 되는 방식이 나타날 수 있는데, 이는 서로가 자신의 방식대로 상대를 이해시키려 하거나, 두 사람 가운데 한 사람은 패배감과 무력감을 느끼게 되며 지금까지 확장시킨 수용능력을 다시 축소하게 되는 문제점을 가지게 된다.

이와는 달리 무승부법은 부모와 자녀가 협력하여 해결책을 모색하므로 모두에게 손해가 없으며, 동시에 이러한 대안 찾기 과정을 통해 자녀의 인지능력이나 문제해결능력도 향상된다는 장점을 가지고 있다. 무승부법을 사용하는 경우, 문제를 확인하는 단계, 해결책 탐색, 해결책 평가, 최상의 해결책 결정, 결정된 해결책 수행방법 결정, 그리고 평가단계를 거치게 된다.

4 번(Berne)의 상호교류 분석 이론

인간관계에서 상호교류의 원리에 관심을 둔 번(Berne)은 심리분석에 관한 이론을 부모교육에 적용하여 부모-자녀관계를 향상하고자 하는 교류 분석(transactional analysis: TA)이론을 정립하였다. 번에 의하면 의사소통을 할 때 한 사람은 일종의 자극이 되고 그 자극은 상대방의 반응을 수반하게 된다. 이러한 자극과 반응은 의사교류가 될 때까지 지속된다. 모든 인간은 자극을 받고자 하는 기본 욕구가 있다. 자극의 욕구(stimulus hunger)는 '인간을 인식하는 기본 단위'로서 교류분석 이론에서는 '스트로크(stroke: 쓰다듬기)'를 통해 인간의 자극 욕구가 채워진다고 보았다(정갑순, 2006). 인간 인식의 기본 단위인 스트로크는 언어, 표현, 감정, 몸짓 등 다양한 교류 단위로서 언어적이나 혹은 비언어적으로 표현된다. 스트로크가 긍정적으로 이루어질 때는 자극의 욕구가 채워지고 자신을 중요하고 가치 있는 사람으로 보지만, 부정적으로 이루어질 때 열등감, 부적절감을 소유한 아동으로 자라게 된다고 보았다.

또한, 교류분석의 기본은 개인의 자아상태의 구조를 분석하는 것에서 출발한다. 자아상태란 현실에 대한 정의, 정보처리, 그리고 외부세계에 대한 반응들로 조직되며, 이를 근거로 상호간의 의사소통 교류방식과 각본을 분석하게 된다.

1) 개인의 인성구조

상호교류 분석이론은 개인의 인성구조를 부모자아(parent ego: P), 아동자아(child ego: C), 성인자아(adult ego: A)로 구성되었다고 보고, 유아나 성인의 행동을 관찰하면 세 가지 구조 가운데 어떤 자아가 작용하는지 알 수 있다고 하였다. 번의 이론에서 부모교육의 목적은 개인이 상황에 맞도록 자신의 자아 상태를 자율적으로 선택할 수 있는 능력을 함양하도록 하는 것이다.

(1) 부모자아 상태

부모자아는 아동이 성장 과정을 통하여 부모나 양육자의 생각이나 행동, 느낌을 내면화한 것으로 일종의 '가르침을 받은 생활개념'이라 볼 수 있다. 이러한 부모자아 상태는 아동에게 행동의 규칙을 가르쳐주고 명령하고 지시하는 것과 같은 비판적 부모자아 기능을 하거나 아동의 성장을 도와주고 이타적이며 보호적인 양육적 부모자아 기능을 하게 된다.

(2) 아동자아 상태

아동자아는 어린 시절 실제로 느끼고 행동했던 것과 같은 감정이나 행동이 내면화한 것으로 일종의 '느껴진 생활 개념'을 말한다. 아동자아는 누구에게나 구속받지 않고 자연스럽게 행동하는 자유로운 아동자아와 자신을 예의 바르게 교육하고자 하는 부모에게 순종하는 순응적 아동자아로 나눌 수 있다.

(3) 성인자아 상태

성인자아는 아동자아의 감정적 생활개념과 부모자아의 학습된 생활개념에서 얻은 정보를 근거로 하여 어떤 일을 혼자 해낼 수 있는 능력을 갖추게 됨으로써 형성된 것이다. 출생 후에는 부모자아와 성인자아만을 가지고 있지만 점차 운동능력이 발달해 감에 따라 아동이 목표를 자유롭게 조정해 나가고 자기 스스로 어떤 일을 할 수 있음을 느끼게 되는데 이것이 성인자아의 초기 형태라 볼 수 있다(정옥분 외, 2007). 성인 자아는 부모자아와 아동자아를 중재하고 수집한 정보를 분석하여 이에 근거하여 적절한 해결방법을 탐색하는 능력의 기초가 된다.

아동자아, 성인자아, 부모자아 상태 등 각 개인이 지니게 되는 세 개의 자아 상태는 적절하게 사용돼야 한다. 즉, 각 개인이 갖게 되는 외부세계에 대한 감정, 사고, 행동 등에 대해 자율적으로 반응할 수 있도록 각 자아 상태의 유연성과 유동성이 요구되는 것이다. 이처럼 교류분석 이론에 근거한 부모교육 프로그램의 주요 목적은 부모와 자녀가 모두 긍정적 자아 상태를 자율적으로 선택하여 활용할 수 있는 능력을 길러줌으로써 보다 긍정적 생활 태도를 보일 수 있도록 하는 것이다(김진영 외, 2000).

교류분석에서는 사회적 의사소통의 기본 단위를 교류라 하며 자아상태의 교류가 원만하게 이루어지도록 함으로써 개인의 적응능력을 향상할 뿐 아니라 상호간의 갈등을 감소시킬 수 있다고 본다. 번은 교류분석에서 부모-자녀간의 상호교류 과정에서 이루어지는 의사소통의 방식을 보완적 상호교류, 교차적 상호교류, 잠재적 상호교류의 세 가지 형태로 구분하고 있다.

2) 의사소통 방식

(1) 보완적 상호교류(complementary transaction)

보완적 상호교류는 어머니가 자녀에게 "너희 학교는 몇 시에 시작하니?(자극)"라고 물으면 자녀는 "8시에요(반응)." 대답하는 경우처럼 부모, 성인, 아동 자아 상태에서 자극과 반응이 평행을 이루거나 상호보완적이어서 의사소통이 부드럽게 진행되는 유형이다.

(2) 교차적 상호교류(crossed transaction)

상호간의 의사소통에서 기대하지 않은 자아상태가 개입되어 자극과 반응이 교차를 이루는 형태를 말한다. 예를 들면 "내 와이셔츠 어디 있는지 알아요?"라고 묻는 남편에게 아내가 "당신은 왜 자기 것을 아무 데나 두고 매일 그렇게 찾으세요?"라고 반응하는 경우이다. 이러면 대화는 끊어져 버려 교류가 이루어질 수 없게 된다.

(3) 잠재적 상호교류(ulterior transaction)

잠재적 상호교류는 협의사항 및 주제, 즉 전달하고자 하는 메시지가 심리적으로 숨겨져 있는 것이다. 예를 들면 노련한 세일즈맨이 "이 물건이 훨씬 더 좋아요. 그러나 가격이 아주 비싸서 사기 어려우실 거예요."라고 할 때 주부가 "이 물건을 사겠어요."라고 대답하며 그 물건을 구매하는 경우이다. 보완적 상호교류와 교차적 상호교류는 그 자아상태가 외적으로 나타나고 있으나 잠재적 상호교류는 겉으로 드러나는 사회적 수준과 숨겨져 있는 심리적 수준이 다르게 일어나는 것을 의미한다.

제3절 부모교육의 방향

요즘 어린아이들이 영리하다 못해 영악해졌다는 말을 많이 듣는다. 아이들은 과거보다 자기표현을 잘하고 주장이 강하지만, 상대방의 이야기에 귀 기울이는 능력은 현저히 떨어진다. 즉, 자신감은 커졌으나 자기중심적이어서 타인에 대해 공감 능력이 낮고, 자기 통제력과 훈육의 약화로 규율과 규범이 매우 약하다. 참지 못해 쉽게 화를 내고, 다른 아이와 나누고 기다리는 것을 어려워하는 아이들이 많으며, 교실의 교수 상황에 흥미를 느끼지 못하고 산만한 경우도 흔하다. 이렇게 어린아이들의 특성이 변화한 것은 그 아이들을 기르는 부모와 가족을 포함한 사회적 환경 변화에 기인했다고 유추해 볼 수 있다.

요즘 부모들의 양육유형은 물질적으로 좀 더 여유 있는 생활이나 자기실현을 위해 맞벌이를 하는 등 여러 가지 이유로 점점 바빠지고, 따라서 전통적인 가정교육 기능은 약화되어 오로지 한두 명밖에 안 되는 자녀이기에 더욱 더 조기부터 많은 학습을 집중적으로 시키는 데 초점이 맞추어져 있다.

유아 초기부터 읽기, 쓰기, 셈하기 위주의 학문적, 기술적 교육을 요구하기 때문에 이미 읽기 준비도를 위한 연습과 여러 가지 기술발달을 위한 활동들이 교육과정의 중요한 부분이 되었다. 따라서 일찍부터 자녀에게 학습준비를 강조하게 되었고, 이러한 경향에 대해 적절성 차원에서의 비판이 자녀교육 분야에서 강력하게 일어난 것도 사실이다. 그러나 이러한 비판에도, 대부분의 부모와 교육기관들은 개인차와 개인의 적합성을 들어 조기학습에 열을 올리고 있다.

우리는 이미 고도정보화 사회에 살고 있다. 따라서 매우 복잡한 다원화 사회를 경험하고 세계화의 압력을 받으며, 급격한 기술사회의 변화에 적응해 나가는 것이 벅차면서도 세계가 지구촌이라는 명제하에 무한 경쟁에 내몰리고 있다. 핵가족은 이미 우리 사회의 가족 구조의 주류가 되었으며, 출산율은 세계 최저이고 이혼, 가출 등의 가정 해체 현상은 우리 사회 구석구석에서 나타나고 있다.

보통 가정에서는 한두 명밖에 없는 자녀에게 과잉보호를 하고, 가정의 형편에 다소 무리가 되더라도 많은 사교육비를 지출하는 것이 일반화되었다. 자녀가 원하는 것은 되도록 다 해주고, 다 들어주고, 아주 어려서부터 여러 가지 조기학습에 투자하고, 크게 나무라지 않으면서 기른 우리의 아이들이 과연 행복하고 유능하게 성장하고 있는 것인가를 반문해 보아야 하는 시점이다. 즉, 인지 지향적으로 길렀으나 그 유능성이 어디에 있는지 찾을 수 없고, 타인을 배려할 줄 몰라 종국에는 부모조차 나 몰라라 하며, 그 자신도 절대 행복하지 않은 우리 사회의 많은 자녀들을 보면, 근본적인 반성을 더는 미루어서는 안 된다고 생각된다.

우리나라의 교육열은 좋은 대학에 가기 위한 것으로 계층의 수직 상승에 초점이 맞추어져 있다. 사교육비는 과다 지출되고 있으며, 과잉보호 때문에 자녀에게는 생활습관 문제 등이 나타나며, 의존적이고 나약해져서 자발적 동기유발에 의해 시도하고 성취감을 느껴 유능성과 자기 통제력을 발달시키지 못하고 있다.

반면에 자녀의 성장, 발달에 필요한 최소한의 지원도 없이 유기되고 학대되는 아동들이 많으며, 그중에서도 친부모에 의한 아동학대가 가장 많은 비중을 차지하고 있음을 아동학대예방협회가 보고하고 있다. 또한, 과거에는 부모가 없는 아이들을 수용했던 보육원이 이혼한 부모의 자녀를 수용하고 있는 것이 사실이다. 이렇게 자녀양육과 교육에서도 양극화 현상이 분명하게 나타나고 있다.

또한, 우리 사회에서 가장 우려되는 현상은 저출산과 고령화이다. 출산율 하락은 형제수의 감소를 의미하는 것으로, 성장 초기의 아이들에게는 또래 집단과 어울릴 수 있는 양질의 교육환경이 필요하다는 것을 시사한다. 이러한 저출산, 고령화 사회에서 국가경쟁력을 높이는 방법으로 OECD는 여성 취업기회 확대를 통한 노동력 확보를 해법으로 제시하고 있어, 우리 정부도 여성 취업률을 높이기 위해 보육시설 확충 등의 육아지원을 실천하고 있다(고령화 및 미래사회위원회, 2004).

즉, 개인이 자녀양육의 책임을 전적으로 지던 것에서 국가사회가 양육책임을 나누어지는 방향으로 가고 있는 것이다. 따라서 바람직한 자녀양육환경을 조성해 주는 것이 국가와 사회의 역할이 되었다. 모성이 개인적 차원에만 머무는 것이 아니라 국가적 차원으로 가기 위해 법적·제도적 장치가 필요한 시점이 된 것이다.

흔히 우리는 "교육의 질은 교사의 질을 넘지 못한다."고 하면서 질 높은 교육이 이루어지려면 수준 높은 교사가 있어야 한다고 말한다. 국가사회가 양육책임을 나누어지는 방향으로 지향은 하고 있지만, 부모는 자녀에게 최초의 교사이자 평생교사이며 그것도 성년기가 될 때까지의 담임교사이다. 현대의 핵가족 속에서 사는 대부분 부모는 과거의 대가족 속에서처럼 부모역할 수행을 조언하고 관리해 주던 조부모의 도움 없이 스스로 부모역할 기능을 수행해야 한다(신혜영, 1996). 따라서 양육 경험과 양육 모델이 없고, 상충적인 정보 속에서 자신에게 적절한 자녀양육 정보를 선택할 능력도 부족한 부모들에게 교육을 통해 그들의 자녀양육과 교육을 돕는다면, 개인적으로는 자녀양육을 잘하게 되고, 결국 사회적 이익이 될 것이다. 유아교육기관을 통한 양육이나 자가 양육을 가리지 말고, 더욱 직접적인 육아지원을 해야 하며, 부모교육이 포함되어야 한다.

현대의 자녀교육은 고도산업화 · 정보화 · 세계화 · 비인간화 등 사회 환경의 변화로 개인적인 노력만으로는 자녀교육에서 성공적인 지도 효과를 내기가 어렵다. 즉, 현대사회는 개인의 자녀양육에 국가적 · 사회적 지원과 여건 조성이 필수적이다.

성공적인 자녀교육의 요인으로 부모교육이 선행되어야 한다는 것은 이미 여러 연구로 알려진 사실이다. 자녀양육과 교육을 잘할 수 있도록 부모교육을 하는 것이 자녀교육의 효과를 높여 국가 인재 양성차원에서 국가경쟁력을 높일 뿐 아니라 부모 자신을 성장시켜 국민의 수준을 전반적으로 향상하는 것이다. 고령인구가 많아지는 현 상황에서 평생 교육적 맥락에서 국가와 사회가 부모교육을 체계적으로 실시한다면, 국민 전체의 동반 성장과 전반적인 사회적 만족도 가능할 것이라 짐작할 수 있다.

이에 앞으로의 부모교육의 방향에 대한 몇 가지 제언을 하면 다음과 같다.

첫째, 정부가 양질의 노동력 확보와 국민 행복을 위한 투자로 부모교육을 제도화하여야 한다. 최근에 이혼 숙려제 실시처럼 혼인신고시 관련 강좌 수강을 의무화할 수 있다.

둘째, 정부는 공영방송 등의 공공 매체를 활용해 범국가적으로 올바른 양육태도, 아동발달, 영유아기의 중요성 등에 대해 홍보를 하여 사회 전반에 부모 교육적 분위기를 조성해야 한다.

셋째, 한국청소년상담원, 한국지역사회교육협의회, 대학, 관련학회, 평생교육원 등의 인력들을 활용할 수 있다. 현재 전국적으로 지정된 평생학습도시를 거점으로 시작하는 것도 한 방법이다.

넷째, 유치원이나 보육시설은 원아의 부모들을 중심으로 그 지역사회의 부모교육센터 역할을 해야 한다.

다섯째, 중·고등학교와 대학에서 예비부모교육을 시행해야 한다. 아동발달 및 가족관계, 성교육, 의사소통기술 등의 강좌를 수강할 기회를 주는 것이 필요하다. 이는 미혼모 발생이나 아동학대 등을 예방하는 효과도 얻을 수 있다.

여섯째, 가정에서 부모가 직접 자녀를 양육해도 기관에서 양육을 하는 것과 같은 직접적인 육아지원과 부모교육을 제공함으로써 자녀를 기르는 삶의 보람과 기쁨을 가질 수 있도록 사회적인 격려를 해주어야 한다.

일곱째, 지역민으로서 요구를 끊임없이 하여 지방자치단체 수준에서 부모교육이 활성화될 수 있도록 해야 한다. 따라서 부모교육으로 특성화되고 시범화된 지방자치단체가 나올 수 있을 것이다.

이러한 미래지향적인 부모교육 시도는 철학과 가치, 신념이 있어야만 가능한 작업이며 장기적인 안목에서 국가경제와 국민의 삶의 질 수준을 높이는 시도이다. 국가와 지역사회가 그 구성원을 건전하고 행복하게 기르는 것은 양질의 노동력 확보는 물론 자녀들의 일탈 때문에 다음에 들게 되는 사회적 비용을 절약하게 해주어 불필요한 세금낭비를 줄이게 한다. 범국가적이고 실천적인 부모교육을 통해 자녀와 가족 모두 행복하고 유능하게 성장하여 사회발전의 원동력이 되어야 할 것이다.

활동자료 부모의 양육태도 질문지

이 질문지는 부모의 양육태도에 대한 내용을 묻는 것으로, 문장을 하나하나 읽어가면서 나에게 해당하는 숫자에 ㅇ표로 답하시오.

	항상 그렇다	그럴 때가 많다	그저 그렇다	그렇지 않다	그런 경우가 거의 없다
*1. 자녀가 밖에서 돌아오면 손발의 더러움이나 옷의 청결을 검사한다.					
*2. 내 자녀가 남의 자녀보다 무엇이건 잘하도록 지시 감독한다.					
*3. 자녀가 부모님 말씀에 절대 복종치 않으면 꾸짖는다.					
*4. 자녀가 집에서만 놀게 하고 집밖에 못 나가게 한다.					
*5. 자녀가 잘못한 일이 있으면 꼭 부모 앞에서 사과하도록 한다.					
6. 공부하는 시간, TV보는 시간 등 시간을 정하고 지키는 것은 자녀 자신에게 맡긴다.					
*7. 자녀가 부모에 버릇없이 행동하면 야단을 치거나 때려준다.					
*8. 자녀가 자기 마음대로 친구를 사귀지 못하게 간섭한다.					
*9. 자녀가 나에게 복종하기를 바란다.					
*10. 자녀가 시간을 계획 있게 잘 쓰나 살피고 감독한다.					
11. 자녀가 내게 농담이나 장난을 걸면 받아준다.					
*12. 자녀에게 엄격하고 완고하게 대한다.					
13. 자녀가 의견을 존중하고 그것을 자유롭게 말하도록 한다.					
*14. 자녀가 하기 싫은 일도 해 보라고 강요한다.					
15. 자녀가 용돈을 자기 마음대로 써도 간섭하지 않는다.					
*16. 자녀가 항상 일정한 장소에 장난감이나 물건을 두지 않으면 야단을 친다.					

*17. 자녀가 하는 일을 잠자코 보지 못하고 간섭한다.					
*18. 자녀에게 하라는 일보다 하지 말라는 일이 더 많다.					
19. 시간을 내어 자녀와 놀아준다.					
*20. 자녀가 말을 안 들을 때 머리를 때리거나 윽박지른다.					
21. 자녀가 요구하는 것을 거절할 때는 이유를 설명해 준다.					
*22. 자녀가 좋아하는 것이나 약속을 잊어버리고 들어주지 않는다.					
23. 자녀에게 그림책이나 동화책을 읽어준다.					
*24. 자녀가 말을 붙이면 "바쁜데"라고 대답하며 말상대를 해 주지 않는다.					
25. 자녀가 학교에서 공부한 얘기나 친구들과 놀이한 얘기 등 하루의 지난 일을 물어본다.					
*26. 화가 날 때가 있으면 자녀에게 화풀이한다.					
27. 자녀가 함께 외출하거나 놀거나 재미난 이야기를 한다.					
28. 자녀의 질문에 친절히 대답해 준다.					
29. 자녀가 가장 좋아하는 놀이나 TV 내용을 알아두는 등 관심을 둔다.					
30. 자녀가 모르는 것에 대한 설명을 요구하면 알아들을 때까지 몇 번이라도 다시 설명한다.					
31. 자녀를 훌륭한 사람으로 만들기 위해서라면 부모는 무슨 일이든지 하려고 한다.					
*32. 한 번 타이른 일을 그대로 지키지 않으면 크게 꾸중한다.					
33. 자녀가 어려운 일을 해내면 칭찬해 준다.					
34. 자녀가 일을 잘하면 상으로 상품 같은 것을 준다.					
35. 자녀의 건강에 대해 몹시 걱정을 한다.					
*36. 자녀가 울고 떼를 쓰면 요구대로 들어준다.					

※출처: 이영자(2007). 적극적인 부모역할훈련(APT) 프로그램과 부모의 양육태도. 숙명여자대학교 대학원. 석사학위논문

- 부모의 양육태도는 민주·자율-권위·통제 차원(1-18번 문항)과 애정·수용-적대·거부 차원(19-36번 문항)으로 구분되어 있다.
- 각 문항은 "항상 그렇게 한다"에서부터 "그런 경우가 거의 없다"까지의 5점 평점 척도로 되어 있다.
- 문항 6, 11, 13, 15, 19, 21, 23, 25, 27, 28, 29, 30, 31, 33, 34, 35 등 16개 문항은 "항상 그렇게 한다"(5점)부터 "그런 경우가 거의 없다"(1점)까지의 점수를 부여하지만, 그 외 20문항은 반대로 점수를 부여한다.
- 각 문항에 대한 반응은 1점에 가까울수록 권위, 통제, 적대, 거부적이며, 5점에 가까울수록 민주, 자율, 애정, 수용적인 양육태도를 나타내는 것으로 해석한다.

(*: 역채점문항)

CHAPTER 08

가족간의 의사결정

제1절 가족의사 결정의 개관
제2절 가족의사결정의 과정

가족 구성원간에 이루어지는 의사결정은 자원이나 문화적 규범뿐 아니라 다양한 상호작용을 바탕으로 하여 이루어진다. 가족의 의사결정 행동에 관한 연구들은 가족 구성원간에 존재하고 있는 다른 역할 및 가족 내 권력구조와 아울러 중요한 사항들이 어떠한 과정을 통하여 어떻게 가족 내에서 결정되고 있는가를 파악하는 점에서 가족관계의 역동적인 측면을 보여주고 있다.

이러한 관점에서 우리의 가족관계구조는 일반적으로 현대적 경향을 띠면서도 개인의 행동에서나 자기 자신의 문제에는 전통성이 높게 나타나고 있는 것이 사실이다. 남녀평등 사상이나 여성교육 및 여성 경제력의 신장 등으로 외형적인 입장과 위치는 향상되었지만, 과거 유교사상에 기인한 남성중심의 전통적 가치관이 아직도 우리 생활 속에 남아있다(임정빈 외, 1983).

그러므로 본 장에서 다루고자 하는 가족의사결정 과정의 다양한 측면을 보여줌으로써 이를 토대로 앞으로 상호교류적인 의사소통과정을 통하여 가족의사결정의 모든 과정이 이루어지도록 돕고자 한다.

제1절 가족의사결정의 개관

1 가족의사결정에 대한 개념

의사결정은 가족조직의 중심이 되는 활동이다. 의사결정은 사람들이 여러 대안 중에서 선택할 때마다 일어난다. 한 가지 선택에만 직면하고 있거나 한 가지 행동방식만을 인식하고 있는 사람들은 의사결정을 체험하지 못한다.

의사결정이란 여러 가지 문제를 내포하고 있는 상황에서 다양한 행동과정 중 가치관이나 기준에 비추어 하나 혹은 여러 행동과정의 조합을 선택하는 활동이라고 할 수 있다. 여러 가지 문제를 내포하고 있는 상황이란 자기가 하고 싶은 일과 사회규범과의 갈등, 자신의 의견과 다른 사람이 가진 의견 사이의 갈등 및 불확실성, 자신이 추구하고자 하는 여러 목표간의 갈등이나 이에 관련된 제한된 자원분배문제 등을 포함하는 상태를 말한다. 인간생활은 자주 이러한 상태에서 이루어지기 때문에 개인적으로 의사결정을 해야 하는 많은 경우에 직면할 뿐 아니라 가족이나 다른 사회집단의 일원으로서 집단의 의사결정에 참여해야 한다(유영주 외, 2004).

가족은 여러 개인으로 이루어진 소단위 집단이므로 각 개인은 자신 내부에서의 갈등, 다른 가족 구성원간의 갈등, 가족과 환경 사이의 갈등 등 많은 갈등을 경험하게 된다. 더욱이 현대사회에서 물질적 환경과 사회적 환경이 다양하고 복잡화됨에 따라 선택하고 결정해야 할 사항은 증가해 인간은 더욱 더 많은 갈등과 부조화를 겪게 된다. 의사결정이 가족 구성원 사이의 불일치뿐만 아니라 가족과 환경 사이의 불일치를 줄이는 과정이고, 가족관계에서의 현명한 결정은 가족원이 자신의 잠재력을 개발시킬 수 있는 가정환경을 창조하는데 핵심적 역할을 한다고 볼 수 있겠다(Paolucci, Hall & Axinn, 1997). 그러므로 현명한 가족의사결정은 생활의 만족도 증진에 영향을 미치며 합리적인 가정경영을 수행하게 할 것이다.

2 가족의사결정의 유형

가족의 권력과 의사결정에 관한 생각을 결합하여 흥미있는 접근을 한 브로데릭(Broderick, 1975)은 서로 다른 문화권의 아동을 연구하여, 보편적 단계를 거쳐 성숙에 도달한다고 한 콜버그(Kohlberg, 1964)의 연구를 기초로 하여 합리화의 보편적 단계로 세 가지의 통치양식을 설정하였다. 결정을 내리기 위한 합리화에서 가장 낮은 단계는 쾌락적인 자기 관심 또는 제로섬이며, 다음 단계는 관습과 규칙준수, 그리고 세 번째 단계는 사회계약과 양심의 원칙에 기초한 것이다(이재연 · 최영희 역, 1990).

1) 제로섬(zero-sum) 결정

갈등상황에서 의사결정을 할 때 우선적이고 가장 초보적인 방법은 단순히 자기방식을 고집하는 것이다. 브로데릭은 이러한 방법을 쾌락적인 '제로섬(zero-sum)' 권력대결(power confrontation)이라고 불렀다. 이것은 논쟁에서 한 사람은 이기고 한 사람은 지는 것을 의미한다. 승리(+)와 패배(−)의 합은 항상 0이 된다. 이것은 나눠 갖기를 싫어하는 아동들 사이에서 많이 볼 수 있는데, 아동들은 "그건 내 것이니까 넌 못 가져."라고 소리친다. 불행하게도 가족 구성원들은 유아기를 벗어나서도 이러한 행동을 그만두지 못한다. 이러한 의사결정에서는 모든 가족 구성원들이 타협하지 않고, 자기 방식만을 주장한다. 이것은 결국 상대를 위협하게 되고, 언성을 높이면서 진실을 왜곡시킨다.

이러한 의사결정과정 모델에 따르면, 계속 승자가 되기 위해서는 방어적인 행동을 하고 패자의 복종적 행동을 즐기는 것이 필요하다. 계속 지는 사람은 자아존중감을 낮춰 살면서 점진적으로 강력한 사람을 뒤엎으려고 애써야 한다. 제로섬 가족관계에서는 괴리감이 커지고 응집의 기회는 줄어들게 된다. 제로섬 관계를 유지하는 데 필요한 적응양식으로는 가족체계 내의 구성원들이 긍정적 자기평가를 발전시킬 수 없다. 이러한 가족에서의 승자는 더 이상적이고 의미 있는 해결책을 낼 수도 있는 다른 사람의 생각을 말살시키고 의사결정 능력을 제한하기 때문에 그 승리는 무의미한 것이다.

2) 규칙에 따른 결정

규칙에 따른 결정은 규칙을 만들고 그것을 시행하는 것이다. 가족은 규칙에 따라서 대부분의 생활을 이끌어나가며, 그 때문에 성장할 기회뿐 아니라 권력 충돌도 회피한다. 상당한 기간 문제발생시 규칙에 따라 움직여 왔기 때문에 그 규칙은 의사결정에 영향을 미치게 된다. 규칙은 가족 구성원들의 사회적 맥락에서, 그리고 가족원들간에 반복되는 상호작용에서 만들어진다.

브로데릭은 가족의 의사결정에 사용되는 규칙을 다음의 세 가지로 분류했다. ① 직접분배(direct distribution)의 규칙 ② 권한위임(designated authority)의 규칙, 그리고 ③ 협의(negotiation)를 위한 규칙이다(유영주 외, 2004).

(1) 직접분배의 원칙

이것은 가족자원을 구성원들에게 직접 분배하는 것이다. 가족 수입은 식비, 주거비, 교육비, 휴가비, 오락비 등에 분배된다. 주거공간도 마찬가지로 분배되어 어떤 아이가 어떤 방을 쓰고, 누구는 누구와 함께 방을 사용해야 하고, 어떤 책장은 누구의 것이며, 자기 물건은 어디에 보관하는지와 같은 것이 그 예이다. 이러한 규칙들은 가중한 문제들을 미리 해결함으로써 가족간의 대립을 막고 권력 싸움을 감소시킨다. 이러한 규칙을 지키기 위해서는 가족 구성원들이 가족생활의 문제에서 미리 정해진 결정들을 머릿속에 기억하고 있어야 한다.

(2) 권한위임의 규칙

이것은 누가 어떤 영역에서 권한을 갖게 되는가를 의미한다. 예를 들면, 어머니가 세금을 내므로 돈을 맡아서 예산을 수립한다. 아버지는 칠하기나 집수리를 담당하시기 때문에 거기에 쓸 재료를 결정한다. 아들은 밴드부에 있기 때문에 학교가 끝난 후 일을 못 해도 굳이 이유를 댈 필요가 없고, 밴드부가 여행을 갈 때는 주말에 가사를 돕지 않아도 된다.

권한위임의 규칙은 '누가 무엇에 관련되어 있다.'는 명확한 관계를 결정해 주는 경향이 있다. 어떤 사람은 다른 사람들보다 더 큰 의사결정 권한을 가질 수 있다. 아이들도 자신들이 맡은 의사결정 영역을 가질 수 있다. 그들이 해야 하는 과제를 하고 나면 자유 시간을 마음대로 쓸 수 있다. 예를 들어, 만약 아이들이 음식을 오븐에 굽는 일을 좋아하여 굽는 음식의 재료를 사서 만드는 일까지 한다면, 그 아이는 오븐과 부엌에 관한 권한을 가질 수 있다.

(3) 협의를 위한 규칙

규칙의 세 번째 유형은 협의에 근거하고 있다. 협의는 변화와 융통성을 의미하며, 체계를 개방적이고 융통성 있는 것으로 유지해줄 수 있다. 가족들은 갈등이 생길 때 의사결정을 해나가는 과정에 대한 규칙을 만든다. 이러한 유형의 규칙은 가족들의 의견 차이를 좁히는 데 많은 노력을 쏟는다. 즉, 상대방에게 가할 수 있는 강제력이나 위협을 제한한다는 뜻이다. 소리 지르고 때리는 것과 같은 책략은 위법이 되며, 모두가 서로를 방해하지 않겠다고 해야 협의가 이루어진다. 이러한 접근법에서 결정에 이르기 위해서는, 절충하거나 한 사람 혹은 몇 명의 성원들이 일부를 희생해야 한다. 최근 부부강화 프로그램이나 가족관계 강화 프로그램들은 모든 가족 구성원들이 참여하여 차이점을 협의하는 방법을 강조하고 있다.

이러한 접근법의 하나로 베른하드(Bernhard, 1975)는, 각자가 협의할 수 있는 것과 할 수 없는 것을 결정하는 권리를 가져야 한다는 점을 강조하였다. 친밀한 관계에 있는 사람들은 무엇이 협의할 수 없는지를 알 권리가 있으며, 그에 대해 묻거나 평가할 수 있지만, 최종 결정권은 개인 각자에게 주어져야 하며 존중되어야 한다고 베른하드는 주장하였다. 그녀는 '자율성이란 상호수용과 협의를 지키는 관계 속에서 각자가 자신에게 부여된 생활 영역에 대해 최종 의사결정을 할 권력을 가지는 것'이라고 정의하였다.

따라서 규칙의 세 번째 유형은 협의할 수 없는 것에 대해 잠재적인 협의를 하는 것도 포함하고 있다. 이 방법은 가족의 응집력을 높이고 적응방법을 제시해 준다. 성공적으로 협의하기 위해서는 가족 구성원들이 자신의 소망에 대해 모든 구성원과 직접 의사소통해야 하며, 자신들이 언급한 말에 책임을 져야 한다.

3) 원칙에 따른 결정

브로데릭의 세 번째 양식은 계약이나 원칙에 의한 통치를 의미한다. 이렇게 높은 단계에서 적극적으로 기능하는 가족은 거의 없으며, 이런 단계에 있는 가족은 대개 나이가 든 자녀나 성인들로 이루어져 있다. 이것은 각 성원이 인간의 선함을 믿고 가족의 복지를 자신의 것보다 우위에 놓으려는 바람이 기본이 된다. 각 가족 구성원들은 공정성(fairness)과 염려(concern)의 원리를 따른다. 예를 들어, 남편이나 아내가 늦게까지 일하면 다른 가족 구성원들에게 전화를 걸어서 설명해 준다. 그렇게 함으로써 먹지 않게 될 음식을 준비한다든지, 또는 나중에 취소될 활동을 계획하지 않도록 할 수 있다. 이러한 가족에게는 몇 시에 들어오고 나가야 하는지에 관한 규칙 대신에 상대방의 시간을 낭비하게 하지 않고 걱정을 끼치지 않는다는 원칙이 있다.

이러한 통치양식은 부모들이 자녀들에게 올바른 판단을 하는 법과 서로의 권리 및 장단점을 가치 있게 여기는 방법을 가르쳐온 가족에게서 나타난다. 그러기 위해서는 조화와 협동이 필요하다. 일시적으로 부조화 상태가 있을 수 있으나 그것은 가족체계의 균형을 유지하는 공정한 결정으로 해결될 것이다. 즉, 각자는 자기에게 주어진 시간을 지킴으로써 자기 개인의 시간과 가족이 함께하는 시간을 구분해 놓는다. 이 형태의 통치양식에서는 모든 성원의 정당한 요구를 채워주기 위해서 절충을 하기도 한다.

제2절 가족의사결정의 과정

1 가족의사결정의 단계

가족의 의사결정은 누구 한 사람을 위한 것이 아니라 가족의 응집력을 높이는 데 매우 중요한 역할을 한다. 이러한 가족의 응집력을 측정하는 한 가지 방법으로 의사결정 과정을 관찰할 필요가 있다. 가족 구성원간의 응집을 위해서는 정서적 결속이 필요한데, 혼합메시지, 이중구속(double binds), 모욕적 언동, 꾸중, 비난 같은 부정적 의사소통으로 결정하게 되면 그 결속이 이루어지지 않는다. 적응력이 있으려면 가족체계가 변화되어야 한다. 효율적인 의사결정을 통해서 가족은 이전의 의사결정 상호작용에서 발전된 긍정적 이념, 규칙, 역할 기능, 그리고 권력차원을 유지하면서 필요한 변화들을 이루어 갈 수 있다.

가족의 의사결정은 한 가족원이 그가 바라는 결과를 예측할 수 있는 만큼 또는 그 결과에 영향을 미칠 수 있는 정도만큼 권력과 관련되어 있다. 예를 들어, 남편은 자신이 원하는 방향으로 아내가 결정하도록 영향을 줄 수 있다. 그 권력의 정도는 남편의 설득에 따른 아내의 선택과 설득에 관련된 사람들의 지각과 의도에 달려 있다. 따라서 남편의 의도와 남편이 아내의 의사결정에 미치는 영향을 알면 권력을 측정할 수 있다.

가족의 응집과 적응의 연속선상에서 어디에 있는가가 의사결정 행동에 영향을 미친다. 매우 억압적이고 유리된 가족 분위기에서는 변화나 분리가 위협될 수 있으므로 예측할 수 있고, 위험부담이 적은 결정을 하도록 강요할 것이다. 유리된 체계(disengaged system)는 합리적인 결정을 할 만큼 충분한 정보를 갖지 못할 것이며, 혼란에 빠진 가족들은 실행될 수 있는 결정을 거의 하지 못할 것이다.

이렇듯 가족 내에서 의사결정이 이루어지는 방식은 천차만별이다. 우드와 탈몬(Wood & Talmon, 1983)은 의사결정이란 '가족이 결정해 나가는 영역의 유형을 나타내는 것'이라고 제시하였다. 이 '결정 영역'에 따라, 어떤 결정은 개인이 해도 되나 어떤 결정은 특정 하위체계나 전체 가족의 승인을 얻어야 한다. 예를 들어, 부모는 자녀를 놓아두고 여행을 간다는 결정에 대해 전 가족의 의견을 물어야 할 것이다. 때때로 가족원들은 다른 사람들의 결정 영역을 침범하기도 한다. 예를 들어, 아버지가 다른 사람에게는 필요하지도 않고 반갑지도 않은 것을 설득하여 개인이나 하위체계가 그것을 결정하도록 압력을 가할 수도 있다(이재연 외, 1990).

의사결정은 단순하게 선택을 하는 것 그 이상이다. 의사결정은 선택에 선행하는 활동이며 하나의 과정, 즉 실제적인 선택뿐 아니라 그 외의 것을 포함하는 일련의 분명한 단계이다(임정빈 외 역, 1994). 그러므로 의사결정 단계를 분명히 인식하고 결정에 임하는 자세가 필요하다(유형주 외, 2004).

- 1단계: 목표와 목적을 분명히 한다.

모든 조직에는 목표와 목적이 있다. 목표와 목적은 조직이 지향하는 바와 왜 그러한 지향을 하는지에 대한 이유를 말해준다. 이것은 조직적 계획과 행동에 대한 일반적인 청사진이며 의사결정과정의 첫 번째 단계이다.

- 2단계: 문제를 인식한다.

종종 우리는 우리가 바라는 목표 및 목적과 실제 관찰된 것과의 불일치를 발견하게 되며 이로써 문제를 인식하게 된다. 문제인식은 실제로 두 가지 행동을 포함하고 있다. 첫째, 관리자 또는 의사결정자는 무엇이 일어나고 있는지를 구체적으로 조사해서 기억하고 있어야 한다. 그러므로 불일치가 언제 일어나는지를 민감하게 인식해야 한다. 둘째, 의사결정자는 불일치를 평가해야 한다. 불일치한 사항이 중요한 것으로 여겨질 때에만 다음 단계로 진행된다.

- 3단계: 정보를 탐색한다.

의사결정자는 문제의 원인을 파악하고 문제해결을 위해서 가능한 몇 가지 방법과 관련된 모든 정보를 수집해야만 한다. 이 단계에서는 시간과 독창성이 요구된다. 하지만 불행하게도 종종 이 단계가 적절하게 다루어지지 않고 있다.

- 4단계: 대안을 만든다.

일단 정보가 수집되면 정보를 합쳐서 대안적인 선택이나 행동과정을 탐색해야 한다. 대개 수많은 대안 중에서 더 구체적인 소수의 대안으로 좁혀진다. 그럴듯한 해결대안을 산출하기 위해서는 경험, 창의성, 수많은 정보를 통합시키는 능력, 미래를 내다보는 능력이 요구된다.

- 5단계: 선택을 한다.

선택하게 되는 단계로 대안평가가 있다. 이 단계에서는 가능한 행동과정 모두가 펼쳐진다. 행동과정은 서로 비교하여 최선의 대안을 만들어야 한다. 대부분은 어떤 대안이든지 장단점이 있으므로 각 대안에 대한 장단점을 신중하게 비교해야 한다. 무엇이 각 대안의 장단점인지를 실제로 판단하고 결정하는 데 가치가 결정적인 중요한 역할을 한다.

- 6단계: 결정을 수행하고 평가한다.

바라던 것과 관찰된 것 사이의 불일치는 사라졌는가? 문제는 해결되었는가? 만약 그렇지 않다면 다시 두 번째 단계로 되돌아가 다시 시도한다.

2 가족의사결정에 미치는 영향 요인

가족의 의사결정에는 그 결정을 내리게 한 여러 요인이 관련되어 있다(이재연 · 최영희 역, 1990).

1) 의사결정에서의 자녀의 역할

첫 아이의 탄생으로 가족 내에 삼각관계나 동맹관계가 최초로 형성된다. 아동은 종종 한쪽 부모와 동맹을 맺음으로써, 또는 제안된 어떤 결정에 정면으로 반대함으로써 결정에 영향을 미친다. 어떤 가족에서는 영원한 동맹이 맺어지기도 한다. 예를 들어, '아빠, 언니, 남동생은 문제가 생기면 항상 동맹을 맺어 뭉치기 때문에, 종종 엄마와 내가 반대편에 서게 된다.'와 같은 경우이다.

어떤 상황에서는 자녀가 의사결정의 주도를 함께하기도 한다. 러셀(Rusell, 1979)은 이러한 경우는 자녀나 배우자가 다른 가족원들로부터 지지를 받고 있다고 느끼는 분위기에서 나타난다는 것을 발견했다. 이러한 분위기는 또한 자기주장이 약한 성원들도 감히

문제를 떠맡아서 해결해 보려는 것을 쉽게 해주기도 한다. 문제해결과정에 있는 가족원들을 관찰한 결과 콜브와 스트라우스(Kolb & Straus, 1974)는 자녀가 결과를 주도하는 때도 있으나, '자녀의 높은 권력(high child power)'은 부모들의 낮은 결혼 만족도와 관련이 있음을 발견했다. 그들은 이러한 결과가 아버지는 주도적이어야 한다는 사회적 기대와 아버지가 주도하지 못할 경우는 주도권을 자녀에게 빼앗겼다고 느끼기 때문이라고 생각한다. 반대로 어떤 부모들은 자녀들에게 장래의 책임감을 길러 주기 위하여 의사결정에 영향을 미치거나 의사결정을 주도할 기회를 의도적으로 마련해 주기도 한다. 그러므로 자녀가 가족의 의사결정에 영향을 미친다는 것을 알 수 있다.

2) 개인의 자원

의사결정 상의 의사소통은 아동이 성장하고 자아존중감을 발전시켜 감에 따라 크게 변화할 수 있다. 그것은 큰 변화와 성장을 경험하는 부모도 마찬가지이다. 부모가 문제해결에 점차 익숙해지고, 여러 가지 문제상황에 접하게 됨에 따라 가족체계 내의 분리나 응집의 정도가 변화하면서 가족간의 의사소통은 더욱 원만히 이루어진다. 이러한 분위기가 반복되면서 부모는 위의 자녀와 했던 의사결정에서는 경험했던 실패와 성공으로 아래 자녀와의 의사결정에서는 위의 자녀와 매우 다른 의사소통을 사용할 것이다. 높은 응집력을 지닌 가족의 구성원들은 전체 가족에게 영향을 주는 중요한 결정에 시간을 투자하는 경향이 있다.

그러므로 가족은 결코 정지해 있지 않기 때문에 각 구성원은 가족 내부와 외부의 몇 가지 의사결정 문제를 동시에 접할 수 있다. 아울러, 결정을 요하는 문제는 그 중요성에 따라서 가족 구성원에게 영향을 주어 능동적으로 또는 수동적으로 그 결정에 정도를 달리하여 관여하도록 이끈다.

3) 외부의 영향

각 가족은 많은 사회 체계 중의 하나인 투과적인 하위체계이기 때문에 정부, 기업, 사회는 가족에게 영향을 주는 정책 등 모든 종류의 외부요인이 의사결정에 영향을 준다. 가족체계의 결정은 종종 다른 사회체계와 절충하거나 그에 적응한 것이 된다. 학교, 회사, 정부체계 등은 가족의 결정에 영향을 준다. 가족이 다른 체계와 접촉하여 문제해결이 쉽게 될 수도 있고 어렵게 될 수도 있다. 다른 체계에도 역시 그 체계를 유지하기 위한 규칙, 이미지, 그리고 경계가 있으며, 생동하는 체계로 지속하기 위한 변화과정이 있다. 예를 들어, 부모가 일하는 직장이 의사결정에 어떻게 영향을 주는지 알아보자. 만약 어머니가 출장을 간다든지, 야근한다든지, 저녁시간에 밖에서 고객 접대를 해야 할 경우, 그 가족은 그런 일이 없는 가족과는 다른 의사결정을 하게 될 것이다. 특히 부모가 모두 직장을 다니거나, 또는 한 부모가 가족의 수입과 아동양육 모두를 담당하면 그러한 조정이 필요하다. 이것은 방과 후부터 부모가 집에 돌아올 때까지 혼자 있는 자녀는 학교에서 돌아오면 부모가 맞아 주는 아이들과는 다른 의사결정을 해야 하기 때문이다.

3 가족갈등을 다루기 위한 의사결정 영향 요인

가족의사결정에 관련된 하나의 관심은 실제로 의사결정을 내리는 개인이나 집단이 누구인가 밝혀내는 것이다. 예를 들어, 전체 가족이 어느 정도 의사결정을 함께하는가? 의사결정은 남편과 아내에 의해 공동으로 이루어지는가? 아니면 가족을 위해 배우자의 어느 한 쪽에 의해 결정되는 특정 선택인가? 가족 중 한 사람 또는 일부에 의해 의사결정이 이루어질 때, 다른 가족 구성원들의 의견 또는 선호가 어떤 영향을 미칠 것인가에 대한 대답들은 가족의 생활양식과 구체적인 의사결정 유형에 따라 변할 것이다.

가족수준에서 의사결정은 순간적인 사건이기보다는 사고와 행동의 연속인 진행하는 과정으로 간주해진다. 가족이라면 누구든지 의사결정의 어떤 단계에서라도 영향을 주려하기 때문에 가족갈등을 다루는 데는 의사결정에 이르기까지 미치는 영향 요인이 무엇인가에 대해 알아보는 것이 선결조건이라 하겠다.

1) 권력(power)의 유형

권력은 비록 상대의 반대에 부딪히더라도 원하는 행동을 취하는 개인의 잠재력이다. 가족 의사결정과정에서 발생하는 갈등상황에서 누가 의사결정을 하는가, 누구에게 유리한 방향으로 의사결정을 하는가는 가족 내 권력에 의해 결정된다. 따라서 가족 내 권력이란 한 가족원이 다른 가족 구성원의 행동에 영향을 미칠 수 있는 능력으로 가족 내에서의 의사결정 능력과 관련된다. 가족 내 권력의 유형은 합법적 권력과 비합법적 권력 두 가지 유형으로 나눌 수 있다.

합법적 권력(legitimate power)은 가족 내에서 그 구성원에게 순종해야 한다는 내재화된 가치와 신념을 지킬 때 주어지는 것을 의미한다. 합법적 권력에는 보상적 권력, 준거적 권력, 전문가적 권력으로 나누어진다. 다른 가족 구성원의 행동에 대해 보상을 줄 수 있는 능력 때문에 권력을 의미하는 보상적 권력과 다른 가족 구성원이 그 성원처럼 되고 싶어 하므로 주어지는 권력을 의미하는 준거적 권력, 다른 가족원이 그 성원의 지식에 대해 전문가라고 인정할 때 주어지는 권력인 전문가적 권력 등이 있다.

비합법적 권력(illegitimate power)은 다른 가족 구성원이 그 구성원의 요구가 과하다고 느끼거나 요구를 들어주는 보상이 충분치 않은 채 요구되는 상황에서 강압적으로 갈등 상황을 해결할 때의 권력을 의미한다.

2) 부부간 권력

가족 내의 권력에 대한 문화적인 유산에 따르면, 전통적인 부부들은 가족에 있어서 남편의 이익이 가장 중요하며, 남성들보다 여성들이 자신의 이익보다는 가족의 복지를 먼저 생각하는 경향이 있다. 그래서 이러한 상황에서의 남편은 가족의 우두머리, 중요한 의사결정자로 간주한다. 이런 부류의 사람은 집단의 다른 사람을 대신하여 자신이 의사결정을 할 수 있다.

진보적인 견해를 가진 사람들은 그들 자신의 관심사와 다른 가족 구성원들의 관심사 둘 모두의 중요성을 인식할 것이다. 이러한 분위기의 체제는 여성들로 하여금 경제적인 자원과 인적 자원을 개발하기 위한 더 많은 기회를 가지게 함으로써 여성의 권력향상 기반은 증가시키게 된다.

한편, 로드만(Rodman, 1972)에 의하면 사회유형에 따라 가부장제 사회, 수정된 가부장제 사회, 과도기적 평등주의 사회, 평등주의 사회 등 네 가지 사회유형에 따른 부부 권력 양상에 대해 제시하고 있다. 먼저 가부장제 사회에서는 가부장제 규범 때문에 지위계층에 상관없이 남편에게 권력이 집중되는 사회이며, 수정된 가부장제 사회에서는 상류계층은 가부장제 규범보다는 부부간의 자원이 권력에 더 큰 영향을 미치지만, 하류계층은 강한 가부장제 규범이 지배하여 남편 권력이 절대적인 사회이다. 우리 사회가 여기에 속하며 구체적으로는 생활 영역별로 차이가 난다. 즉, 남편과 아내의 생활 영역에 따라 그에 대한 결정권이 높다는 것이다.

미국으로 대표되는 과도기적 평등주의 사회는 부부간의 자원이 권력을 좌우하는 사회이며, 마지막으로 평등주의 사회는 지위계층에 따라 권위의식 자원과 상관없이 부부간의 권력 공유가 높은 사회로 덴마크, 스웨덴 등이 여기에 포함된다고 한다(문숙재 외, 2005).

3) 권력 사용의 과정

가족이 토론할 때 각 개인은 하나의 대안을 제안할 수도 있다. 토론의 방향은 휴가를 보낼 장소에 관한 것일 수도 있고 가족 구성원간의 임무를 더욱 공정하게 배분하는 절차일 수도 있다. 만일 다른 가족 구성원들이 의견을 같이 한다면, 그 가족은 의사결정이 공동으로 결정되었다고 말할 수 있을 것이다. 그러나 실제로 대안을 제시한 사람이 결과에 가장 큰 영향을 준 것이다. 다른 가족 구성원들이 '아니오'라고 말함으로써 그 제안을 거절하거나 또는 그 생각을 무시하는 것 또한 가능하다. 그러한 거절은 배우자 중 한쪽이 전통적 사고방식을 가지고 있고, 다른 한쪽은 평등주의자라면 더욱 일어나기 쉽다. 그 생각을 반대한 사람은 또 다른 대안을 제안할 수 있으며, 혹은 발의자가 처음의 제안을 수정하거나 독립적으로 행동할 수도 있다. 이러한 행동은 한 집단으로 지속해야 하는 단위에 대한 명백한 위협이 된다.

협상을 이끌어 낼 수 있는 또 다른 반응은 '예…. 그러나'로 시작할 것이다. 휴가의 예를 살펴볼 때, 그 반응은 "예, 일주일간의 캠핑은 좋습니다. 그러나 집으로 돌아오는 도중에 여동생 집에서 하룻밤 보냈으면 좋겠습니다."일 수도 있다. 이 제안에 대해 발의자는 세 가지 방법 즉, 긍정, 부정 또는 부가적인 선택을 제공하는 것 중 어떠한 형태로든 반응할 것이다. 이러한 상황에서 목표에 대한 심각한 불일치가 나타난다면, 권력이 행사된다. 이러한 차이점을 해결하기 위한 전략은 설득, 강제, 또는 폭력을 포함할 수 있다.

전통적 역할을 가진 가족이나 취학 전의 자녀가 있는 가족은 의사결정 시 불일치의 해결 방법으로 설득을 더 많이 사용하는 경향이 있다. 설득 기법의 예는 정보의 선택적인 공유, 분노와 침묵과 같은 감정표시, 그리고 전문적인 지식을 포함한다.

이러한 전략은 하나 또는 둘 이상으로 결합해 사용되며, 권력이 약한 사람들로 하여금 직접적 대결을 피할 수 있도록 도움을 주기도 한다. 교섭에 관계된 모든 사람이 선택으로부터 어떤 것을 얻으므로 교섭은 특별한 이점을 가질 것이다. 외관상 권력이 없는 가족 구성원에 의한 성가신 잔소리를 듣는 것은 부모나 배우자를 지치게 한다. 아이들과 같이 그들의 제한된 영향력을 가지고 있다고 생각하는 가족 역시 특정 의사결정을 하는 데 참가할 수 있다.

가족에서의 강제(coercion)의 한계 또는 강요된 동조는 가정폭력에 대한 법률에서 입증된 것처럼 문화적인 규범에 의해 영향을 받을 것이다. 위협과 직접적인 폭력과 같은 강제적인 행동은 집단 구성원간의 권력간에 불균형이 심할 때 더 많이 일어난다. 권력은 이렇게 사용하여 결정된 선택의 결과로서 그 집단의 일부는 승리하고, 다른 일부는 아무것도 얻지 못하거나 패배한다.

4) 갈등과 의사소통

갈등상황에서 가족은 서로의 행동을 변화시키려는 의도로 통제를 시도하는데, 이를 권력과정이라고 한다. 이때 갈등이 해결되는 결과를 가져올 수도 있고, 단순히 통제되는 예도 있다. 합법적 권력을 통해 갈등을 해결하는 경우를 갈등해결이라 하고, 비합법적인 권력을 통해 갈등을 해결하는 경우를 갈등통제라고 하는데, 갈등통제 시 가족 구성원간의 관계는 불안해지고, 부당하게 당했다고 여기는 쪽에는 새로운 해결을 모색하게 된다. 즉, 가족 구성원은 원하지 않은 상황으로 압력을 받아 끌어들여졌다고 느낌으로써 고통 호소하고, 처벌, 손해감을 느낀다.

갈등을 다루는 과정에서 상대방과 협상하기 위해서나 통제하기 위해서 상호작용기술을 사용하게 되는데, 이것이 의사소통(communication)기술이다. 그런데 잘못되거나 단절된 의사소통일 때 갈등이 잘 해결되지 못하고 더 심화할 수 있다. 예를 들면, 서로의 의사가 잘못 전달되는 경우가 여기에 해당되는데, 남자와 여자가 차를 사는 문제로 갈등상황이 제시됐을 때 남자는 차를 원하고 여자는 돈을 아끼려 한다. 남자는 아마도 그냥 싼

차를 살 생각인데, 여자는 대형차를 사겠다는 의미로 받아들인다. 즉, 잘못된 부부간 의사소통 과정은 다음과 같다[그림 8-1].

한쪽 배우자가 상대 배우자에게 대화를 시도하나 받아들여지지 않는다.
↓
→ 큰 소리로, 강력하게 말한다 → 비언어적 행동을 취한다(폭력 또는 침묵) → 다른 사람의 도움을 청한다(친척, 친구, 전문가 등)

그림 8-1 잘못된 부부간 의사소통 과정

갈빈(Galvin)과 브리옴멜(Briommel, 1995)은 잘못된 가족간 의사소통 경로를 다음의 몇 가지로 말하고 있다.

첫째, 권위자로부터 아래로 향하는 의사소통의 위계가 있는 경우가 있는데, 예를 들면 아버지→어머니→아들→딸 순으로 위계로 이 관계망의 끝에 있는 아버지나 딸은 정보교환이 단절되어 가족에게서 멀어질 수 있다.

둘째, 특정한 사람을 통하여 가족 구성원들에게 의사전달이 이루어지는 경우가 있는데, 이 사람만이 모든 상황을 파악하고 있으며, 다른 사람들끼리의 연결이 어렵다. 그러므로 중심에 있는 사람들이 의도적으로 정보를 여과, 또는 왜곡시킬 수 있다.

이러한 합리적이지 못한 방법에도 불구하고 첫 번째와 두 번째 의사소통 경로가 질서 유지에는 적절하였기 때문에 가부장제 사회에서 대가족을 통제하기 위해 사용되었던 것이다.

갈등해결은 개인간 의사소통의 가장 어려운 면이다. 갈등상태에 있을 때 사람들은 민감해지고, 화가 나 있으면 정상적인 의사소통에 영향을 끼칠 수 있다.

갈등에 대해서 적극적으로 의사소통을 하는 데는 위험성도 따르지만 어떠한 해결도 하지 않으려는 태도는 더 큰 갈등을 낳을 수 있다. 개인간 관계와 개인적 욕구 둘 다 모두 중요하므로, 갈등에 관한 의사소통에서 지켜야 할 수칙을 다음과 같이 제시하고자 한다.

첫째, 문제와 차이점을 명확히 하기 위한 의사소통을 이용하면서 감정과 사실에 대하여 이야기하라. 자신의 것을 솔직하게 드러내고 대해야 하며 이중적인 메시지를 사용하지 않는다.

둘째, 상대의 관점에 대한 이해를 얻어내기 위하여 타인의 관점과 감정에 귀를 기울여라. 사람들은 '좋습니다.'라고 말하지만, 그들의 어조와 자세는 다른 뜻을 전하고 있을 수 있다. 의사소통의 각 형태는 특정한 메시지를 전할 수 있고 그 메시지는 언제나 시종일관된 것만은 아니다. 사람들은 비언어적 메시지를 통하여 자기감정을 나타내며 자신에 대하여 더 많은 것을 드러낸다. 예를 들면 공간을 사용하는 방법에서 관계의 본질에 대한 정보를 제공하기도 하는데 친근한 관계를 맺은 사람들은 서로 매우 가까이 서거나 앉는 반면에, 적대적인 관계의 사람들은 서로 외면한다. 이런 의사소통의 형태에는 문화와 나이를 바탕으로 한 차이점이 있고 일시적인 관찰보다는 꾸준한 행위가 비언어적 행위의 뜻을 파악하는 데 더 좋은 지침이 될 수 있다. 이외에 문제를 밝히기 위해 가끔 질문하고 다른 사람의 메시지를 언어로서 다시 전하는 것은 메시지 해석에 실수를 줄여준다.

셋째, 차이점을 탐구할 준비를 하고 의욕을 가져라. 이러한 의사소통을 위한 적절한 시간과 장소를 선택하라. 지쳐 있거나 배고프고 졸리든지 아니면 다른 곳에 정신이 팔려 있는 사람은 협상할 수 없거나 그렇게 할 의사가 없을 것이다.

넷째, 사람이 아니라 문제를 공격하라. 만일 사람들이 소중한 참가자로 다루어진다면, 그들은 발전될 수 있는 선택을 고려하는 것에 더욱 적응할 것이다. 이전의 사건, 관계 혹은 애완동물에 대한 알레르기와 같은 변화할 수 없는 신체적 특징보다 특별히 변화 가능한 행동이 무엇인지에 대해 강조함으로써 이용가능한 선택과 핵심에 접근할 수 있다.

다섯째, 문제가 해결되면 언쟁, 싸움 혹은 토론도 끝내도록 해라. 이것은 해결책이 언제나 발견된다는 것을 뜻하는 것이 아니고 당분간 긴장이 해소된다는 것을 뜻한다. 그러나 문제가 오랫동안 해결되지 않고 있으면 더이상 휴전은 지속되지 않는다.

갈등이 건설적으로 해결되려면 다소의 시간이 걸린다. 만약 오랜 시간에 걸쳐 의견 불일치가 진전되어 왔다면 그 원인을 결정하는 일과 변화를 주는 시간과 인내 모두를 취할 것이다. 진지하고 사려 깊은 상호작용을 통하여 사람들은 그들의 차이점에 대해 전적으로 새롭고 수락할만한 해결책을 개발해 나갈 수 있으며 어느 정도 범위의 대안이 존재하여야 타협할 수 있다. 그런 상황에서 각 참여자는 타인의 요청이나 요구 몇 가지를 들어준다.

표 8-1 전형적으로 의사소통을 단절시키는 대화유형

대화유형	예시	반응결과
지시, 명령, 요구	• 울지마. • 더 열심히 해. • 조용히 해.	• 두려움, 자기방어욕, 저항 등으로 반항적이거나 소심한 태도를 야기시킨다.
위협, 경고, 처벌	• 당신 그러면...해. • 당신... 하는게 좋을걸.	• 분노, 공포, 저항, 반항적이거나 수동적, 조작적인 태도를 불러일으킨다.
설교, 설득, 강의, 충고, 제의	• 좋은 아내라면... • 나이가 들면 알게 될 거야. • 왜 이걸 안 하지? 당신이 할 일은 말야.	• 자신의 정당성, 우월감을 기본으로 깔기 때문에 상대방의 자존심을 손상시키며, 자기방어를 증가시켜 역 논란이 일어난다. 심지어는 마음을 터놓지 못한다. 그리고 의존적이 되기도 한다.
비평, 비난	• 당신 때문이야. • 당신은...못해 • 당신은 항상 그래. • 거짓말쟁이. • 도둑놈 • 당신은 전형적인...야.	• 자존심 손상, 죄의식을 불러일으켜서 자기 개방성을 감소시키고 심지어는 그대로 이러한 부정적인 이미지를 받아들이게 한다.
조롱, 비꼼	• 그래 너 잘 났다.	• 거부당하는 느낌, 분개 및 적대감을 불러 일으킨다.
임상, 정신분석, 독심술	• 당신이 피곤해서 그런 거야. • 누구나 그럴 땐 그래. • 당신은 남자에게 적대적이야.	• 프라이버시에 대한 위협, 분노, 기본적인 자기신뢰의 손상을 가져온다.
철회	• 더 이상 그에 대해 말하지 말자. 그만.	• 상대에 대한 존중의 결함. 또는 처벌을 위함으로 이는 이후의 상호작용을 왜곡시키고, 기분이 나쁘다.
심문, 사실추궁	• 당신 늘림없이 그랬어. • 정말 사실대로 이야기하는 거야?	• 상대의 감정을 무시한다. 과거의 일을 잘 끌어온다. 현재의 목적, 감정 보다는 과거를 끌어들인다. 불신감을 전달한다.

※출처: 스캔조니와 스캔조니(1988)

읽을거리

부모-자녀의 긍정적인 의사소통의 8가지 유형

1. **100% 수용적인 언어표현**

   부모와 자녀가 상호작용할 때 일어난 일에 대해 부모가 긍정적인 언어표현을 사용하면 자녀는 그 상호작용의 의미를 잘 이해하게 된다.

2. **차례대로 대화에 참여하기**

   가족 구성원 모두 의사를 표현할 기회를 갖고 다른 가족으로부터 적절한 관심을 받는다. 대화에 참여하지 못하는 가족이 없도록 한다.

3. **약한 의사표현 강화하기**

   아동이든 성인이든 의사소통에서 상호작용과 자기주장을 잘하지 못하는 구성원이 있으면 더 적극적으로 참여하도록 격려한다.

4. **따라서 반응해 주기**

   부모가 자녀와 상호작용을 할 때 자녀의 언어적 또는 비언어적 표현에 뒤이어 반응을 보인다. 이때 부모는 자녀에게 평가적인 표현을 하면서 자녀를 바라본다.

5. **긍정적으로 표현하기**

   부모는 자녀가 해야 할 일을 지시할 때 모든 가능성을 고려해 긍정적인 말로 표현한다. 가령, "외투를 잘 들고 가라."라고 말하지, "외투를 바닥에 끌지 마라."라고 말하지 않도록 한다.

6. **자발적인 행동 지지하기**

   자녀가 무언가 배우려는 의도에 대해 부모가 긍정적인 반응을 보인다.

7. **이끌어 가기**

   부모가 행동의 모범을 보여서 자녀의 행동을 이끌어 가고 무엇이 기대되는지 그리고 부모가 무엇을 책임질 수 있는지를 자녀가 알도록 한다.

8. **즐거운 순간들을 공유하기**

   부모는 자녀와 즐길 시간을 갖고, 즐거운 순간들을 함께한다.

이 여덟 가지 활동은 자녀의 나이와 상관없이 충분히 포괄적으로 적용될 수 있지만, 어린 자녀보다 나이가 많은 자녀나 사춘기 청소년은 긍정적으로 표현을 약화하고, 더욱 지도적인 측면을 강화할 수 있을 것이다.

※출처: Weiner A., Kuppermintz H,. & Guttmann D.(1994). "Video Home Training(The Orion Project): A Short-Term Preventive and Treatment Intervention for Families of Young Children." Family Process, 33.

활동자료 부모역할만족도 질문지

본 설문지는 부모가 느끼는 부모역할 만족도를 알아보기 위한 것이다. 여기에는 옳고 그른 답이 없으며, 만일 한 문장이라도 응답을 하지 않으시면 설문지 전체를 사용할 수 없으므로 성실하게 응답해 주기를 요청한다.

문항내용	매우 그렇다	약간 그렇다	보통이다	거의 그렇지 않다	전혀 그렇지 않다
1. 나는 남편(부인)과 아이들의 관계에 대해 만족한다.					
2. 남편(부인)은 아이들의 문제에 관심을 두고 나와 의논하는 편이어서 기쁘다.					
3. 나는 아이들과 사이가 좋은 편이어서 기쁘다.					
4. 아이들은 나를 좋은 부모로 여기는 것 같다.					
5. 아이들과 함께 있으면 대부분 즐겁고 재미있게 시간을 보낸다.					
6. 남편(부인)이 비교적 아이들과 많은 시간을 보내므로 나는 만족한다.					
7. 나에 대한 아이들의 태도에 나는 만족한다.					
8. 나는 나 자신의 자녀양육방식에 만족한다.					
9. 나는 아이들이 내 생활에 활력을 불어넣어 주기 때문에 기쁘다.					
*10. 나는 가끔 아이들에게 지나치게 비판적이라는 생각이 든다.					
11. 나는 남편(부인)이 자녀양육에 참여하는 정도에 대해 만족한다.					
12. 나는 자녀가 매우 협조적인 것이 만족스럽다.					
13. 나는 아이들과 충분한 시간을 보낸다고 생각되어 만족한다.					
14. 자녀양육에 대해 남편(부인)이 많은 책임감을 느끼고 있는 편이어서 기쁘다.					

15. 남편(부인)이 아이들에게 많은 관심을 보여주고 있어 행복하다.					
*16. 아이들은 내 친구들 앞에서 나를 무척 짜증나게 한다.					
17. 나는 아이로부터 받는 애정과 사랑에 대해 만족한다.					
18. 나는 남편(부인)의 자녀양육방식에 대해 만족한다.					
19. 남편(부인)은 아동발달에 관한 충분한 지식이 있어서 부모역할 수행에 대해 자신감이 있는 것 같다.					
*20. 아이들 탓에 자질구레한 일들이 나를 괴롭힌다.					
21. 나는 아이가 나를 사랑하고 관심을 두는 정도에 만족한다.					
22. 남편(부인)은 내가 전력을 다해 부모역할을 수행하도록 도와준다.					
23. 나는 남편(부인)이 아이들의 학업을 지도하거나 훈육에 대해 지니고 있는 태도에 대해 만족한다.					
*24. 나는 아이들 때문에 근심걱정이 많다.					
*25. 아이들 때문에 일어나는 일들 때문에 화가 나고 짜증스럽다.					
26. 나에게 힘든 일이 있을 때 아이들은 날 위로해 주고 격려해 준다.					
27. 나는 아이가 성장하는 모습을 보게 될 때 뿌듯하다.					
28. 나는 아이를 가짐으로써 뭔가를 이룬 것 같은 성취감을 느낀다.					
29. 나는 아이가 있음으로써 사는 목적이 뚜렷해졌다.					
*30. 나는 아이 탓에 신경이 날카로워지거나 정서적으로 불안함을 느낀다.					
*31. 집안일을 할 때 아이들의 방해를 받는다.					
*32. 나는 부모로서의 나 자신의 가치와 능력에 대해 자신이 없다.					
33. 나는 아이가 있다는 것 자체로부터 큰 만족을 느낀다.					
*34. 아이들 위해 내 생활의 계획을 포기해야 할 때는 심리적인 허탈감이나 갈등을 느낀다.					
35. 나는 아이가 생긴 후 결혼생활이 정착된 기분을 느꼈다.					
36. 아이 때문에 부부간에 공통된 관심사가 늘었다.					

37. 주위에서 아이가 칭찬을 받을 때 부모로서 기쁨을 느꼈다.					
38. 아이가 나에게 애정표현을 할 때 기뻤다.					
39. 아이 덕분에 내가 중요하고 소중한 존재임을 깨닫게 되었다.					
40. 어려운 상황에 부딪힐 때 아이들은 날 도와준다.					
41. 아이는 나의 좋은 말상대가 되어 준다.					
42. 행복해하는 아이의 모습을 볼 때 부모인 나 역시 행복해진다.					
43. 아이와 친구처럼 서로 어려웠던 일을 이야기할 수 있어 기쁘다.					
44. 아이가 집안일을 도와주어서 기쁘다.					
45. 아이가 나의 입장을 생각해 줄 때 기쁨을 느낀다.					
*46. 나는 아이가 나를 그다지 좋아하지 않는 것 같아 불만이다.					
*47. 아이가 성장하면서 나를 무시하는 것 같아 화가 난다.					
*48. 아이 기르는 것에 대한 태도가 서로 달라 남편(부인)과 갈등이 있다.					

※출처: 이영자(2007). 적극적인 부모역할훈련(APT) 프로그램과 부모의 양육태도. 숙명여자대학교 대학원. 석사학위논문

- 부모의 부모역할만족도는 5개의 하위척도로서 일반적인 만족도(11문항: 9, 27, 28, 29, 33, 35, 36, 37, 38, 39, 42), 부모-자녀관계(10문항: 3, 4, 5, 7, 8, 12, 13, 17, 21, 46), 부모역할 갈등(11문항: 10, 16, 20, 24, 25, 30, 31, 32, 34, 47, 48), 배우자의지지(10문항: 1, 2, 6, 11, 14, 15, 18, 19, 22, 23), 자녀의 지지(6문항: 26, 40, 41, 43, 44, 45)-로 구성되어 있으며, 모두 48문항에 5점 척도로 측정하게 돼 있다.
- 점수가 높을수록 만족도가 높다는 것을 의미하며, 부정적인 내용으로 서술된 12문항(10, 16, 20, 24, 25, 30, 31, 32, 34, 46, 47, 48)에 대해서는 역으로 점수화하도록 되어있다.

(*: 역채점 문항)

PART 03

사회변화에 따른 다양한 가정

CHAPTER **09**

기혼여성의 사회참여, 맞벌이 가정

제1절 맞벌이 가정의 개념
제2절 맞벌이 가정의 현황
제3절 맞벌이 가정의 가족문제
제4절 맞벌이 가정에 대한 사회적 지원

산업사회의 급속한 변화는 많은 여성이 가정 내 역할만 수행하는 것이 아니라 경제영역으로 활동무대를 넓혀가고 있다. 주로 남성에게 주어졌던 사회적 영역의 활동들이 산업화 이후 여성에게도 기회가 확대되면서 초기에는 주로 젊고 자녀가 없는 미혼여성만 취업하였으나, 점차 기혼여성의 취업도 늘어나게 되어, 부부가 모두 직장에 나가는 맞벌이 가정(dual career family)이라는 새로운 가족형태가 등장하였다. 취업여성의 증가에 따라 등장한 맞벌이 가정은 구조적인 면에서는 핵가족 또는 확대가족의 형태를 이루고 있다(허혜경 외, 2011). 이 장에서는 맞벌이 가정의 개념, 현황, 가족문제, 사회적 지원 등에 대해 살펴보고자 한다.

제1절 맞벌이 가정의 개념

1 맞벌이 가정의 등장배경

현대사회의 가족 변화에 대한 영향요인은 사회문화적 환경, 산업화, 도시화 등 다양한 요인들을 들 수 있지만 많은 학자는 산업화의 영향에 비중을 두고 있다. 맞벌이가족은 산업화로 기혼여성의 사회적 참여율이 높아지면서 등장한 가족형태의 하나로서, 그 발생 배경을 농경사회, 산업사회, 후기산업사회로 나누어 살펴볼 수 있다(김혜영 외, 2008).

농경사회에서는 가정과 일터가 분리되지 않았으므로 부부가 생계를 공동으로 담당하였다. 그 시대의 여성은 남성과 마찬가지로 어떤 형태로든 경제활동에 참여하였다. 18세기 후반의 산업혁명으로 산업화, 도시화를 하면서 가정과 일터가 점차 분리되었으며, 남성은 생계유지를 위한 경제활동을, 여성은 무보수의 가사노동을 전담하게 되었다. 남성은 제도화된 사회 내에서 일정한 직장을 가지며 노동을 제공한 대가로 임금을 받으면서 직장공동체의 일원으로서의 역할을 맡고 개인적인 능력 발휘의 기회를 갖게 되었다. 반면에 기혼여성은 가정 내에서 어머니의 역할과 남편 내조자의 역할을 요구받았으며, 가사노동을 전담하면서 가사노동에 대한 가치를 사회적으로 인정받지 못하고 있었다. 노동시장에서는 여성의 노동시장 참여를 제한함으로써 여성을 차별대우하였고, 그나마 취업여성의 대부분은 미혼여성들이었다.

후기산업사회의 가족은 양성평등한 가족관계 지향, 가족유대와 결속력의 약화, 가족구성원의 개인주의화로 특징지어지며, 가족에서의 가장 큰 변화는 여성 경제 활동의 급속한 증가였다. 여성 고등교육의 기회 확대 덕분에 자아실현 욕구가 증가하였으며, 가족계획으로 자녀양육기간이 단축되고, 가전제품의 과학화로 가사노동이 간편해져 생활이 편리해졌으며, 여성노동력에 대한 수요가 증가하는 등 전반적인 사회적 상황이 변화하고 있다. 이러한 사회적 분위기는 여성적 특성을 살린 직업의 다양화로 여성의 경제활동이 증가했고, 특히 축적된 기술을 가지고 정서적 안정감과 직업의식이 뚜렷한 기혼여성 인력이 인정을 받게 되면서 점차 기혼여성의 경제활동참여율이 높아졌으며, 그 결과 맞벌이 가정이 증가하게 되었다.

우리나라를 비롯한 후기산업사회에 진입한 오늘날에는 남녀간 역할 분담의 재편성에 의해 경제활동을 하는 아내와 가사를 전담하는 남편(house-husband, 主夫)으로 구성된 가족도 출현하였다.

2 맞벌이 가정의 개념

맞벌이 가정(dual career family)은 산업화 이후에 출현한 가족 형태이다. 맞벌이 부부란 부부가 모두 직업을 가지고 있는 2인 소득자 가족(dual-earner family)을 의미한다. 맞벌이 가정은 가정의 경제적 소득원이 두 부부에게 있는 경우로 '함께 일하는 가족' 또는 '부부가 함께 직업을 가진 가족' 등 다양하게 표현된다.

맞벌이 가정은 남편과 아내가 함께 직업을 가지게 되어 발생한 생활양식의 변화에 따른 새로운 가족 형태이다. 남편과 아내는 각자 자신의 직업을 통해 자아실현의 욕구를 충족시키고 사회적 지위를 가지며 생계부양자로서 가정경제에 이바지한다. 기존의 가족형태에서는 남편이 도구적 역할, 아내가 표현적 역할을 분담하여 수행해 왔다는 점을 고려할 때, 맞벌이 가정의 부부가 자아실현과 행복감, 그리고 경제력 영역에서는 만족도가 높으나, 부부역할의 공유, 동등한 의사결정, 평등한 동반자적 관계의 유지와 같은 가족의 역할분담이나 가족문화적 측면에서는 양성평등적인 변화가 요구된다.

제2절 맞벌이 가정의 현황

1 맞벌이 가정의 실태

우리사회의 맞벌이 가정의 실태를 살펴보면, 2015년을 기준으로 유배우 가구는 1,185만 가구로 추정되며, 이 중 맞벌이 가구는 520만 6천 가구로 전체 유배우가구의 43.9%를 차지하는 것으로 나타났다(통계청, 2015).

최근에는 가정지향성과 직업지향성을 가지는 전문직에 종사하는 맞벌이 부부가 증가하면서 서로 다른 지역에서 근무하기 위해 주 3일 이상 떨어져 살면서 왕래하는 '비동거 맞벌이 가정'도 출현하게 되었다. 전체 맞벌이 가정의 3.7%에 해당하는 가구가 주말부부 등 부부가 같은 가구 내에 거주하지 않는 '비동거 맞벌이 가정'인 것으로 나타났다.

홑벌이 가구는 499.2만 가구로서, 전체 유배우 가구의 42.1%를 차지하는 것으로 나타났다. 이로써 우리나라 사회에서 맞벌이 가구의 비율이 홑벌이 가구의 비율을 웃돌게 되었다. 이 외에도 유배우가구의 14.0%에 해당하는 기타가구(166만 가구)는 가구주 부부 모두가 실업자 또는 비경제활동 인구로 나타났다.

표 9-1 부부의 경제활동 상태별 현황

(단위: 만 가구, %)

	가구수	비 율
유배우가구	1,185.8	100.0
맞벌이가구	520.6	43.9
비동거 맞벌이	44.0	3.7
홑벌이가구	499.2	42.1
기타가구	166.0	14.0

※출처: 통계청(2015). 맞벌이가구 및 경력단절여성 통계집계 결과. 사회통계국 고용통계과.

2 기혼 여성의 취업 현황

맞벌이 가정과 여성경제활동인구의 증가는 산업화 및 도시화, 성평등 의식의 확산, 초혼연령의 상승에 의한 미혼여성의 취업기회 확대, 여성의 교육수준 향상 등의 요인에서 그 원인을 찾을 수 있다.

노동시장의 수요면에서는 육체적 강인함을 요구하지 않는 사무직 · 전문직 · 정보산업 관련직이 늘어나 여성의 사회진출 분야가 확대되고 있으며, 공급면에서는 고등교육의 기회가 확대되어 훈련된 여성 인력이 증가하고 출산율 저하, 가전제품의 발달로 인해 가사노동시간의 단축으로 여성의 경제활동 참여 여건이 조성되고 있다(정은 · 은선경, 2009).

우리나라 여성 취업자의 나이별 경제활동참가율이 2005년부터는 50%대 전후를 유지하고 있다[그림 9-2, 그림 9-3]. 그러나 여성의 나이별 경제활동참가율을 보면 OECD의 주요 선진국들과는 달리 40~49세 나이가 가장 높고, 20~29세 나이가 그다음으로 높은 수준이었으며, 30대 여성취업자들의 비율이 상대적으로 낮은 수준인 M자형의 나이별 취업률 곡선을 보이고 있다. 30대 여성취업자들의 저조한 경제활동참가율은 결혼 및 출산에 의해 상당수가 노동시장을 퇴직하는 경제단절현상으로 설명된다. 이와 같은 여성의 경제단절 현상은 기업의 채용과정에서 여성인력자원에 대한 기피 현상, 여성의 고위관리직 및 고임금 직종으로의 진출 저해, 나아가 여성의 고용구조를 약화시키는 근본원인이 되고 있다(문혁준 외, 2010). 경제성장에 따른 인력수요의 증대로 여성취업자수와 경제활동참가율은 앞으로도 꾸준히 증가하리라 전망된다.

우리나라 미혼여성과 기혼여성의 취업에 대한 인식을 조사한 결과 10명 중 9명이 '직업을 가지는 것이 좋다.'는 견해를 나타냈으며, 취업 시기에 대해서는 미혼여성은 68.5%가 '가정일에 관계없이' 계속 취업해야 한다고 응답함으로써 기혼여성의 취업에 대한 인식의 변화가 두드러지게 나타났다(통계청, 2013, 통계로 보는 여성의 삶). 자녀의 출산이나 양육이라는 어려운 상황 속에서도 기혼여성이 취업상태를 지속하는 것에 대하여 사회적 인식이 점점 긍정적으로 전환하고 있지만, 고학력 여성인력의 활용에 및 결혼과 출산 이후의 재취업은 여전히 우리나라의 여성고용에 대한 문제점으로 지적된다.

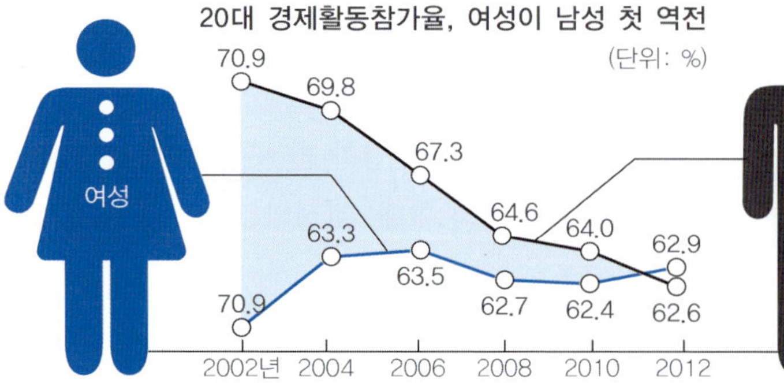

※출처: 통계청 「경제활동인구조사

그림 9-1 성별 20대 경제활동 참가율의 변화

[그림 9-1]에서와 같이 성별 20대 경제활동참가율의 비율을 살펴보면 2012년에는 여성(62.9%)의 비율이 남성(62.6%)을 넘어서는 역전현상이 일어난 것으로 확인되었다.

※출처: 통계청 「경제활동인구조사

그림 9-2 여성경제활동 인구 및 참가율

전반적으로 여성의 경제활동인구는 점차 증가하여 2015년에는 절반 이상인 52%에 육박하는 여성인구가 경제활동에 참여하였다. 한편 2015년 여성의 연령대별 여성고용률을 살펴보면, 25~29세와 45~49세가 68.6%로 가장 높게 나타났으며 결혼 · 임신 · 출산 · 육아

등의 경력단절이 발생하는 30대를 기점으로 25~29세와 40대의 여성 고용률이 상대적으로 높게 나타났다(〈표 9-2〉 참고).

최근 10년간 여성전체 고용률은 전반적으로 상승(1.5%)하였으나, 30대 고용률은 하락한 것으로 나타났다.

표 9-2 연령대별 여성 고용률

(단위: %)

	전체	15~19세	20~24세	25~29세	30~34세	35~39세	40~44세	45~49세	50~54세	55~59세	60~64세	65세 이상
2000	47.0	10.8	56.3	53.7	47.3	57.7	61.9	63.3	54.1	50.3	45.5	22.7
2005	48.4	9.1	57.2	63.0	48.6	57.3	64.0	61.6	57.4	48.1	42.9	22.4
2010	47.8	7.7	48.7	66.2	52.9	54.3	64.2	64.2	60.2	52.3	40.4	21.2
2011	48.1	8.1	48.2	67.8	53.2	54.1	64.2	65.6	61.2	53.2	41.3	21.4
2012	48.4	8.3	48.9	68.0	54.8	54.1	62.9	66.4	61.5	53.9	43.1	22.6
2013	48.8	7.9	47.5	68.0	56.7	54.4	62.6	66.7	63.1	55.2	44.5	23.1
2014	49.5	8.6	49.5	68.8	57.7	54.9	62.3	68.0	64.7	56.6	45.7	23.5
2015	49.9	8.8	50.8	68.6	59.8	54.1	62.9	68.6	66.0	57.3	47.5	22.9

※출처: 통계청, 「경제활동인구연보」 각년도.

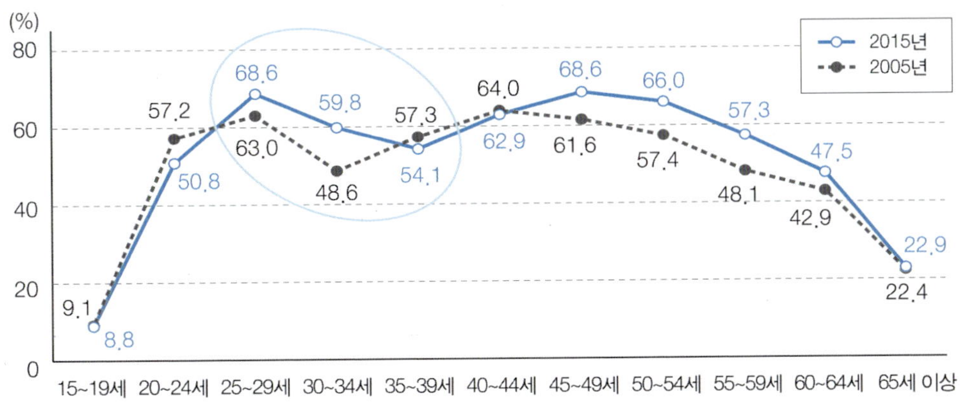

※자료: 통계청, 「경제활동인구연보」.

3 기혼 여성의 취업 유형

기혼 여성이 취업하는 동기는 크게 경제적 필요에 의한 것과 개인적인 성취동기에 의한 것으로 분류할 수 있다. 기혼 취업여성의 취업동기에 따라 생계유지형, 내조형, 자아실현형 그리고 여가활용형 등과 같이 네 가지 취업유형으로 분류할 수 있다(박충선, 1991; 이영숙 외, 2004).

표 9-3 기혼여성의 취업유형

유형	내용
생계 유지형	• 기혼여성이 기족의 경제적 필요에 의하여 비자발적 취업을 하는 형태
내조형	• 생계위협을 받지는 않으나 경제적 여유를 위하여 취업하는 경우 • 남편의 발전을 위하여 학업을 계속하도록 하고, 여성이 전적으로 생계를 담당하는 경우
자아실현형	• 중산층 이상 고학력 여성들이 취업을 통해 자아를 실현하는 경우
여가활용형	• 주로 중산층을 중심으로 경제적 여유, 내조, 자아실현 등을 크게 의식하지 않고 자신의 취미나 여가를 위해 취업하는 형태

※출처: 허혜경 외(2011). 현대사회의 가정. 서울: 문음사. p.198.

통계청에서 실시한 성별 경제활동인구 조사 결과에 따르면 2015년도에는 우리나라 여성의 경제활동인구가 거의 52%에 이르렀으며, 여성의 경제활동 참여율과 함께 맞벌이 가족은 앞으로도 지속적으로 증가할 전망이다. 취업여성의 직업선택 원인에 대한 통계자료는 여성의 사회경제적 참여의 증진이 여가의 증가 및 여가의 활용이라는 이유보다는 생계유지의 안정성과 가계수입에 보탬을 주기 위한 이유에서 비롯되었음을 잘 보여주고 있다.

통계에 의하면 여성의 취업 원인은 수입 〉 안정성 〉적성 · 흥미 〉 보람 · 자아성취 〉 발전성 · 장래성 〉 명예 · 명성의 순으로 나타났다〈표 9-4〉. 가장 현실적인 이유라고 할 수 있는 안정성과 수입 항목을 합치면 2014년에는 67%로 가장 비중이 큰 것으로 나타났다. 한편, 발전성 · 장래성, 적성 · 흥미, 보람 · 성취, 명예 · 명성 등과 같은 자아성취 동기도 중요한 직업선택의 이유로 작용하고 있음을 알 수 있다.

표 9-4 여성취업자의 직업선택 원인

(단위: %)

	명예 · 명성	안정성	수입	적성 · 흥미	보람 · 자아성취	발전성 · 장래성	기타	잘 모르겠다
2009	2.6	32.6	31.7	12.0	6.6	10.2	0.1	4.2
2011	2.6	29.1	37.0	12.3	7.7	6.7	0.2	4.4
2014	2.2	28.5	38.5	15.9	5.2	4.7	0.3	4.8

※출처: 통계청, 「사회조사보고서」 각 년도

맞벌이 가정이 증가함에 따라 부부들은 자녀양육 및 가사노동 분담 문제, 가족관계 문제 등 가정을 경영하는 데 있어 이전 세대들이 겪지 않았던 새로운 어려움을 경험하고 있다. 맞벌이 가정은 비교적 가사노동의 역할 분담, 의사결정에서 동등한 발언권, 평등한 동반자적 관계를 유지할 수 있다는 점에서 젊은 부부들에게 바람직한 가정 형태로 추구되고 있다.

맞벌이 가정은 남편과 아내가 더욱 동등한 관계를 누림으로써 여성의 자아실현과 자존감이 증진되는 것이 일반적이다. 따라서 부모-자녀 관계를 보다 질적으로 긴밀하게 유지할 수 있으며, 남편과 아내가 일과 가족 역할 모두 능숙해질 가능성이 크다는 점, 그리고 경제적 여유 등은 맞벌이 가정의 대표적인 장점에 속한다.

제3절 맞벌이 가정의 가족문제

맞벌이 가정에 대하여는 전통적 가치관의 입장에서 부정적인 견해와 발전적 가치관의 입장에서 긍정적 견해가 대립한다. 맞벌이 가정의 결혼생활에 대하여는 우애적이 아니라 수단적 결혼관이 강하다는 비판적 견해도 있다. 맞벌이 가정 여성은 자녀양육과 가사노동을 주로 여성이 전담해야 한다고 생각하는 '슈퍼우먼 콤플렉스(superwoman complex)'가 강한 것으로 나타났는데, 이것은 아내, 부모, 직장인으로서의 모든 역할을 완벽하게 수행하려는 여성을 비유하는 용어이다(정옥분 외, 2010).

맞벌이 가정이 원만하게 유지되기 위해서는 무엇보다 아내의 취업에 대한 남편의 태도에 의하여 좌우된다. 우리나라 맞벌이 가정의 가장 큰 과제는 자녀양육과 가사노동 분담이다. 남편이 아내의 직업을 인정하고 집안일을 분담하고 자녀양육과 정서적 지원을 제공하면 가정생활의 어려움이 극복될 수 있을 것이다(허혜경 외, 2013).

1 맞벌이 가정의 자녀양육

어머니의 취업은 자녀에게 성취지향적인 모습을 보여줌으로써 자녀에게 높은 성취동기를 유발하고 학업수행을 촉구하는 긍정적 자극이 될 수 있지만, 한편으로는 고독감과 불안감을 주어 학업성취를 저하할 수 있다. 그러나 실질적으로는 어머니의 취업 여부보다는 어머니의 직업이 전문직인지 아니면 단순 노동직인지가 더 영향력 있다고 한다. 전문직 직업을 가진 어머니는 자녀에 대한 높은 교육열을 가지고 있으며 이러한 태도가 자녀의 인지발달, 학업성취도, 그리고 사회성 발달과 긍정적인 관련이 있다는 것이다. 이것은 결국 가정의 사회경제적 지위가 자녀의 학업성취에 결정적인 변수로 작용함을 의미한다(조복희, 1997). 즉, 어머니의 취업 여부보다 어머니의 학력, 직종, 사회경제적 지위 등의 가정환경이나 취업 선호성, 경력지향성과 같은 어머니의 직업에 대한 태도 등이 자녀양육에 더 큰 영향을 미치는 것이다.

취업모의 경우 자녀의 발달과 가정의 역할 수행에 영향을 미치는 요인은 다양하다. 맞벌이 가정의 역할수행에 영향을 미치는 개인적, 관계적, 사회환경적 요인을 정리하면 다음 〈표 9-5〉와 같다.

표 9-5 맞벌이 가정의 역할수행에 영향을 미치는 요인

개인적 요인 ① 인성(예: 배우자의 지배 욕구, 감정적으로 친밀해지려는 욕구, 자기 분야에서 최고가 되려는 욕구가 얼마나 중요한가?) ② 태도와 가치(예: 배우자의 자녀양육에 대한 견해 또는 남성과 같은 여성의 직업적 성공에 대한 견해는 어떠한가?) ③ 관심과 능력(예: 배우자가 직업적인 일과 가족관계에 얼마나 관여하는가, 직업과 직업에 대한 계획에 부부 모두 만족하는가?) ④ 직업에서의 단계(예: 부부 중 한 사람은 직업적인 방향으로 나아가고 있는데 다른 한 사람은 퇴직을 생각하고 있는가?)
관계적 요인 ① 평등과 권력(예: 의사결정은 어떻게 이루어지며 그것은 공평한가?, 가사, 자녀양육, 경제문제에 대한 동의는 어떻게 이루어지나?) ② 배우자의 지지(예: 대부분 분야에서 서로 지지한다고 생각하는가?) ③ 가치관과 기대의 공유(예: 남성과 여성의 역할에 대한 견해가 같으며 같은 인생 목표가 있는가?)
사회환경적 요인 ① 직업상황(예: 직업적 시간은 융통성이 있는가, 성차별의 증거가 있는가, 작업장에서 성희롱을 금지하는 정책이 있는가?) ② 고용주의 견해(예: 어떤 종류의 가족정책이 있으며, 고용인에 대한 전반적인 태도는 어떠한가?) ③ 자녀양육의 편리성과 질(예: 자녀양육을 쉽게 할 수 있으며 그것은 부모가 원하는 기준과 맞는가?) ④ 지지체계(예: 가족원은 가까이에 살며, 가까운 친구나 동료도 맞벌이가족인가, 지역사회가 맞벌이 가족 부모의 요구에 부응하는가?)

※출처: Gilbert(1993), Two Careers/ One Family, 이영숙 외(2004). pp. 52-53 수정.

2 맞벌이 부부의 가사노동 현황

1) 가사노동시간의 현황

우리나라 유배우 기혼여성은 하루 시간의 6분의 1을 가사노동 및 가족을 위해 사용하고, 주말이나 휴일의 여가활용 방법으로 기혼여성은 10명 중 2명(33.5%)이 가사를 하면서 시간을 보내는 것으로 나타났다(통계청, 2015). 〈표 9-6〉은 삶의 질을 측정하고 가족과 일의 양립을 위한 가정친화적 정책수립 자료로 활용하기 위하여 가정생활시간을 살펴본 결과이다.

표 9-6 가정생활시간량

(단위: 분)

	2009			2014		
	계	남성	여성	계	남성	여성
계	130	41	215	130	47	208
가정관리시간	101	30	168	103	35	167
가족돌봄시간	29	11	47	27	12	41

※출처: 통계청(2015). 생활시간조사.

〈표 9-6〉에 따르면 가정생활시간량은 1일 평균 130분을 소요하는데, 가정관리시간은 여성이 남성의 4배 이상의 시간을 할애하는 것으로 나타났다. 가족돌봄시간은 여성이 남성의 약 3배 이상의 시간을 보내는 것으로 확인되었는데, 특히 남성의 가정생활시간이 점차 증가함을 보여주고 있다.

여성의 경제활동참여율이 꾸준히 증가하고 있는 가운데 남녀의 동등한 자녀양육 및 가사노동 참여와 가족 시간 공유 등 일가족양립을 향상하기 위한 노력이 절실히 요구된다.

2) 맞벌이 부부의 가사노동 분담

맞벌이 가정 여성의 삶의 질은 결혼만족도와 남편의 가사 참여도에 영향을 받는다. 여성이 가정생활과 직업생활 사이에서 경험하는 역할긴장을 최소화하기 위해 가사노동에 대한 주부 역할의 고정관념을 탈피하여야 한다. 실제로 전체가구의 가사분담실태 변화를 살펴보면 알 수 있다.

2014년에 부부가 함께 살고 있는 가정에서 '부인'이 응답한 가사분담에 대하여 전국적으로 실시한 실태조사결과에 의하면 '부인이 주로 하지만 남편도 분담하고 있다.'는 응답이 51.9%로 나타났으며, '공평하게 분담하고 있다.'는 응답은 16.0%로 나타났고, '부인이 전적으로 책임지고 있다'는 응답은 29.6%로 나타나 이전보다 감소현상은 보이고 있으나, 아직도 우리 사회에는 가사노동책임이 주로 부인에게 지워져 있음을 보여준다.

표 9-7 가사분담에 대한 실태(함께 사는 부부)

(단위: %)

		부인이 주도	부인이 전적으로 책임	부인이 주로 하지만 남편도 분담	공평하게 분담	남편이 주도	남편이 주로 하지만 부인도 분담	남편이 전적으로 책임
2006	남편	89.5	31.9	57.6	7.5	2.9	2.4	0.6
	부인	89.7	36.5	53.2	7.9	2.3	1.9	0.4
2008	남편	89.4	33.4	56.0	8.7	1.9	1.4	0..4
	부인	89..5	35.7	53.8	9.0	1.5	1.2	0.3
2010	남편	87.4	31.2	56.2	10.0	2.6	2.0	0.6
	부인	87.7	34.7	53.0	10.3	2.0	1.7	0.4
2012	남편	80.5	24.4	56.1	16.1	3.4	2.6	0.8
	부인	82.0	29.8	52.1	15.5	2.6	2.2	0.4
2014	남편	80.5	25.0	55.5	16.4	3.1	2.3	0.8
	부인	81.5	29.6	51.9	16.0	2.5	2.0	0.5

※출처: 통계청(각 년도). 사회통계조사보고서
※비고: 부부가 함께 사는 가구에서 19세 이상 남편과 부인만 응답

맞벌이 가정은 가사노동에 남성의 참여를 증대시키기 위해서는 부부간의 효과적인 의사소통과 감정표현이 필수적이다. 취업여성의 역할긴장을 줄이기 위해서는 여성이 경험하는 어려움을 부부가 공유하기 위한 의사소통기술과 감정표현 기술이 필요하다.

제4절 맞벌이 가정에 대한 사회적 지원

맞벌이 가정은 이제 현대사회 가정의 전형적인 형태로 정착되고 있는바, 맞벌이 가정에 대한 사회적 지원체제가 다음과 같이 체계적으로 구축될 필요가 있다.

첫째, 취업모가 늘어나면서 남성의 육아와 가사노동분담을 권장하는 정책이나 프로그램을 확산해야 한다. 재택근무제나 가변근무제의 도입 등과 같이 직업 환경을 보완하여 취업모의 직업과 가정의 역할갈등을 해결하는 방안이 필요하다. 또한, 출산 및 육아휴직

제도는 모성보호비용의 사회분담화로 사업주의 부담을 완화함으로써 출산 및 육아 때문에 이직을 방지하고, 여성 근로자의 고용안정에 이바지하는 기혼 취업여성을 보호하는 정책이다. 앞으로 고용보험기금에서 지원하는 산전후휴가급여와 육아휴직급여의 사용 근로자 수는 계속 증가할 것으로 기대되며, 일과 가정을 양립하는 사회분위기에 발맞추어 맞벌이 부부의 육아 및 가사노동분담을 권장하는 제도에 대한 인식 확산이 필요하다.

둘째, 현행법상 여성 근로자 300명 이상 또는 상시 근로자 500명 이상인 사업장에서는 직장어린이집 설치 및 운영을 의무화하고 있다. 많은 여성 근로자들이 실제로는 소규모 사업장에서 일하고 있으므로 보육시설문제를 해결해야만 한다. 자녀양육의 책임은 부모 모두 분담하여야 하므로 여성 근로자뿐만 아니라 남성 근로자들의 자녀를 위한 기업 내 영유아 프로그램을 운영하여야 한다. 또한, 취업시간과 보육시간과 맞지 않을 수 있으므로, 보육시설 이용시간을 탄력적으로 운용할 필요가 있다.

셋째, 취업모가 직장에서 근무하는 동안 자녀의 정서적 안녕을 위한 사회적 지지체계가 필요하다. 방과 후 학교에서의 과외활동 또는 자녀가 심심하거나 불안할 때 대화할 수 있는 긴급전화(hot line), 긴급한 사고발생시에 쉽게 도움을 받을 수 있는 이웃이나 공식적인 기관 등이 더욱 활성화되어야 한다(서동인, 1991: 이영숙 외, 2004).

넷째, 초등학생을 포함한 청소년을 위한 방과 후 프로그램이 실효성 있게 운영될 필요가 있다. 현재 우리나라 초·중·고등학교에서 방과 후 수업을 하고 있으나, 교육의 질적인 측면에서 만족스러운 성과를 거두지 못하고 있으므로, 맞벌이 부부들은 방과 후에 자녀를 사교육기관에 맡기게 되는 것이다. 따라서 취업모 자녀의 사교육 프로그램은 맞벌이 가정의 사교육비 부담을 가중시킬 뿐 아니라 자녀에 대한 불안감과 죄책감도 갖게 된다. 특히 저소득층의 자녀는 사교육프로그램을 이용하지도 못하고 부모가 귀가할 때까지 사실상 방치된 경우가 많으므로, 수준 높은 방과 후 교육프로그램을 활성화해야 한다.

다섯째, 학교급식은 취업여성의 역할부담을 줄여주는 지원책이다. 맞벌이 가정 자녀의 경우 중식뿐만 아니라 석식까지 학교 급식을 이용하면 균형 있는 영양소를 갖춘 질 좋은 식사를 해결할 수 있다. 다만, 현재 일부 학교에서 시행하고 있는 학부모가 배식을 지원하는 제도는 취업여성에게 또 다른 어려움을 겪게 하며, 취업모 자녀에게 불이익을 줄 수 있기 때문에 더욱 적절한 방안이 모색되어야 한다.

맞벌이 가정에서의 사회적 역할과 부모역할을 동시에 수행하기 위해 유의해야 할 사항을 정리하면 다음과 같다.

첫째, 부모와 자녀를 돌보는 양육자의 양육방식에는 일관성 있어야 한다. 맞벌이 가정에서는 부모가 일하는 동안 자녀를 양육해주는 사람과 부모가 같은 권위를 가지고 있는 것이 좋다. 또한, 자녀를 돌보는 양육자와 부모는 될 수 있으면 같은 양육기준을 가지고 있는 것이 바람직한데, 그 이유는 자녀가 같은 행위 때문에 낮에는 돌보는 양육자에게 칭찬을 받고 저녁에는 부모에게 야단을 맞는다면 가치관의 혼란을 유발하기 때문이다. 부모와 양육자간의 일관성 없는 교육은 자녀의 가치관 정립과 성격형성에 부정적인 영향을 주며, 지나치게 의존적인 성향을 보일 수 있다.

둘째, 돌보는 양육자의 권위를 인정하고 존중하는 것이 좋다. 부모는 자녀 앞에서 돌보는 양육자의 잘못을 꾸짖거나 탓하는 것은 바람직하지 못하다. 왜냐하면, 이를 목격한 자녀가 돌보는 양육자에 대한 신뢰감이 상실되어 교육효과가 반감하기 때문이다.

셋째, 맞벌이 부모는 퇴근 후 짧은 시간이나마 자녀와 일과를 주제로 대화하는 시간을 갖는 등 자녀와 질적으로 유익한 시간을 보내도록 노력하는 것이 좋다. 자녀와 함께 있는 시간이 얼마였는가도 중요하지만, 함께하는 시간을 어떻게 보냈는가가 더욱 중요하다. 그러나 3세 이전의 영아에게는 시간의 질뿐만 아니라 시간의 양도 중요하므로 주말이나 공휴일에는 될 수 있으면 자녀와 함께 시간을 보내는 것이 바람직하다.

넷째, 아버지의 적극적인 육아 및 가사노동 참여가 필요하다. 맞벌이 부부에게 있어서는 자녀양육은 어머니만의 몫이 아니라 부부가 함께 담당해야 하는 역할이다. 그러므로 아버지의 육아 참여와 가사분담은 아내의 부족한 일손을 돕는 차원이 아니라, 아이가 육아와 집안일을 함께하는 아버지를 보면서 양성평등한 가정과 바람직한 성역할을 배운다는 교육적 의미가 있다.

다섯째, 부모는 자녀에게 과보호하거나 물질적 보상에 치중하는 것은 지양해야 한다. 많은 맞벌이 부부들은 죄책감 때문에 자녀의 요구에 대해 지나칠 정도로 수용적인 태도를 보이기가 쉽다. 이러한 관계를 지속하면, 자녀는 부모에 대해 지나친 요구를 하게 되고, 급기야는 응석받이나 이기적인 자녀로 성장하기 쉽다. 따라서 부모는 자녀의 요구에 대해서 한계를 설정하는 것이 필요하다. 특히 부모는 자녀에 대한 미안함과 사랑을 물질적 및 경제적 차원으로 보상하려고 하는 태도는 지양해야 한다.

여섯째, 부모의 맞벌이 여부보다는 자녀에 대한 마음가짐과 양육태도가 중요하다. 맞벌이 부모는 자녀가 부모의 일을 수용하고 자랑스럽게 여기도록 역할모델을 제공해 주는 것이 필요하다. 이를 위해 부모, 특히 어머니는 자기 일에 자부심을 느끼고 당당하게 성취해나가는 모습을 보여주어야 한다.

일곱째, 맞벌이 부부는 가사노동과 경제활동 때문에 양육의 질이 훼손당하는 것보다는 조부모의 지원을 요청하는 것이 더욱 적극적인 대안이 될 수 있다. 최근 맞벌이 가정의 육아문제나 자녀의 발달을 위해 외형상으로는 핵가족이지만 실제로는 확대가족의 성격을 띠는 수정확대가족이 점차 증가하고 있다.

이상과 같이 맞벌이 가정 내에서 사회적 역할과 부모역할을 동시에 수행하기 위해서는 다양한 어려움이 뒤따른다. 아직도 우리 사회에서는 자녀양육과 가사 노동에 대한 책임이 여성에게 있다고 간주하는 사회적 분위기가 지배적이다. 이러한 사회적 부담으로 인해 맞벌이 가정의 여성들은 직장 일, 어머니 역할, 그리고 아내 역할 등에 대한 역할부담이 심각하므로 가정의 삶의 질과 복지 증진을 위해서는 아버지의 양육참여와 가사분담, 맞벌이 상황에 대한 이해 증진이 필요하다.

활동자료 미혼여대생의 직업의식 및 진로준비행동에 관한 설문내용

질문내용	전혀 그렇지 않다	거의 그렇지 않다	보통이다	약간 그렇다	매우 그렇다
1. 졸업 후 하고자 하는 일을 구체적으로 정했다.					
2. 나의 적성과 흥미가 무엇인지를 잘 알고 있다.					
3. 하고자 하는 일과 관련된 분야의 일에 대한 정보를 많이 알고 있다.					
4. 현재 나의 전공을 결정하는 과정에는 나의 의사가 가장 중요하게 반영되었다.					
5. 현실적으로 어떠한 어려움이 있더라도 내가 하고자 하는 일에 도전해보고자 한다.					
6. 결혼 후 가족들(배우자, 자녀 등)과의 관계가 희생된다면 현재의 직장이 좋은 조건이라도 그만둘 것이다.					
7. 배우자가 다른 지방으로 접근하면 나는 직장을 그만두고 따라갈 것이다.					
8. 조건이 좋은 직장이라도 결혼 상대자가 반대하면 나는 포기할 수 있다.					
9. 승진이 어렵더라도 자녀 성장에 도움이 된다면 나는 파트타임 근무로 전환할 것이다.					
10. 업무상 불가피하다면 나는 연장·휴일·야간근무도 할 수 있다.					
11. 마음에 드는 직장은 연고가 없는 지역이라도 갈 수 있다.					
12. 잦은 출장이 있는 업무도 할 수 있다.					
13. 지난 몇 주 동안 친구들과 나의 적성 및 앞으로의 직업 등에 대해 이야기를 나눈 적이 있다.					
14. 지난 몇 주 동안 나는 부모님과 나의 적성 및 앞으로의 직업 등에 대해 이야기를 나눈 적이 있다.					
15. 지난 몇 개월 동안 나는 교수님과 나의 적성 및 앞으로의 직업 등에 대해 이야기를 나눈 적이 있다.					
16. 지난 몇 주 동안 나는 내가 관심이 있는 직업이나 진로와 관련된 책이나 팸플릿 등을 구매하거나 혹은 읽어 보았다.					

17. 지난 몇 주 동안 나는 내가 관심이 있는 직업이나 진로와 관련된 교육훈련기관이나 혹은 교육훈련프로그램 등에 대한 안내 책자 등을 구매하거나 혹은 읽어 보았다.					
18. 지난 몇 개월 동안 나는 내가 관심이 있는 직업이나 진로와 관련된 기관을 직접 방문해 보았거나 혹은 방문계획을 세운 적이 있다.					
19. 지난 몇 주 동안 나는 내가 관심이 있는 직업이나 진로와 관련된 TV프로그램, 전시회, 설명회 등을 시청하거나 참관을 생각해 본 적이 있다.					
20. 지난 몇 개월 동안 나는 내가 관심이 있는 직업이나 진로와 관련된 전문가들과 이야기를 나눈 적이 있다.					
21. 지난 몇 개월 동안 나는 내가 관심이 있는 직업이나 진로분야에 직접 종사하고 있는 사람들과 이야기를 나눈 적이 있다.					
22. 지난 몇 주 동안 나는 내가 관심이 있는 직업이나 진로와 관련된 자료를 인터넷을 통해 탐색해 보았다.					
23. 지난 몇 개월 동안 나는 내가 관심이 있는 직업이나 진로분야로 진출하기 위한 자격요건이 무엇인지 구체적으로 알아본 적이 있다.					
24. 지난 몇 개월 동안 나는 진로문제를 상담하기 위해 학생 생활연구소나 그 밖의 상담기관을 방문한 경험이나 계획을 세운 일이 있다.					
25. 지난 몇 개월 동안 나는 나의 적성과 흥미, 성격 등을 정확히 알아보기 위해 검사를 받아본 적이 있다.					
26. 앞으로 내가 관심이 있는 직업을 얻기 위해서 그 준비에 필요한 교재, 참고서적, 기타 필요한 기자재 등을 가지고 진로를 준비하고 있다.					
27. 앞으로 내가 관심이 있는 직업을 얻기 위해서 학원 등을 다니면서 그 준비를 하고 있다.					
28. 내가 깊이 관심이 있는 회사에 대한 여러 가지 정보(취직방법, 월급, 승진방법, 전망)를 수집하였거나 혹은 그 같은 계획을 세우고 있다.					
29. 내가 좋아하는 직업을 얻기 위해서 할 일들을 항상 점검하고 있으며, 앞으로 할 일들에 대해서도 구체적으로 계획을 세우고 있다.					

※출처: 민진아(2015). 미혼 여대생의 결혼에 대한 인식과 직업의식이 미래 출산의지에 미치는 영향. 동덕여자대학교 대학원 석사학위논문

CHAPTER

10

한부모가정과 재혼가정

제1절 한부모가정

제2절 재혼가정

제1절 한부모가정

1 한부모가정의 개념

한부모가정이란 한 모(母) 혹은 한 부(父)와 그 자녀로 이루어진 가족을 의미한다. 우리나라에서는 이혼과 별거 또는 미혼모 출산, 가족가치관의 변화 등에 의한 한부모가정이 점차 증가하고 있다.

한부모가정은 현대사회의 다양한 가족 구조 중 하나로, 이혼, 부모 중 한쪽의 사망, 별거, 유기, 가출 등으로 인하여 한쪽 부모가 부재인 부(父) 또는 모(母) 중의 한 사람과 18세 미만의 자녀로 구성된 가족이다. 자녀가 부모 중 누구와 동거하느냐에 따라 한부모가정을 모자가족 혹은 부자가족으로 분류한다.

과거에는 편부모가족이라 지칭하기도 하였으나, 구조적 결손가족 혹은 불완전가족을 의미하는 것으로 사회적 편견이나 부정적 시각을 반영하기 때문에 최근에는 한부모가정이라는 용어를 사용하고 있다. 여기서 사용된 '한'의 의미는 '크다, 가득하다, 온전하다.'라는 의미를 담고 있는 순우리말이다. 편부모가 가지는 불완전하고 결손적인 이미지를 없애기 위해 한쪽 부모, 크고 온전한 부모라는 뜻의 '한부모'라는 용어를 대신 사용한다. 한부모라는 용어가 시사하는 바와 같이 한부모가정은 하나의 완성된 가족의 형태로 이해되어야 하며, 현대사회의 다양한 가족 유형으로 이해되는 것이 바람직하다.

물론, 한부모가정의 자녀는 대체로 아버지나 어머니와 같이 한쪽 부모에 의해 양육되는 경우가 주를 이루지만, 일부는 할아버지, 할머니, 삼촌, 이모 등 친척이나 가까운 이웃에 의해 양육되는 일도 있다.

「한부모가족지원법」에 의하면 한부모란 모(母) 또는 부(父) 중 다음의 어느 하나에 해당하는 사람으로서 18세 미만(취학 중이면 22세 미만을 말하되, 「병역법」에 따른 병역의무를 이행하고, 취학 중인 경우에는 병역의무를 이행한 기간을 가산한 나이 미만을 말한다.)의 아동을 양육하는 사람으로 명시하고 있다(「한부모가족지원법」 제4조 제1호, 제5호 및 「한부모가족지원법 시행규칙」 제2조).

한부모란 다음 중 어느 하나에 해당하는 자로서 18세 미만의 자녀를 혼자 양육하는 자를 말한다.

- 배우자와 사별(死別) 또는 이혼(離婚)하거나 배우자로부터 유기(遺棄)된 사람
- 정신이나 신체장애로 장기간 노동능력을 상실한 배우자를 가진 사람
- 미혼자 [사실혼(事實婚) 관계에 있는 사람은 제외]: 미혼모, 미혼부
- 교정시설 · 치료감호시설에 입소한 배우자
- 병역복무 중인 배우자를 가진 사람
- 배우자의 생사가 분명하지 아니한 사람
- 배우자 또는 배우자 가족과의 불화 등 때문에 가출한 사람

2 한부모가정의 발생원인

한부모가 발생하게 된 가족 해체의 원인으로는 부모 중 한쪽의 사망, 이혼, 유기, 별거, 가출, 미혼 부모 등을 들 수 있다. 자녀 측면에서 보면 부모와 함께 생활하다가 한쪽 부모와 헤어지는 경우가 일반적이며, 어떤 시기에 어떤 사유로 한쪽 부모와 생활하게 되었는지에 따라 다양한 욕구와 문제를 경험할 수 있다.

1) 부나 모의 사망

과거에는 1950년대를 기점으로 발발한 한국전쟁 때문에 부 또는 모의 사망으로 한부모 특히 모자가족이 많이 발생하였으나, 오늘날에는 질병이나 사고에 의하여 빚어지는 사망이 대부분이며, 부자가족보다는 모자가족이 증가하고 있는 편이다.

2) 이혼

이혼은 생존하고 있는 배우자들이 그 부부관계에서 일어나는 여러 가지 문제로부터 탈피하기 위한 하나의 제도로 그들 간의 협의에 의하여 또는 재판상의 절차를 거쳐서 인위적으로 부부관계를 소멸하는 것을 의미한다. 자녀가 있는 부부가 이혼 후 한쪽 부 또는 모와 자녀로 구성된 한부모가정이 형성된다.

3) 유기

배우자의 유기에 의한 한부모가정은 부부가 별거하고 있는 상태에서 부부 중의 일방이 자녀를 양육하면서 가족생활을 영위하는 상황에 해당한다. 여기서 부부란 법적으로 혼인관계에 있는 부부와 미혼의 부부를 모두 포함한다. 일반적으로 부자가족보다는 모자가족의 비율이 높은 편이며, 배우자의 유기는 고의적인 것으로 부(夫)에 의해 주로 발생하며, 그 원인은 이혼의 원인과 유사하다.

4) 미혼

미혼에 의한 한부모가정은 법적으로 혼인하지 않은 상태에서 임신하여 자녀를 낳게 됨으로써 발생하는 경우이다. 통상 법적 요건을 갖추어 한 번도 결혼한 적이 없는 상태로 부모가 된 미혼 부모를 말하며, 엄격하게는 자신의 배우자 이외의 사람과 관계를 맺어 부모가 된 경우까지도 포함한다.

3 한부모가정의 현황

우리나라의 한부모가정의 현황을 살펴보면 〈표 10-1〉에 제시된 바와 같이 꾸준히 증가하는 추세로 나타났다. 한부모가정의 현황은 다음과 같다.

표 10-1 한부모가정 현황, 2010-2015

(단위: 가구)

구분	2010	2011	2012	2013	2014	2015
전체가구	17,339,422	17,687,001	17,950,675	18,206,328	18,457,628	18,705,004
한부모가족	1,594,138	1,638,537	1,677,415	1,714,419	1,749,969	1,783,882

※출처: 전체가구 및 한부모가족: 2015년 인구주택 총조사(통계청), 장래가구추계(통계청)

〈표 10-2〉에서 제시하고 있는 혼인상태별 한부모가구 비율의 변화를 살펴보면, 사별로 말미암은 한부모가정의 비율은 1990년 56.0%에서 2010년 29.7%로 급격하게 감소하는 반면, 이혼에 의한 한부모가정의 비율은 1990년 8.9%에서 2010년 32.8%로 현저하게 증가하고 있음을 알 수 있다. 이 같은 자료는 이혼율 증가, 가족가치관의 변화 등으로 저소득 한부모가정이 지속적으로 증가함에 따라, 자립기반 조성을 위한 지원 필요성을 증대시키고 있다.

표 10-2 혼인형태별 한부모가구의 비율

(단위: 가구(%))

연도	총가구수	유배우[1]	사별	이혼	미혼	계	한부모가구 비율[2]
1985	9,571	254(29.9)	443(52.3)	50(5.9)	101(11.9)	848(100.0)	8.9
1990	11,355	227(25.5)	498(56.0)	78(8.9)	85(9.6)	889(100.0)	7.8
1995	12,958	216(22.5)	526(54.8)	124(12.9)	94(9.8)	960(100.0)	7.4
2000	14,312	253(22.5)	502(44.7)	246(21.9)	123(10.9)	1,124(100.0)	7.9
2005	15,887	329(23.9)	501(36.6)	399(29.1)	142(10.4)	1,370(100.0)	8.6
2010	17,339	413(25.9)	474(29.7)	523(32.8)	185(11.6)	1,594(100.0)	9.2

※주: 1) 한부모가구의 혼인상태가 유배우인 경우는 배우자가 가출, 유기, 장기복역 등의 상태를 의미함.
2) 총가구수 대비 한부모가구수의 비율임.
※출처: 통계청, 『인구주택 총조사』 각 연도.

한부모가구를 모자가구와 부자가구로 분류해보면, 모자가구가 80%가량 차지하고 있어 여성가구주의 비율이 상당히 높다는 것을 알 수 있다(통계청, 2015). 여성가구주가 대부분인 한부모가구의 비율이 증가하면서, 여성가구주가 차지하는 비율도 꾸준히 증가하고 있다.

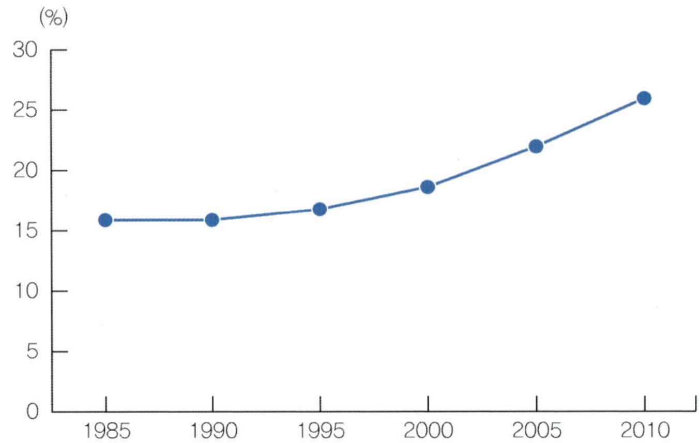

※주: 1) 여성가구주 비율은 전체 일반가구 중 여성이 가구주인 가구가 차지하는 비율임.
※출처: 통계청, 「인구주택총조사」, 각 년도.

그림 10-1 여성가구주 비율, 1985-2010

종합적으로 한부모가정의 현황을 살펴보면, 첫째, 전체 가구에서 한부모가정이 차지하는 비율이 점차 증가하고 있으며, 둘째, 이혼으로 인한 한부모가정의 발생이 급증하고 있고, 셋째, 한부모가구 중 여성가구주가 차지하고 있는 비율이 점점 증가하고 있다.

4 한부모가정의 특성

1) 한부모가정의 특성

우리나라는 한부모가정의 비중이 지난 20년간 서서히 늘러나고 있으며, 특히 이혼으로 인한 한부모가정이 증가하였다. 한부모가구의 80% 정도가 모자가구로서 여성가구주가 대부분이다(통계청, 2015). 우리나라는 한부모가구 중 사별로 인한 한부모가구의 비율은 줄어드는 반면 미혼 및 이혼으로 인한 한부모가구의 비율은 증가하였다. 특히 이혼으로 인한 한부모가구의 비율은 1990년 8.9%에서 2010년 32.8%로 급증하였다.

표 10-3 한부모가구 비율과 가구주 혼인상태별 구성비율, 1990-2010

(단위: %)

	한부모가구 비율	가구주 혼인상태별 구성비율			
		사별	이혼	미혼	유배우
1990	7.8	56.0	8.9	9.6	25.5
1995	7.4	54.8	12.9	9.8	22.5
2000	7.9	44.7	21.9	10.9	22.5
2005	8.6	36.6	29.1	10.4	23.9
2010	9.2	29.7	32.8	11.6	25.9

※주: 1) 한부모가구 비율은 전체 일반가구 중 한부모가구가 차지하는 비율임.
※출처: 통계철, 「인구주택총조사」, 각년도.

한부모가정은 일반적으로 가족생활에서 몇 가지 특성을 나타낸다. 한부모가정은 부 혹은 모의 역할 부재 때문에 한부모가 혼자서 감당해야 하는 부모역할 수행상의 어려움을 경험하게 된다. 한부모가정이 겪게 되는 일반적인 어려움은 다음과 같다(김혜경 외, 2011; 허혜경 외, 2013).

- 경제적 문제: 한부모가정이 겪는 가장 심각한 문제 중 하나는 경제적 문제이며, 한부모가정의 경제적 어려움은 모자가족이 부자가족보다 더욱 심각하다. 모자가족의 경우, 「모 · 부자복지법」 또는 「국민기초생활보장법」 대상이 되는 저소득 과반수 정도를 차지하는 것으로 보인다.
- 역할 변화에 따른 적응 문제: 한부모가정이 된 후 부나 모의 역할 부재를 보완하기 위해 나머지 가족 구성원의 역할이 변화하여야만 한다. 이전에는 부모가 함께 수행하던 역할을 한부모가 혼자서 수행하여야 하는 이중고, 삼중고의 현실과 새로운 가정환경에의 적응과정에서 자녀와 갈등을 유발하기도 한다. 모자가정은 모의 취업 상황, 부자가정은 부의 가사노동이나 자녀양육 문제가 주된 적응 문제라 할 수 있다.
- 자녀양육 문제: 모자 가족 및 부자 가족은 자녀양육과 관련된 다양한 어려움을 호소하고 있다. 예를 들면, 부모는 자녀의 훈육, 교육, 아이 돌봄의 공백, 부모-자녀 의사소통 문제, 자녀의 생활 적응, 교우관계 등 많은 어려움이 있다.

표 10-4 한부모 유형별 자녀양육 및 교육문제

(단위: 건)

항목	부자가족	모자가족	전체
아이를 맡길 곳이 마땅치 않아 어려움이 있다.	83	351	434
아이를 다루는 데 힘이 든다.	84	353	437
아이가 성적이 좋지 않아 걱정이다.	86	352	438
아이와 의사소통이 잘 안 돼 걱정이다.	86	352	438
아이가 성격이 폭력적이어서 걱정이다.	85	354	439
아이가 나쁜 친구와 어울려서 걱정이다.	86	354	440
아이가 친구들과 어울리지 못해서 걱정이다.	86	354	440

※출처: 변화순 외(2002). 가족유형에 따른 생활실태와 복지욕구에 관한 연구(이숙 외, 2009 재인용).

- 정서적 문제: 발생원인과는 상관없이 한부모가정의 자녀는 한쪽 부모의 상실감을 경험하게 된다. 자녀가 겪는 정서적 문제로는 한쪽 부모를 잃게 되므로 상실감, 분노, 좌절, 우울 등 다양하고 복합적이다. 한부모의 경우에는 배우자가 수행하여야 할 정서적 지지체계의 부재 때문에 심리 및 정서적 어려움을 경험하기도 한다. 대부분의 한부모는 생활과 자녀양육의 모든 책임을 혼자서 떠맡아야 하는 어려움 때문에 많은 스트레스를 겪고 있으며, 이러한 스트레스는 자녀에게도 부정적인 영향을 주게 된다.
- 자녀와 함께하는 절대시간의 부족: 한부모의 경우 과중한 부모역할을 혼자서 수행함에 따라 자녀와 함께하는 절대시간이 부족할 수밖에 없다. 온종일 직장에서, 퇴근 후에는 가사노동 등 때문에 자녀의 학업지도나 대화 부족 등에 따른 다양한 문제가 유발될 수 있다. 일반 가족의 어머니와 마찬가지로 한부모가정의 어머니도 자녀교육에 대한 열의는 높으나, 실제로 자녀양육과 학업과 관련된 교육에 신경 쓸 시간적 및 경제적 여유가 부족한 실정이다.
- 사회적 편견: 아직도 우리 사회에는 양쪽 부모와 함께 생활하는 가족을 정상 가족으로, 한부모가정을 비정상 가족으로 바라보는 사회적 편견이 존재하고 있다. 이러한 부정적인 사회 인식이 개선되지 않는 한 한부모가정 자녀에게 끼칠 부정적 영향은 자명하다.

모자가족과 부자가족이 겪는 어려움을 정리하면 다음과 같다(김혜경 외, 2011).

표 10-5 모자가족과 부자가족의 어려움

문제	모자가족	부자가족
재정상 어려움	• 경제적 문제가 가장 심각함 • 학력이 낮은 일용 근로직 한모들은 절대빈곤 수준 이하의 생활 • 청소년 자녀가 경제적 책임을 지고 학업을 중퇴하여 빈곤층으로 남음	• 두 가구 부양으로 재정적 어려움과 스트레스 가중 • 위자료, 자녀양육, 탁아비용 등이 더 많이 듦
사회적 편견	• 한모에 대한 부정적 시각과 사회적 지원 미약 • 시댁이나 사회단체보다 친정 지원이 많음 • 정서적 지원보다 경제적 지원이 적음 • 사회가 모자가족을 부정적으로 생각한다고 인식함	• 홀아비, 인생의 실패자라는 낙인과 동정 때문에 위축될 수 있음 • 남성도 혼자서 가정을 잘 꾸리고 자녀양육과 교육에 잘 적응할 수 있음을 보여줄 필요가 있다고 인식함
역할 부담	• 일과 가사노동의 이중부담 • 우리나라 한모는 서구 한모보다 가사에 대한 자녀 의존도가 낮음	• 가사, 직장의 병행으로 부담이 큼 • 부인이 가출한 경우에는 버림받았다는 생각으로 자녀양육 스트레스가 가중됨
외로움	• 자녀와 정서적으로 친밀하고 상호신뢰가 높으나 상대방의 기대보다 자신의 기준에 따라 행동 • 자녀에 대한 자율성이 높음 • 외로움, 경제적 문제 의사결정 등 자녀에게 의존	• 이혼 충격이 여성보다 오래감 • 이혼 초기의 자존감 상실이 심각함 • 신체적, 정신적 질병이 여성보다 많음 • 갈등문제를 혼자서 고민하고 결론에 이르게 됨 • 실패한 남성으로서 사회적 시선을 더 의식함
직장 관련 문제	• 학력이 불안정한 한모는 일용 근로직 등 근로여건이 취약함	• 자녀양육 책임과 일의 책임 사이에서 갈등함 • 출장, 직장의 이동, 근무시간, 수입, 승진, 동료, 상사와의 관계 등과 관련하여 어려움 • 직장, 자녀양육, 가정관리를 조화시키는 것이 관건임
사회 생활의 어려움	• 관계망이 좁고 대인관계가 위축될 수 있음	• 아버지만의 시간 부족, 친구들과의 공동 관심 부족, 사회적 배척과 소속감 결여로 사회적 활동이 축소될 수 있음 • 시간이 가면 점차 친숙한 관계를 형성하고 행복감과 능력, 만족감, 자긍심을 얻게 됨

자녀양육 문제	• 경제적 문제가 자녀양육보다 더 심각한 경우가 많음	• 자녀에 대한 인내심 부족 • 가사처리보다 자녀의 정서발달 함양이 더 어려움 • 이혼 전 가사와 자녀양육 참여 정도는 한부모 역할 적응에 주요 변수로 작용함
성역할 모델 부재	• 아버지 부재로 적절한 성역할 모델이 부재하여 자녀 교육에 어려움 수반	• 특히 부자가족일 때 성역할 모델 부재로 성역할 사회화에 어려움 발생

※출처: 김혜경, 도미향, 문혜숙, 박충선, 손흥숙(2011). 가족복지론. 경기: 공동체.

우리나라에서는 대부분 모자가족이 경제적 문제와 사회적 편견 때문에 어머니 역할을 하는 데 있어서 많은 긴장감과 어려움을 호소하고 있다. 부자가족도 해체 이후 평균 2년 정도는 역할 변화에 대한 재적응의 과도기를 경험하는 것으로 나타났다. 최근에는 이혼과 한부모가정의 증가 때문에 부부관계는 종료되더라도 자녀양육에 대한 권리, 책임 및 의사결정에서 부모역할을 공동으로 수행하여야 한다는 공동 후견(joint custody)의 형태가 늘어나고 있다. 가정이 해체됨에 따라 한부모뿐만 아니라 자녀도 재적응을 위한 시간과 노력이 필요하다.

2) 한부모가정 자녀의 특성

우리나라에서 한부모가정은 약 10% 정도를 차지하고 있는 다양한 가족구조의 한 형태이다. 한부모가정은 한부모가 된 원인과 기간, 경제적 상태, 가정의 주기에 따라서 다양한 상황에 놓여 있기 때문에 일반화하기에는 어려움이 있다. 특히 한부모가정이라고 하여 모두 문제가 있는 것은 아니며, 양부모가정이라고 해서 모두 정상적인 것은 아니다. 헤더링톤 등(Hetherington et al., 1991)의 연구에 의하면 모자가족의 자녀는 가정의 의사결정에 적극적으로 참여하고 독립심이 증가하는 긍정적인 측면도 있다고 보고한다.

대체로 한부모가정의 자녀는 동일시 대상의 부재와 사회적 지지자의 상실 때문에 부정적인 정서를 더 많이 경험할 수 있다. 또한, 상황에 대한 대처능력의 부족으로 부적응 및 정서적 혼란을 겪는 경우도 많다. 한부모들은 생계부양의 어려움으로 비교적 자녀가 선택한 사회·문화적 활동에 함께 참여하지 못하는 경우가 많다. 한부모들은 자녀의 학교활동, 학습, 복지에 대한 관심이 부족하거나, 관심은 있어도 시간적인 여유가 부족하여 자녀에게 실질적인 도움을 주지 못하는 경우가 많으므로, 자녀는 이 때문에 불만, 소외감, 열등감 등을 경험할 수 있다. 이러한 복합적인 원인 때문에 한부모가정의 자녀는 자아존중감이 저하되고 사회적 부적응이나 비행에 빠질 위험에 처하기 쉽다. 한부모가정의 자녀는 양부모가정의 자녀보다 안정성, 지배성, 사려성, 사회성 등이 상대적으로 낮은 성격 특성이 있다〈표 10-6〉.

표 10-6 한부모가정 자녀의 부정적 성격특성의 예

구 분	한부모가정의 자녀 특성
자존감	회의적, 무가치한 인물로 보며 종종 불안감을 느끼고 불행하다고 느낌 자기 자신에 대해 부정적이고 행동도 불안하고 소극적임
부적응 경향	대인관계 부적응, 정동불안정성, 학습부적응이 높게 나타남
자아개념	자아개념이 낮게 나타남
신념	불합리한 신념을 더 많이 갖고 있음
학업성취	학습부진
학교생활적응	학교생활에 부적응함

한부모가정의 아동은 가정환경에서 오는 열등감과 심리적인 불안감으로 지나친 세심함이나 비사회성을 가지기 쉬우므로 가정이나 학교, 사회에서 이들에 대한 계획적이고 의도적인 교육계획 프로그램이 모색되어야 한다. 예전보다 한부모가정은 점점 더 늘어가고 있고, 이들이 따뜻한 인간애를 배울 수 있는 곳은 학교이므로 교사는 한부모가정의 자녀에게 특별한 애정을 가지고 그들의 사회성 발달을 도와주도록 해야 한다.

자녀의 양육을 맡은 한부모나 조부모가 정상가정의 아동 못지않게 잘 키우겠다는 지나친 기대감이 오히려 자녀의 원만한 성격발달을 저해하여 자녀로 하여금 자신감이 부족하고 다른 사람들과 어울리기를 싫어하는 성격을 형성하게 한다. 한부모가정 자녀에게는 다른 부모에 대한 부재감과 상실감으로 심리적 부적응을 겪거나 가정에 대한 만족감에 부정적인 영향이 있을 수 있다. 그러므로 한부모는 자녀가 스스로 가정에 꼭 필요한 존재임을 알게 하여 자신감을 갖도록 하고 그들에게 알맞은 능력, 소질, 기능, 취미 등을 계발해 주어 자신도 행복한 아동이라는 긍정적인 자아개념을 형성하도록 지원하는 것이 중요하다. 한부모는 자녀가 교내 방과 후 활동이나 동아리 활동, 종교단체 등에 적극적으로 참여하도록 하여 또래들과 협동, 융화될 수 있는 여건을 만들어 주는 것도 바람직하다.

5 한부모의 자녀교육 지침

한부모가정의 형태가 모든 자녀에게 부정적인 영향을 끼친다고 단언하기는 어렵다. 실제로 한부모가정의 자녀가 대인관계와 학업성취도, 자아존중감 등에 있어서 정상적인 발달을 보이는 경향이 있으며, 때로는 가족갈등이 만성화된 양부모가정의 자녀보다 더 높은 성숙과 자기효능감, 내적통제력을 지니고 있다는 보고도 있다. 그러므로 한부모가정의 부모들은 다른 한쪽 부모의 부재로 인해 부모역할을 하는 데 어려움과 긴장이 있으므로, 자녀의 건전한 발달을 위해 부모역할을 수행하는 데 있어 보다 전략적인 노력이 더해져야 할 것이다.

다음은 '가족과 성 상담소'에서 마련한 한부모가정의 문제를 함께 풀고 지원하는 자조모임 행사에서 발표된 한부모의 홀로서기 방법과 한부모역할을 정리한 것이다(허혜경 외, 2013).

읽을거리

한부모가정의 자녀를 위한 부모역할

1. 먼저 이혼이 결정될 무렵 자녀가 있는 곳에서 '아이는 당신이 맡아라'는 식의 이야기는 하지 않는다.
2. 어머니 혹은 아버지로서의 역할 이전에 인간이라는 사실을 인식한다.
3. 자신이 행복한 사람만이 자녀에게 행복을 줄 수 있다는 것을 한부모 스스로 깨닫는다.
4. 자녀는 기르는 것이 아니라 '스스로 자란다.'는 사실을 인식한다.
5. 한부모는 이혼을 실패로만 생각하는 세상의 잣대로 자신을 평가하지 않는다. 이럴 때 비로소 한부모는 피해의식과 죄책감에서 벗어날 수 있다.
6. 사회적 인간으로서의 한부모 스스로 자아정체감의 중요성을 인식한다.
7. 한부모는 부족한 존재가 아니라고 생각하며, 스스로 긍정적인 면을 찾아본다.
8. 한부모 자신을 기쁘게 하는 작은 것들을 주변에서 찾아보고 때로는 자신을 위해 작은 것이라도 선물한다. 부모 자신의 사기를 북돋거나 격려하는 행위는 사소하지만 자신의 가치를 느낄 기회가 된다.
9. 좋은 이성 친구는 삶을 풍요롭게 하고 새로운 가족이 될 수도 있다고 마음을 열어 놓는다. 이는 자녀가 인생의 부담이라는 생각에서 벗어날 수 있게 해 준다.
10. 외로움이나 불행은 행복이나 즐거움과 마찬가지로 언젠가는 지나간다고 생각하고, 현재와 미래에 충실히 임한다.
11. 한부모는 자녀에게 가능한 한 이혼 전과 같은 태도를 보인다. 이혼 후 자녀를 특별히 불쌍하게 보거나 보상 심리로 잘 대해 주거나 과잉보호하는 등의 행위는 절대 금물이다.
12. 자율적인 가정환경을 조성하여 자녀의 독립정신을 기른다.
13. 솔직한 대화로 신뢰를 쌓아 자녀에게 한부모가 결코 그들을 떠나지 않는다는 확신을 하게 한다.
14. 부모의 이혼 후 우울해하거나 내성적으로 성격이 바뀐 자녀는 친척이나 친구와 친밀한 관계를 맺을 수 있도록 배려하여 긍정적 사고방식과 사교성을 기르도록 노력한다.
15. 상대편 부모에 관한 이야기, 특히 험담은 하지 않는 것이 좋다.
16. 자녀가 상대편 부모를 그리워할 때는 막지는 않지만, 자녀가 상대편 부모를 그리워하지 않을 때는 굳이 먼저 상대편 부모에 관한 이야기를 하지 않는다.
17. 혹시 한부모가 스트레스를 받게 되더라도 자녀에게 '애물단지', '아빠(엄마)에게 가라', '너 때문에 내 팔자가…'라는 등의 이야기는 하지 않는다.
18. 한부모 자신의 생활이 고달프더라도 그 스트레스를 자녀에게 풀거나, '너는 반드시 잘 돼야 한다.'는 지나친 기대와 압력을 주지 않는다.
19. 비상시를 대비해서 주변의 이웃과는 친밀한 유대관계를 갖도록 한다.
20. 가정마다 이혼 후 갖게 되는 장점을 찾아 최대한 살려서 단점이 최소화될 수 있도록 노력한다.
21. 이혼 후 삶의 경험이 한부모에게는 물론 자녀에게 자기 발견과 자아실현을 할 기회가 될 수 있도록 노력한다.

한부모가정을 위해서 친인척, 지역사회, 국가에서 할 수 있는 일을 살펴보면 다음과 같다(오영희 외, 2010).

한부모가정을 위해 친인척이 할 수 있는 일

- 전화나 방문 등을 통해 한부모가정에게 정서적 지원을 한다.
- 남자친척(예. 외삼촌, 이모부, 큰아버지, 고모부 등)이 아버지의 빈자리를 채워주며, 여자친척(예. 이모, 고모, 큰어머니 등)은 어머니의 빈자리를 채워주어 성역할 모델 부재의 어려움을 해결한다.
- 휴가철에 한부모가정과 함께 시간을 보낸다.
- 가족행사(예. 생일, 명절, 결혼식 등)에 서로 참여한다.

한부모가정을 위해 지역사회에서 할 수 있는 일

- 한부모를 부정적으로 보지 않는다. 한부모에 대한 사회적 편견을 갖지 않는다.
- 한부모도 많은 장점이 있음을 인식한다.
- 한부모를 위한 일회성 강연보다는 종합적 시리즈 프로그램을 제공한다.
- 일반인이 한부모에 대해 긍정적 이해를 할 수 있도록 매스컴과 협력한다.
- 복지기관 이외에 종교나 NGO 단체도 한부모가정을 위한 프로그램을 시행한다.

한부모가정을 위해 국가에서 할 수 있는 일

- 저소득 한부모가정을 위해 다양한 경제적 지원방안(예. 장기저리 융자, 주택 우선분양 등)에 역점을 둔다.
- 가족생활교육전문가와 가족상담자를 두어 상담교육 사업을 활성화한다.
- 이혼한 경우 자녀 양육비 지급을 법제화한다.
- 한부모가정을 위한 직업 알선 및 직업교육을 강화한다.
- 한부모가정을 위한 단체 보호시설의 보호기간을 연장하고 시설을 확충한다.

※출처: 오영희, 박창옥, 강영식, 김현정(2010). 가족복지. 서울: 동문사.

이 외에도 사단법인 한국한부모가정사랑회에서는 한부모가정 아동의 인권보호와 인권침해를 막기 위해 각 학교에 전달한 한부모가정 아동 지도지침의 내용을 살펴보면 다음과 같다(한국한부모가정사랑회, 2010).

읽을거리

학교에서 필요한 한부모가정 아동의 지도 지침

1. 한부모가정 아동에 대한 편견을 버린다.
   한부모가정 아동은 문제가 있거나 잠재적인 비행아가 아니다. 부모가 한부모이기 때문에 자녀도 뭔가 문제가 있을 것이라는 생각은 잘못된 것이다.
2. 한부모가정 아동에 대한 낮은 기대감을 없앤다.
   교사들은 한부모가정 아동에 대해 낮은 기대감을 갖고 있다는 연구보고가 있다. 교사의 한부모가정 아동에 대한 낮은 기대감은 학업성취 및 생활지도에서도 나타난다. 일반 아이들에게는 격려와 지지를 보내면서도 혹시 한부모가정 아동에게는 지나친 벌과 무관심한 태도를 보인 적은 없었는지 살펴본다.
3. 한부모가정에 대한 가정조사를 공개적으로 하지 않는다.
   한부모가정 아동은 부모의 이혼, 사별 등 가족상황에 대해 민감한 반응을 보인다. 그런 학생들에게 "부모님, 이혼한 사람 손들어봐", "수급자 손들어봐", "급식비 면제자 손들어봐" 등 상처받을 질문을 하지 않는다.
4. 한부모가정 아동만을 대상으로 실태조사 등을 하지 않는다.
   한부모가정 아동은 다른 친구들이 자신의 가정형태에 대해 아는 경우 "자살하겠다."는 말을 할 정도로 가족상황을 심각하게 받아들인다. 그런 학생들을 가정조사, 실태조사 등을 한다고 강제적으로 모이게 하면 학생들은 상처를 입고 학교생활을 하는 데 어려움을 겪게 된다. 조사가 필요하다면 1:1 면담을 통해 자료를 얻는 것이 바람직하다.
5. 한부모가정 이해교육을 받기를 권유한다.
   한부모가정 이해교육은 한부모가정을 있는 모습 그대로 수용하고, 한부모가정에 대한 바른 정보를 통해 한부모가정을 이해하는 시민교육이다. 교사가 한부모가정 아동을 지도하기 위해서는 한부모가정 이해교육이 도움이 될 것이다.
6. 한부모가정 반편견 교육을 시행한다.
   교사의 편견만큼이나 일반 아동의 한부모가정 아동에 대한 편견도 깊은 편이다. 따라서 유아기부터 한부모가정 반편견 교육을 제공해 편견 없는 아이로 자랄 수 있도록 지도해야 한다.
7. 한부모가정 아동을 애정으로 지도한다.
   한부모가정 아동은 부모의 늦은 귀가로 위험에 노출되어 있고, 애정이 부족한 상태이다. 부모의 빈자리를 교사의 사랑으로 채워주어야 한다. 그런 관심이 비행을 줄이고, 미래지향적인 아동으로 성장하도록 도울 것이다.

제2절 재혼가정

1 재혼가정의 개념과 현황

1) 재혼가정의 개념

재혼가정은 과거부터 우리 사회에 존재해 왔던 가족 유형이다. 과거에는 여성 재혼을 금기시하는 유교문화의 영향 때문에 재혼가정 또는 여성의 재혼에 대한 선입견과 잘못된 통념이 강하게 자리 잡고 있었다. 그러나 재혼가정 역시 다양한 가족형태의 하나로 인식됨에 따라 사회적 및 학문적 관심이 증가하고 있다.

재혼가정이란 한 번 또는 그 이상 결혼하여 가정을 이룬 남성이나 여성이 재혼하여 가정을 재구성하여 형성한 가정을 의미한다. 미국에서는 재혼가정(remarried family)을 배우자 한쪽이나 양쪽 모두 재혼 이상의 결혼으로 자녀가 있거나 없으면서, 하나의 가구를 유지하는 부부로 구성된 가정이라 정의하고 있다. 즉, 재혼가정이란 배우자 중 최소한 한 명은 초혼이 아닌 성인남녀의 재결합을 의미하며, 재구성가족, 계부모가족(step family), 혼합가족(blended family), 두 개의 핵가족(binuclear family) 등 다양하게 불린다. 특히 부모의 한쪽이 친부모이며, 그 친부모가 재혼하기 전에 출생한 자녀가 있는 재혼가정의 경우를 아동의 입장에서 흔히 '계부모가족'이라고 한다.

2) 재혼가정의 현황

통계청에서 제공한 결과에 의하면, 재혼이 전체 혼인에서 차지하는 비중은 남녀 모두 2005년을 정점으로 감소하고 있다(통계청, 2015). 우리나라 재혼가정의 현황을 통해 나타난 특징을 구체적으로 살펴보면, 첫째, 2015년 남녀 모두 재혼인 경우는 전체 혼인의 11.5%를 차지하였으며, 남성 재혼과 여성 초혼인 경우는 11.7%, 여성 재혼과 남성 초혼인 경우는 18.0%를 차지하였으며, 모두 점진적인 감소추세를 보여준다.

둘째, 우리나라에서는 2005년부터 꾸준히 '남성 초혼 + 여성 재혼'의 비율이 '남성 재혼 + 여성 초혼'의 비율보다 높게 나타나고 있다.

표 10-7 혼인종류별 건수, 2005-2015

(단위: 천 건, %)

		2005	2006	2007	2008	2009	2010	2011	2012	2013	2014	2015	구성비	전년 대비 증감	전년 대비 증감률
계		314.3	330.6	343.6	327.7	309.8	326.1	329.1	327.1	322.8	305.5	302.8	100.0	-2.7	-0.9
남자	초혼	252.5	273.7	285.4	270.2	255.8	273.0	277.4	275.9	273.8	257.9	256.4	84.7	-1.5	-0.6
	재혼	59.7	55.6	57.1	57.2	53.8	53.0	51.6	51.1	48.9	47.5	46.4	15.3	-1.1	-2.4
여자	초혼	245.2	269.3	280.7	264.5	250.7	268.5	272.6	270.5	268.4	251.5	250.0	82.5	-1.5	-0.6
	재혼	66.6	59.7	61.9	62.8	58.8	57.5	56.4	56.5	54.3	53.9	52.7	17.4	-1.2	-2.2
남(초)+여(초)		232.0	255.2	265.5	249.4	236.7	254.6	258.6	257.0	255.6	239.4	238.3	78.7	-1.2	-0.5
남(재)+여(초)		13.1	14.0	14.9	15.0	13.9	13.9	13.9	13.5	12.8	12.0	11.7	3.9	-0.4	-2.9
남(초)+여(재)		20.1	18.2	19.6	20.6	19.0	18.3	18.7	18.9	18.2	18.4	18.0	6.0	-0.4	-2.1
남(재)+여(재)		46.3	41.3	41.9	42.1	39.8	39.1	37.7	37.6	36.1	35.5	34.7	11.5	-0.8	-2.2

* 미상 포함, 남(초):남자초혼, 남(재): 남자재혼, 여(초): 여자초혼, 여(재):여자재혼
※출처: 통계청(2015). 2015년 인구동태연보(혼인, 이혼편).

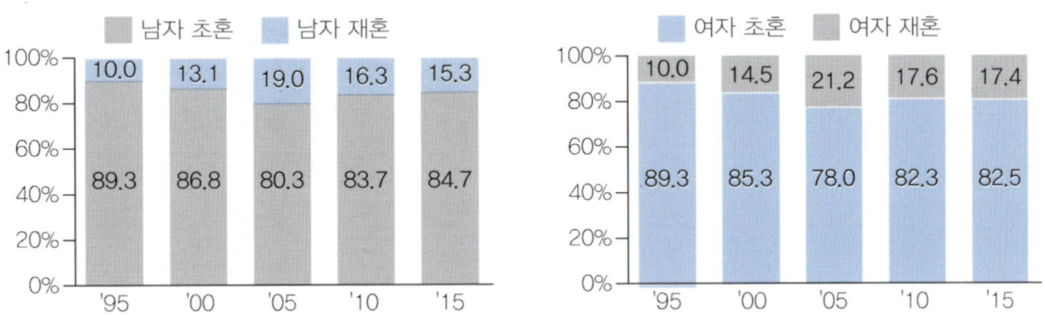

※출처: 통계청(2015). 2015년 인구동태연보(혼인, 이혼편).

그림 10-2 혼인종류별 구성비, 1995-2015

셋째, 우리나라의 2015년 평균 재혼연령은 2015년 남성 47.6세, 여성 43.5세로 전년보다 0.5세 상승하였으며, 10년 전보다 남자는 3.5세, 여자는 3.9세 상승한 것으로 나타나 재혼연령의 상승화 현상이 뚜렷하다.

표 10-8 평균 초혼 및 재혼연령, 2005-2015

(단위: 세)

		2005	2006	2007	2008	2009	2010	2011	2012	2013	2014	2015	증감	
													전년 대비	10년전 대비
초혼 연령	남자	30.9	31.0	31.1	31.4	31.6	31.8	31.9	32.1	32.2	32.4	32.6	0.2	1.7
	여자	27.7	27.8	28.1	28.3	28.7	28.9	29.1	29.4	29.6	29.8	30.0	0.2	2.3
재혼 연령	남자	44.1	44.4	44.8	45.0	45.7	46.1	46.3	46.6	46.8	47.1	47.6	0.5	3.5
	여자	39.6	39.7	40.1	40.3	41.1	41.6	41.9	42.3	42.5	43.0	43.5	0.5	3.9

*소수점 2자리 반올림 연령으로 계산
※출처: 통계청(2015). 2015년 인구동태연보(혼인, 이혼편).

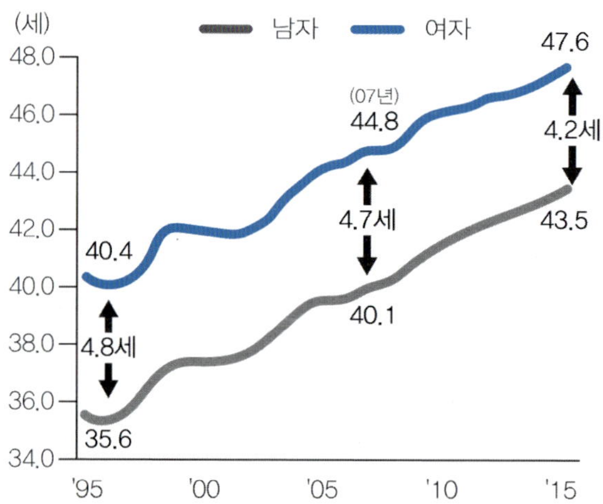

※출처: 통계청(2015). 2015년 인구동태연보(혼인, 이혼편).

그림 10-3 평균재혼연령, 1995-2015

통계청에서 실시한 2016년 사회조사 결과, 우리나라 사람들의 재혼에 대한 견해를 살펴보면 '재혼을 해야 한다'는 긍정적인 견해(반드시 해야 한다 + 하는 것이 좋다)가 전체 14.2%로 나타났으며, 남성은 17.2%로 여성의 11.3%에 비해 높게 나타났다. 재혼에 대한 부정적인 견해(하지 말아야 한다 + 하지 않는 것이 좋다)는 전체 16.3%로 긍정적인 견해보다 높게 나타났다. 재혼에 대한 부정적인 견해는 여성이 19.4%로 남성의 13.2%에 비해 높게 나타났다.

표 10-9 결혼 · 이혼 · 재혼에 대한 견해

(단위: %)

	계[1]	결 혼			이 혼			재 혼		
		해야 한다[2]	해도 좋고 하지 않아도 좋다	하지 말아야 한다[3]	해서는 안된다[4]	할 수도 있고 하지 않을 수도 있다	이유가 있으면 하는 것이 좋다	해야 한다[2]	해도 좋고 하지 않아도 좋다	하지 말아야 한다[3]
2014년	100.0	56.8	38.9	2.0	44.4	39.9	12.0	16.5	60.0	15.5
2016년	**100.0**	**51.9**	**42.9**	**3.1**	**39.5**	**43.1**	**14.0**	**14.2**	**62.3**	**16.3**
남 자	100.0	56.3	38.9	2.4	45.0	39.5	11.5	17.2	61.7	13.2
여 자	100.0	47.5	46.7	3.8	34.2	46.6	16.4	11.3	62.8	19.4
미혼남자	100.0	42.9	49.3	3.3	34.0	44.4	13.9	13.5	65.5	8.5
미혼여자	100.0	31.0	59.5	6.0	17.7	54.8	22.5	9.1	72.7	8.8
13~19세	100.0	37.1	52.4	4.0	28.0	46.8	14.8	7.9	65.5	11.2
20~29세	100.0	41.9	50.4	4.7	27.3	49.4	18.7	12.5	70.7	7.5
30~39세	100.0	40.7	53.7	4.0	31.7	50.2	15.0	12.7	69.0	11.7
40~49세	100.0	44.2	50.9	3.5	32.9	49.9	14.9	11.8	65.1	18.1
50~59세	100.0	59.8	36.9	2.0	43.7	41.2	12.8	14.8	58.3	21.0
60세 이상	100.0	73.2	23.6	1.7	60.6	27.6	9.8	20.6	51.0	22.6

주: 1) 각 항목별로 '잘 모르겠다' 있음
2) '반드시 해야 한다'와 '하는 것이 좋다'를 합한 수치임
3) '하지 않는 것이 좋다'와 '하지 말아야 한다'를 합한 수치임
4) '어떤 이유라도 이혼해서는 안 된다'와 '이유가 있더라도 가급적 이혼해서는 안 된다'를 합한 수치임

재혼은 초혼보다 고려해야 할 요인이 더 많다. 예를 들어, 재혼가정은 가족구조가 복잡하고 그 경계가 모호하여 가족 구성원의 역할이 모호하다. 대부분 가족에서는 부부관계가 부모-자녀 관계보다 우선하지만, 재혼가정에서는 새로 결합한 부부관계보다 더 강력하고 친밀한 부모-자녀 관계가 우선하므로 갈등이 발생할 수 있다. 또한, 재혼가정은 초혼가족보다 심리정서적인 갈등이 있을 수 있다. 예를 들어, 재혼가정의 자녀가 친엄마에게 애정이 있는 상황에서 새엄마에게도 애정을 갖게 되면 심리적으로 충성심(loyalty)의 갈등을 겪을 수 있다.

이러한 재혼가정의 어려움에도 불구하고, 재혼가정은 강점을 가질 수 있다. 즉, 재혼함으로 인해 부부는 동반의 기쁨이 재형성되는 기회를 가질 수 있다. 또한, 재혼가정은 한부모가정보다 경제적으로 긍정적인 변화를 가져올 수 있으며, 또한 한부모가정보다 부모역할 수행을 함께 할 수 있다. 한부모가정은 모든 책임을 혼자 담당했던 것에 비해 재혼가정은 새로운 가족원이 영입됨으로써 그 책임을 공유할 수 있다(한미현 외, 2013).

재혼가정이 건강하기 위해서는 가족 구성원 모두가 서로의 차이점을 존중하고, 적응에 시간이 걸린다는 점을 인식해야 한다. 특히 중요한 점은 재혼이 도구적인 측면에서 현실적인 욕구 충족의 수단, 즉 생계나 자녀양육의 해결 등으로 인식되어서는 안 된다는 점과 재혼가정에서도 부부관계가 모든 가족관계의 중심이라는 점을 인식해야 한다.

또한, 사회적으로는 이혼 및 재혼에 대한 인식의 전환이 요구된다. 아직도 가족은 부부와 혈연관계로 맺어진 자녀로 구성된 것이라는 전통적인 고정관념 때문에 재혼가정에 대한 편견이 존재할 수 있는데, 가족의 구성보다는 가족 안에서 어떤 일이 일어나고 있는가가 건강한 가정을 판단하는 올바른 기준이 되어야 할 것이다. 적응에 성공한 재혼가정의 사례를 발굴하여 사회적 인식을 긍정적으로 전환하도록 하되, 재혼을 지나치게 미화하기보다는 현실적인 문제나 갈등을 현명하게 해결하는 모습을 있는 그대로 보여주어 열린 마음으로 이해할 수 있도록 한다.

2 재혼가정의 특성

재혼의 어려움은 초혼의 이혼율보다 높은 재혼 후 이혼율에서도 쉽게 엿볼 수 있다.

미국은 초혼가정의 이혼율이 40%인 데 비해 재혼가정의 이혼율은 70%에 이른다. 세 번째 결혼일 경우엔 이혼율이 90%에 육박한다. 우리나라도 초혼 부부보다는 재혼부부의 이혼율이 더 높은 것으로 나타났다.

재혼가정은 여러 측면에서 초혼가정과는 다르다. 재혼으로 구성되는 가족은 대부분 초혼가정보다 더욱 다양한 관계를 형성하는데, 이러한 관계를 주요 하위체계별로 살펴보면 재혼한 부부관계, 친부모-친자녀 관계, 계부모-계자녀 관계, 친형제·계형제(step-siblings)·이복형제(half-siblings)를 포함하는 재혼가정 내의 형제관계, 전 배우자와의 관계, 조부모 및 계조부모(step-grandparents)를 포함하는 친족관계 등이 포함된다. 이처럼 재혼가정은 초혼가정보다 훨씬 복잡하며, 이러한 복잡성은 초혼가정보다 상대적으로 많은 가족원과 이들의 역할 및 책임이 명확하게 정의되어 있지 않은 것에 기인한다(정현숙 외, 2007).

재혼가정은 일반적으로 핵가족이며, 이전 가족에 대한 감정 및 관계를 해결하고, 두 가족이 재구성되어 새로운 관계를 형성해야 하므로 계부모-자녀 관계가 조화를 이루기 위해서는 보통 몇 년의 시간과 함께 남다른 노력이 필요하다.

재혼가정은 배우자가 서로 사랑과 신뢰를 기초로 결혼한다는 부분에서는 초혼과 같으나, 재혼, 특히 유자녀 재혼은 초혼과는 다른 여러 가지 특성을 나타낸다(박명순 외, 2015; 이기숙 외, 2001; 윤경자, 김정옥, 현은민, 2010, 재인용).

첫째, 재혼가정은 재혼 전에 많은 상실과 변화를 겪은 후 몇 가지 가족 전환과정을 경험하게 된다. 가족 전환과정에서 재혼 가족은 새로운 가족과의 관계형성, 역할기대, 자아정체성, 가족정체성 등 복합적인 관계 및 심리적 변화과정을 경험한다. 이 과정에서 가족들은 예상치 못했던 다양한 갈등을 겪게 되는데, 이를 해결하지 않은 채 계부모-자녀관계가 정립되면 그로 인해 부수적으로 여러 문제가 발생할 수 있다.

둘째, 재혼가정은 초혼가족과 달리 결혼생활의 시작부터 이미 형성된 가족구조로 출발하게 되므로 다른 핵가족보다 복잡한 친인척 관계가 존재하게 된다. 따라서 재혼가정이 원활하게 기능하기 위해서는 충분한 적응시간과 함께 가족 구성원 간에 오해가 발생하지 않도록 분명한 의사소통능력이 요구된다.

셋째, 유자녀 재혼은 일반 가족의 경우와 달리 더 강하고 친밀한 부모-자녀 관계가 부부관계보다 선행할 수 있다. 재혼가정의 부모-자녀 유대감은 재혼부부간의 유대감보다 훨씬 이전에 형성되었다는 특징이 있다. 재혼 가정의 부부는 응집력 있는 결혼생활에 적응해야 하는 동시에 친자녀뿐 아니라 계자녀와도 새로운 유대관계를 형성해야 하므로 부부 유대감에 영향을 받을 수 있다.

넷째, 전배우자와 전인척 등 이전 결혼생활에서의 관계가 완전히 종료된 것이 아니며, 그들의 존재 때문에 재혼가정의 가족관계가 영향을 받고 가족의 경계가 모호해지는 문제가 발생할 수 있다.

다섯째, 재혼가정에 대한 선입견이나 부정적인 시각이 실제 결혼생활을 어렵게 한다. 예를 들면, 계모가족은 콩쥐팥쥐나 장화홍련전, 신데렐라 등의 이야기에서 등장하는 사악한 계모와 구박받는 의붓자식이라는 부정적인 인식이 재혼생활 적응의 어려움을 유발할 수 있다. 재혼가정을 불완전하거나 문제가 있는 가족이라고 보거나 가족을 구성하는 중요한 요인이 혈연이라는 편견이 재혼가정 구성원의 적응에 부정적 영향을 줄 수 있다.

여섯째, 재혼가정에서 발생할 수 있는 의붓형제간의 문제가 있다. 부모가 친형제로 자연스럽게 양육하더라도 의붓형제간의 경쟁의식, 서열의식 등이 재혼가정의 전체적 통합에 갈등요인으로 작용할 수 있다.

일곱째, 재혼 부모들은 비현실적인 기대를 안고 출발하게 된다. 계부모들은 물론 계자녀조차 새로운 가족이 형성되는 즉시 서로에게 애정과 사랑을 느끼리라고 기대한다. 하지만 이러한 비현실적인 기대 때문에 계부모가 계자녀에게 즉각적인 사랑을 느끼지 못하면 죄의식에 빠질 수 있다. 계부모들은 자신의 훈육방식이 계자녀에게 무조건적으로 받아들여지고 효과적일 것이라 기대하지만, 그렇지 않으면 혼란과 불안에 빠져 위축될 수 있다.

여덟째, 재혼가정의 자녀는 헤어진 친부모와의 추억이 있고 그리워할 수 있다. 이러한 감정은 자녀의 재혼가정 적응에 영향을 주며, 재혼가정이 되어 함께 동거하는 부모와 헤어진 부모 간의 갈등 때문에 무력감과 좌절감을 느낄 수 있다.

아홉째, 재혼가정의 구성원은 서로 다른 인생역정을 살아온 사람들이다. 공유할 수 있는 가족문화가 부족하다는 것은 재혼 후 인간관계에서 혼란을 일으킬 수 있다. 만약 이것이 해결되지 않으면 재혼가정의 구성원들끼리 만성적인 부적절감을 가지게 된다. 또한, 구성원들 간의 생활주기, 결혼생활주기, 그리고 가족생활주기가 서로 일치하지 않는다. 이러한 불일치는 가족 구성원들로 하여금 자신의 가족이 정상적이고 자연스럽다고 느끼기 어렵게 만들 수 있다.

마지막으로 재혼가정은 정서적으로 응집력을 형성하는 데 상대적인 어려움이 있다. 가정응집력의 결여는 자녀에게 스트레스를 주어, 정서적 유대가 있는 것처럼 가장하거나 반대로 계부모에게 반항하고 멀어진다. 가정의 응집을 위한 재혼 부모의 압력은 본래 의도와는 달리 자녀와 더욱 멀어지게 하여 결과적으로 재혼가정의 응집력은 더 약화된다. 특히 복잡한 가족관계는 계부모와 계자녀 사이에 정서적 친밀감의 발달에 장벽이 될 수 있으며, 또 계부모들의 통제력을 약화시키고 관계의 모호성을 증가시킬 수 있다.

3 재혼가정의 자녀양육

1) 재혼가정에서의 자녀교육 지침

재혼가정에서 성장하는 자녀는 다른 가정과는 다르게 경험할 수 있는 몇 가지 어려움이 있다.

첫째, 재혼가정 자녀는 친부모와의 관계를 재정립하는 것이 중요하다. 친부모와의 관계를 유지하거나 정리하는 일이 자녀에게는 심리적으로나 시간상으로 상당한 노력을 요구한다.

둘째, 계부모와의 유대감을 발전시켜야 한다. 때로는 이 문제가 자녀 입장에서도 친부모에게 상실감을 유발하기도 한다.

셋째, 자녀는 재구성된 형제나 자매, 확대된 친척 관계를 수용하여야만 한다.

넷째, 가족의 재구성 때문에 적응을 위한 시간과 노력이 필요하다. 물론 재혼은 재혼하는 당사자나 부모의 재혼을 받아들여야 하는 자녀 모두 생활상의 변화, 적응문제, 스트레스를 유발하므로 부정적인 정서를 표출할 상황이 자주 발생하기도 한다(박성연 외, 2008).

이와 같은 자녀의 적응이 필요한 상황은 때로는 자녀의 심리적 및 행동적 일탈행위를 유발하기도 하고, 또 다른 가정해체의 원인이 되기도 한다. 재혼가정에서 부모가 자녀를 양육할 때 유념해야 할 자녀교육 지침을 정리해 보면 다음과 같다(박성연 외, 2008; 유효순 외, 2004).

① 계부모 스스로 재혼가정은 정상적인 가족형태가 아니라는 허설(虛說)을 버려야 한다.
② 계부모는 의붓자녀에게 적응하면서 모든 자녀를 똑같이 사랑해야 한다는 강박관념을 버리고, 시간을 두고 자녀와 원만한 관계를 형성하도록 노력한다. 계부모는 의붓자식이 적대감을 표시할 때 당황하거나 좌절하기보다는 부정적인 감정을 적절하게 표현하는 방법을 알려 준다.
③ 계부모는 나쁘다는 사회적 통념을 버리고 소신껏 자녀를 양육한다.
④ 자녀와 친부모와의 관계는 계부모-자녀 관계의 갈등 요인이 될 수 있다. 계부모는 자녀가 친부모의 존재를 빨리 잊도록 강요하기보다는 자녀의 기억 속에 친부모가 있다는 사실을 인정하는 것이 중요하다. 그리고 자녀가 친부모와의 관계를 정리하는 데 시간과 감정이 소요되므로 계부모가 느긋한 마음을 가지도록 한다.
⑤ 계부모는 의붓자녀간에 혈연적인 관계는 없으나, 가장 친밀한 관계가 될 수 있다는 긍정적인 믿음을 가지도록 노력한다.
⑥ 의붓형제 간에 발생하는 갈등시 어느 한쪽 편만을 들기보다는 형제간의 문제는 그들끼리 해결할 수 있도록 기회를 만들어 주거나 지켜보는 것이 효과적이다.
⑦ 가족의 재구성으로 확대된 친척과의 관계에서는 자녀의 입장에서 어색하지 않도록 배려하여 큰 갈등 없이 적응할 수 있도록 도와준다.

2) 재혼가정의 자녀를 위한 부모역할

재혼가정의 자녀를 위한 부모역할은 가정 적응의 성공과 가장 밀접하게 관련되어 있다. 그러므로 다양한 재혼준비교육 프로그램이 개발되고 있으며, 재혼가정에서의 효과적인 부모역할을 제시하고 있다. 일부 계부모들은 지나치게 완벽한 부모역할을 하려 하여 오히려 자녀에게 부담감을 주기도 하므로, 자연스럽게 적응하면서 신뢰로운 계부모-자녀 관계를 서서히 형성해 나가는 것이 중요하다. 재혼가정을 위한 부모역할을 소개하면 다음과 같다(박성연 외, 2008; 허혜경 외, 2013).

읽을거리

재혼가정을 위한 부모역할

1. 재혼과 계부모 역할에 대해 현실적인 기대를 하고, 재혼 때문에 나타나는 변화를 인정한다.
2. 계부모 역할에 대해 부부가 서로 합의하고 일관성 있게 자녀를 양육한다.
3. 자녀에 대해 긍정적인 태도로 부모역할에 임한다.
4. 성공적인 재혼가정은 가족 구성원 모두의 노력으로 이루어진다는 사실을 인식한다.
5. 부부관계가 모든 관계의 중심임을 모든 가족이 인식한다. 따라서 자녀 간 갈등, 친부모와의 갈등 등 모든 가족문제는 부부관계 중심으로 해결한다.
6. 자녀에게 같이 살지 않는 친부모가 현실 속 또는 기억 속 어디든 존재한다는 사실을 인정해 준다.
7. 자녀의 감정, 비언어적 행동, 요구 등에 민감하게 대처하여 원만한 부모-자녀 관계를 형성한다.
8. 전혼 자녀가 있으면 재혼 후 자녀를 출산하는 문제는 신중하게 결정한다.
9. 배우자는 전혼에 대한 상실감, 자녀는 친부모에 대한 상실감을 이해하고 긍정적으로 수용한다.
10. 결혼은 끝나도 부모역할은 남는다는 점을 인식한다.

읽을거리

자녀의 훈육문제와 관련하여 계부모의 역할

1. 계부모가 훈육자로서 역할을 하는 데에는 양가 감정과 모호성이 있으며 이는 어느 정도 불가피한 딜레마라는 점을 인정한다.
2. 계자녀의 행동을 하루빨리 뜯어고치겠다는 생각은 될 수 있으면 버린다.
3. 계자녀와 우호적인 관계를 갖도록 하되 일관되고 확고한 원칙을 가져야 한다.
4. 같이 살게 된 계자녀가 자신의 친자녀처럼 반응하리라는 기대는 하지 않는다.

읽을거리

재혼가정에서 훈육문제와 관련하여 친부모의 역할

1. 친부모는 계부모보다 자녀의 훈육에서 주도적일 필요가 있다.
2. 그러나 친자녀 앞에서는 계부모의 권위를 세워주는 태도를 보여야 한다.
3. 아이들이 없는 곳에서 새 배우자인 계부모와 자녀를 키우는 관점의 차이에 대해 조용히 대화하는 시간을 가질 필요가 있다.
4. 새 배우자에게 부모역할에 대한 비현실적인 기대를 함으로써 부담을 주지 말아야 한다.
5. 자녀훈육 방침에 대해 새 배우자와 기꺼이 타협함으로써 자녀들로 하여금 계부모도 재혼가정에서 중요한 구성원이라는 점을 인식하도록 한다.
6. 친부모 자신이 부재중일 때는 계부모가 자녀양육의 일차적인 책임자라는 점을 자녀들에게 확실히 이해시킨다.

4 재혼가정을 위한 사회의 노력

재혼가정이 증가하는 현실을 회피할 수 없다면 사회적으로도 재혼가정을 위하여 다양한 노력이 필요하다(허혜경 외, 2013).

첫째, 유·아동교육 분야에서의 인식전환이 필요하다. 예를 들면 계모에 대한 나쁜 선입견을 품게 하는 전래 동화와 외래 동화를 비판적 시각으로 바라볼 수 있는 교육을 해야 한다. 나아가 계모에 대해 긍정적인 시각을 갖게 하는 새로운 동화의 발굴 및 창작 동화의 보급이 필요하다.

둘째, 오늘날 대중매체가 갖는 영향력과 파급효과를 고려할 때, 신문이나 방송드라마와 같은 대중매체에서 계모나 재혼가정에 대해 부정적인 이미지보다는 긍정적인 이미지를 부각하는 방향으로 전환해야 한다. 또한, 재혼가정 관계를 조망함에서 지나치게 갈등과 대립의 구도로 묘사하거나 혹은 그와 반대로 지나치게 비현실적으로 미화하여 묘사하기보다는 현실적인 문제들과 갈등을 지혜롭고 현명하게 해결하는 모습, 화목하고 건강한 재혼가정을 일구어가기 위하여 구성원들이 모두 노력하는 모습을 보여주는 것이 바람직하다(이영숙 외, 2004).

활동자료 건설적인 (재혼)가정의 갈등 해결하기

가정에서 문제가 지속적으로 발생한다면 가족 구성원과 함께 다음의 문제를 숙고해봄으로써 문제를 해결해보도록 하자. 이 방법은 모든 가정에도 적용 가능하므로, 가정 내 문제가 발생하면 활용하도록 한다.

1. 해결되어야 할 문제가 무엇인지 분명히 하라.
2. 문제에 대해 논의할 시간과 장소를 정하라.
3. 문제가 발생한 것에 대해 각자 자신의 책임이 어떤 것인지 이야기하라.
4. 문제를 해결하기 위해 선택한 과거의 잘못된 문제해결 방식을 기록하라.
5. 문제해결을 위한 새로운 방식에 대해 자유롭게 이야기하라.
6. 가능한 대안에 대해 논의하라.
7. 부부 두 사람 또는 가족 구성원 모두 동의할 수 있는 한 가지 대안을 선택하라.
8. 선택한 대안을 실행하기 위해 각자 무엇을 어떻게 할 것인지에 대해 이야기하고, 함께 정하라.
9. 함께 결정한 대안을 실행하고 나서 다시 만날 시간과 장소를 정하라.
10. 문제해결을 위한 가족 구성원 개개인의 노력에 대해 서로 칭찬하라.

※출처: 김명자 외. (2012). 아는 만큼 행복한 결혼 건강한 가족. 경기: 양서원.

CHAPTER

11

부모역할 개념 변화에 따른 가정형태

제1절 미혼부모 가정

1 미혼부모의 개념 및 사회인구학적 배경

1) 미혼부모의 개념 및 현황

미혼부모란 법적으로 미혼이면서 18세 이하의 자녀를 키우는 미혼모와 미혼부를 의미한다. 미혼부모는 결혼을 하지 않은 상태로 자녀를 양육하고 있는, 즉 사회규범으로 허용된 결혼제도를 통하지 않고 자녀를 양육하고 있는 부모를 의미한다. 현대화, 산업화의 가속화된 발전을 거듭하는 우리 사회는 청소년문제, 특히 10대 미혼모 문제가 사회적으로 심각하다.

미국은 미혼모들의 문제를 개인적, 사회적 그리고 국가적 문제로 인식하여 이들을 위한 다양한 사회복지 정책과 서비스, 그리고 프로그램들을 제공하여 이들이 스스로 자활할 수 있는 토대를 마련하여 왔다(김경우 외, 2012). 또한, 미국에서는 미혼모라는 말이 가지는 부정적인 의미를 줄이기 위해 한부모(single parent)라는 말로 호칭하는 운동이 있었고, 스칸디나비아 국가에서는 미혼모에 대한 수용도가 높아서 미혼모라는 용어보다는 이혼녀와 미망인들까지 포함되는 포괄적 개념인 독신모, 무의탁모라 불리고 있다.

2015년 통계청에서 실시한 처음으로 정확한 통계로 조사된 우리나라의 미혼모와 미혼부의 현황을 살펴보면, 미혼모는 2만 4천명, 미혼부는 1만 1천명으로 미혼모가 미혼부보다 약 2배 많은 것으로 조사되었다.

이와 같은 미혼부모의 현황이 정확하게 집계된 것은 우리나라에서 처음 있는 일이다. 통계청은 과거 조사원이 가구를 직접 방문하여 조사하던 방식에서 행정자료를 활용한 등록센서스 방식을 도입함으로써 미혼부모와 같이 조사대상이 민감하게 받아들이는 인구 현황도 비로소 정확하게 파악할 수 있게 된 것이다.

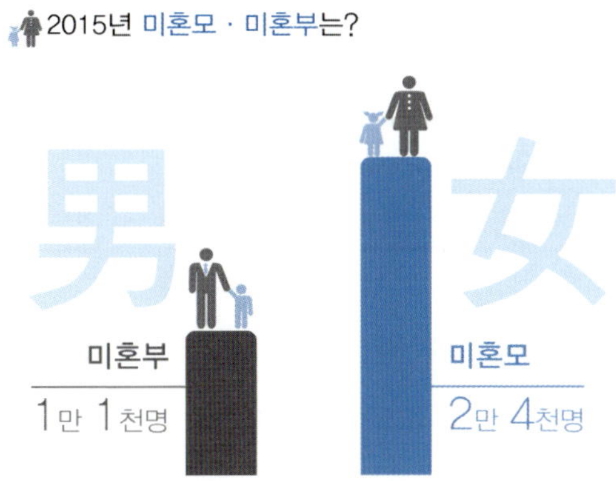

※출처: 통계청 '2015 인구주택총조사'

2015년 나이대별 미혼부와 미혼모의 비율을 살펴보면 다음과 같다. 나이별로 미혼모는 30대, 미혼부는 40대의 비중이 가장 높은 것으로 나타났다. 35~39세 나이대의 미혼모는 전체 미혼모의 19.4%로 가장 많았으며, 미혼부는 40~44세 나이대가 전체의 22.6%로 가장 많은 비중을 차지하였다.

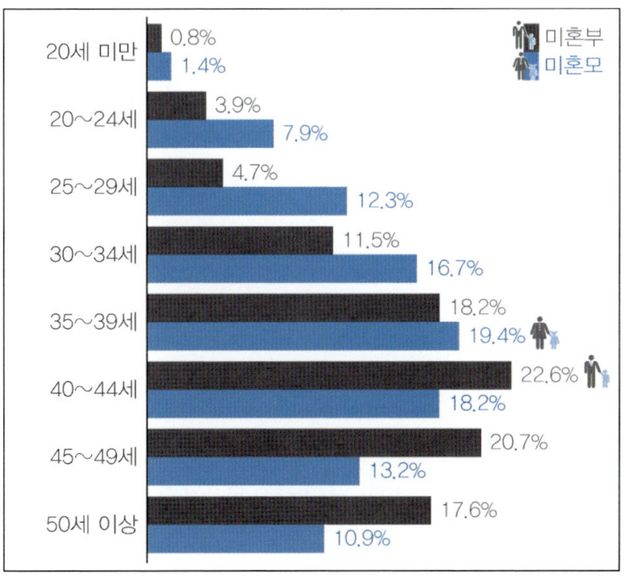

※출처: 통계청 '2015 인구주택총조사'

전반적으로 미혼모는 나이가 낮아질수록 미혼부보다 높은 비율을 차지했지만, 미혼부는 나이가 높아질수록 더 많은 비율을 차지했다. 미혼모의 자녀는 2만 9천명, 미혼부의 자녀는 1만 2천명으로 각각 집계되었다.

미혼모가족 아동의 입양에 대하여 살펴보면, 연도별 국내외 입양아동 가운데 미혼모의 아이가 전체 90% 이상을 차지한다. 최근 조사에 따르면 출산 후 아기문제에 대해서 68.3%가 입양을, 31.7%가 양육을 선택했으며 시설에 거주한 미혼모 140명 가운데 76.4%가 입양을 선택한 반면, 23.6%가 양육을 선택하여 입양을 선택한 비율이 높다는 연구결과가 나왔다. 우리나라 국내 입양을 보면 비밀입양이 공개입양보다 그 비중이 높다(김경우 외, 2012). 또한 성장한 아동보다는 신생아를 입양하는 경우가 많다. 이는 신생아 입양이 성장아동을 입양하는 것보다 비밀입양을 하기 쉽기 때문에 미혼모 입양을 더 선호하는 것으로 분석된다.

2) 미혼모의 사회인구학적 배경

- 직업

미혼모의 직업을 보면, 무직이 일정 비율을 차지하고 있으며, 사무직, 전문직, 기술직도 있으나, 서비스 · 유흥업은 점차 급속하게 증가하고 있다. 특히 저연령(15~19세) 미혼모들의 직업 분포를 보면, 임시직, 유흥업소, 또는 유사 유흥업소 종업원으로 취업하는 비율이 높다. 미혼모들의 생계비에 대한 조사를 한 결과, 시설, 기관, 종교단체의 도움으로 생활하는 것이 50.7%로 나타났다. 이 사실은 직계가족(부모) 이외에는 도움을 받기 어려운 사회적인 분위기를 반영하고 있음을 의미하고 있다.

- 학력

여성가족부의 시설이용 미혼모 조사 결과에 의하면 고졸 47%, 고등학교 중퇴 이하 35.3%, 대학교 재학 17.7%로 나타났다. 이는 미혼모 나이가 낮아지면서 학업을 지속할 수 있는 여건이 되지 않아 자연스럽게 저학력으로 연결되는 것이다.

- 미혼부와의 관계

미혼부를 만나게 된 동기에 대해서는 친구소개와 우연히 알게 된 것이 가장 많았다. 미혼모의 저연령화와 함께 미혼부의 저연령화도 증가하게 되었다.

• 미혼모의 가족배경

미혼모의 가족 구성원을 보면 미혼한부모가정이 31.5%로 나타났다. 미혼한부모가정 31.5%는 친부가 없는 모자가정이 65.2%, 부자가정은 19.6%의 분포를 보이고 있다.

• 미혼모의 성지식 및 성행동

미혼모들의 피임에 대한 지식 및 사용 경험에 대한 자료를 보면, 피임에 대한 인지도가 매우 낮아서, 10~25% 내외에 머물고 있으며, 피임 경험이 있다고 응답한 경우는 1~6% 정도로 매우 낮게 나타났다. 사랑하는 사이, 결혼과 같은 상황에서 성관계를 한 경우는 47%에 불과하고, 강간, 설득, 순간적인 충동 등 임신에 대비할 수 없는 상황이 53%에 이르고 있어 임신 가능성이 큰 것으로 나타났다.

• 임신의 이유

보호시설 미혼모 중 원치 않는 임신이 82%를 차지하는 것으로 성에 대한 무지의 결과로 임신한 것으로 나타나고 있다. 한편, 자발적인 이유로 임신한 비율은 7.5%를 차지했다.

2 미혼모가정의 발생원인

우리나라에서는 1970년대 미혼모 발생이 급격히 증가함에 따라 이때부터 미혼모에 대해 관심을 두기 시작했고, 사회문제화가 되기 시작했다. 그런데 우리나라는 전통적인 유교사상과 여성보다 남성을 우선시하는 사회적 풍토 등 때문에 미혼모의 문제를 단순히 여성의 탓으로만 돌렸고, 미혼모는 가족과 사회로부터 냉대를 감수해야 했다.

미혼모가정의 문제는 단지 여성에게만 국한되는 것이 아니며, 그 잘못 또한, 여성에게 전가해서는 안 되는 것임에도 남성과 여성에 대한 차별이 팽배한 사회적인 구조 속에서 미혼모는 모든 책임을 떠맡아야 했다. 또한, 국가적 차원에서의 적절한 보호가 행해지지 않아 미혼모의 자녀출산에 따른 건강문제, 미혼자녀의 양육문제, 경제적인 문제, 심리적이고 정서적인 문제 등이 복합적으로 발생하고 있다.

미혼부모의 발생원인은 개인적, 사회적, 문화적 측면에서 다양하게 찾아볼 수 있다. 사회적 요인으로는 산업화의 진전에 따른 사회 변화를 들 수 있다. 많은 젊은 남녀가 대규모 산업에 종사함에 따라 사회적으로 접촉할 기회가 많아지고 성개방 이데올로기가 확산함에 따라서 자유로운 성적 접촉이 이루어지면서 많은 수의 미혼부모가 발생하게 되었다.

또한, 문화적 요인으로 사회 곳곳에 서비스업이나 유흥업들이 넘쳐 나고, 다양한 시청각 매체들이 성적 자극을 여과 없이 청소년들에게 제공하고 있는 현상을 들 수 있다. 성적 자극을 제공하고 성 충동을 일으킬 수 있는 문화적 여건은 점점 늘어나는 데 반해, 올바른 성교육이 부재하다는 것 역시 미혼부모 발생의 한 원인이 되고 있다.

개인적 요인으로는 개인의 성 지식, 교육수준, 나이, 개인적 경험, 가정과 피임에 대해 지식이 없으면 미혼부모가 되기 쉽다. 가정에서 안정된 가족관계를 경험하지 못하면, 성에 대해 올바른 교육을 받을 기회가 없었던 개인적 경험도 미혼부모 발생의 한 원인이 된다(이은화 외, 2011).

미혼모의 발생원인을 4가지 관점에서 정리해볼 수 있다.

1) 정신분석학적 접근

정신분석학적 접근은 미혼모 발생을 그 개인의 잠재의식 속에 깊이 뿌리박고 있는 갈등에 의한 것으로 보는 관점이다. 아버지에 대한 소유 욕구에서 나타나는 엘렉트라 콤플렉스의 해결책으로서 미혼모가 되도록 동기화시킨다는 입장이다.

2) 심리학적 접근

심리학적 접근으로 미혼모 발생의 심리적 요인은 충동성, 초자아 발달의 결함, 성에 대한 불안, 가족 간의 의사소통 장애 등에서 그 원인을 찾을 수 있다. 다니엘(Daniel)의 의존박탈증후군에 의하면, 10대 임신은 가족의 불안정성, 또래와 형제간의 관심유도를 위한 경쟁심, 어머니와의 무 보상관계, 신체적 학대에 기인한다고 보고하였다. 이 때문에 타인으로부터 애정을 받기 위해 쉽게 혼전 성행위에 빠지며, 특히 10대 여학생은 남학생의 만남을 지속하기 위해 남학생의 성적요구를 수용하는 복종적 성의식에 의해 미혼모가 된다고 할 수 있다. 자녀에게 통제적이며, 거부적이고, 일관성이 없으면 미혼모의 발생률이 높고 부모-자녀 사이가 애정이 있고, 가족이 안정되어 있을 때 성적충동을 억제할 수 있고, 친밀한 부부관계는 미혼모 발생을 예방하는 데 중요한 요인이 된다.

3) 사회문화적 접근

사회문화적 접근은 사회문화적 상황이 미혼모 발생을 조장하는 것으로서 가족 기능의 약화, 성윤리의 변화, 자극적인 매스컴의 영향 등 산업화, 도시화에 따른 사회적 변화가 미혼모 발생에 영향을 미친다는 관점이다. 문화적 입장에서 볼 때 현대사회의 무규범현상과 평등에 기초한 남녀의 성역할 변화는 성 개방적 자유를 추구할 수 있게 하고, 각종 음란 비디오와 음란 인터넷 사이트 등 시청각 미디어가 확산됨에 따라 성적 자극을 쉽게 받을 수 있어 성충동의 자제는 어려울 수밖에 없는 실정이다. 또래집단에게 영향을 받게 되는데, 10대 미혼모는 친구와 성적 대화를 많이 하고, 친구와의 성적 대화가 성행동화로 이어지면서 임신이라는 형태로 나타난다.

4) 성 형태적 접근

성 형태적 접근은 누구라도 혼전 성행위를 할 수 있다는 가정에 근거한다. 즉, 성지식과 성태도, 성욕이 영향을 미친다는 입장으로 미혼모가 되는 것은 성지식의 결여 때문에 무분별한 성태도에서 비롯되거나, 또는 많은 성지식이 오히려 성에 대한 호기심을 불러일으켜서 부정적 영향으로 작용한다고 볼 수 있다. 뉴커머(Newcomer)와 빌버트(Bilbert), 그리고 우드리(Udry)는 성행동과 성태도는 그들의 또래집단이 진정으로 원하는 행동이라기보다는 또래 등의 행동 및 가치와 관련이 있다고 하였다. 또래들이 성적으로 허용적일 때 미혼모가 될 가능성이 커진다는 보고도 있다.

3 미혼모가정의 문제

10대 미혼모는 학교 중퇴, 저임금 생업에의 종사, 한부모됨, 건강, 인지문제 등 다른 또래나 20대 이후 미혼모보다 취약한 위치에 있다고 알 수 있다. 미혼모의 가장 큰 문제는 자녀양육 의사의 여부, 경제적 문제, 미혼부나 부모와의 관계, 결혼 의사의 여부 등의 문제를 들 수 있다. 가정과의 결별, 기본적 생활 유지, 산전 및 산후 관리, 자녀출산 및 출산자녀양육, 사회에서의 고립 등의 복합적 문제를 안고 있다.

미혼모의 자녀출산 후 문제는 다음과 같다(김경우 외, 2012).

1) 미혼모 자녀에게 미치는 영향

이미 자녀를 낳아서 양육하고 있는 미혼모는 경제적 문제와 앞으로의 자녀 입적이나 기타 한부모 슬하에서 자녀를 양육하게 되는 등의 문제를 안고 있다. 또한, 장애아 출산의 우려를 배제할 수 없는데 청소년들은 임신 사실을 알게 되면 약물을 복용하거나 올바르지 못한 낙태방법을 사용한다. 미혼모의 63%가 임신 5개월이 넘어서 뒤늦게 임신 사실을 알게 되고, 임신사실을 모르는 동안 또는 임신 말기까지 임산부에게 해로운 약물 복용, 흡연과 음주 등을 계속하게 되는 경우가 많아 장애아 출산의 가능성을 높인다.

2) 미혼모에게 미치는 영향

미혼모에게 미치는 영향은 임신결과에 대한 책임을 주로 여성에게 전가하여 사회와 가족 내에서 어려움을 겪게 된다는 점이다. 가족으로부터의 소외감, 자녀에 대한 죄책감을 가지게 되고, 배우자 없이 경제적으로나, 정신적으로 매우 불안정한 상태에서 자녀를 키우게 된다. 그리고 자녀를 입양시키게 되면 친권포기 이후의 상실감과 심리적 고통을 경험하게 되는 친모증후군의 증세를 보이기도 한다.

3) 미혼모의 부모가 받는 영향

미혼모의 임신 사실은 가족에게 있어 수치심과 심리적 고통을 유발하게 되지만, 가족은 미혼모에게 입양 혹은 양육결정에 여러 가지 심리적 압박을 가한다. 즉, 부모는 자녀의 임신 때문에 실망과 충격을 느끼며, 손자의 양육문제에 대해 여러 가지 정신적 스트레스를 받는다. 10대 미혼모는 이들이 아직 어리고 부모의 보호가 필요한 시기이기 때문에 미혼모의 임신 및 출산 이후 적응을 돕기 위해 부모가 받게 되는 정신적 · 물리적 스트레스는 더욱 크다고 볼 수 있다.

4) 미혼부가 받는 영향

미혼부가 청소년이면 어린 시기의 임신과 부모됨이 심리적 압박과 더불어 자녀에 대한 책임을 회피하는 결과를 낳게 된다. 실제로 10대 미혼모들은 20대 미혼모들보다 임신사실을 미혼부에게 알리지 않는 경향이 더 강했으며, 임신사실을 미혼부에게 알리면 이들은 대부분 아기에 대해 입양을 권유하거나 유산시킬 것을 원하는 것으로 나타났다.

이상과 같이 미혼모는 정서적 불안정, 장애아 출산의 우려, 경제적 문제, 부모와의 가족관계 유지의 어려움, 학업과 진로문제, 또 다른 임신 등 여러 가지 심각한 문제를 내포하고 있다.

4 미혼부모가정을 위한 복지대책

1) 외국의 미혼부모가정 복지서비스

스웨덴의 경우, 미혼부모는 사회보장제도의 보호 속에서 의식주를 보장받는다. 그리고 차별 없는 고용을 통해 독립할 수 있으며, 학생은 수업료 면제와 함께 한 학기에 270만원 정도의 학비를 보조받고 있다(김경우 외, 2012).

덴마크는 모성보호법, 임신건강법, 국민건강보호법 등 모든 복지관계법의 수혜 관리가 부여된다. 그리고 복지수혜 자격에 결혼의 합법성에 따른 불평등이 존재하지 않는 보편적 수혜 원칙이 적용되어 출산 지원금, 가족수당, 가사보조서비스, 법적 서비스상담 등 개인적 차원에서 사회 경제적 차원까지 다양한 서비스가 제공되고 있다. 또한, 혼외로 출생한 자녀의 미혼부로 확인되면, 법적으로 부양책임을 져야 하는 '미혼부 책임의 법제화'가 되어 있다. 따라서 미혼모에게서 태어난 자녀는 아버지의 성을 따를 권리 및 보호를 받을 권리 그리고 재정적 후원을 받을 권리를 가지고 있다.

독일은 민법 및 청소년복지법 등에서 미혼모와 그 자녀에 대한 미혼부의 책임을 강화시켜 자녀양육비와 생활비 등 모든 경제적 지원의 책임을 일차적으로 미혼부에게 부과하고 있다. 또한, 아동양육 지원을 중심으로 복지서비스가 시행되어 국가는 미혼모에게 아동수당, 주거비 보조, 생활비 보조, 양육비 가불 등의 서비스를 지원하고 있다.

우리나라는 현재 미혼모와 관련된 조항들은 「헌법」, 「민법」, 「사회복지법」, 「아동복지법」,

「모 · 부자복지법」, 「국민기초생활보장법」, 「의료보호법」, 「입양특례법」, 「모자보건법」, 「청소년기본법」 등에서 찾아볼 수 있고, 관련법들의 내용은 법 조항에 표시되어 있다.

미혼모 관련법에서 볼 때 현행 「민법」에서는 「가족 관계의 등록 등에 관한 법률」이 정하는 바에 따라 신고에 의해 효력이 발생하므로 미혼모의 아이는 보호를 받지 못하고 더구나 청소년은 결혼의 가능성은 극히 희박하므로 출산한 아이는 입양 외에는 선택의 여지가 별로 없다.

2) 우리나라 미혼부모가정 복지서비스

현재 우리나라의 미혼부모 지원정책은 크게 미혼모 보호, 양육 및 자립, 미혼한부모교육으로 나눌 수 있으며, 자세한 정보는 위드맘(www.withmom.mogef.go.kr)을 통해 얻을 수 있다.

첫째, 미혼모 보호는 미혼모자 가족복지시설을 통해 기본생활지원 또는 공동생활지원을 하고 있으며, 입소대상은 다음과 같다. 기본생활지원으로는 숙식 무료제공과 분만의료혜택을 제공하고 있다. 공동생활지원으로는 직업교육프로그램을 실시하고, 기타 국가 또는 지방자치단체가 정하는 경비 지원을 하고 있다.

시설유형		시설수	입소대상 및 기능	보호기간(연장가능기간)	입소정원
미혼모자 가족복지 시설	기본생활 지원	21	미혼의 임신여성 및 출산후(6개월 미만) 보호를 요하는 여성	1년(6개월)	550명
	공동생활 지원	38	2세 미만의 영유아를 양육하는 미혼모	2년(1년)	332세대
		1	출산 후 해당아동을 양육하지 아니하는 미혼모	2년(6개월)	10명

※출처: www.withmom.mogef.go.kr

둘째, 미혼부모의 양육 및 자립을 위해서는 미혼부모에게 자녀출산과 양육 시 응급지원을 제공하며, 상담과 자조모임의 방법으로 아동양육은 물론 자립에 이르도록 지원한다. 미혼부모의 양육 및 자립을 위한 지원내용은 다음과 같다.

- 상담을 통한 미혼모 · 부자의 정서지원

- 온오프라인 상담, 미혼모 · 부자의 정서지원
- 출산 및 양육 시 위기지원
  - 병원비 : 출산비 및 아이의 입원 · 예방접종비 등의 모와 아이의 건강을 위해 필요한 병원비
  - 생필품 : 분유, 기저귀, 계절에 따른 내의 · 겉옷, 유모차, 보행기, 장난감 등
- 친자검사비 지원
  - 미혼한부모의 아동양육에 대한 책임의식을 고취하도록 친자검사비 지원
- 교육 · 문화 체험 프로그램
  - 임신, 출산, 자녀양육 등과 관련된 생애주기별 정보 및 서비스를 제공하고, 경제적으로 자립할 수 있도록 지원하는 프로그램 운영
- 자조 모임 운영 지원
  - 자립경험의 발전적 논의가 가능한 자조모임 운영 지원
- 자원 연계 및 제공
  - 공공기관 또는 민간자원을 연계하여 제공

셋째, 미혼한부모교육을 실시하고 있다. 특히 재학 중 임신으로 인해 학교에 등교하기 어려운 청소년 미혼한부모의 학업중단 위기를 예방하고자 대안교육위탁기관을 운영하여 학업을 지속할 수 있는 교육을 제공하여 학습권을 보호해 주고 있다.

3) 미혼부모가정을 위한 복지과제

(1) 미혼부모의 학업지속을 위한 제도적 뒷받침

우리나라의 현행 교육제도하에서는 임신 후 학교를 계속 다니거나 출산 후 학교로 복귀하는 것이 거의 가능하지 않다. 미혼모의 70%는 학업 중퇴를 경험하고 있다. 미국은 미혼부모 자녀의 양육을 돕기 위하여 학교에 어린이집을 마련해주는 등의 지원을 해주고 있다. 우리나라도 이러한 제도적 마련이 필요한데, 학교교육뿐만 아니라 학교교육을 하지 못하는 상황에 놓인 미혼부모들을 위하여 직업훈련이나 기술훈련을 하여 자립할 수 있도록 제공해야 한다.

(2) 미혼부모를 위한 정책적 지원과 법적 제도의 합리화

미혼부모를 위하여 숙식보호, 출산비 보조, 의료혜택, 직업훈련에서 취업알선, 미혼부모 자녀의 보호양육에 관한 경제적 지원, 숙식보호시설에서 퇴소하는 미혼부모를 위한 중간의 집 설립과 운영을 위한 지원 등을 통하여 현실적 생계문제를 독립적으로 해결할 수 있도록 도와주어야 한다. 또한 미혼부모 예방 및 보호를 효과적으로 수행하기 위해서는 법적 근거를 마련할 필요가 있다.

(3) 성교육 프로그램의 개발과 평가

성에 대한 지식의 부족이 미혼부모 발생의 한 원인이 되고 있으므로, 이들에 대한 지속적인 성교육 프로그램 개발을 통하여 예방 대책을 마련해야 한다. 지역의 사회복지관이 협력하여 성교육에 대한 프로그램을 개발하여 학교나 지역사회 복지관에서 시행하고, 정부의 여러 기관에서 청소년을 위한 성교육이 시행됨으로써 미혼부모 발생을 예방할 뿐 아니라 발생하면 상담에 쉽게 접근할 수 있는 통로가 될 수 있도록 해야 한다.

(4) 새로운 성문화 조성

사회 문화적 측면에서 성규범 및 성문화의 새로운 풍토 조성이 필요하다. 청소년의 성을 보호하기 위하여 '청소년성보호법'을 제정하고, 「성폭력특례법」, 「남녀고용평등법」 등에서도 성에 대한 보호와 성범죄의 처벌을 강화하고, 성윤리에 대한 가치관 확립, 사회교육을 통하여 청소년에게 성의 존귀함을 일깨우고 스스로 임신을 예방할 수 있도록 함이 필요하다.

(5) 미혼부모에 대한 편견해소

우리 사회의 미혼부모 문제를 정책적으로 풀어나가는 첫걸음은 미혼부모에 대한 심각한 사회적 편견을 해소하는 것에서 시작되어야 한다. 현재 미혼부모 가족의 삶과 이들과 관련된 정책에 가장 큰 영향을 미치는 것은 이들에 대한 사회적 편견이며, 이 편견을 깨는 것이 미혼부모 가족을 위한 최우선 과제라고 할 수 있다.

(6) 미혼모의 건강문제

미혼모는 다른 임산부들과는 달리 임신과 출산 등의 모든 문제를 혼자서 해결해야 하는 경우가 대부분이다. 따라서 출산 전후에 산모에게 충분히 공급되어야 할 영양이나 심리적 안정 등을 갖기가 어려워 산모와 아기의 건강문제가 심각하다고 볼 수 있다.

제2절 입양가정

아동의 성장발달에서 가장 바람직한 곳은 가정이며, 가정은 인간생활의 가장 기초적인 원동력을 발휘하도록 하는 삶의 기본 장소이다. 우리나라는 오랜 전통을 통해 가정의 소중함을 잘 간직하고 안정된 가족제도로 유지해 왔으나, 최근 급격한 사회변화 때문에 전통적인 가족구조가 해체되고 핵가족화하면서 가족의 유대관계가 약화하고, 여성의 사회 진출, 성윤리 및 가치관의 급격한 변화, 혹은 빈곤 등으로 무책임하고 무능력한 부모가 증가하여 많은 아동이 안정된 가정에서 성장하여야 할 권리를 박탈당하고 있다. 이는 증가하는 이혼, 미혼부모, 아동학대, 경제적 어려움 등으로 위기상태에 놓인 아동을 보호할 수 있는 다양한 원조가 필요함을 의미한다.

입양이란 어쩔 수 없이 가족의 붕괴나 해체 혹은 혼외 출산으로 가정의 보호를 받을 수 없는 아동에게 차선책 기능으로 다른 가정에서 그들의 필요를 충족시키고 성장 발달할 수 있도록 배려하는 것이며, 한편 출산이 불가능하거나 출산을 통하지 않고 자녀를 갖고 싶어 하는 성인에게는 의도적으로 친자관계를 형성하는 것이다. 입양은 법적 절차에 의해 친부모와 아동과의 모든 권리와 의무가 소멸되고, 양부모와 아동에게 부모와 자식으로 모든 권리와 의무가 부여되는 것이다.

1 입양가정의 개념

입양(adoption)이란 혈연관계가 아닌 일반인 사이에서 법률적으로 친자관계를 맺는 것을 의미한다. 입양은 출산과 같은 생물학적인 과정이 아닌 법적 · 사회적 관계에 의해서 입양부모와 입양자녀 간에 친자관계를 형성하는 것이다. 이러한 입양과정을 통해 입양부모와 입양자녀로 구성된 가족을 입양가정이라 한다.

1959년 본격적으로 입양이 시작된 이래 최근까지 우리나라의 요보호아동 규모보다 국내입양 실적은 매우 저조하지만, 국외입양비율은 높았다. 그러나 1994년 「입양촉진 및 절차에 관한 특례법」이 개정됨에 따라 국내입양이 활성화되었다. 국내외 입양률이 역전된 데에는 2007년 1월부터 입양 대상 아동에 대한 국내입양 우선 추진, 입양 수수료의 정부 부담, 입양자격조건의 대폭 완화 등 정부의 입양촉진 대책들과 더불어 유명인의 공개입양 등이 잇따르면서 입양에 대한 사회적 인식이 긍정적으로 바뀐 데 기인한다.

2000년대 들어서 국내입양과 국외입양 모두 감소하고 있지만, 가정위탁은 꾸준히 증가하고 있다. 국내입양의 초창기에는 가계계승을 목적으로 한 남아 입양이 여아 입양보다 높았으나 1990년대부터는 여아 비율이 더 높은 증가세를 보이고 있다. 우리나라의 성별에 따른 국내입양 현황을 보면 여아의 국내입양 비율이 압도적으로 높으며, 친자녀가 없는 무자녀가정의 입양이 월등히 많다.

우리나라는 한국전쟁 이후 사회 혼란기에 발생한 전쟁고아, 혼혈아, 기아들의 해외입양이 오랫동안 이어져 왔으며, 이 때문에 '고아 수출국'이라는 오명도 따라다녔다. 입양 초기에는 기아 때문에 입양 비율이 높았지만, 현재 미혼모의 자녀가 입양아의 90% 이상을 차지하고 있다(정혜정 외, 2009).

입양의 특성과 목적을 정리하면 다음과 같다.

- 입양의 특성
  - 아동을 위한 비시설 보호의 방법이다.
  - 새로운 가족관계를 창출하며, 아동을 위하여 항구적인 가정을 제공한다.
  - 양부모와 양자 공동적으로 인간적인 욕구를 충족시키려는 노력이다.
  - 아동을 위해 더욱 큰 안전과 보다 좋은 보호를 위하여 일정한 법적 절차에 따라 이루어진다.
  - 양부모는 양자의 양육에 관해 무제한의 책임을 지게 된다.

- 입양의 목적
  - 보호자가 없거나 보호자로부터 이탈된 아동 등에게 건전한 가정을 영구적으로 제공하여 신체적 · 정신적 · 사회적으로 건강하게 성장할 수 있도록 지원한다.

2 입양방법의 유형

1) 비공개입양

비공개입양이란 입양아동뿐만 아니라 주위의 모든 사람에게 입양에 대해 숨기고 양육하는 것을 말한다. 혈연에 입각한 우리나라 가족제도 안에서 입양은 입양아동이 부정적인 오해와 편견으로 부당한 대우를 받을 수 있는 것을 우려하고, 불임사실을 알리지 않기 위해서 입양부모가 입양사실을 감추고 비밀로 한다. 그 비밀을 계속 유지하기 위해서 입양부모는 입양 전부터 임신한 듯 가임신으로 연기를 하고 출산시기에 맞춰 신생아를 입양하며, 입양 후에는 입양사실을 모르는 새로운 곳으로 이사를 하기도 한다. 입양부모는 입양사실을 비밀로 하였기에 양육에 부딪히는 문제에 대해 도움을 받지 못하고 스스로 해결하기 위해 노력을 해야 하므로 양육에서 오는 스트레스가 매우 가중될 것이다. 그리고 입양아동이 입양되었던 사실을 알게 되면, 그 사실에 대한 충격과 자신을 속여 왔다는 가족에 대한 실망감과 불신감을 갖게 될 수 있는 부정적인 요소가 잠재되어 있다.

입양아동은 자신이 버려진 존재로 주워왔다는 절망적인 시각으로 자신을 열등하게 해석하고, 입양은 수치스럽고 감춰야 하는 부끄러운 일이라 생각하며, 그 자신이 부끄러운 존재로 낙인감을 갖게 된다. 심지어 입양사실을 극복하지 못하고 자살이라는 극단적인 선택을 한 사례들도 있다.

자신의 정체성에 물음을 갖고 혈육을 확인하고자 하는 것은 인간의 본능적인 욕구인데, 거짓으로 출생신고를 하고 입양아의 생물학적 · 유전적 사실의 알 권리를 박탈하고 있는 이러한 비공개입양은 입양문화를 저해하는 요인 중에 하나다.

2) 공개입양

공개입양이란, 입양아동에게 입양된 사실을 공개하고 양육하는 것을 말한다. 입양아동뿐만 아니라 때에 따라서는 확대가족과 소속된 단체나 이웃, 주위 사람들에게도 입양된 사실을 공개한다. 그 공개의 범위는 입양가정에 따라 매우 다양하다.

공개입양은 입양아동의 정신적 상처를 최소화하는 것이다. 즉 공개입양의 장점을 살펴보면, 첫째, 입양된 아동들끼리의 만남을 통해 혼자만 입양되었다는 소외감을 갖지 않고 친밀한 친분관계를 통해 양부모가 채워주지 못하는 부분을 자기들끼리 극복하는 데 큰 힘이 될 수 있다. 둘째, 입양부모들도 자조모임을 통해 안정감과 용기를 가지고 지속적으로 입양을 받아들일 수 있다. 셋째, 공개입양을 하면 입양부모들은 많은 준비를 하게 되는데, 입양을 입양으로 받아들이는 구체적인 방법들을 구상하게 된다. 넷째, 공개를 통해 주변 사람들에게 입양에 대한 부정적인 선입견을 버리고 올바른 입양인식을 하게 할 수 있다.

공개하였다고 해도 아동의 성장단계에 맞는 입양 사후 프로그램과 교육으로 지속적으로 입양에 대해 이야기를 나누는 것이 아동의 올바른 정체성의 확립에 바람직하다. 입양사실 공개 시기는 보통 학령기 전인 7세 이전이 적합하다는 전문가들의 조언을 참조로 아동의 인지능력에 맞게 이해할 수 있는 시기에 알려준다. 자녀를 양육하면서 어려서부터 부모님과 입양에 대한 긍정적인 이야기를 나누고 자조모임을 통해 입양에 대해 자연스럽게 접촉할 기회를 제공하고 입양아동이 입양에 대해 자기 성장단계에 맞게 이해할 수 있도록 배려해야 한다. 공개입양하면 입양에 대해 주변 사람들에게 긍정적이고 올바른 입양인식을 함양시킬 수 있게 된다. 현재 우리나라 입양현황을 살펴보면 자조모임의 지지를 받으면서 공개입양이 보편화 및 확산하고 있다.

3) 개방입양

개방입양이란, 입양아동의 양육과 성장과정을 친생부모가 입양부모와 함께 정보를 나누거나 만남으로 지속적인 교류를 갖는 것을 말한다. 이는 친생부모가 아동이 입양가정 안에서 잘 성장하는 것을 보면서 안도할 수 있고, 입양부모도 친생부모의 유전적 기질을 파악하고 입양아동을 잘 양육할 수 있는 장점이 있다. 현재 우리나라에서도 완전 개방입양으로 친생모의 출산과 산후조리를 입양부모가 함께하고 양육 과정에 친생부모가 개입하는 사례가 있지만, 입양아동의 나이가 2세 미만의 가족사례이므로 입양아동에게는 정체성 혼란의 가중 여부는 아직 그 사례가 보고된 바 없기에 입양아동에게 긍정적인 제도인지 확인할 수 없는 실정이다. 그러므로 앞으로의 개방입양 실효성에 대해 지속적인 연구가 필요하다.

현재 개방입양으로 친생부모와 서로 왕래하는 가족들의 입양아동 나이가 신생아에서 2세 미만 유아이므로 친모의 왕래는 서로가 합의하여 이루어지고 있지만, 아동의 인지능력이 발달함에 따라 만남의 방법과 횟수, 호칭에 대해 고민하게 된다. 공개입양이 한국입양홍보회와 입양부모들의 자조모임을 통해 지속적으로 발전해 나가고 있지만, 개방입양 효과의 확실성은 정확히 보고되어 있지 않은 상태이므로, 개방입양으로 지향하고 있는 가족들에게는 아직 다양한 전문적인 정보가 부족한 실정이다. 하지만 어느 쪽을 선택해서 양육하든 아동이 최우선으로 배려되어야 하고 존중되어야 한다는 배경은 같다(정혜정 외, 2009).

3 입양가정아동의 발생과 입양절차

1) 입양가정아동의 발생원인

입양아동의 발생원인은 시대 변화에 따라 그 성격이 달라졌다. 우리나라에서 현대적 의미의 입양으로 도입 초기에 이루어진 입양 대부분은 기아를 대상으로 하는 예가 많았다. 1958년부터 1960년까지 3년 동안에 국내 및 국외 가정으로 입양된 290명의 아동 가운데 기아가 차지하는 비율은 65%로 미혼모의 자녀(10.7%)나 결손가정의 자녀(24.3%)보다 훨씬 높게 나타났다. 그러나 1970년부터 서구사회의 성개방에 대한 조류가 우리 사회에서도 확산하고 있으며, 산업화, 도시화 및 그와 관련된 생활양식이 변화되면서 이성교제의 기회가 늘어가고 성태도에 대한 가족적 · 사회적 · 도덕적 규제가 약화됨에 따라 미혼모의 비율이 증가하게 되었다. 2000년대부터 현재까지도 요보호아동이 발생하는 유형 중 미혼모의 비율이 높은 편이다. 요보호아동 중 아동양육시설로 보내지지 않는 일부 아동은 입양으로 보내어져 가정보호를 받게 된다.

표 11-1 발생유형별 요보호아동 현황

(단위: 명)

구분	총아동 발생수	귀가 및 연고자 인도	요보호아동의 발생원인									
			계	기아	미혼모 아동	미아	비행, 가출, 부랑	학대	부모 빈곤 실직	부모 사망	부모 질병	부모 이혼 등
2015	4,975	472	4,503	321	930	26	360	1,094	279	301	122	1,070
2014	6,014	1,020	4,994	282	1,226	13	508	1,105	308	450	65	1,037
2013	6,834	814	6,020	285	1,534	21	512	1,117	338	545	133	1,535
2012	8,003	1,077	6,926	235	1,989	50	708	1,122	448	533	166	1,675
2011	8,436	953	7,483	218	2,515	81	741	1,125	418	536	154	1,695
2010	9,960	1,370	8,590	191	2,804	210	772	1,037	586	772	203	2,015
2009	10,500	1,472	9,028	222	3,070	35	707	1,051	710	763	230	2,240
2008	11,672	2,388	9,284	202	2,349	151	706	891	1,036	732	274	2,943

출처: 보건복지부(2015). 요보호아동현황보고.

〈표 11-2〉에서 제시한 입양아동의 발생 현황을 살펴보면, 국내입양과 국외입양 모두 '미혼모 아동'이 90% 이상을 차지하고 있다.

표 11-2 입양아동의 발생 현황

(단위: 명)

연도	국내입양				국외입양			
	계	미혼모 아동	유기아동	결손가정 등	계	미혼모 아동	유기아동	결손가정 등
2013	686 (100%)	641 (93.4%)	24 (3.5%)	21 (3.1%)	236 (100%)	228 (96.6%)	1 (0.4%)	7 (3.0%)
2014	637 (100%)	578 (90.7%)	28 (4.4%)	31 (4.9%)	535 (100%)	509 (95.1%)	- (0.0%)	26 (4.9%)
2015	683 (100%)	618 (90.5%)	54 (7.9%)	11 (1.6%)	374 (100%)	358 (95.7%)	16 (4.3%)	- (0.0%)

출처: 중앙입양원(www.kadoption.or.kr)

2) 가정법원의 입양 허가와 입양숙려제

정부는 요보호 아동의 원가정 보호를 강조하고 입양절차 전반에 대한 국가의 감독관리 의무를 강화해야 할 필요에 의해 「입양촉진 및 절차에 관한 특례법」을 2011년 8월 4일 「입양특례법」으로 전면 개정하였다. 이는 입양제도가 아동의 권익중심으로 이루어져야 한다는 헤이그협약의 기본 정신을 반영하는 것이다.

우리나라에서 아동을 입양하려면 가정법원의 허가를 받도록 하였다(「입양특례법」 제11조 제1항). 이는 입양부모와 입양아동(친생부모 또는 후견인 등) 등 당사자 간의 합의만으로 입양이 성립할 때 아동의 권익이 침해될 우려가 있기 때문에 국가 기관인 가정법원이 아동의 입양 여부, 예비 입양부모의 양육의지와 능력 등을 판단하려는 것이다.

가정법원 허가 과정에서 입양하려는 부모가 한국을 방문하게 하여 양부모의 적격성을 확인할 수 있도록 하였으며, 양부모의 자격 기준을 강화하여 범죄, 폭력 및 약물중독 경력이 있는 자를 제외하여 아동의 권익을 최대한으로 보호하고자 하였다. 가정법원 허가제는 헤이그협약 제4조(국제입양의 요건)가 '출신국의 권한 있는 당국(정부기관)이 입양 아동, 예비양부모, 입양기관 등에 관련하여 그 적정성을 판단하라'는 요건을 충족하는 조항이다.

자녀를 입양하려면 친생부모의 동의를 받아야 하는데 입양동의의 효력이 아동의 출생일로부터 1주일이 지난 후부터 발생하도록 하였다. 이를 입양숙려제라고 하며, 출산 직후에 산모는 극도의 심신 쇠약상태에 빠지므로 입양동의를 보다 신중하게 하려는 취지에서 시행되었다. 일반적으로 친생모의 경우 자연분만 시 병원 재원기간이 보통 2박 3일인데, 이 시기가 산모에게는 심신이 가장 불안정한 시기이기 때문에 입양 결정을 성급히 내릴 우려가 있으므로, 퇴원 후 3, 4일 동안 좀 더 안정된 상태에서 충분한 상담을 받고 심사숙고하여 입양을 결정하라는 것이다.

3) 입양의 절차

입양은 크게 국내입양과 해외입양으로 나눌 수 있다. 국내입양과 해외입양은 입양 절차는 같으나, 해외입양은 외국인이 국내에서 아동을 입양하는 일에는 국내입양 절차와 같으며, 다만, 아동의 본적지 또는 주소지 담당 가정법원에서 입양인가를 받아야 한다. 또 국외 출국 전에 보건복지부 장관으로부터 해외이주허가를 받아야 한다.

친생부모입장에서 국내입양절차와 입양부모의 입장에서의 입양절차를 표로 나타내면 다음과 같다.

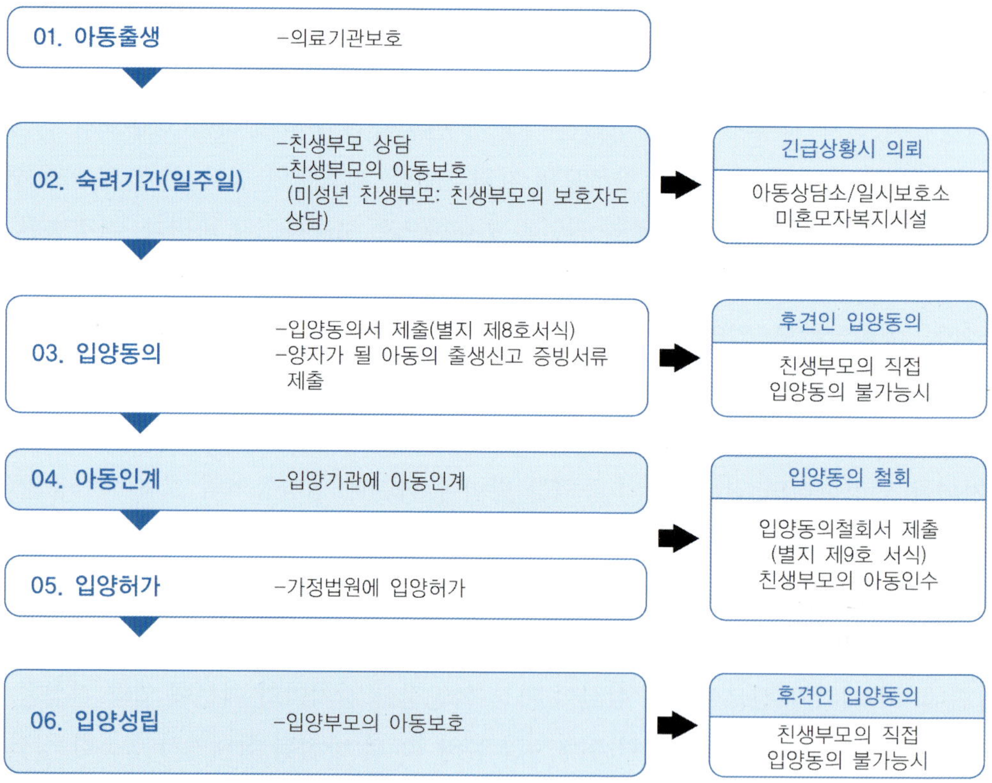

※출처: 중앙입양원, https://www.kadoption.or.kr

그림 11-1 친생부모입장의 국내 입양절차

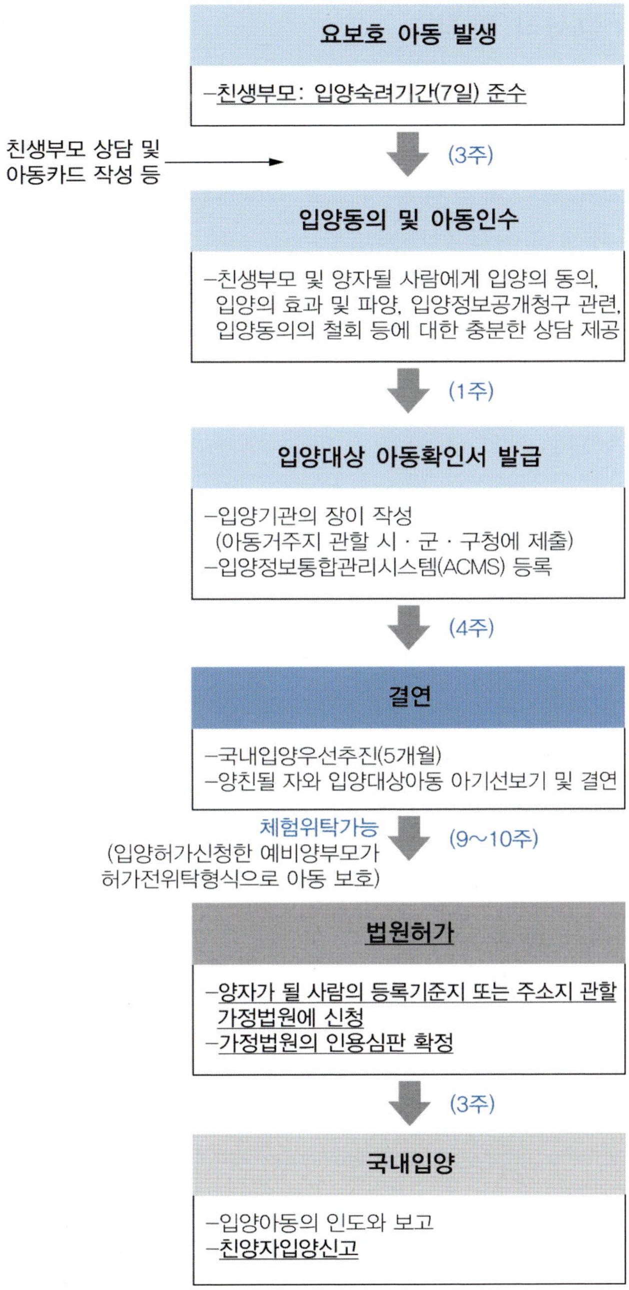

※출처: 중앙입양원, https://www.kadoption.or.kr

그림 11-2 입양부모입장의 국내 입양절차

4 입양아동의 정서적 특징

입양가정에서 성장하는 것은 생물학적 가족에서 자라는 것과는 다르다. 입양아동은 입양되지 않은 아동과 같은 발달적인 과제를 가지지만, 자존감과 정체성과 같은 발달적 이슈들은 입양아동에게 있어서 긴장되고 독특한 의미가 있다. 자신이 누구인지를 확인하기 위해서 입양아동은 입양이 자신과 다른 사람들에게 어떤 의미가 있는지를 이해해야 한다.

입양아의 나이에 따라 나타나는 문제들을 보면, 학교에 들어가기 전인 유아기에는 입양에 대해 적절한 이해를 하지 못한다. 그러나 6세가 지나서 학령기가 됨에 따라 입양의 의미와 그 복합성을 서서히 깨닫기 시작한다. 즉, 입양되기 위해서는 자신이 먼저 친생부모에 의해 포기됐다는 것을 점점 깨닫기 시작한다는 것이다. 따라서 입양아는 친부모 상실과 뿌리의 상실을 깨닫게 됨으로써 그 상실에 슬퍼하게 된다. 이 시기의 아동이 상실을 슬퍼하는 것은 문제행동이 아니라 당연한 현상임을 입양부모는 이해하고 슬픔에서 벗어날 수 있도록 도와주어야 한다. 사춘기가 되면 아동은 한 개인의 정체성을 형성하는 시기에 들어가는데, 이때 입양아는 그 자체가 가진 복합적인 성격 때문에 비입양아보다 더 어려운 시기를 거치게 된다. 성인이 되었을 때 입양아는 친부모를 찾아 나설 계획을 세우기도 하는데, 이런 욕구는 입양부모에 대한 거부가 아닌 입양아가 자신의 뿌리를 찾고자 하는 자연스러운 욕구임을 알아야 한다(배태순, 1998).

브로진스키(Brodzinsky) 등에 의하면 입양가정은 다음과 같은 발달단계를 겪는다.

표 11-3 입양가정의 발달단계

발달단계	부모	아동
부모기로의 전환	• 입양에 대한 결정 내리기 • 입양절차와 관련하여 불확실성과 불안감 극복하기 • 입양과 관련된 사회적 편견 극복하기 • 입양결정을 내릴 때 가족과 사회적인 지원 찾기	
영아기	• 입양부모로서의 정체성 확립 • 적절한 부모역할 모델과 입양과 관련된 현실적인 기대감 갖기 • 입양아를 가족에 통합하고 안정적인 애착관계 형성하기 • 입양아의 친생가족에 대한 생각과 감정을 정리하기	
유아기	• 입양사실을 알려주기 시작하는 단계 • 입양사실을 알려주는 것과 관련된 불안감과 불확실성 극복하기 • 입양에 대해 의사소통할 수 있는 가족 내 자연스러운 분위기 형성	
아동기	• 입양의 의미를 이해하도록 돕기 • 입양 때문에 상실감을 극복하도록 돕기 • 친생부모에 대한 긍정적인 견해 형성 • 입양에 대한 열린 의사소통 유지	• 자신의 입양 이야기를 알게 됨 • 입양에 대해 지속적으로 질문함
청소년기	• 계속되는 입양 관련 상실감을 극복하도록 돕기 • 친생가족에 대한 긍정적인 견해 형성하기 • 친생가족 찾기에 대한 자녀의 흥미와 계획을 지원하기 • 친생부모를 찾을 때 현실적인 기대를 할수 있도록 돕기 • 입양에 대한 열린 의사소통 유지하기	• 입양을 안정적인 정체성에 통합하기 • 입양 상실 극복하기 • 친생가족과 유산에 대한 사고와 느낌 정리하기 • 부모와 입양에 대해 열린 의사소통 유지하기

※출처: 배태순(1998). 입양의 이해와 입양의 성공.

5 입양가정아동의 현황

1) 국내 · 외 입양아동 현황

(1) 국내 · 외 입양아동 수

보건복지부(2016) 통계에 따르면 전체 입양아동 수와 국외 입양아동 수는 해마다 줄어들고 있지만, 국내 입양아동 수는 국외 입양아동 수보다 늘어나는 추세다. 2015년 입양 규모는 총 1,057명으로 국내입양(683명, 64.6%)이 국외입양(374명, 35.4%)보다 더 많이 이루어졌다. 이는 국내입양이 더욱 활성화되고 있으며, 우리 사회의 혈연주의가 점차 완화되고 있음을 시사한다.

표 11-4 연도별 국내외 입양현황

(단위: 명)

구분	계	2006년 이전	2007	2008	2009	2010	2011	2012	2013	2014	2015
계	245,600	227,983	2,652	2,556	2,439	2,475	2,464	1,880	922	1,172	1,057
국내	79,088 (32.2%)	68,939 (30.2%)	1,388 (52.3%)	1,306 (51.1%)	1,314 (53.9%)	1,462 (59.1%)	1,548 (62.8%)	1,125 (59.8%)	686 (74.4%)	637 (54.4%)	683 (64.6%)
국외	166,512 (67.8%)	159,044 (69.8%)	1,264 (47.7%)	1,250 (48.9%)	1,125 (46.1%)	1,013 (40.9%)	916 (37.2%)	755 (40.2%)	236 (25.6%)	535 (45.6%)	374 (35.4%)

※출처: 중앙입양원, https://www.kadoption.or.kr

(2) 입양아동의 성별

입양아동의 성별을 보면, 주로 국외로 입양되는 남아와는 다르게 우리나라 입양아동의 성별은 여아가 높음을 알 수 있다. 과거에는 대를 이을 목적으로 입양하였는데, 최근에는 가족화목을 위해서 입양하는 경우가 늘어나면서 여아가 남아보다 얌전하고, 앞으로 청소년기의 성장 과정에서 문제의 소지가 낮을 것이라는 기대에 생후 3개월 내의 건강한 여아가 입양되고 있다.

표 11-5 입양아동의 성별 및 연령

(단위: 명)

연도	국내입양							국외입양					
	계	성별		연령				계	성별		연령		
		남	여	3개월 미만	3개월~1세 미만	1~3세 미만	3세 이상		남	여	1세 미만	1~3세 미만	3세 이상
2013	686	203 (29.6%)	483 (70.4%)	39 (5.7%)	548 (79.9%)	72 (10.5%)	27 (3.9%)	236	194 (82.2%)	42 (17.8%)	-	229 (97.0%)	7 (3.0%)
2014	637	223 (35.0%)	414 (65.0%)	20 (3.1%)	398 (62.5%)	167 (26.2%)	52 (8.2%)	535	438 (81.9%)	97 (18.1%)	2 (0.4%)	464 (86.7%)	69 (12.9%)
2015	683	222 (32.5%)	461 (67.5%)	29 (4.2%)	394 (57.5%)	215 (31.5%)	45 (6.6%)	374	287 (76.7%)	87 (23.3%)	-	338 (90.4%)	36 (9.6%)

※출처: 중앙입양원(www.kadoption.or.kr)

(3) 건강이상 아동의 입양현황

건강이상 아동의 경우, 국내 입양은 더욱 힘든 경향을 보인다. 2015년 건강이상 아동의 경우 국내 입양 비율은 3.5%에 불과하였는데, 이는 국외입양(26.5%)보다 상당히 낮은 비율이다.

표 11-6 건강이상 아동의 입양현황

(단위: 명)

연도	국내입양					국외입양				
	계	건강 양호	건강이상			계	건강 양호	건강이상		
			계	미숙아·저체중아	기타			계	미숙아·저체중아	기타
2013	686	657 (95.8%)	29 (4.2%)	27	2	236	177 (75%)	59 (25%)	19	40
2014	637	614 (96.4%)	23 (3.6%)	20	3	535	368 (68.8%)	167 (31.2%)	51	116
2015	683	659 (96.5%)	24 (3.5%)	20	4	374	275 (73.5%)	99 (26.5%)	35	64

※출처: 중앙입양원(www.kadoption.or.kr)

5 입양아동을 위한 복지대책

1) 입양아동에 대한 의료급여

입양아동에 대한 의료급여란 「입양특례법」에 따라 국내에 입양된 18세 미만의 아동에게 1종 의료급여 자격을 부여하여 의료비를 지원하는 제도이다.

입양아동이 입원, 외래 등의 병원진료를 받으면, 치료비를 감면해 주고 전액 의료급여 기금으로 부담한다. 단, 입원 식대비용 1식 680원을 부담하도록 한다. 입양아동의 양부모가 증빙서류를 갖춰 읍 · 면 · 동사무소 또는 시 · 군 · 구청에 의료급여를 신청하면 된다. 단, 입양아동 본인에 대하여만 의료급여를 시행하고 그 가족은 의료급여 혜택이 없다.

2) 입양장애아동의 양육보조금 및 의료지원제도

장애아동을 입양한 가정에 양육보조금으로 입양아동 1인당 627,000원을 매월 지급한다. 경증장애인(장애 3~6급)의 경우에는 월 1인당 551,000원의 양육보조금을 지원받는다. 의료비는 연간 260만원 한도 내에서 본인이 부담한 진료 · 상담 · 재활 및 치료에 소용되는 비용 등 매 분기 65만원을 기준으로 지원한다. 또 국립입양원에서는 입양을 입증하는 서류만 제출하면 국민건강보험법상의 본인 부담금을 면제해 준다.

3) 입양아동 양육수당 지급

입양가정에서는 양육수당을 받을 수 있다. 지원 금액은 입양자녀의 나이가 만 16세 전까지 1인당 15만원으로 매월 지원받을 수 있다.

4) 국내입양아동 사후 관리

입양은 가정에 입양된 것으로 끝나는 것이 아니라 시작이다. 국내 입양의 경우 입양 후 1년 동안 사후관리 서비스를 제공받을 수 있다(「입양특례법」 제25조 제1항). 입양 후 사후관리 서비스는 입양기관의 담당자가 양친과 양자의 상호 적응상태에 관하여 관찰하고 필요한 서비스를 제공함으로써 아동의 입양가정에의 적응을 높이는 데 목적이 있다.

입양 후 1년이 지난 후에라도 지속적으로 양육에 관련된 사후관리 서비스가 제공되어 입양 부모는 양육과 관련된 정보를 얻고, 입양아동은 입양아동으로서의 정체성을 확립하고 고민이 있을 때 상담받을 수 있는 사후관리 서비스는 반드시 필요하다.

현재 사후 프로그램은 자조모임에서 자발적으로 조직하여 운영하는 프로그램으로 진행되고 있다. 특히, 돌이 지난 연장아동과 장애아동을 입양하면 일반아동을 입양하는 일보다 심리적으로 특수한 경우에 부딪히는 일이 많다.

국내입양, 가정위탁에 대한 청소년들의 인식 개선을 위해 교과과정에 관련된 부분을 반영하고 공개입양을 늘려나가 입양아동들이 정체성의 혼란으로 어려움을 겪지 않도록 하여야 한다. 입양기관을 비롯한 입양가정의 모임을 지속적으로 하여 입양아동과 양부모의 입양정체성 혼란 상담, 가족 구성원 간 갈등해소, 도벽이나 가출 등의 문제행동 교정, 친부모에 대한 감정정리 또는 새로운 관계 설정, 이에 따른 양부모와의 관계 조정 등을 해결해 나갈 수 있도록 돕는다.

5) 해외입양아동 사후 관리

해외로 입양된 아동은 양부모와 주변 사람과는 외모가 다른 것으로 인해 자신의 정체성에 대해 혼란스러워하거나, 자신의 입양배경 및 친부모에 대한 의문에서 시작된 심리적 갈등 때문에 입양가정 및 사회에서 적응하는 데 어려움을 겪는다(Wilkinson, 1985).

입양은 입양인, 양부모 그리고 친부모의 전 생애에 걸쳐 영향을 미치며, 상실, 버림받음, 자아정체성 혼란, 낮은 자존감 등의 정신건강문제를 동반하는 매우 복잡한 심리사회적 적응의 문제를 일으킬 수도 있다. 해외 입양인은 그러한 문제를 해결하고 의문에 대한 답을 얻기 위한 과정으로서 자신의 뿌리 찾기를 시도한다(Auth & Zaret). 따라서 해외입양은 이러한 문제들을 필연적으로 수반하고 있으며 그에 대한 서비스가 반드시 필요하다.

해외입양기관은 해당 입양국가의 협력기관에 도움을 제공하기 위한 가족 기능향상 프로그램이나 양부모교육 프로그램을 가졌는지를 확인하여 이를 개발하고 활성화하여야 한다.

한국입양인의 자조모임(self-help group)에 가입하거나 혹은 한국문화캠프의 참석 기회를 통하여 입양인들과 교류하고 한국에 대하여 좀 더 알게 된다면 입양인들이 갖는 소외감을 줄여 줄 수 있을 것이다.

현재 인터넷을 통하여 많은 한국입양인의 자조모임이 형성되고 있다. 입양기관에서 이러한 정보를 적극적으로 입양인에게 제공하고, 또한, 입양기관이 자조모임과 연계하여 그들이 필요로 하는 것이 무엇인지를 파악하고 그들의 모임을 지원함으로써 입양인들의 정체감 확립에 도움을 줄 수 있을 것이다.

한국입양인봉사회(InKAS)와 해외입양인연대(GOAL)를 통해 한국어 학습, 한국문화 체험, 취업상담, 입양인 대회 등의 사업을 지원하고 있다. 이러한 사업에 대한 지원을 확대하여 해외입양인 사후관리를 강화해 나가야 한다.

해외입양인의 한국 체류 시 장·단기 숙식을 제공하는 입양인 쉼터를 설치·운영하여 이를 통해 입양인의 안정적인 주거환경 조성, 국내 홈스테이 연결 및 해외 입양인 조직과의 허브역할을 수행하도록 하여야 할 것이다.

뿌리 찾기 서비스는 단순히 친부모를 찾아주는 것이 아니라, 친부모 찾기와 관련하여 친부모 및 양부모, 입양인에 대한 상담과 교육이 함께 수반되는 다각적이며 전문적인 서비스임을 인식해야 한다. 뿌리 찾기를 원하는 양부모와 입양인에 대해서 그들의 뿌리 찾기 욕구를 파악하여 개개인의 욕구 수준에 맞는 서비스를 제공할 수 있어야 한다. 그리고 친부모를 찾고 난 후의 예상 가능한 심리적·주변환경과의 관계 변화에 대해서도 알려주어야 하며, 친부모/가족이 갖는 심리적 상태 및 한국의 가족문화에 대해서도 이해할 수 있도록 도와야 한다. 특히, 친부모/가족과의 상봉 서비스는 뿌리 찾기에서 가장 중요한 서비스이며, 가족 간의 역동성과 다양한 문제들이 함께 수반되기 때문에 임상가로서의 경험과 감각이 필요한 서비스이다.

6) 자조모임의 활성화

공개입양이 긍정적으로 성공하기 위해서는 적극적인 자조모임(self-help group)활동이 반드시 필요하다. 많은 입양부모들은 자조모임을 통해서 다양한 양육정보를 공유하면서 긍정적인 입양문화를 개척할 수 있다. 대부분 입양가정이 자녀에게 언제, 어떤 방법으로 어떻게 입양사실을 알려줘야 하는지 항상 고민하고 도움을 요청하고 있다. 이처럼 적극적으로 자조모임에 참여하게 되면, 같은 조건 또는 같은 관심사를 가진 사람들이 모였다는 것 자체만으로도 심적으로 매우 안심되고, 혼자서 해결할 수 없는 문제를 지혜롭게 극복해 나갈 수 있는 지식을 터득하게 된다. 또한 언제든지 양육에 필요한 정보나 조언을 얻을 수 있으며, 예비입양부모에게는 좋은 멘토의 역할을 해줄 수 있으므로 공개입양 활성화에 일조하게 된다.

자조모임 활동은 성공적이고 긍정적인 사례뿐만 아니라, 불편한 감정이나 부정적인 사례도 같이 공유하면서 도움을 주고받으며 좋은 방향으로 해결책을 찾아 나갈 수 있으므로, 적극적인 자조모임 참여는 성공적인 공개입양을 위해서 꼭 필요하다.

7) 가정조사항목 강화와 시험양육기간의 도입

가정조사항목 강화와 시험양육기간의 도입은 입양아동의 복지와 입양가정의 안정성 확보, 공개입양의 활성화를 위해 반드시 필요한 규정이다. 이 규정들은 입양 과정에 신중성을 더해 주어서 입양 후 입양가정의 문제를 줄일 수 있고, 입양아동의 복지에도 이바지하며, 공개입양의 유도를 위한 규정이 될 수 있기 때문이다.

「입양특례법」은 가정조사를 2회 이상 직접 가정방문과 1회 이상의 비밀방문으로 조사하도록 규정하고 있다. 그러나 이는 양친이 될 자와 가정조사를 맡은 사람의 신뢰구축이 이루어지지 않는다면 실효를 거둘 수 없다. 따라서 좀 더 신중하고 철저하게 조사하기 위해 가정방문의 횟수를 규정하기보다는 조사항목을 세밀하고 구체적으로 규정하고, 조사기간을 늘려서 신뢰도 높은 조사가 이루어져야 한다.

가정조사항목에는 나이, 생년월일, 종교, 혼인상태, 가족, 육체적 및 정신적 건강, 알코올 또는 마약 남용 여부, 교육, 고용, 재산, 수입, 아동폭력 등에 관한 기록 여부, 범죄기록, 배치의 이익성, 친생자녀 상황, 공개입양의 선택 여부, 입양에 대한 이해 정도, 기타 취업모는 입양 후 탁아문제 등을 포함할 수 있다.

시험양육기간을 통해 비밀입양을 공개입양으로 유도할 수 있는 계기로 삼아야 할 것이다. 이러한 가정조사항목의 강화와 동시에 시험양육기간을 시행하여야 한다. 미국은

6개월 정도 시험양육기간을 두고 있고, 가정조사의 내용으로는 입양의 적격성에 대한 평가는 1회 이상 입양신청자의 거주지를 방문하여 양친이 될 자와의 면담과 관찰, 그리고 양친이 될 자를 알고 있거나 관련정보를 가진 개인들과의 면담을 토대로 이루어지도록 하고 있다.

시험양육기간은 완전한 입양의 상태가 아니므로 공개입양에 대한 지속적인 교육과 상담 시행을 강제로 규정하여 공개입양으로 유도할 수 있도록 해야 한다. 즉, 시험양육기간은 공개입양을 유도할 수 있는 시간이기 때문에 적극적으로 활용하는 것이 바람직하다. 공개입양을 활성화하기 위해서는 시험양육기간은 꼭 필요하다.

최근 우리나라에서는 법원에 국내입양 허가를 신청한 후에 예비 양부모와 조기 애착 형성을 위하여 예비 양부모가 위탁보호하는 등 아동의 권익보호에 힘쓰고 있다. 예비양부모의 체험위탁 보호는 법원 허가 시까지 약 2개월 내외로 이루어진다. 이와 같은 체험위탁제도 역시 입양가정의 양육의 질을 높이는 긍정적인 방안이라 할 수 있다.

읽을거리

생각해보기

가족의 형태가 매우 다양하게 나타나고 있는 현대사회에서는 트랜스젠더 부부 또한, 한 가족의 형태로 나타나고 있다. 트랜스젠더 부부의 입양을 어떻게 생각하는지 토의하여 봅시다.

남성에서 여성으로 성전환한 트랜스젠더 수민 씨는 올해 결혼을 하였다. 출산할 수 없는 수민 씨는 남편과의 충분한 상의를 하고 공개입양을 하기로 하였다. 수민 씨의 입양은 법적으로는 불가능하지 않다.

2006년 12월, 보건복지부령 제 374호 개정안을 통해 입양의 조건이 많이 완화됐다. 이 개정안에 따르면 입양부모와 아동의 나이차이가 50세 미만에서 60세 미만으로 완화됐으며, 입양가정 자녀의 수가 입양아동을 포함, 5명 이내로 제한되는 규정이 삭제됐다.

또 한부모나 독신도 인정받을 수 있어 이전보다 훨씬 쉽게 입양을 추진할 수 있다.

그러나 이 같은 입양의 조건 개선은 어디까지나 '명분화된 입양의 조건'으로 실제로는 현장에서 일하는 사회복지사의 판단이 많이 개입된다.

실제 입양을 위해서 여러 가지 조건을 갖추어야 하나, 대부분 입양기관의 자체적 판단에 의해 많은 부분이 결정된다. 조건들이 맞는다고 해도 아동학대의 우려가 있으면 사회복지사의 판단 아래 입양이 금지되기도 한다. 반대로, 조건이 다소 부족하더라도 사회복지사의 판단 아래 적절하다고 생각되면 입양을 허가하는 일도 있다. 한 사회복지기관의 사회복지사는 "입양허가는 어디까지나 'case by case'로 그때마다 상황에 따른다."고 설명하였다. 다만, 문제는 '사회적인 인식이 트랜스젠더인 수민 씨의 입양을 받아들여 줄 수 있는가?'이다.

이 같은 상황은 정상가족 이데올로기 때문인데, 정상적인 가족에 대한 환성이 사회적 소수자로 이루어진 가정에 의한 입양을 받아들이지 못한다는 것이다.

※출처: 김주아 외(2009). 아동복지, 재인용.

활동자료

다음 주제에 관하여 조별로 토론해 보세요.

1. 입양부모가 되었을 때 좋은 점과 힘든 점에 대하여 토론해 보시오

입양부모가 되었을 때 좋은 점	입양부모가 되었을 때 힘든 점

2. 이미 자녀가 있는 유자녀 가정의 입양의 경우, 자녀 때문에 긍정적인 점과 부정적인 점, 어려운 점에 대해서 논의해 보시오.

긍정적인 면	
부정적인 면 (어려움 포함)	

3. 입양가정의 적응을 위하여 고려하여야 할 점을 입양부모, 입양자녀, 친인척의 입장 등에서 토의하시오.

입양부모 입장	
자녀 입장	
친인척 입장	

CHAPTER 12

모자이크 프로젝트, 다문화가정

제1절 다문화가정의 개념

다문화는 둘 이상의 다양한 문화로서 한 국가나 한 사회 속에 다른 인종 · 민족 · 계급 등 여러 집단이 지닌 문화가 함께 존재하는 것을 말한다. 다문화 사회는 서로 다른 문화에 대한 이해와 존중, 그리고 노력을 통하여 형성된다.

이러한 다문화는 세 가지 관점을 지닌다. 첫째, 다문화는 다양성을 토대로 세상을 새로운 시선으로 바라보는 것에서 출발한다. 즉, 다문화 사회의 다양성은 고정관념, 편견 그리고 선입관을 내려놓는 일에서 시작한다. 둘째, 다문화는 관계적이고 상호작용한다. 관계 개념으로서 다문화는 주류 사회의 문화만이 중심이 되는 것이 아니라 소수자의 문화를 존중하고 상생을 기초로 하는 공동체성을 형성하게 된다. 셋째, 문화는 끝없는 변화생성의 과정을 겪는다. 문화는 독립적이지 않으며 상호교류, 충돌, 전이, 지배 그리고 호환 등의 과정을 통해 발전한다. 우리 사회는 서로 다름을 통해서 배우고 이러한 다름의 문화적 교류가 우리 사회를 풍요롭게 할 수 있다는 관점이다.

다문화가정은 세계화 추세에 의해 점점 증가하고 있는 다양한 가정 구조 중 하나이다. 다문화가정이라는 용어는 2003년 건강가정시민연대에서 '국제결혼', '혼혈아' 등의 차별적 용어 대신 '다문화가정'으로 부르자고 제안하면서 사용되기 시작하였다. 또한, 그들의 자녀를 부르는 명칭으로는 '혼혈아, 코시안(한국과 아시아인), 코메리칸(한국인과 미국인), 코피노(한국인과 필리핀인), 라이따이한(한국인과 베트남인)' 등이 사용되었으나, 이 명칭의 차별적 또는 부정적인 의미를 해결하기 위해 점차 '다문화가정'으로 바꾸어 사용하게 되었다(박은애, 2006).

'다문화가정'이란 일반적으로 국제결혼을 통해 국내에 정주하고 있는 가정을 의미한다. 2008년에 제정된 「다문화가족지원법」에서는 '다문화가족'을 출생 시부터 한국 국적의 한국인과 외국 국적의 배우자로 이루어진 가족(혼인 귀화자 포함)으로 규정하고 있다. 즉, 다문화가족은 서로 다른 국적(출신 국가) 또는 민족 출신의 구성원으로 이루어진 가족을 의미하며, 현재 국내에서는 결혼이민자가족, 외국인근로자가족, 탈북이주민가족 등 서로 다른 사회문화적 배경을 지닌 민족이 가정을 이루는 경우를 모두 포함한다. 이외에도 「다문화가족지원법」 개정으로 2012년부터는 혼인귀화자 외에 기타사유 국적취득자(인지 · 귀화)도 다문화가정에 포함한다.

다문화가정은 크게 결혼이민자가정, 외국인 근로자가정, 탈북자가정 등 세 유형으로 나눌 수 있다. 다문화가정의 유형별 특징을 살펴보면 다음과 같다(백승주 외, 2010; 황매향 외, 2010).

첫째, 결혼이민자가정은 국제결혼가정을 의미하며, 한국 국적을 가진 부모 한 사람이 다른 외국 국적의 배우자와 결혼하여 가정을 구성한 경우이다. 우리나라는 한국전쟁을 계기로 미군 남성과 한국인 여성의 결혼이 다문화가정 형성의 시작이라 볼 수 있다. 이후 1980년대에는 우리나라의 경제력이 신장됨에 따라 외국인 유입, 한국인의 해외진출 등으로 국제결혼이 다소 증가하다가, 1990년대부터 '농촌총각 장가보내기 운동'의 일환으로 한국인 남성과 아시아계 여성의 결혼이 급증하였다. 따라서 최근 우리나라 국제결혼은 대부분 한국 남성과 외국 여성이 결혼하여 가정을 이룬 경우가 많다. 결혼이민자들은 한국 국적을 취득하거나 출신국의 국적을 보유하고 있으며, 이 가정의 자녀는 대부분 한국 국적을 취득하나 일부는 18세 이전까지 이중 국적을 취득하기도 한다.

둘째, 외국인 근로자가정은 주로 부모가 외국인 근로자로 오랜 시간 국내 취업을 하게 되면서 국내에서 가정을 형성하는 경우로, 한국인과 결혼하거나 다른 외국인과 결혼하여 가정을 구성하게 되는 경우이다. 이들 가정의 자녀는 국내에서 출생한 경우와 부모가 먼저 입국한 후 자녀를 입국시켜 함께 생활하고 있다. 대부분 부모나 자녀 모두 출신국의 국적을 지니고 한국에서 체류하는 편이다. 그런데 합법적으로 일하는 외국인 이외에도 불법적으로 체류하는 외국인도 많으므로, 그 자녀는 대부분 '불법체류자'가 되어 복지상의 많은 문제점을 내포하고 있으며, 그 규모조차 정확하게 파악할 수 없는 것이 현실이다.

마지막으로 탈북자 가정이 있다. 이들은 고유한 한민족이지만, 분단의 역사 속에서 다른 사회·문화적 차이 때문에 적응이 필요한 사람들로 다문화가정의 범주에 포함하는 것이 바람직하다. 탈북자 가정은 가족 구성원 전부가 탈북자 출신일 수도 있고, 부모 중 한

* 「다문화가족지원법」 제2조(정의)

1. "다문화가족"이란 다음 각 목의 어느 하나에 해당하는 가족을 말한다.
   가. 「재한외국인 처우 기본법」 제2조제3호의 결혼이민자와 「국적법」 제2조부터 제4조까지의 규정에 따라 대한민국 국적을 취득한 자로 이루어진 가족
   나. 「국적법」 제3조 및 제4조에 따라 대한민국 국적을 취득한 자와 같은 법 제2조부터 제4조까지의 규정에 따라 대한민국 국적을 취득한 자로 이루어진 가족

쪽이 탈북자 출신일 수도 있다. 탈북자 가정은 탈북이라는 생존이 위협받는 환경에서 살아남은 경험이 있기 때문에 심리적 안정, 사회 정착, 문화적 적응 등 많은 영역에서 지원이 필요하다. 다문화가정의 유형별 특징을 정리하면 〈표 12-1〉과 같다.

표 12-1 다문화가정과 자녀 유형

다문화가정	자녀 유형
결혼이민자가정	한국인 아버지와 외국인 어머니 사이에서 태어난 자녀
	한국인 어머니와 외국인 아버지 사이에서 태어난 자녀
외국인 근로자가정	외국인 근로자가 한국에서 결혼하여 태어난 자녀
	본국에서 결혼하여 형성된 가족이 국내로 이주한 가정의 자녀
탈북자 가정	북한에서 태어나서 한국에 입국한 자녀
	북한에서 한국으로 이주한 후 태어난 자녀

※출처: 최일 외(2010). 다문화교육의 이론과 실제. 서울: 학지사. p.17 수정.

제2절 다문화가정의 현황

전통적으로 민족의 동질성이 강조되던 한국사회는 1990년대 이후 우리나라에서는 국제결혼이 급속히 증가하여 다문화사회로 변모하였다. 우리나라의 외국인과의 혼인 건수는 2010년까지는 급등하였다가 점차 감소세로 변화하였다. 2015년 외국인과의 혼인은 2만 1,300건으로 전체 혼인 건수의 7.0%를 차지하며, 전년대비 8.8% 감소한 것으로 나타났다(통계청, 2015). 외국인과의 혼인 중 외국 여성과 혼인 비율은 69.0%, 외국 남성과 혼인 비율은 31.0%를 차지하고 있다.

다문화가정에서 외국인의 국적을 살펴보면(통계청, 2015), 한국 남성과 혼인한 외국 여성의 국적 구성비는 베트남(31.7%), 중국(31.0%), 일본(7.0%) 순으로 높게 나타났다. 전년대비 태국 여성과의 혼인은 증가(23.7%)한 반면, 일본(-23.4%), 중국(-17.1%), 필리핀(-11.0%) 등의 국적 여성과의 혼인은 감소한 것으로 나타났다.

한국 여성과 혼인한 외국 남성의 국적 구성비를 살펴보면, 미국(24.4%), 중국(21.7%), 일본(12.2%)의 순으로 높게 나타났다(통계청, 2015). 전년대비 베트남 남성과의 혼인은 증가(52.7%)한 반면, 일본(-31.3%), 중국(-9.2%), 미국(-7.8%) 등의 국적 남성과의 혼인은 감소한 것으로 나타났다.

표 12-2 외국인과의 혼인, 2005-2015

(단위: 천 건, %)

	2005	2006	2007	2008	2009	2010	2011	2012	2013	2014	2015	구성비	전년대비 증감률
총 혼인 건수	314.3	330.6	343.6	327.7	309.8	326.1	329.1	327.1	322.8	305.5	302.8	100.0	-0.9
외국인과의 혼인	42.4	38.8	37.6	36.2	33.3	34.2	29.8	28.3	26.0	23.3	21.3	7.0	-8.8
한국남성+외국여성	30.7	29.7	28.6	28.2	25.1	26.3	22.3	20.6	18.3	16.2	14.7	4.8	-9.1
한국여성+외국남성	11.6	9.1	9.0	8.0	8.2	8.0	7.5	7.7	7.7	7.2	6.6	2.2	-7.9

※출처: 통계청(2015). 2015년 인구동태연보(혼인, 이혼 편).

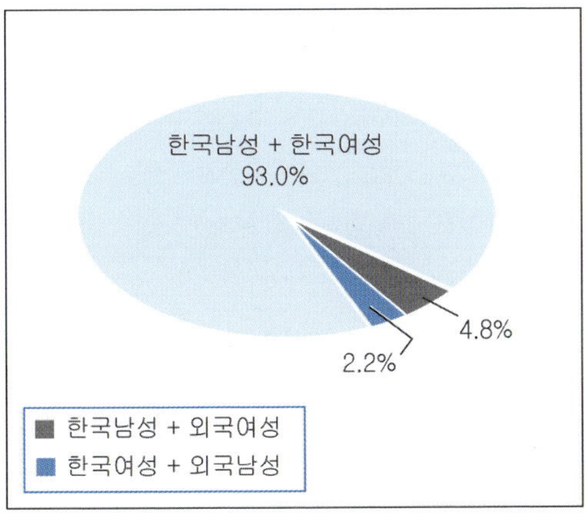

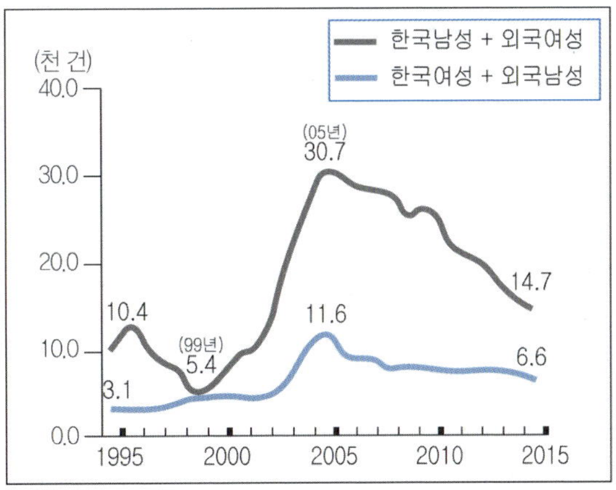

※출처: 통계청(2015). 2015년 인구동태연보(혼인, 이혼 편).

그림 12-1
외국인과의 혼인 비중, 2015

그림 12-2
외국인과의 혼인 건수 추이, 1995-2015

표 12-3 국적별 외국인과의 혼인, 2005-2015

(단위: 건, %)

	2005	2006	2007	2008	2009	2010	2011	2012	2013	2014	2015	구성비	전년 대비 증감률
한국男+외국女	30,719	29,665	28,580	28,163	25,142	26,274	22,265	20,637	18,307	16,152	14,677	100.0	-9.1
베트남	5,822	10,128	6,610	8,282	7,249	9,623	7,636	6,586	5,770	4,743	4,651	31.7	-1.9
중국	20,582	14,566	14,484	13,203	11,364	9,623	7,549	7,036	6,058	5,485	4,545	31.0	-17.1
일본	883	1,045	1,206	1,162	1,140	1,193	1,124	1,309	1,218	1,345	1,030	7.0	-23.4
필리핀	980	1,117	1,497	1,857	1,643	1,906	2,072	2,216	1,692	1,130	1,006	6.9	-11.0
미국	285	331	376	344	416	428	507	526	637	636	577	3.9	-9.3
태국	266	271	524	633	496	438	354	323	291	439	543	3.7	23.7
캄보디아	157	394	1,804	659	851	1,205	961	525	735	564	524	3.6	-7.1
기타	1,744	1,813	2,079	2,023	1,983	1,858	2,062	2,116	1,906	1,810	1,801	12.3	-0.5
한국女+외국男	11,637	9,094	8,980	8,041	8,158	7,961	7,497	7,688	7,656	7,164	6,597	100.0	-7.9
미국	1,392	1,443	1,334	1,347	1,312	1,516	1,632	1,593	1,755	1,748	1,612	24.4	-7.8
중국	5,037	2,589	2,486	2,101	2,617	2,293	1,869	1,997	1,727	1,579	1,434	21.7	-9.2
일본	3,423	3,412	3,349	2,743	2,422	2,090	1,709	1,582	1,366	1,176	808	12.2	-31.3
캐나다	283	307	374	371	332	403	448	505	475	481	465	7.0	-3.3
베트남	28	47	61	61	49	67	93	180	279	283	432	6.5	52.7
호주	101	137	158	164	159	194	216	220	308	249	254	3.9	2.0
기타	1,373	1,159	1,218	1,254	1,267	1,398	1,530	1,611	1,746	1,648	1,592	24.1	-3.4

※출처: 통계청(2015). 2015년 인구동태연보(혼인, 이혼 편).

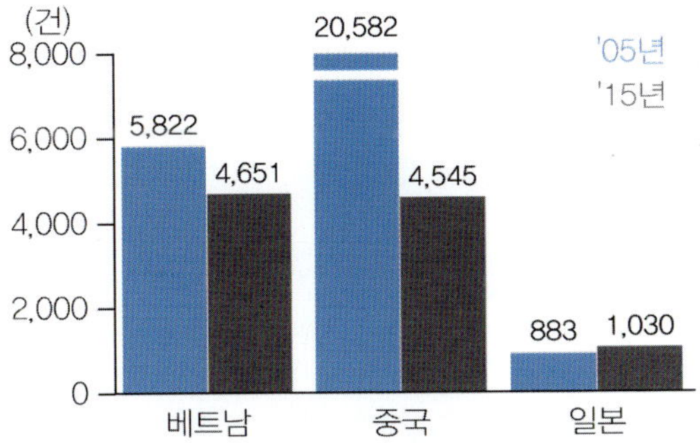

※출처: 통계청(2015). 2015년 인구동태연보(혼인, 이혼 편).

그림 12-3

한국남성과 혼인한 외국여성의 국적, 2005, 2015

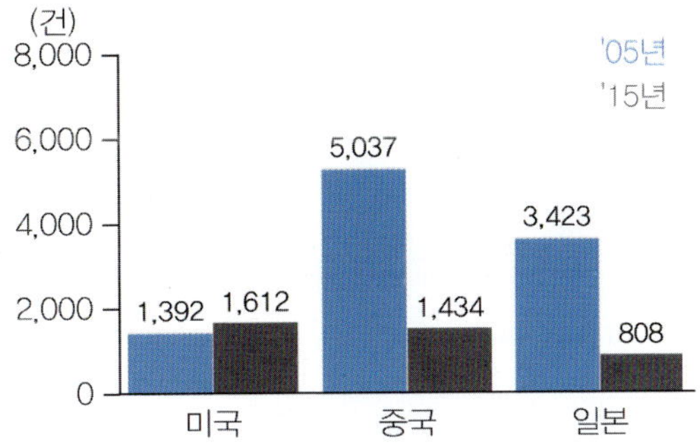

그림 12-4

한국여성과 혼인한 외국남성의 국적, 2005, 2015

이러한 다문화가정의 결혼 실태는 국제결혼가정의 적응상 어려움과 가족관계의 갈등이 실제 가정생활 유지의 어려움으로 드러나 이혼으로 연결됨을 알 수 있다. 외국인과의 이혼은 2015년 현재 8,200건으로 전년대비 15.6% 감소하였으며, 이러한 추세는 최근 4년간 지속되고 있다. 특히 외국인 여성과의 이혼은 2011년을 정점으로 급격한 감소를 하고 있으며, 외국인 남성과의 이혼도 2010년을 정점으로 감소 추세를 보이고 있다.

전체 이혼 중 외국인과의 이혼 구성비는 7.5%로 전년(8.4%)보다 0.9% 감소하였다. 외국인과의 이혼 중 외국인 여성과의 이혼 비율은 69.7%, 외국인 남성과의 이혼 비율은 30.3%를 차지하였다.

표 12-4 외국인과의 이혼, 2005-2015

(단위: 천 건, %)

	2005	2006	2007	2008	2009	2010	2011	2012	2013	2014	2015	구성비	전년 대비 증감률
총 이혼 건수	128.0	124.5	124.1	116.5	124.0	116.9	114.3	114.3	115.3	115.5	109.2	100.0	-5.5
외국인과의 이혼	4.2	6.1	8.3	11.0	11.5	11.1	11.5	10.9	10.5	9.8	8.2	7.52	-15.6
한국남성+외국여성	2.4	3.9	5.6	7.9	8.2	7.9	8.3	7.9	7.6	7.0	5.7	5.3	-17.9
한국여성+외국남성	1.8	2.2	2.7	3.1	3.2	3.2	3.1	3.0	2.9	2.8	2.5	2.3	-9.5

※출처: 통계청(2015). 2015년 인구동태연보(혼인, 이혼 편).

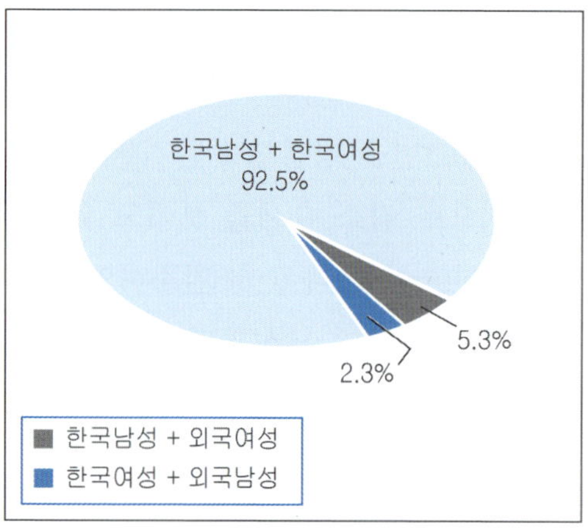

※출처: 통계청(2015). 2015년 인구동태연보(혼인, 이혼 편).

그림 12-5

외국인과의 이혼 비중, 2015

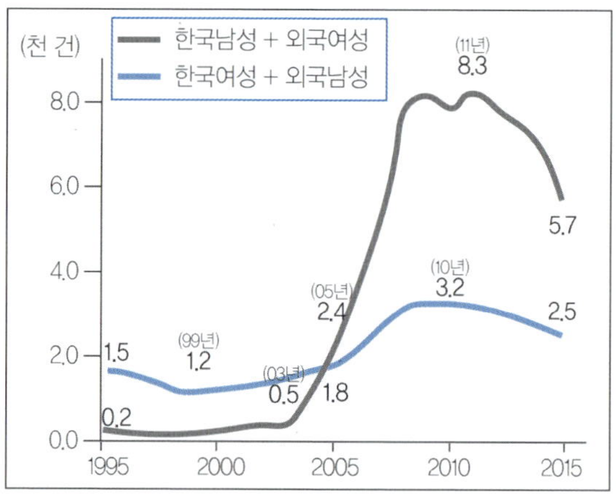

그림 12-6

외국인과의 이혼 건수 추이, 1995-2015

제3절 다문화가정의 증가 원인

저출산·고령화 사회로 인한 인구의 변동과 국제교류의 증가 때문에 우리나라는 다문화 사회로 빠르게 변화하였다. 이는 단지 이주로 인한 인구의 증가만을 의미하는 것이 아니라 그들이 가지고 있는 문화가 이동하고 변화하였음을 알 수 있다. 그래서 이주민의 증가는 새로운 문화를 형성하며 우리나라가 다문화 사회로 변화됨을 의미한다.

표 12-5 출생아 수, 조출생률 및 합계출산율, 2005-2015

(단위: 천 명, %, 명, 인구 1천 명당 명, 가입여자 1명 당 명)

		2005	2006	2007	2008	2009	2010	2011	2012	2013	2014	2015
출생아 수		435.0	448.2	493.2	465.9	444.8	470.2	471.3	484.6	436.5	435.4	438.4
전년 대비	증 감	-37.7	13.1	45.0	-27.3	-21.0	25.3	1.1	13.3	-48.1	-1.0	3.0
	증 감 률	-8.0	3.0	10.0	-5.5	-4.5	5.7	0.2	2.8	-9.9	-0.2	0.7
1일 평균 출생아 수		1,192	1,228	1,351	1,273	1,219	1,288	1,291	1,324	1,196	1,193	1,201
조출생률		8.9	9.2	10.0	9.4	9.0	9.4	9.4	9.6	8.6	8.6	8.6
합계출산율		1.08	1.12	1.25	1.19	1.15	1.23	1.24	1.30	1.19	1.21	1.24
전년 대비	증 감	-0.08	0.05	0.13	-0.06	-0.04	0.08	0.02	0.05	-0.11	0.02	0.03
	증 감 률	-6.8	4.4	11.3	-4.6	-3.6	6.7	1.5	4.3	-8.5	1.5	2.8

※출처: 통계청(2015). 2015년 출생통계.

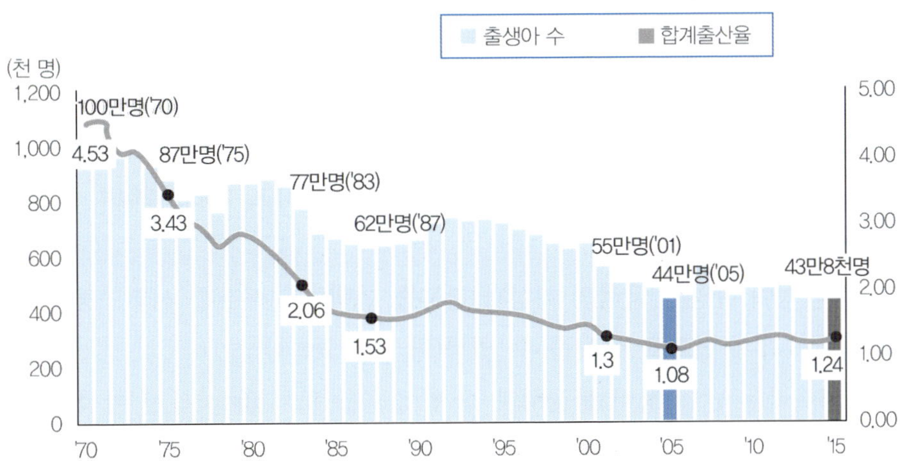

※출처: 통계청(2015). 2015년 출생통계.

그림 12-7 출생아 수 및 합계출산율 추이, 1970-2015

2015년 출생아 수는 43만 8,400명으로 전년도보다는 3천명(0.7%) 증가한 것으로 나타났다. 합계출산율(여아 1명이 평생 낳을 것으로 예상하는 평균 출생아 수)은 1.24명으로 전년도보다 0.03명(2.8%) 증가한 것으로 나타났다.

2014년 OECD 기준 한국의 출산율은 1.24명으로 여전히 OECD 국가 중 최하위권을 벗어나지 못하고 있다. 이러한 저출산은 이주민들이 한국사회로 유입되는 주요 요인인데, 인구 전문가들은 현재와 같은 추세가 지속된다면 인구 대비 외국인 체류자가 2020년 5%, 2030년 6%, 2040년 7.4%, 2050년 9.2%로 증가할 것으로 예상하고 있다. 그뿐만 아니라 50년 후 한국의 인구는 4천여만 명, 300년 후엔 100만 명으로 줄어들 것으로 전망하고 있다.

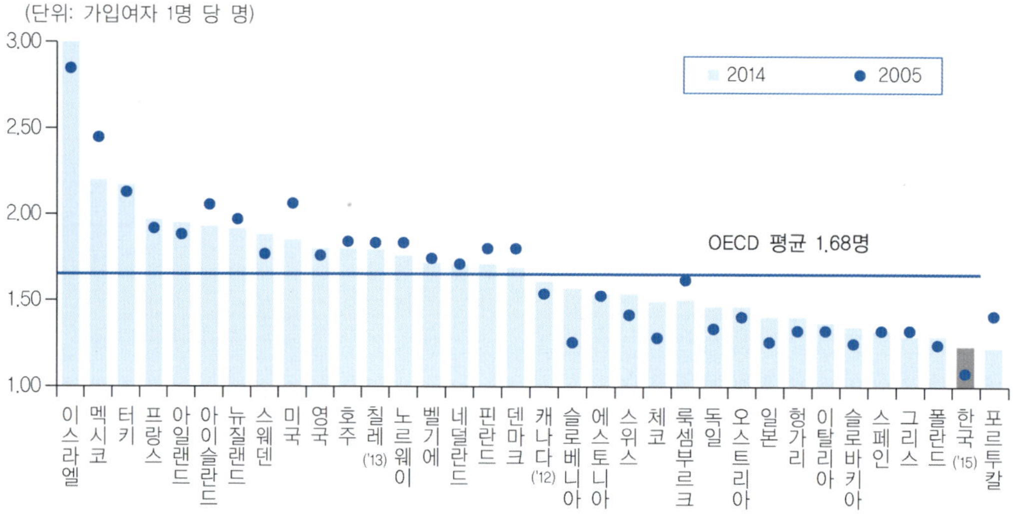

※출처: 통계청(2015). 2015년 출생통계.

그림 12-8 OECD 회원국의 합계출산율 비교, 2005, 2014

우리나라 남성이 다양한 국적의 여성과 결혼을 선택하는 이유를 사회·경제적 상황을 고려하여 네 가지 측면으로 살펴볼 수 있다(한국염, 2007).

첫째, 우리나라는 남녀 성비 불균형과 함께 결혼을 원치 않는 독신 여성이 증가하고 있다. 과거 여성들은 결혼이 삶에 필수적이라는 사회분위기 속에서 살았지만, 현대사회 여성들은 관습적인 결혼보다는 자신의 인생과 자아실현을 선호하고 있다. 취업여성은 결혼 때문에 발생하는 여러 가지 부작용을 막기 위해 결혼을 피하거나 늦게 하는 사례가 늘어나고 있다. 이 때문에 결혼적령기를 넘긴 남성들이 우리나라 여성을 배우자로 선택할 기회는 줄어들고, 국제결혼을 선택할 수밖에 없다.

둘째, 사회·경제적 수준이나 문화적 여건으로 우리나라 여성과 결혼하지 못하는 처지의 남성들이 늘어나고 있다. 결혼해서 자녀를 낳고 부모를 모셔야 한다는 전통적인 가치관을 탈피하지 못한 남성 중 경제적으로 어려워 한국 여성과 결혼을 할 수 없을 때 다양한 국적의 여성과 결혼을 선택한다. 왜냐하면, 한국 여성보다 외국 여성과는 적은 비용으로도 결혼할 수 있기 때문이다. 통계적으로 한국 여성과 결혼하면 일반적으로 약 5천만원 이상이 들지만, 제3세계 여성과 결혼하면 약 1천만원의 비용이면 가능하다.

셋째, 결혼을 빙자한 외국인과의 인신매매 위장결혼을 용인하는 사회적 분위기 때문이다. 심지어 어느 특정 종교는 얼굴도 보지 못한 채 국제결혼을 공공연하게 선교행사로 치르고 있다. 또한, 몇 년 전만 해도 길거리에 "○○○여성과 결혼 알선" 등의 현수막이 있음에도, 언론이나 법조계에서 이에 대해 제재를 가하기보다는 오히려 그것이 한국 총각들을 결혼난에서 구제한다는 이유로 용인하였다. 이러한 분위기를 틈타 결혼정보회사, 개인 브로커, 특정 종교 등이 난립하여 매매혼적인 결혼시장으로 확장시키고 있다.

넷째, 저임금 외국인 근로자의 유입정책 때문에 아시아에서 우리나라로의 이주가 관심대상이 되었고, 극심한 빈곤과 실업에 시달리는 저개발국 여성이 결혼을 통한 이주를 생존과 꿈을 펼치려는 대안으로 선택하게 된 것도 한국 남성이 국제결혼을 택하는 요인과 맞물려 작용하고 있다.

한편, 이러한 사회적 배경과 함께 우리나라에서 진행한 농촌총각 장가보내기 프로젝트는 1995년부터 정부가 농촌총각을 구제한다는 명분으로 중국동포 여성들을 대거 유입하면서 시작되었다. 당시 국내에 들어온 일부 중국동포 여성들은 6개월 만에 주민등록증을 발급받고는 잠적하는 일이 생겨났다. 이러한 문제점들을 보완하기 위해 정부는 남녀차별적인 「국적법」을 평등하게 바꾸고, 종전에는 결혼만 하면 자동으로 발급되던 국적을 위장결혼 방지대책의 목적으로 국적 신청 자격기간을 2년으로 연장하였다.

2000년대 초반에 중국 여성과의 결혼이 주춤한 틈을 타 동남아 여성과 국제결혼이 증가하면서 지자체의 농촌총각 장가보내기 프로젝트가 시작되었다. 특히 농촌의 국제결혼에 관심이 집중되면서 지자체의 농촌총각 장가보내기 사업은 활기를 띠게 되었고, 사업추진을 위한 지원조례까지 제정하여 예산을 지원하였다. 2007년 5월, 지자체의 농촌남성

국제결혼 지원사업 현황을 보면 8개 도, 60개 시 · 군에서 이 사업을 추진하였으며, 그 규모는 전국 기초단체 246곳의 1/4에 해당한다(한국염, 2007).

제4절 다문화가정의 어려움

우리나라에서 다문화가정이 겪고 있는 어려움은 크게 가족의 사회적응 문제와 자녀의 학교적응문제로 나눌 수 있다.

먼저 다문화가정이 겪을 수 있는 사회적응 문제를 살펴보면 다음과 같다. 첫째, 혈통을 중심으로 하는 우리나라의 문화적 편견을 들 수 있다. 우리나라 사람들은 순혈주의에 입각한 단일민족임을 자랑스럽게 여기고 혈연관계를 중요시해 왔다. 이와 같은 우리나라의 다문화주의에 대한 이해 부족과 순혈주의 중시 풍토는 다문화가정에 대한 편견과 차별의 문제를 유발할 수 있으며, 아직도 국제결혼가정에 대한 부정적인 시각이나 사회적 편견이 남아 있다. 사회 문화적 편견은 다문화 가족 구성원들이 근거 없는 열등감과 차별적 분위기를 경험하게 함으로써 정서적인 어려움을 겪게 하는 원인으로 작용한다.

둘째, 다문화가정은 경제적 빈곤상태 때문에 어려움을 겪는 사례가 많다. 결혼이민자가정은 농어촌 지역에서, 외국인 근로자가정은 도시에서 단순기능직에 종사하는 경우가 많다. 이들은 낮은 사회 경제적 지위와 함께 자녀양육에 필요한 최소한의 복지혜택과 교육지원만을 받으므로 자녀교육에 어려움이 가중되며, 대부분의 다문화가정은 취약한 사회적 및 경제적 기반으로 자녀의 생활 및 학습 환경이 열악한 사례가 많다.

셋째, 다문화가정은 문화적 차이에서 비롯된 사회 적응의 어려움을 들 수 있다. 특히 우리나라의 가부장적 또는 남성중심적 가치관과 생활태도는 여성에 대한 차별문제를 빚게 되므로 여성 결혼이민자의 심각한 적응문제를 유발한다. 이들은 기본적인 문화 차이에서 비롯된 음식, 예절, 사회 문화적 적응의 어려움에서부터 부부와 가족 간의 갈등, 가족원으로부터의 고립 등에 이르는 다양한 어려움을 안고 생활한다.

넷째, 많은 다문화가정은 가족 구성원 간에 의사소통의 어려움을 겪고 있다. 대부분의 여성 결혼이민자들은 의사소통이 불편한 상태로 임신, 출산, 육아 과정을 거치게 되므로 한국어에 익숙해질 시간의 부족으로 인해 언어소통 문제를 일으킨다. 다문화가정 구성원들은 언어소통문제 때문에 상대방을 이해하거나 자기를 이해시키는 데 불편을 겪으며, 각종 정보, 자원, 취업 등의 기회로부터 소외되고 있다. 이와 같은 의사소통의 어려움은 자녀의 언어능력 부족과 학업 부진의 문제로 연결되어 자녀의 학교부적응을 초래한다.

다문화가정의 사회적응 문제에 대한 우려와 함께 제기되는 또 다른 문제는 자녀의 학교적응 문제이다. 2015년 초 · 중 · 고 다문화학생은 8만 3천명으로 전년(6만 8천명)보다 21.7% 증가하였으며, 전체 학생 중 다문화가정 학생이 차지하는 비중은 1.4%로 나타났다(통계청, 2016). 다문화학생 중 초등학생의 비중은 73.0%, 중학생 16.8%, 그리고 고등학생은 10.2%로 나타났다.

표 12-6 다문화가정 학생 수

(단위: 명, %)

	전체 학생 (천명)	다문화 학생수[1]	구성비[2]	전년 대비	초등 학교	구성비[2]	중학교	구성비[2]	고등 학교	구성비[2]
2006	7,776	9,389	0.1	-	7,910	84.2	1,139	12.1	340	3.6
2007	7,735	14,654	0.2	56.1	12,199	83.2	1,979	13.5	476	3.2
2008	7,618	20,180	0.3	37.7	16,785	83.2	2,527	12.5	868	4.3
2009	7,447	26,015	0.3	28.9	21,466	82.5	3,294	12.7	1,255	4.8
2010	7,236	31,788	0.4	22.2	24,701	77.7	5,260	16.5	1,827	5.7
2011	6,987	38,678	0.6	21.7	28,667	74.1	7,634	19.7	2,377	6.1
2012	6,732	46,954	0.7	21.4	33,792	72.0	9,647	20.5	3,515	7.5
2013	6,529	55,780	0.9	18.8	39,430	70.7	11,294	20.2	5,056	9.1
2014	6,334	67,806	1.1	21.6	48,297	71.2	12,525	18.5	6,984	10.3
2015	**6,097**	**82,536**	**1.4**	**21.7**	**60,283**	**73.0**	**13,865**	**16.8**	**8,388**	**10.2**

※주: 1) 국제결혼가정 학생(국내출생+중도입국+외국인가정 학생
2) 다문화 학생 수/전체 학생 수×100
3) 다문화 학생 중 구성비

※출처: 교육부, 「다문화가정 학생현황」 각년도.

실제 다문화가정은 대부분 외국인 어머니가 결혼과 동시에 우리나라 언어와 문화에 제대로 적응하지 못한 상태에서 출산과 양육, 그리고 자녀의 가정교육 상당 부분을 담당하므로(오성배, 2005) 자녀의 발달적 부진과 함께 학교적응문제를 일으키는 것으로 지적되고 있다(교육인적자원부, 2006).

특히 다문화가정의 자녀가 겪는 다양한 학교적응문제는 다음과 같다. 첫째, 다문화가정의 자녀는 언어능력의 부족 등 때문에 기초학습능력이 다소 낮은 경향이 있으며, 이 때문에 학업성취도가 낮아질 수 있다. 또한 한국어사용 능력의 부족 때문에 전반적인 교과 학습 결손을 가져오므로 고학년으로 올라갈수록 학업성취문제는 더욱 심각해진다.

둘째, 다문화가정 자녀는 생활의 부적응문제를 유발할 수 있다. 언어소통의 어려움은 대화에 동참하지 못하고 교우 간의 교제를 방해하는 요인으로 작용하였으며, 이러한 원만하지 못한 교우관계는 전반적으로 학교생활에 지장을 주는 등 부정적 결과를 가져오는 것으로 보고된다(김경자, 2008). 이처럼 이들은 또래관계, 부정적 자아개념, 자아정체성의 혼란 등의 어려움을 겪게 된다. 구체적으로 국제결혼가정 자녀의 17.6%가 집단따돌림을 경험한 바 있으며, 집단따돌림의 가장 주된 원인으로는 단순히 '엄마가 외국인이어서(34.0%)'라고 응답하여 사회적 편견 때문에 학교생활의 심각한 부적응을 시사한다(설동훈 외, 2005).

셋째, 다문화가정의 자녀는 성장과정에서 자아정체성의 혼란과 갈등을 경험하며, 모국의 문화, 역사, 언어를 잃어버리거나 수치스러워하게 되는 정서적 손상을 받을 수 있다. 다문화가정 자녀는 서로 다른 인종과 국적을 가진 부모들 사이에서, 한국 문화와 다른 문화 속에서 자아정체성 혼돈과 사회적 편견을 경험할 우려가 있다. 특히 일부 청소년들은 이중정체성 때문에 심리적응상의 문제점을 드러내고 있으며(정하성 외, 2007), 이러한 정체성의 혼란은 대인관계에도 부정적으로 작용할 수 있다.

2015년 다문화가정 청소년들에게 자신이 어느 나라 사람이라고 생각하느냐는 질문에 전체의 73.7%가 자신을 '한국사람'이라고 생각한다고 응답하였다. 이보다 자신이 '외국출신 부모의 나라 사람', '한국사람이기도 하고 외국출신 부모의 나라 사람이기도 하다.'는 이중정체성을 지닌 비율, 그리고 '잘 모르겠다.'고 응답한 비율은 26.3%로 나타났다. 따라서 다문화가정 청소년들을 한국사회에서 스스로는 대부분 '한국사람'이라는 정체성을 지니고 있음을 나타냈다.

다문화가정의 자녀는 일반 가정보다 상대적으로 다양한 어려움이 있을 수 있지만, 다양한 문화를 경험할 수 있다는 장점이 있으므로 부모는 자녀가 한국사회에 잘 적응하며 성장할 수 있도록 환경적인 지원을 아끼지 말아야 할 것이다.

읽을거리

다문화가정의 어려움

- 문화적 인식 차이: 젠더(gender) 구조와 가족 구성, 음식문화, 가족 내 역할 기대 등
- 언어 장벽: 억양과 사투리, 외국인의 존댓말 사용 등에 따른 언어문화 수행의 어려움 및 재문화화의 어려움 초래
- 사회적 차별과 편견: 사회 경제적으로 낮은 지위, 국제결혼, 피부색 등 외모에 의한 차별과 편견의 시선 등
- 자녀 교육문제: 자아정체성의 혼란, 다문화가정 자녀에 대한 편견, 다문화 사회 적응을 위한 교육 부재 등
- 배우자에 대한 신뢰: 사기결혼, 정확한 정보의 부족 때문에 결혼 후 유일하게 의지해야 할 배우자에 대한 신뢰감 상실 등

※출처: 강휘원(2006).

제5절 다문화가정의 지원

1 다문화가정의 효율적인 부모역할

일반적으로 자녀의 교육적 기능은 여성 주양육자가 주로 담당하는 경우가 대부분이며, 다문화가정의 자녀는 자아정체성을 형성하는 데 많은 어려움이 있다. 특히, 결혼이주민 여성은 한국어나 한국문화에 익숙지 않은 상태에서 자녀를 양육하게 되므로 부모역할의 미숙함을 호소한다. 그러므로 다문화가정의 자녀를 효율적으로 양육하기 위한 부모역할 중 가장 중요한 것은 자녀가 자아정체성을 올바르게 형성할 수 있도록 도와주는 일과 함께 학교를 포함한 사회에 잘 적응할 수 있도록 도와주는 일이라 할 수 있다

(박성연 외, 2008).

다문화가정 부모를 위한 부모역할을 정리하면 다음과 같다(박성연 외, 2008; 서울대 다문화가족 문해교육 프로그램, 2008).

첫째, 다문화가정 부모는 자녀가 한국인으로서의 정체성과 다른 문화인으로서의 정체성 간의 균형을 이룰 수 있도록 도와줘야 한다. 자녀는 한국인 아버지 또는 어머니를 두고 한국에서 생활하므로 한국문화와 사고방식을 이해해야 하나, 한국인이 아닌 부모의 문화 및 풍습을 함께 이해하고 문화 간의 우열보다는 차이를 자연스럽게 수용하는 것이 중요하다. 이러한 가정 내 문화교육을 통해서 자녀가 속한 집단의 귀속감을 느끼고, 그 집단 속에서 자신이 타인과 다른 고유한 존재라는 자아정체성이 올바르게 정립될 수 있다.

둘째, 다문화가정에서는 부모가 자녀에게 부와 모 간의 문화적 균형감을 유지하는 태도를 보여주는 것이 필요하다. 만약 부부가 상대방 문화에 대해 존중하지 않는 태도를 보인다면 자녀는 특정 문화권에 대한 신뢰감을 상실할 뿐 아니라 부모의 두 문화 간 통합감을 기초로 건강한 자아정체성을 형성하는 데 어려움을 느낄 수 있다.

셋째, 다문화가정 부모는 자녀가 정체성을 바르게 형성할 수 있도록 든든한 사회적 지지체계를 구축하는 것이 중요하다. 자녀는 부모에게 존중받는다고 느낄 때 자아존중감이 향상되며, 나아가 학교나 사회에서의 어려움을 보다 효율적으로 해결할 수 있다. 부모는 자녀가 외모나 언어능력 등이 친구들과 다르다는 이유로 부정적인 자아상(self-image)을 형성하지 않도록 자녀에게 긍정적인 지원을 지속적으로 제공한다.

넷째, 다문화가정 부모들은 자녀의 언어발달을 위하여 친척, 이웃, 친구들과 만날 기회를 자주 마련하도록 한다. 다문화가정 자녀는 두 개 이상의 언어문화에 노출되기 때문에 한국어 습득이 다소 부진할 수 있으므로, 친구들이나 친척들이 많이 모이는 장소에서 자연스럽게 한국어를 습득할 수 있도록 도와주면 언어교육에 효과적이다. 특히 자녀의 언어발달은 학교생활 적응이나 학업성취에 영향을 미치므로 부모가 적극적으로 지원하도록 한다.

다섯째, 다문화가정 부모는 자녀가 학교나 사회에서 잘 적응할 수 있도록 학업성취와 대인관계기술 등을 지도하여야 한다. 자녀는 상대적으로 학교나 사회에서 문화적 편견이나 배타적인 태도를 경험할 기회가 많을 수 있다. 그러므로 자녀가 일방적으로 도움을 항상 요구하기보다는 자신의 개성을 알리고 스스로 긴밀한 대인관계나 상호 협력을 유지하는 개방적인 자세를 갖도록 지도하는 것이 중요하다.

2 다문화가정을 위한 복지

2000년도 이후로 국내에 유입되는 외국인의 수가 증가하면서 우리 사회는 다문화 국가로 진입하고 있다. 다문화가정의 이주와 취업, 결혼 등은 그들의 생존과 성장을 위한 개별적 삶의 형태이지만, 우리나라의 사회 변화와도 긴밀하게 관련된 복합적인 현상으로 파악된다. 따라서 사회적 소수이자 약자로 이해되는 다문화가정 구성원들은 우리 사회에서의 부적응을 최소화하고, 우리 사회도 그들의 이주와 정착을 받아들여 다문화 사회로 변화함으로써 상호 호혜적인 발전을 이루어야 할 것이다.

다문화가정의 복지를 위한 노력을 결혼이민자 여성의 심리 사회적, 자녀 양육적, 가족 맥락적, 경제적 측면에서 살펴보면 다음과 같다(문혁준 외, 2010).

1) 결혼이민자 여성의 심리 사회적 측면

결혼이민자 여성은 결혼 후 언어나 생활습관의 차이에서 오는 문화적 이질감, 생활습성의 차이, 가정경제의 어려움, 차별과 편견, 자녀양육 및 교육의 어려움, 가족 간의 갈등 등으로 어려움을 경험한다. 일부 결혼이민자 여성 중에는 가족 내에서 인격적 무시, 가정폭력, 가사노동 전담자 등 비인간적 처우를 받으며 살고 있다. 그러므로 이러한 다문화가정의 어려움과 역할문제가 가족해체로 발전되지 않도록 결혼이민자 여성의 국가와 그들의 문화에 대한 올바른 이해, 가용자원과 서비스에 대한 정보, 훈련된 전문가와 통역가의 배치를 통한 의사소통의 즉각적 지원이 이루어져야 한다. 특히 우리나라와 이주 여성의 출신 국가의 문화적 특성에 대한 교육을 통해서 상호 이해와 존중하는 태도를 모두가 지녀야 할 것이며, 사회적 통합을 위한 다양한 다문화정책 수립과 함께 인권과 노동권 보장, 교육권, 가족 내 성평등의 확립과 같은 근원적인 노력이 수반되어야 할 것이다.

2) 자녀 양육적 측면

의사소통이 부진한 결혼이민자 여성은 임신과 출산에 대한 두려움과 불안이 가중될 수 있으므로 필요하면 병원에서 통역인을 제공하여 적절한 의료서비스를 받도록 한다. 또한, 결혼이민자 여성은 한국어나 한국의 교육체제, 교육과정 등에 익숙하지 않으므로, 자녀의 학업지도에 어려움이 따른다. 그러므로 결혼이민자 여성들은 가정에서 부모역할에 혼란과 갈등이 생기기 쉬우며, 이러한 문제는 자연스럽게 어머니의 지위를 약화시키는 부정적 영향을 미치므로 부부간에 양육방식에 대한 적절한 합의와 역할분담이 필요하다.

다문화가정 자녀의 연령대를 살펴보면 미취학 영유아와 초등학교 아동의 비율이 높다. 이러한 점을 고려하여 보육서비스의 저변 확대와 학령기 자녀의 학교생활 적응 및 학업성취도 향상을 위한 지원사업이 요구된다. 나아가 다문화가정 아동들이 건강한 자아정체성을 가지고 성장할 수 있도록 다문화가정의 재정자원 확보 및 교육지원의 확대, 다문화 인식 개선 프로그램의 실행, 다문화 특화의 대안적 교육과정 설계, 교사 대상의 다문화 교육 강화 및 구체적인 교수방법 제시, 다문화 지역공동체 개발 등이 요구된다.

3) 가족 맥락적 측면

다문화가정 부모나 자녀가 대인관계에서 얻는 긍정적 지원은 심리적 적응과 좌절을 극복하고 문제해결능력을 강화하는 기능을 한다. 특히 다문화가정은 부부관계 또는 가족관계를 건강하게 유지하는 것이 중요하다.

결혼이민자 여성과 함께 한국인 남편은 문화·언어적 차이를 극복해야 하는 결혼생활의 어려움을 겪는 당사자이다. 특히 시부모와 함께 살면 문화 차이, 세대 차이의 극복과 함께 확대가족에 대한 교육도 다문화가정의 적응에 필요하다. 이러한 문제들을 해결하는 방법의 하나로 문화적 이질감 해결과 적응을 돕기 위한 출신국민들 간의 공동체 모임인 자조모임이 효과적이다. 자조모임은 온라인뿐만 아니라 오프라인상으로 연계되어 서로 정서적 지원을 해줌으로써 결혼이민자 여성뿐만 아니라 그들의 가족에게도 매우 유용하고 중요한 정보를 제공한다.

4) 경제적 측면

결혼이민자 여성이 국제결혼을 선택하는 가장 큰 이유 중의 하나가 자신과 가족의 경제적 어려움을 극복하기 위해서이다. 그러나 이들 중 대다수는 경제적 어려움으로 부적응을 빚고 있다. 실제로 결혼이민자 가구의 52.9%가 최저 생계비 이하의 가구소득으로 빈곤에 시달리고 있는 것으로 나타났다(설동훈 외, 2005). 다문화가정의 경제적 취약성은 지속적인 생활고, 자녀양육의 어려움, 노년기 준비의 제약으로 이어지며, 삶의 질이 저하되고 심리적 건강을 위협하는 문제가 되므로(박지영, 2008), 경제적인 지원이 장기적 안목으로는 매우 절실하다. 그러므로 다문화가정 구성원의 생계유지에 도움이 될 수 있도록 자녀보육, 기술교육, 취업 알선 등을 제공하고, 이들의 적성과 능력을 고려한 자활교육이나 프로그램도 지원되어야 한다. 다문화가정의 빈곤이 빈곤의 '대물림', '가족의 해체' 또는 기타 사회문제를 유발할 수 있으므로, 가족체계적 관점에서 빈곤에 대처하는 경제적 지원이 요구된다.

이외에도 사회적 차원에서 다문화가정의 부모가 겪는 어려움과 자녀의 학교 적응을 위한 제도적 지원이 이루어져야 할 것이다. 정부나 지역사회에서는 다문화가정 학부모를 위한 다국어 가정통신문 발송, 다문화가정 간의 연락망 구축, 지역의 인적자원 네트워크 구축, 학교 환경의 다문화적 요소 강화, 다문화적 학습활동 권장 등을 통해 다문화가정의 적응을 지원하는 것이 바람직하다. 또한, 지역사회복지관이나 건강가정지원센터 등에서 다양한 지역사회 친화적 프로그램의 개발과 보급을 통해 다문화가정의 복지 향상에 이바지해야 한다.

활동자료

다음 주제에 관하여 조별로 토론해 보세요.

1. 다문화사회의 장점과 문제점은 무엇인지 설명해보시오.

장점	문제점

2. 다문화가정의 입장에서 사회적 차별을 경험하게 되는 주된 원인은 무엇인지 토의해 보시오.

3. 다문화가정 부모와 자녀가 겪는 어려움 및 스트레스는 무엇인지 논의해보시오.

어려움	
스트레스	

4. 다문화가정이 다양한 부모교육, 적응 프로그램, 상담 서비스 등에 참여하도록 하는 가장 효과적인 방법은 무엇인지 논의해 보시오.

CHAPTER 13

사회적 지원이 필요한 가정

제1절 빈곤가정

1 빈곤의 원인 및 유형

1) 빈곤의 개념적 정의

빈곤이란 일반적으로 금전적 결핍상태를 의미하는데, 물질적 사회적 정서적으로 결핍한 상태로 평균소득에 해당하는 사람보다 의식주를 덜 소비하며 또는 미래를 설계할 기회가 박탈된 상태를 뜻한다. 빈곤의 개념은 매우 주관적이고, 정치적, 사회적이며 규정적인 특성을 지니고 있기 때문에 절대적인 의미로 개념화하기는 쉽지 않다. 그러나 빈곤을 개념화하고 규정짓는 것을 통해 빈곤현상에 대한 대책을 세울 수 있기 때문에 빈곤을 객관화하는 작업이 필요하다. 객관적 빈곤을 크게 절대적 빈곤, 상대적 빈곤, 주관적 빈곤으로 구분할 수 있다(허혜경 외, 2013).

빈곤의 의미는 물질적인 개념과 함께 비물질적인 빈곤의 개념도 수반되는데, 비물질적인 개념으로서의 빈곤은 물질적인 빈곤의 원인이 되기도 하며 결과도 된다. 비물질적인 빈곤의 개념은 매우 광의의 것으로 정신적 무기력, 탈락감, 문화적 공허감, 소외 등과 같은 것을 말하는데 대체로 물질적인 빈곤과 수반되는 특징을 가진다. 빈곤에 대한 정의는 '절대적 빈곤'과 '상대적 빈곤'으로 나누어지는데, 일반적으로 절대적 빈곤은 낮은 생활수준을 가리키고 상대적 빈곤은 절대적 빈곤보다는 높은 생활수준을 나타내는 용어로 사용되고 있다.

빈곤의 문제는 개인과 가족에게 미치는 미시적인 차원의 의미와 지역사회와 국가 전체에 미치는 거시적인 차원의 의미로 생각해 볼 수 있다. 미시적 차원의 빈곤은 사회해체를 가져오는 심각한 사회문제이다. 한 지역에서 다수의 빈곤은 다른 집단과 계층에게도 미친다. 이는 빈곤 때문에 비행과 범죄의 희생자는 지역사회의 구성원이 되고, 이러한 빈곤집단은 정치적 불안을 일으키게 되면, 궁극적으로는 사회해체를 유발하여 사회적 위험을 가져오게 된다. 빈곤을 단순하게 정의하면 '금전적인 부족상태'이다. 좀 더 자세히 보면 빈곤은 경제적 · 사회적 · 심리적으로 여러 가지 특성이 있을 수 있으므로 빈곤에 대한 가치관은 분석자의 시각에 따라서 그리고 그 사회의 전통에 따라서도 다르게 정의될 수 있다. 그러나 보편적으로는 경제적인 측면과 비경제적인 측면으로 나누고 있다. 전자는 생계에 필요한 재화와 용역의 결여로 정의하는 입장이고, 후자는 빈곤층의 사회적 · 심리적 특성을 규명함으로써 빈곤을 정의하는 입장이다. 좀 더 세분화하여 설명하면 빈곤은 절대적 빈곤, 상대적 빈곤, 사회문화적 빈곤으로 구분할 수 있다. 즉, 빈곤은 일정수준 이하의 소득에 의해 생리적 충족을 위한 기본적 욕구 및 문화적 생활을 영위하기가 어려운 상태라고 정의할 수 있으며, 다음 세 가지로 구분된다(김경우 외, 2012).

2) 빈곤의 유형

(1) 절대적 빈곤

빈곤을 절대적인 개념으로 정의하는 것은 가장 기본적인 빈곤의 정의로서 아직도 대부분 국가에서 공식적인 빈곤의 정의방법으로 사용되고 있다.

오스터(Oster) 등은 절대적 빈곤을 생존 수준의 의식주를 획득하는 데 필요한 자원의 결여로 정의하고 있으며, 실러(Schiller)는 한 개인이나 가구의 후생에 긴요하게 필요하다고 생각되는 재산이나 용역을 획득할 수 있는 경제적 자원을 소유하지 못한 상태로 정의하고 있다. 이러한 개념은 빈곤이라는 최저생활을 유지하는 데 필요한 소득이 모자란 상태로 보고, 최저생활을 유지하는 데 필요한 소득선을 빈곤선으로 설정하여 이 수준에 미달하는 소득을 가진 개인이나 가정을 빈곤으로 간주한 것이다. 이 개념을 처음 사용한 학자는 라운트리(Rowntree, 1901)로서, 그는 1899년 영국 요크(York)시의 가계조사를 근거로 가정의 전 소득이 육체적인 활동을 유지하는 데 필요한 최소한의 필수품을 획득하기에 불충분한 상태를 빈곤으로 규정하였다(김경우 외, 2012).

'절대적 빈곤'이란 한 사회에서 최소한의 생계를 유지하는 데 필요한 재화와 서비스를 구매하는데, 소득수준이 미치지 못하는 경우를 말한다. 우리나라에서는 가구총소득이 국민기초생활보장제도에서 사용하는 최저생계비에 미치지 못하는 계층을 '절대빈곤층', 즉 극빈층이라 한다. 절대적 빈곤은 인간이 살아가는 데 절대적으로 필요한 최소한의 자원을 충족시키지 못하는 상태라고 할 때, 생활필수자원이 절대적인 기준인 빈곤선 또는 최저생계비에 도달하지 못한 상태이다. 현재 우리나라에서 공식적인 절대빈곤층은 최저생계비 이하의 가구와 최저생계비 120% 이하에 속하는 차상위계층 정도를 의미하고 있어 절대적 빈곤의 개념으로 빈곤가정을 정의하고 있다.

한편 최근 선진국에서는 금전적인 결핍여부만으로 빈곤을 판정하는 것을 넘어서 주거, 환경, 교육, 문화 등 다양한 영역에서의 결핍 및 이의 동태적인 변화를 포착하기 위한 사회적 배제(social exclusion)라는 개념이 주목받고 있다.

(2) 상대적 빈곤

상대적 빈곤은 한 사회의 다른 사람들과 비교해서 상대적으로 빈곤한 상태를 의미한다. 절대적 빈곤의 산출근거가 실제로 매우 어려우므로 현대사회에서는 절대적 빈곤보다 상대적 빈곤 개념을 더 많이 사용하고 있다.

상대적 빈곤을 주장하는 대표적인 학자인 타운젠드(Townsend)는 상대적 빈곤을 '일상식품을 획득하고 사회활동에 참여하며, 그들이 속한 사회에서 관례적인 생활조건과 편의시설을 갖기에 필요한 자원이 없는 상태'라고 정의한다(김영모, 1995)

(3) 사회문화적 빈곤

사회문화적 빈곤이란 사회문화적 삶을 영위해 가는데 가치가 있는 자원을 사용할 수 없거나 부족한 상태를 의미한다. 경제구조와 사회구조의 변화로 인해 실업자, 시간제노동자, 비정규직 등 불안정한 직업을 가지고 있거나 노인, 환자, 장애인, 다자녀 가족 또는 한부모가정 등이 새로운 형태의 빈곤층을 이루고 있는 이들은 사회문화적 삶에 가치가 있는 자원의 사용으로부터 배제가 된다.

사회문화적 삶에 가치가 있는 자원이란 물질적 최저생활을 충족할 뿐만 아니라 한 지역의 복지수준과 관련된 경제적, 사회적, 문화적, 정치적 활동을 위한 자원을 의미한다(김경우 외, 2012). 현대사회에서 사회문화적 최저생활을 영위하기 위해서는 적어도 의식주에 대한 인간의 기본욕구, 사회문화적으로 인간다운 삶을 영위하기 위한 최소한의 재화, 가족의 정신적 및 심리적 안정 등을 충족할 수 있어야 한다.

3) 빈곤의 변화추이와 원인

우리 사회에서 '빈곤화' 현상이 급속도로 진행되고 있다. 일곱 가구 중 한 가구는 우리나라 중위소득의 절반에도 미치지 못하는 것으로 나타났다.

한국개발연구원(KDI)이 발표한 '우리나라 빈곤 변화 추이와 요인 분석' 보고서를 보면, 2013년 우리나라의 상대빈곤율은 14.5%로, 2005년(13.6%)보다 0.9%포인트나 높아졌다. 우리나라의 상대적 빈곤율이란 전체 가구를 소득수준별로 나란히 세웠을 때 한가운데에 있는 가구가 벌어들인 소득(중위소득)의 50%를 밑도는 가구 비율을 뜻한다.

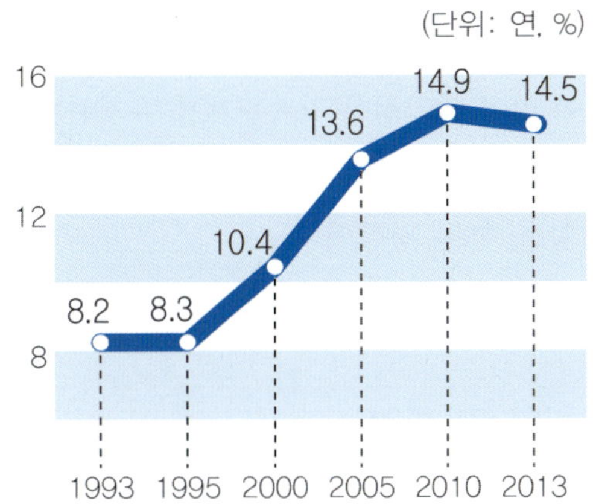

※상대적 빈곤율: 연소득이 중위소득의 절반 이하인 가구 비율

그림 13-1 상대적 빈곤율 추이

빈곤의 원인은 책임 소재에 따라 크게 개인적 원인과 사회적 원인으로 나누어 설명한다. 개인적 원인은 다시 자발적 원인과 비자발적 원인으로 분류할 수 있다. 자발적 원인으로는 개인의 동기 부족, 무절제, 게으름, 과다 출산, 부적응과 같은 개인적 결함 등을 들 수 있고, 비자발적 원인으로는 가구주의 사망, 질병, 불구, 노령, 낮은 교육 등을 들 수 있다.

빈곤을 발생시키는 사회적 원인으로는 자원의 부족, 정부의 성격, 경제제도, 자본과 기술의 부족, 기후, 시장구조 등이 포함된다. 우리나라는 특히 산업구조에 따른 고용 불안정과 노인 단독가구의 증가, 이혼율의 증가, 여성 가구주의 증가 등으로 인한 비노동인구의 증가를 들 수 있다.

2 빈곤가정의 이해

1) 빈곤가정의 개념 및 빈곤문화의 특징

빈곤가정은 가족 전체 또는 가족 구성원들이 인간적으로 생활하는 데 기본적으로 필요하다고 인정되는 자원이나 경제적 능력을 갖추지 못한 상태로, 심리적으로 손상되어 있으며 긴장상태, 억압상태, 박탈된 상태에 처해 있는 가족을 의미한다.

빈곤이 그 나름대로 구조, 이론적인 근거에 따라 방어장치가 있다는 점에서 빈곤을 적극적인 개념으로 정의한다. 빈곤문화의 특징은 다음과 같다.

- 사회의 지배적 가치를 수용할 기회가 단절된다.
- 내적, 외적 위험요인이 많아 불안정한 가족관계를 유지하는 경우가 상대적으로 많다.
- 빈곤문화는 쉽게 체념하고 운명주의자가 되며 출세동기가 약하며 충동적이고 현재 중심의 무책임한 생활을 하는 경향이 크다.
- 세대 간에 전승되며, 빈곤은 악순환된다.

2) 빈곤가정의 발생원인 및 특성

(1) 빈곤가정의 발생원인

빈곤가정의 발생원인을 살펴보면, 여러 복합적 요인이 작용하며, 빈곤집단의 특성에 따라 다른 요인들이 영향을 미친다.

① 개인적 원인

- 자발적 원인: 개인의 부적절한 생활태도나 도덕적 해이 등과 같은 개인적 결함에 기초한다.
- 비자발적 원인: 개인적 요인이기는 하지만, 사회구조적 요인들과 밀접히 연관, 빈곤의 악순환을 가져오게 하는 원인이다.

② 사회적 원인

- 법적 제도의 잘못된 구조
- 조세제도에서의 재분배 기능을 제대로 수행하지 못할 경우
- 불로소득이나 비정상적인 부의 축적이 만연한 경우
- 사회보장제도를 포함한 사회복지정책의 부실
- 태풍이나 해일, 지진, 화산폭발 등의 천재지변
- 사회구조적인 고립과 소외로 말미암아 기회구조에서 배제될 경우
- 빈곤층 밀집지역에서 자활사슬반응이 경감된 경우
- 범죄, 중독, 복지의존도 등이 증가한 경우
- 지역사회에 대한 관심이 적어져 상호보호가 어려운 상태
- 고용기회의 제안, 중산층의 도심 이탈, 성공적인 역할 모델 부재 등

(2) 빈곤가정의 특성

① 인구 사회학적 특성

- 빈곤의 노령화와 여성화: 빈곤의 여성화는 가족 해체 및 이혼율의 증가로 인해 여성에게 불리하게 작용하는 노동시장의 요인을 의미한다. 빈곤의 노령화는 급속한 고령화와 가족기능의 약화로 빚어지는 가족해체 및 부양의식의 부재 등 가치관의 변화를 가져온다.
- 만성적 건강문제: 건강과 직접적 관련이 있는 여러 가지 물질적 조건의 악화는 가족기능을 약화시키고, 경제적, 심리적 자원고갈로 빈곤화를 가져온다.
- 낮은 교육수준과 불안정한 직업: 빈곤가정은 일반 가정보다 교육수준이 낮으며, 불안정한 직업 및 낮은 소득과 밀접한 관련이 있다.

② 심리사회적 특성

빈곤가정의 아동과 청소년의 특징으로는 적응력과 유연성이 떨어지고, 부정적인 정서발달을 통해 정상적인 발달과업을 이루는 데 어려움이 많으며, 절망감, 우울, 스트레스, 행동문제, 또래갈등, 학업부진과 중퇴 등의 문제와 나아가 약물사용, 비행, 폭력범죄 등

을 들 수 있다.

- 스트레스를 주는 환경적 조건과 관련이 높음
- 가정폭력, 자살, 알코올이나 기타 약물중독 등의 복합적인 문제

③ **가족관계적 특성**

가족해체를 경험하거나 빈곤화과정에서 나타나는 가족관계의 현상

- 부부관계: 폭력과 불화의 특성
- 부모-자녀관계: 방임과 부적절한 양육태도의 특성

3 우리나라의 빈곤가정 현황

1) 우리나라 빈곤가정 대상

우리나라 빈곤가정은 최저생활비 이하인 「국민기초생활보장법」 대상자와 최하위계층과 최저생계비 120%에 속하는 차상위계층을 의미한다. 우리나라 빈곤가구는 지역의 특성에 따라 차이가 심하여 지역에 따른 빈부격차를 보이고 있다. 서울과 울산은 광역시 가운데서도 가장 낮은 수준이었으며, 전라남도와 전라북도는 가장 높은 기초생활 수급률로 최대 3배 이상의 차이를 보여주었다.

2) 빈곤가정의 실태와 문제점

빈곤가정의 실태와 문제점에는 복합적인 가족문제 및 불안정한 직업, 만성적인 건강 질환, 열악한 주거 공간이 있다.

(1) 복합적인 가족문제

가정의 빈곤은 그들의 가족체계 문제나 환경적인 문제와 같은 다양한 문제들과 연결되어 있다. 다양한 문제를 지닌 빈곤가정의 경우 외부체계의 행동은 가족의 내부 체계를 이해하는 데 매우 중요하다. 빈곤가정은 불충분한 소득 때문에 생활고에 시달리고,

맞벌이 가정은 취업과 가사, 자녀양육 등 역할의 과중 때문에 육체적 · 정신적 피로가 누적된다. 또한, 빈곤가정의 가구주는 불안정한 취업 속에서 생계유지라는 현실적인 문제를 벗어나기 위해 알코올에 의존하거나 가정폭력으로 이어지기도 한다.

(2) 불안정한 직업

낮은 교육 수준은 그들의 직종 및 소득과 밀접한 관계가 있다. 또한, 우리나라 빈곤가구는 대부분 농촌 영세민 출신의 도시 이농자들이므로 특별한 기술을 갖지 못한 미숙련 단순 노동자들이 많다.

(3) 만성적인 건강질환

저소득층은 열악한 주변환경과 불충분한 영양섭취 때문에 건강이 악화될 확률이 높은데, 이러한 건강의 악화는 경제적으로 자립할 수 있는 능력을 저해하여 빈곤에서 벗어나지 못하게 한다.

(4) 열악한 주거공간

선진국보다 공공임대주택 재고비율이 낮은 우리나라에서 저소득층의 주거 욕구 충족은 어려운 실정이며, 외환위기 이후 소득에 따라 주거 수준의 격차가 점점 증가하고 있다.

4 빈곤가정을 위한 대안

우리나라의 빈곤가정을 위한 대책은 두 가지로 구분된다. 하나는 빈곤선 이하의 빈곤가족원 최저생활을 보장하는 기초생활보장이며, 이는 직접적인 대책으로 대응적이고 사후적이다. 다른 하나는 빈곤층을 대상으로 빈곤의 예방이나 빈곤으로부터의 탈피를 목적으로 하는 자활지원으로, 이는 생계보호에 비해 예방적이고 사전적이며 간접적인 대책으로서 대상자의 노동능력과 자립의지의 유무가 중요한 변수가 된다.

1) 기초생활보장제도

기초생활보장제도가 최저생계비 이하인 저소득층에 대한 기초생활을 보장해 주는 제도로 기존의 생활보호법과는 많은 차이가 있음에도 불구하고 현행 제도의 비합리적인 요소로 인해 빈곤율과 수급률간의 큰 차이를 보이고 있다. 이는 수급자 선정에서 소득·재산의 이원적 기준과 부양의무자 기준 등으로 실제소득은 최저생계비 이하임에도 기초생활보장대상에서 제외되는 사각지대가 발생하는 것이다. 그러나 우리나라의 빈곤관련 통계는 전 국민의 빈곤규모와 빈곤의 정도 및 소득분배상태의 데이터 수합이 미흡한 실정이어서 소득 분배 및 빈곤관련 기초통계의 개선이 시급한 실정이다.

또한 현재 급여체계가 'All or Nothing'으로 되어 있어 수급자에서 벗어나지 않으려는 빈곤함정의 문제가 발생하고, 자영업·일용근로자 등의 소득파악의 어려움으로 인한 부정수급자 발생의 우려가 있다. 뿐만 아니라 차상위계층에 대한 관심과 대책마련이 요구되는데, 이는 경제적·사회적 변동으로 인하여 쉽게 절대빈곤계층으로 전락할 가능성이 높은 취약계층이기 때문에 이들이 빈곤계층으로 전락하지 않도록 하는 예방적인 정책대응이 필요하다. 빈곤발생 이후 대응하는 사후대책적 성격의 정책보다 이러한 예방적인 대책 마련은 효과성과 효율성이라는 측면에서 중요하므로 차상위계층에 대한 조사를 통한 특성 이해와 정책적 대응이 필요한 것이다.

2) 자활지원대책

자활지원사업은 근로능력자의 자활의지를 고취하고, 생계보호 서비스에 안주하는 것을 방지하여, 자활의지가 있는 수급자에게 적극적인 지원을 통해 빈곤으로부터 벗어나도록 하는 것을 목표로 하고 있다. 그러나 여러 형태의 사업을 실시하고 있으면서도 그 효과 면에서는 매우 낮은 것이 사실이다. 즉 자활사업 참여자의 특성과 여건에 맞는 일자리 창출을 위한 다양한 자활 프로그램의 개발이 미흡하고, 근로소득공제제도가 장애인, 공동체사업 등 제한적으로만 적용되고, 공제율도 너무 낮아 근로유인책으로 미흡할 뿐만 아니라, 사회복지 전담 공무원의 지속적인 확대에도 불구하고 사례관리(Case Management)를 통한 체계적인 자활지원체계의 구축이 미흡하다.

따라서 빈곤가정이 안정적인 생계를 유지하기 위해서는 무엇보다 사회보장 정책과 고용정책을 적극적으로 연계함으로써 빈곤에서 탈피 할 수 있다는 다차원적인 방안을 모색해야 하며, 이런 맥락에서 자활지원 서비스가 안고 있는 많은 문제점도 조속히 해결해야 할 것이다.

3) 의료보장제도 정비

빈곤가정의 건강지원을 위한 대책으로는 의료 서비스의 접근성을 높이는 방안이 필요하다.

앞서 언급하였듯이 빈곤은 노령 및 질병과 깊은 관련을 가진다. 이는 노령으로 인한 소득감소와 질병으로 인한 건강의 상실을 예방하는 것이 빈곤을 예방하는 수단으로 중요함을 의미한다. 또한 저소득층은 가족 중에서 고액진료비 환자가 발생하면 이로 인하여 가계파탄 및 빈곤화의 길로 들어설 가능성이 높기 때문에 이에 대한 정부의 적극적인 지원이 필요하다.

사후치료 못지 않게 중요한 것이 사전예방 서비스이다. 빈곤가정의 질병이 만성화되지 않도록 건강진단 서비스와 예방접종 등이 적절하게 제공된다면, 사후적으로 많은 진료비를 부담하지 않아도 될 것이다. 이렇게 하기 위해서는 보건소와 같은 공공의료체계를 더욱 강화할 필요가 있다. 특히 여성과 아동은 영양공급 · 예방접종 · 성장발육관리 · 산전후관리 등이 더욱 요구되기 때문에 국가가 안정적으로 사전건강보호 서비스를 제공하도록 해야 한다.

4) 가족관계 향상 및 지역사회 참여의 활성화

빈곤가정은 경제적 문제와 함께 가족들간의 정서적 · 심리적 문제가 복합적으로 나타난다. 특히 상대적 박탈감과 생활만족도가 낮아 긴장과 갈등이 내재해 있는 경우가 많기 때문에 이러한 욕구를 해결할 수 있는 치료적 서비스를 제공하는 것이 매우 중요하다.

이러한 치료적 서비스는 빈곤가구주를 대상으로 하는 개념치료, 빈곤가정이 당면한 문제와 가족 구성원의 상호관계를 원만히 하여 가족 응집력을 높여 주는 가족치료가 있다. 그 외에 빈곤가정을 둘러싸고 있는 생활환경의 문제에 대한 환경치료가 있으며, 이

외에도 물질적·경제적 지원이 행해질 수 있다. 그러나 무엇보다도 빈곤가정에 대한 치료는 개인의 병리적인 문제로 보기보다는 전체 가족을 대상으로 하여 생활상의 문제로 보고 해결해 나가는 프로그램 개발이 중요하다.

또한 빈곤가정을 지원하는 데 있어서 지역사회주민의 참여를 활성화시키는 방안이 필요하다. 이는 우리나라 대부분의 사회복지기관이 지역사회와 유리되어 있어 재정의 상당부분을 정부에 의존하는 실정임을 감안해 볼 때 지역사회에서 빈곤가정을 도와 줄 수 있는 프로그램의 개발이 필요하다(최경석, 2010).

5) 아동양육관련 복지대책

빈곤가정의 아동양육을 위한 복지대책으로는 무상보육이나 반액감면과 같은 교육환경개선, 산모와 아동을 대상으로 한 건강개선 및 아동급식 등이 이루어지고 있다. 그러나 빈곤가정의 아동이 빈곤으로 인해 신체적·인지적·정서적 발달이 지체됨을 방지하고 아동의 건강한 성장발달을 도모하기에는 개선될 부분이 많다.

제2절 가정폭력

1 가정폭력의 개념적 정의와 형태

1) 가정폭력의 개념적 정의

「가정폭력범죄의 처벌 등에 관한 특례법」에서 정의하는 가정폭력이라 함은 가정구성원 사이의 신체적, 정신적 또는 재산상의 피해를 수반하는 행위를 말하며 가정구성원 사이의 모든 폭력을 포괄하고 있다. 즉, 배우자 또는 배우자였던 사람에 대한 폭력, 자녀의 부모에 대한 폭력, 형제간의 폭력, 동거하는 친족에 대한 폭력 등 가족 간의 모든 폭력을 망라한다. 가정폭력의 범주는 직접적인 폭행, 상해, 상습범, 유기, 명예훼손, 협박, 감금, 체포, 학대, 아동혹사 등과 아울러 심한 욕설과 같은 언어적 폭력, 즉 폭언 및 의심과 같은 정신적 폭력도 포함된다(김경우 외, 2012).

여성가족부는 행복한 가정을 통한 건강한 사회를 만들기 위해 가정폭력사건 초기 대응강화와 피해자 보호에 중점을 둔 「가정폭력방지 종합대책」을 세우고 관리하고 있다.

「가정폭력방지 종합대책」은 크게 ① 피해자 보호기반 구축, ② 가정폭력 재발방지, ③ 피해자 및 가족보호기능 강화, ④ 가정폭력 근절 문화 확산 등 4개 전략과제에 12개 대과제와 45개 세부과제로 기획되어 있다.

정부에서는 가정폭력을 사회적 범죄로 규정하고 피해자 보호를 위해 지난 1997년 관련 법률을 제정하였으나 아직도 가정폭력을 한 개인 또는 가정의 문제로만 생각하는 의식이 강해 가정폭력사건 발생 시 미온적으로 대응한 결과, 피해자에 대한 보호 · 지원이 소홀하고 가정폭력범죄가 근절되지 않고 있다.

2) 가정폭력의 형태

가정폭력(domestic violence, domestic abuse, spousal abuse)은 동거관계인 배우자 또는 내연관계의 사람이나 부모, 자식, 형제 또는 친척 등의 가족 간에 행해지는 폭력을 의미한다. 가정폭력의 범주는 신체적, 정신적 손상뿐만 아니라 자아존중감을 해치는 언어폭력, 성적 학대, 경제적 학대, 방임과 유기가 포함된다.

- 신체적 학대: 때림, 발로 차기, 밀치기 등 신체적가해와 그 밖의 일방적인 폭력행위 등이 있다.
- 정신적 학대: 겁을 주거나 일상적으로 욕설함, 무시함, 무능하며 쓸모없다고 욕함, 남 앞에서 결점을 드러냄, 친구와 만나지 못하게 함, 일거수일투족 감시, 위협함, 떠나겠다거나 자살을 하겠다고 협박, 아이나 형제를 죽인다고 위협함, 애완동물을 학대하는 등 스트레스가 되는 행위를 되풀이한다.
- 성적 학대: 성교의 강요, 피임하지 않음, 특별한 행위를 강요함, 이상한 질투를 함, 그 밖의 일방적인 행위를 근친간 강간이라 부른다. 낙태 찬성자들은 낙태를 시키지 않는 것도 이 중에 포함된다고 한다.
- 경제적 학대: 직업을 갖지 못하게 함, 생활비를 주지 않음, 지출한 내용을 자세히 체크함, 집안의 돈을 가지고 가출함, 무계획한 빚을 되풀이해서 낸다.

- 사회적 격리: 근친자를 친가나 친구들로부터 격리시킴, 전화나 편지의 발신자 및 내용을 집요하게 캐묻거나 외출을 방해한다.

이러한 폭력 · 학대행위의 현장에 자녀들이 함께 하는 경우가 있는데, 자녀들에게 폭력을 보여주는 것도 피해자와 목격하는 자녀 양쪽에 대한 학대이다. 아이들이 있는 가정에서 폭력행위가 발생한 경우 약 70%의 가정에서 학대를 받는 어머니를 아이들이 목격하고 게다가 그 중 30%의 아이들이 실제로 아버지 등으로부터 폭력행위를 당하고 있다는 보고가 있다. 서양에서의 남녀관계는, 예전부터 여성 측의 폭력에 대해서도 관심이 있다. 이런 근친자에 의한 폭력은 '부부싸움은 칼로 물 베기'라고 하여, 경찰은 '민사의 문제'라며 개입에 소극적이었다. 하지만 법률의 시행을 계기로 대응이 바뀌어 개입하는 일도 늘었다.

가정폭력이라는 말 속에서는 어떤 성적(sexual), 연령적 특성을 찾아볼 수 없다. 하지만 현실에서는 압도적으로 남성의 여성 배우자에 대한 폭력의 비중이 높게 나타나며, 부모의 자녀에 대한 폭력, 성인 부부의 노인 부모에 대한 학대와 유기가 그다음을 차지한다. 즉, 아내에 대한 구타, 자녀에 대한 학대, 노부모에 대한 학대가 대표적인 유형으로 나타난다. 장애인을 둔 가정에서 장애자녀에 대한 폭력이 자행되기도 한다.

정리해 보면 가장 전형적인 가정 폭력은 그 가정의 가장이 자신의 배우자와 자녀를 포함한 가족 성원들에게 행해지는 것으로 나타난다. 가정폭력은 가족 구성원에 대한 육체적, 정신적, 성적 피해를 일으키는 행위를 말하며, 그 전형적인 피해자에 따라 아내, 자녀, 요보호자에 대한 폭력으로 나눌 수 있다.

2 가정폭력의 특성 및 실태

1) 가정폭력의 특성

가정폭력의 특성은 다음과 같다.

- 은폐성: 가정은 사적인 영역으로서 가족 외 다른 타인이 개입하거나 관여할 수 있는 상황이 아니라는 인식 때문에 많은 폭력문제가 장기화되고 드러나지 않는다.

- 연속성: 모든 폭력은 가벼운 수준에서 매우 심각한 수준에 이르기까지 일련의 연속선상에 배열되면서 확대되어 간다.
- 상습성: 폭력이 반복될수록 부부간 혹은 가해자와 피해자 간의 화해와 단계가 줄어들거나 없어지고 폭력의 주기가 빨라지는 특성이 있다.
- 세대 전수성: 가정폭력은 학습능력이 강하다. 배우자와 자녀를 구타하는 남성은 부모로부터 폭력경험 비율이 50.6%로 보고되었다.

2) 가정폭력의 실태

가정폭력 중에서도 아내폭력은 전체 가정폭력의 95%를 차지할 만큼 비중이 높다. 아내구타에 대한 연구조사에서 밝혀진 바로는, 우리나라 가정주부의 절반 이상이 결혼 후 남편에게 구타당한 경험이 있다고 한다. 조사대상 가구의 약 5.6%가 남편에 의한 폭력이 발생하고 있는 것으로 추정된다. 조사에 의하면 남편 3명 중 1명꼴 즉, 29.7%가 지난 한 해 동안 1회 이상의 폭력을 행사했으며, 심각한 폭력은 100명 중 8명의 아내가 한 해 동안 남편에 의해 구타를 당했다는 결과를 보고하였다. 이같은 우리 사회의 아내구타현상을 미국과 비교해 보면, 미국보다 3배 가량 더 높은 것으로 나타나 우리 사회에 가정폭력이 만연해 있음을 보여주고 있다. 1998년 7월 1일 「가정폭력범죄의 처벌 등에 관한 특례법」이 시행된 이후 경찰청에서 집계된 자료에 의하면 가정폭력사범은 지속적인 증가 추세를 보이고 있다.

이 같은 증가추세는 IMF경제위기에 따른 실직, 경제적 어려움 등 때문에 가정의 해체 등에도 원인이 있겠으나, 대부분의 가정폭력사범이 피해자의 신고에 의하여 검거됨을 고려할 때 그동안 '수치심 때문에', '가정 내의 문제'라는 이유 등으로 은폐되거나 방치됐던 가정폭력에 대한 피해자들의 인식이 「가정폭력방지 및 피해자보호 등에 관한 법률」의 시행 등으로 경찰 등 관련기관에 적극적인 도움과 개입을 요청하게 된 결과로 판단된다.

우리나라에서는 아내학대(wife-abuse)와 가정폭력(domestic-violence), 아내구타(wife-battering) 등의 용어들이 구별 없이 쓰이고 있다. 그러나 학대(abuse)는 개인에게 손상을 입히는 신체적 · 비신체적 행위를 포함하고, 구타(battering)는 실제로 신체적 폭행의 심한 공격행위를 나타내는 말로 주로 쓰이고 있으며, 폭력(violence)은 물리적 힘 등의 모든 행위를 일컫는 말로 쓰이고 있다(한국여성개발원, 1993).

우리나라에서 여성폭력은 여성의 인권적인 측면보다는 유교적 틀 안에서의 가족주의를 바탕으로 접근하고 있기 때문에 그로 인해 생겨나는 모든 법이나 제도 등도 가족의 해체를 막고자 하는 의도에서 제정된 것이 많다. 여성의 폭력문제에서 유교적 가부장적인 가족 유지를 중심으로 한 대책들은 피해여성의 인권과 함께 존재하기가 어렵다.

가족의 의미나 개념이 소중한 것은 어느 사회나 마찬가지겠지만, 유교적 가부장적 가족 구성원의 위치가 뿌리 깊은 우리 사회에서는 가족 구성원 사이에 권력이나 힘의 균등함이 존재하기보다는 성별과 나이에 따른 불평등한 관계를 묵시적으로 인정하면서 출발하기 때문에 여성폭력에 대한 근본적인 재해석이 필요하다. 여성이 가족 내에서 어머니나 아내의 정체성 이전에 한 인간으로서의 정체성을 먼저 찾고자 하는 가족과 사회에서 한 사람의 존엄한 인간으로 인정하고자 하는 우리들의 사고의 재정립이 필요한 것이다.

미국의 정책과 제도는 1984년 '가정폭력예방 및 서비스관련법' 제정 이후 다양한 법률적 제도를 마련하고 1998년 여성폭력방지법을 제정하여 연방정부의 주정부 가정폭력프로그램에 대한 기금의 양을 증가시켜 가정폭력피해 여성들이 주 단위를 넘어서 연합체를 구성할 수 있도록 지원하고 있다.

영국의 정책과 제도는 총리 직속의 내각기구인 여성청 설치, 여성청 내에 여성폭력대응팀을 구성하고 2004년 가정폭력범죄피해자법을 개정하여 중앙정부기관, 지방정부 및 지역 연합체들과 연계하고 있다. 법원의 금지명령 위반시 형사적 제재가 가능하며 위반 즉시 경찰이 체포권 행사가 가능하며, 1974년 여성보호기관인 'Women's Aid'를 설립하여 전국으로 확대하고 있다. 그리고 가정폭력 전문법원을 설립하여 가정폭력에 대한 전문적인 훈련을 받은 검사, 판사, 법률 조언가, 경찰관 등으로 구성하며 피해자와 피해가정의 아이들을 위한 법률 지원과 보호제공을 하고 있다.

일본의 정책과 제도는 2007년 가정폭력방지법을 개정하여 가해자로부터 접근을 막는 보호명령의 조건과 대상의 범위가 확대되고 친족과 피해자를 지원해 주는 사람들도 보호명령을 통해 신변안전을 보장받는다.

(1) 가정폭력사업

가정폭력사업으로 다음과 같이 분류해 볼 수 있다.

- 가정폭력행위자 교정 · 치료 프로그램: 가정폭력 상담소
- 성폭력행위자 교정 · 치료 프로그램: 성폭력 상담소, 원스톱지원센터, 해바라기아동센터
- 가정폭력피해자 치료회복 프로그램: 가정폭력피해자 보호시설
- 성폭력피해자 치료프로그램: 성폭력피해자 보호시설, 원스톱지원센터, 해바라기아동센터
- 피해자를 확보할 수 있는 성폭력상담소

(2) 아동성폭력

성폭력 피해에 대하여 의학적 진단 및 평가와 치료, 응급구조 그리고 지원체계로서의 가족 기능 강화를 위한 의료 및 심리적 지원과 신고 및 소송 등 법적 서비스를 One-Stop으로 제공함으로써 13세 미만 성폭력 피해 아동과 지적 장애인이 성폭력의 피해에서 벗어나 정상적으로 발달하고 적응할 수 있도록 돕고 나아가 성폭력 피해를 예방하고자 함에 있다.

3 가정폭력의 이론적 관점과 원인

1) 이론적 관점

(1) 정신병리학 이론

개인 내에서 비롯되는 가정폭력에 관한 가장 오래된 이론이다. 겔즈와 스트라우스(Gells & Straus)는 구타 행동을 충동, 빈약한 좌절 인내, 낮은 자아존중감, 부적절한 감정, 친밀감에 대한 공포, 또는 제대로 양육 받지 못한 데서 기인한 발달 지체와 같은 기저에

있는 문제들 탓이라고 본다. 즉, 아내구타자의 비정상적 혹은 자기 내적 결함에 의해 폭력이 야기된다고 가정한다.

(2) 사회학습이론

사회심리적 관점에서 사회학습 이론가들은 모방을 통해 구타 행동이 강화되는 기회를 강조하고, 인지행동 이론가들은 구타 행동을 지지하는 신념이 어떻게 내면화되는지를 강조한다. 반두라와 스타인메츠(Bandura & Steinmetz)는 학습이론 관점에서의 개입은 구타자가 어떻게 현재의 행동을 배우고 보상받았는지를 가르쳐서 그들의 행동이 병리적인 틀에서 벗어나게 하고, 그들에게 학습할 기회를 주며 새로운 행동과 지지적인 신념들로 보상받게 하는 것이다.

(3) 체계이론

사회구조적 관점에서 스트라우스는 일반체계이론을 적용하여 가정폭력을 설명하였는데, 가정폭력을 개인적 병리현상이라기보다 가족체계의 결과 또는 산출로 취급한다.

(4) 하위문화이론

월비(Walby)는 저소득층 남성에 비중을 두어 하위문화이론을 설명한다. 즉, 저소득층 남성은 주류문화에서 소외되므로 다른 가치를 창출하는데, 폭력을 상습적인 성향으로 받아들이게 된다는 것이다. 따라서 이 사회의 주류문화가 요구하는 가치를 성취하기 어려울 때, 사람들은 그것을 거부하고 도달하기 쉬운 대안문화를 발전시키는데, 남성은 마초(macho) 성향과 신체적 우월성에 가치를 더 두고 폭력을 행사한다는 것이다.

(5) 여권론적 이론

사회는 성의 차원에 따라 구조화되는데, 도발리쉬와 도발리쉬(Dobalish & Dobalish)는 지배계급으로서 남성은 중요한 물질적, 상징적 자원에 접근하지만, 여성은 부차적이고 열등하며 가치가 낮게 인정된다고 하였다. 남성의 삶, 가치, 태도들이 규범으로 채택됨에 따라, 여성의 경험은 열등하고 잘못된 것으로 정의되기도 하고 눈에 띄지 않게 되는 것이다. 또한, 사회계급, 인종에 따른 차별이 남성들 사이에 존재할지라도, 모든 남성은 잠재적으로 여성을 복종시키는 강력한 수단으로서 폭력을 사용할 수 있다. 개인적으로 남성이 자신의 파트너에게 신체적 폭력을 사용하는 것을 자제할지라도, 낯선 남성뿐 아니라 남편, 애인으로부터 폭력을 당할 것에 대한 두려움으로 인해 여성들의 삶은 억압되므로, 하나의 계급으로서 남성은 혜택을 받는 것이다.

2) 가정폭력의 원인

(1) 가정 내에서의 잘못 굳어진 성역할 규범

가정 내에서 여성폭력은 가정 내에서의 남편과 아내의 성 역할 규범의 잘못된 인식에서부터 그 뿌리가 있음을 발견하게 된다. 가해 남편은 아내폭력을 아내의 잘못을 바로 잡아야 하는 남편으로서의 권리와 의무, 남편으로서의 역할 수행 중 하나의 수단으로 인식하였다. 가해 남편이 주장하는 폭력의 이유는 모두 여성의 가족 내 성 역할 규범과 관련되어 있다.

남성과 여성은 가족제도를 통해 남편과 아내라는 성별화된 정체성, 지위, 역할, 노동을 수행하는데 가정 내에서의 여성폭력은 남성과 여성의 성별화된 역할 수행 과정에서 발생하며 그 역할 규범에 의해 정상화되고 있다.

또한 산업화, 도시화, 서구화로 우리 사회의 가족이 크게 변화하였다. 즉, 한국가족은 소규모화되고 핵가족화되었으며, 가족형태가 다양화되고, 가족기능이 축소되었을 뿐만 아니라 가족생활주기와 가족가치관 역시 달라졌다.

평균가구원 수가 '1990년에는 3.7명에서 2015년에는 2.7명으로 축소'되었고, 3세대 가족이 급감하면서 2세대 핵가족이 '1990년 66.3%, 2015년엔 49.4%에 달하고 있다. 특히, 1세대 가구는 같은 기간 동안 9.3%에서 20.6%로 증가하였다.

이처럼 가족의 소규모화와 가족형태의 변화 때문에 자녀양육기간이 단축되고, 노인부부로 살아가는 시기가 길어지는 등 가족주기가 변하였다. 동시에 가족기능의 사회화, 가족의 소규모화 때문에 여성의 가사노동 부담이 줄어드는 등 가족기능이 축소되었다. 또한, 가족관도 전통적 가족주의에서 자아실현을 중시하는 개인주의로 전환되고 가족관계도 예전보다 평등하고 민주적인 방향으로 바뀌고 있다. 그러나 가부장적 사회구조 아래의 전형적인 가족역할 구조는 사회화를 통해 여전히 성차별주의를 재생산해내고 있다. 또한, 이러한 가족의 변화와는 달리 여성들은 큰 모순을 경험하며, 여성에게 주어진 이중역할, 즉 주부와 직장인 역할 수행으로 인해 엄청난 고통을 겪고 있다. 그 결과 여성의 인권 또는 복지권에 대한 인식이 높아지게 되고, 인간다운 삶을 향한 욕구가 늘어남에 따라 여성의 능력개발과 사회참여를 위한 개인적, 가족적, 사회적, 국가적 차원의 사회지원체제로서 여성복지의 필요성이 증대되고 있다.

(2) 인간중심적이 아닌 가족중심적인 잘못된 사고

여성의 의식에서조차도 남편의 폭력을 부부생활 일부로 수용하면서 폭력 자체를 문제로 부각시키지 않고 폭력을 견디는 근거를 마련하여 자신에게 합리화시킴으로써 자신을 희생할지라도 자신보다는 가정의 유지가 먼저라는 사고 속에서 스스로 폭력 자체를 그럴 수 있는 어떤 수단으로 여겨, 참으면 언젠가는 나아지겠지 하는 막연한 기대감으로 여성들은 가족을 지켜왔다. 이런 사고를 하는 여성은 폭력에 노출될 경우, 그 폭력을 해결하기 위해 가족 내에서의 자신의 성역할에 더욱 충실하고자 노력하지만, 이러한 모순된 노력은 가족 내의 잘못된 권력의 관계에서 폭력 발생 지점을 이동, 순환시킬 뿐 폭력 자체를 멈추게 할 수 없다. 이런 피해여성의 탈출의지는 아내나 어머니의 역할과 충돌하게 된다. 이 충돌과정에서 여성들은 가족 내의 아내, 어머니로서의 정체성으로 마음이 기울어져 폭력에서 벗어나지 못하게 된다. 폭력이 싫지만, 그 폭력을 떠날 수 없는 상황 속으로 자신을 밀어 넣게 된다.

우리나라에서의 여성은 가족 내 성역할 수행이 여성의 인권보다 우선시되면서 아내나 어머니로서의 의무나 역할 때문에 인간의 기본권이 폭력을 당하지 않는 권리라는 것을 인식조차 하지 못하는 사회 문화 속에서 살고 있다. 그렇게 잘못된 사회관습과 올바르지 못한 자아 정체성 속에서 그 탈출의 욕구는 잠재화되어 더욱 커져만 가게 된다. 그 폭력의 순간순간을 참을 수 있을지는 모르지만, 그 인내의 끝자락에 도달해서는 인간으로서 선택하지 말아야 할 일을, 자신의 인내 한계를 벗어나 자신도 모르게 선택하게 되는 경우도 종종 볼 수 있다. 이런 경우가 폭력에 참다 못해 남편을 살해하거나 사위를 살해하게 되는 경우로, 우리에게는 패륜적인 사건처럼 보이게 된다. 정작 그런 일을 저

지르게 한 원인은 본인의 잘못된 정체성에서 찾아볼 수 있겠지만, 우리 사회의 잘못된 인식이 사회 전반적인 문제라고도 볼 수 있다.

(3) 사회구조적, 사회문화적 요인

- 가부장적 사회구조와 성차별 의식
- 여성의 소외와 폭력을 부추기는 문화와 대중매체
- 사라져야 할 비교육적 학교폭력
- 남편의 아내구타에 대한 관대한 경찰 및 수사기관의 태도
- 폭력에 대한 이웃과 주변의 무관심과 몰이해

4 가정폭력의 유형

가정폭력은 크게 두 가지 유형 즉, 남편이 아내에게 행하는 폭력과 부모가 자식에게(또는 자식이 부모에게) 휘두르는 폭력으로 크게 나뉘어 나타난다. 최근 들어 남편구타와 청소년에 의한 부모구타 등 가정에서 발생하는 폭력이 다양화되고 있지만, 일반적으로 가정폭력은 피해 대상이 주로 사회경제적 약자라는 특성이 있다. 가족 구성원간 폭력의 피해자 대부분이 사회적 무력자로 간주하는 여성, 아동, 노인이라는 것이 이를 대변해 준다. 이 장에서는 약자에게 가해지는 폭력으로, 특히 젠더문제와 밀접한 연관이 있는 아내구타와 여성노인 학대에 관하여 다음과 같은 질문에 중점을 두며, 아울러 이를 극복할 방안을 모색하고자 한다(정혜정 외, 2010).

1) 아내구타

가정폭력 신고 사례를 보면 87% 이상이 남성가해자이고, 90% 이상이 배우자에 의한 폭력으로 나타났다(한국여성의 전화, 2010). 또한, 2013년부터 2016년까지 경찰청에 접수된 가정폭력 사건 중 아내학대는 83%, 남편학대는 2.2%로 여전히 아내학대가 대부분을 차지하는 것으로 밝혀졌다. 이는 가족 내에서 남성이 가지고 있는 권력의 본질이 무엇

인가에 대해 다시 한 번 생각하도록 한다. 그리고 아내에 대한 폭력이 일상적으로 나타나고 있는 현실을 보면 아내와 남편 사이에 놓여 있는 힘의 관계에 대해 문제를 제기하지 않을 수 없다. 가정폭력을 설명하는 다양한 관점과 이론이 있음에도, 여성주의적 관점에서 이 문제를 조명할 수밖에 없는 이유가 여기에 있다.

아내구타는 엄연한 폭력행위임에도, 가정이라는 사적인 영역에 은폐되어왔다. 가해자인 남편이나 피해자인 아내조차도 구타를 결혼생활에서 피할 수 없는 현상으로 받아들이는 경향이 많았다. 아직 아내구타는 부부간 갈등을 해결하는 방법으로 지속하고 있으며, 부부의 사생활로 인식되는 경향이 있다.

그러나 여성인권을 주장하는 페미니스트들은 아내구타를 폭력의 일종으로 간주하고 가부장제의 남성우월주의를 가장 적나라하게 표출하는 것으로 보고 아내구타의 문제를 공식적으로 정치화하였다. 그들은 가정 내에서 남편이 아내에게 구타당하는 경우보다 아내가 남편에게 구타당하는 경우가 월등하게 많다는 점을 들어 아내구타가 남성에 의해 일어나는 보편적인 폭력이며 어느 사회에서나 거의 같이 일어나는 현상으로 지적하고 있다(공미혜, 2015).

따라서 아내구타를 설명할 때 젠더가 전제되지 않는 '중립적' 관점에서 부부폭력이라는 개념을 사용하는 것은 문제의 본질을 왜곡시킬 수 있는 소지가 있다. 또한, 아내에 대한 폭력을 가족 내부의 갈등이나 스트레스 또는 가족관계의 역기능과 부적응의 결과로 설명되는 것에서 그칠 때 남편과 아내 사이에 존재하는 불평등의 문제가 간과될 수 있다. 남편에 의한 아내폭력은 가부장적 사회구조에서 성차별주의(sexism)로 인해 발생하는 제도적 폭력의 한 형태로 드러나는 것이기 때문이다. 특히, 가부장제는 사회 전반에서 여성을 통제하는 주요 수단으로 성폭력(sexual violence)을 사용하는데, 가족 안에서는 주로 아내구타라는 폭력의 형태로 드러나고 있다(공미혜, 2015).

가정폭력은 다른 폭력유형과는 다르게 고정된 대상에게 지속적이고 반복적으로 행사되며 가정이라는 테두리 속에서 교훈과 훈계의 도구 혹은 갈등해결의 한 방법으로 합법화되어 사용되는 특징을 가지고 있다. 특히, 결혼이민자 여성에게 가해지는 가정폭력은 가족 내에서 일어나는 신체적, 성적, 심리적 폭력, 즉 가부장제에 의한 폭력과 특수 상황에 있는 타민족 또는 인종에 대한 폭력이 교차해 나타나는 이중의 폭력성을 띠고 있어 더욱 심각성을 가진다.

페미니스트는 아내구타를 사회적으로 여성을 낮게 평가하고 남편의 폭력을 정당한 자원으로 인정하는 사회에서 남성과 여성간의 불평등한 권력 배분의 결과로 생기는 것으로 간주한다. 따라서 이들에게 아내구타는 역사적으로나 사회·문화적으로 남성지배 체계의 한 형태이며 이를 지지하는 가부장적 규범의 반영으로 간주하고 있다(Dobash & Donash, 1979; Peterson, 1980; Walby, 1990; Yllo & Straus, 1990).

이러한 맥락에서 페미니즘의 관점은 아내구타 문제를 가부장제 사회에서 사회구조의 특성에 의해 발생하는 것으로 보고 폭력을 형성하는 사회적 힘과 여성 억압에 대한 함축적 의미를 찾는 데 초점을 맞추고 있다. 피터슨(Peterson, 1980)과 스트라우스(Straus, 1976)는 남녀 차별적인 사회구조와 성역할이 아내에 대한 폭력을 유지하고 있다고 주장하는데, 그 구체적인 내용은 다음과 같다.

- 남성의 권위에 대한 방어
- 남자다움에 대한 강요
- 여성에 대한 경제적 제약
- 규범화된 자녀교육
- 한부모가족에 대한 편견
- 여성의 아내로서의 역할에 대한 문화적 규범
- 여성의 부정적인 자아상
- 여성을 어린아이로 보는 견해
- 남성 위주의 범죄 판결 체계

이처럼 여성에 대한 폭력이 구조화된 가부장제에 의해서 발생한다고 보는 대표적인 논의는 도배시와 도배시(Dobash & Dobash, 1979)의 연구에서도 찾아볼 수 있다. 이들은 여성에 대한 남성의 통제와 권위가 경제적·사회적 과정을 통하여 지속하면서 직접·간접으로 가부장적 사회질서와 가족구조 내에서 제도화되고 이렇게 형성된 가부장제가 여성의 종속으로 합법화하여 여성에 대한 남성의 체계적인 폭력을 낳게 한다고 주장한다.

이와 같이 페미니스트는 여성에 대한 남성의 통제와 권위가 가부장적인 가족구조로 제도화된다고 전제하고 그런 관계가 사회적 이데올로기에 의해 자연스럽고 정당한 것으로 인정받게 되었다고 주장한다. 특히 의존적이고 종속적인 존재로 규정되는 여성의 역할은 집안에서 가족들을 보살피고 자녀를 양육하며 남성의 시중을 드는 것으로 여성들은 이러한 역할을 어릴 때부터 사회화 과정을 통해 내면화함으로써 자신의 정체성으로 수용하게 된다는 것이다.

페이지로우(Pagelow, 1984)는 사회구조의 가부장적 질서를 수용하는 내면화된 이데올로기의 표출을 아내구타의 원인으로 지적하면서 여성이 활용할 수 있는 사회적 자원이 적을수록 아내구타에 대한 제도적 대응은 더욱 부정적으로 되고, 아내구타에 대한 전통적 이데올로기가 더욱 광범위하게 확산해 구타당하는 여성이 구타자인 남편 곁에 머물 가능성이 더욱 커진다고 한다.

아내구타의 개념은 학대의 개념과 구분된다. 아내구타는 남편으로부터 받는 신체적 공격 형태를 말하며, 아내학대는 남편으로부터 직접적으로 신체상해를 받는 경우와 신체상해는 받지 않지만, 의도, 욕설, 냉대, 위협 등 정신적인 고통을 당할 때를 모두 포함하고 있으므로 아내구타보다 더 포괄적인 개념에 속한다. 그러나 아내구타는 신체 상해로 생명이 위협당할 수 있으므로 직접적인 위험성을 내포한다. 물론, 아내구타가 가해자인 남편보다는 피해자인 아내를 강조한다는 비판이 있지만, 현재 일반적인 개념으로 인식되고 있다.

한편, 아내구타를 가부장적 폭력의 개념으로 보는 학자도 있다(Pence & Paymer, 2011). 이들은 가부장적 폭력을 '여성을 통제하려는 남성의 가부장적 권리'로서 '체계적인 폭력의 사용뿐 아니라 경제적 종속, 위협, 고립 등 여러 가지 방법을 동원하여 아내를 통제하려는 형태'로 규정하여 남편의 우발적인 일회성 폭력이나 분노, 좌절, 고통스러운 감정의 주기적인 표출이 아니라 고의적인 행동유형의 일부분이라고 지적하였다. 그들은 아내구타에 관한 기존 이론을 다음과 같이 비판하고 있다.

첫째, 아내구타를 주기적으로 발생하는 것으로 분석하고 있으며, 둘째, 폭력을 행하는 남편의 특성을 스트레스에 대처하는 능력의 부족으로 보는 경향이고, 셋째, 폭력을 행하는 남편이 아내의 행동과 생각 등을 통제하기 위해 고의로 폭력을 사용한다는 점을 간과하고 있다는 것이다. 그들은 가부장적 폭력으로서 아내통제 방식을 크게 여덟 가지 통제유형으로 나누고 있는데, 정리해 보면 다음 [그림 13-2]와 같다.

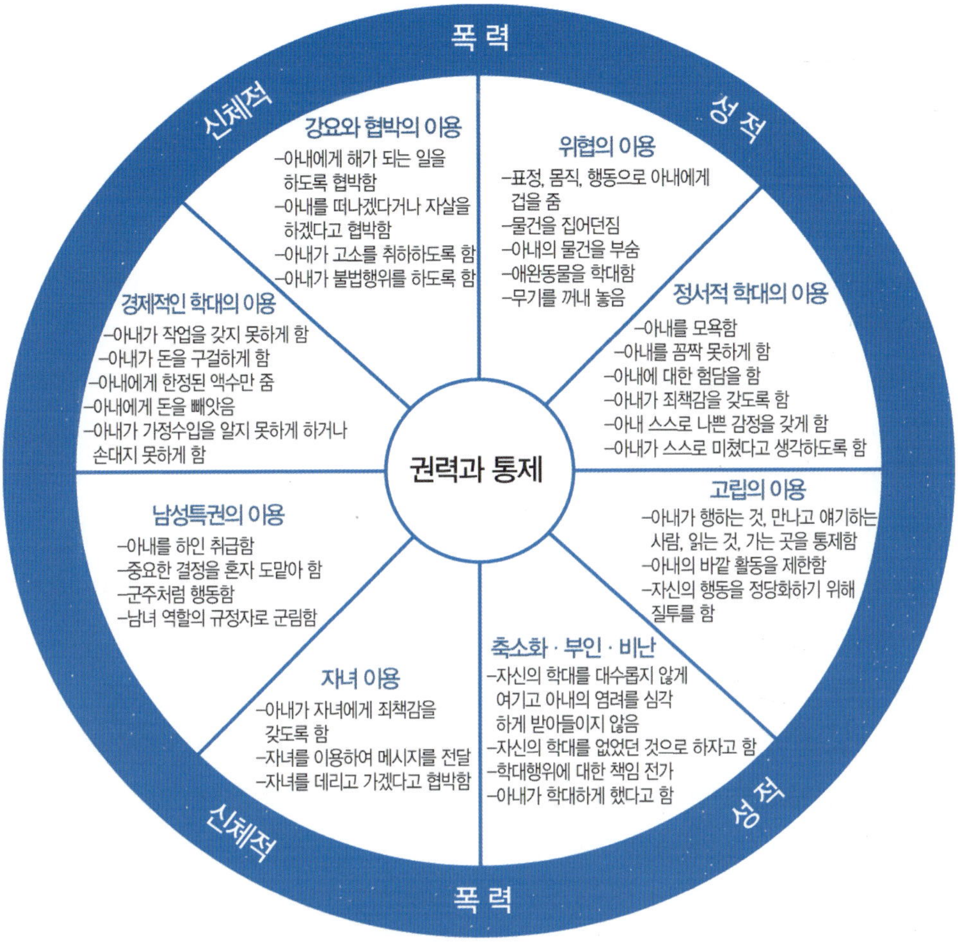

※출처: 펜스와 파이머, 2011.

그림 13-2 권력과 통제의 수레바퀴

(1) 아내구타의 여덟 가지 통제유형

- 강요와 협박: 남편이 행하는 강요와 협박은 크게 두 가지 유형으로 요약된다. 첫째는 집을 나가라고 강요하는 경우와 둘째는 남편이 자살하겠다고 협박하는 경우이다. 그러나 가부장적 사고방식에 젖어 있는 남편이 스스로 집을 나가겠다고 협박하는 경우는 우리 사회에서 드문 현상이다. 다만, 외도로 인해 아내에게 전셋집의 명의를 이전해 주고 난 후에 자기 집이 아니니까 나가겠다고 협박하는 경우도 있다.

아내에게 해가 되는 행위나 불법행위를 강요하는 경우는 우리 사회에서 별로 나타나고 있지 않다.

- 경제적 학대: 아내가 결혼이민자 여성이거나 재혼여성인 경우 가출한 경험이 있는 경우에 남편은 이들 여성이 언제라도 집을 떠날 것을 경계하여 대비책으로써 경제적인 봉쇄를 하는 것으로 나타났다. 남편이 외도의 상황에 있는 경우에는 오히려 자신의 외도를 부인하고 모든 것을 아내 탓으로 돌리며 아내를 괴롭히는 수단으로 경제적 학대를 이용하는 경우도 있다.
- 남성특권 이용: 남성특권을 이용한 통제는 피해여성들이 당한 가부장적 테러리즘을 대표하는 가장 특징적인 유형 중의 하나이며 가장 두드러지게 나타나는 현상으로 밝혀졌다. 피해여성들이 제시한 남편의 특권의식은 다양하게 제시되고 있지만, 본질적으로는 상당히 유사하다. 이들이 표현하고 있는 사례를 살펴보면 '남편은 왕', '여자는 땅, 남자는 하늘', '낮에는 가정부로 밤에는 ××로' 등으로 나타나는데, 대부분 남편은 전통적인 성역할을 강조하며, 아내를 하녀 취급하고 자신만 우선으로 생각해 주기를 바라는 경향이 높게 나타났다.
- 자녀이용: 우리 사회에서 자녀를 이용한 통제방식은 펜스와 파이머가 제시한 모델과 같이 다양하게 나타나고 있지는 않다. 다만, 피해여성의 남편은 자녀를 학대함으로써 아내에게 보복하고 간접적으로 통제하는 수단으로 사용하고 있다.
- 폭력행위에 대한 부인 또는 책임전가: 피해여성들이 제시한 남편의 또 다른 아내 통제방법은 폭력행위를 부인하고 모든 것을 아내 탓으로 돌리는 것이다. 남편들은 자신의 폭력 사실을 부인하고 이 사실에 피해 여성들은 어이없어한다. 이는 남편의 트집 잡기와 같은 맥락으로 연결되어 있다. 즉, 자기중심적인 남성은 모든 문제의 발단을 남의 탓으로 돌리고 있는데 집안에서 약한 위치에 있는 아내에게 주로 뒤집어씌우는 경향이 있다.
- 고립: 폭력남편이 사용하고 있는 고립의 형태는 주로 아내의 사회활동을 제한하고 가는 곳을 통제하는 것이다. 피해여성들은 직장도 그만두고 외출할 때에는 항상 남편과 동행한다. 또 남편의 성적 질투에 시달리며 외부와의 연락마저 통제당한 채 감옥과 같은 생활을 하는 경우도 있다. 남편이 이런 통제를 하는 이유는 크게 세 가지로 요약될 수 있는데 첫째는 아내에 대한 성적 의심 때문이고, 둘째는 남들과

비교되는 것이 싫고, 셋째는 자신의 폭력이 남들에게 알려지는 것을 방지하기 위하므로 보인다.

- 정서적 학대: 정서적 학대는 아내를 심리적으로 불안하게 하거나 모욕하고 무시하는 행위를 포함한다. 아내에 대한 정서적 학대는 앞서 지적한 다른 형태의 통제와 마찬가지로 복합적으로 나타나고 있는데, 쉼터 자료에서 가장 많이 지적되고 있는 유형 중의 하나는 강제적인 성행위를 통한 모욕이다.
  아내구타 후 이루어지는 강제적인 성관계는 극단적인 성적 학대일 뿐만 아니라 정서적 학대에 속한다. 이들 피해여성은 구타 후 강제적인 성관계를 성폭력으로 인식하지는 않고 있다.
  김혜선(1996)은 구타 후 발생하는 강제적 성관계를 몇 가지 측면에서 분석하고 있다. 첫째, 이렇게 이루어지는 성관계는 부부간 문제해결의 방책으로 인식되고 있으며, 둘째, 이러한 성관계는 여성을 비하하는 폭력의 마지막 단계이고, 셋째, 강제적인 성관계는 아내에 대한 남편의 통제를 확인하는 방식이 되고 있다.
  그 외의 정서적 학대유형으로는 아내를 정신질환자로 취급하기 위해 증거를 확보하는 경우와 아내를 불안하게 하고 인간 이하의 취급을 하여 자존심을 상하게 하는 경우도 있다.
- 위협: 위협의 유형은 가재도구를 사용하거나 방화 등으로 나타난다. 이러한 결과는 펜스와 파이머가 제시한 가부장적 폭력의 유형에서도 그대로 나타나고 있는데 그들과 다른 것도 발견되고 있다. 우리 사회는 피해여성에 대한 적개심은 친정식구에 대한 위협으로 종종 나타난다. 특히, 피해여성이 집을 나가게 되면 남편은 여기에 대한 모든 책임을 친정식구에게 부과하여 그들을 죽이겠다고 위협한다.

(2) 아내구타의 실태와 영향

여성부에서 지난 2015년도에 시행한 전국 가정폭력 실태조사에 의하면, 아내구타 발생률은 20.7%로 나타났다. 일반적으로 가정폭력의 실제 발생률이 높은 점을 고려하면 가정 내 아내구타는 훨씬 더 많이 발생하는 것으로 추정된다. 아내구타의 심각성은 외국의 사례에서 더욱 명백하게 드러나고 있는데 매년 4백만 명의 미국 여성들이 구타당하고 있으며, 집 없이 떠돌아다니는 부녀자 중 50%는 남편의 폭력으로부터 도망친 사람들이라고 한다. 또한 미국 살인범죄 중 20~50%가 가정 내에서 일어나며 그 중 40%는 부부간 살인이고, 이들의 85%는 구타에 의한 아내살인이라고 밝혀지고 있다. 이렇게 구타로 희생당한 여성들이 손을 잡으면 뉴욕에서 로스앤젤레스까지 이어질 정도라고 한다(공미혜, 2015).

지금까지 우리나라에서 구타에 의해 얼마나 많은 여성이 희생을 당했는지 정확한 통계자료는 알 수 없지만, 선행연구에 의해 아내구타의 심각성은 이미 잘 알려져 있다. 〈한국 여성의 전화〉 쉼터 이용자 143명 중에서 주 1~2회 이상 구타당한 경우는 42%로 나타났으며, 매일 구타당한 여성도 15.4%에 이르렀다. 구타유형도 무차별 구타, 흉기사용, 목조르기 등 심각한 상태를 보이고 있다(한국여성의 전화연합, 2009). 또한, 이러한 구타행태는 시간이 흐를수록 심해지는 양상을 보인다고 한다. 선행연구에 의하면 일반적인 사회통념과는 달리 남편의 아내구타 행위가 그들의 교육수준이나 직업, 생활수준과는 무관하다고 밝히고 있다. 최근 한국가정법률 상담소에서 분석한 구타당한 여성은 가해자의 교육수준은 57.8%가 고졸 이상으로 나타났으며, 부산시에 거주하고 있는 기혼여성을 대상으로 한 연구에서는 오히려 고학력일 경우와 소득이 높은 경우에 폭력의 횟수가 많았던 것으로 나타났다(이영희, 2014).

2) 노인학대

노인학대는 다양한 형태로 다양한 장소에서 일어난다. 그러나 우리나라는 시설노인은 전체 노인의 약 1%에도 미치지 못하고 있어서 대부분의 노인학대는 가정에서 일어나는 것으로 나타났다(보건복지부, 2015). 또한, 최근의 실태조사에 의하면 전체응답 노인 중 8.2%가 가족 구성원으로부터 학대를 당한 경험이 있었으며, 고령, 저학력일수록 무배우자인 경우에 학대 가능성이 큰 것으로 밝혀졌다. 이런 점을 고려하면 노인학대의 문제도 젠더와 밀접한 연관이 있으며, 이는 곧 여성노인이 학대에 더욱 무력한 상태임을 알 수 있다. 다음 〈읽을거리〉는 최고령국인 일본사회에서 암으로 투병 중인 노모를 학대한 아들의 사례를 나타내고 있다.

읽을거리

때리고, 괴롭히고, 내버려두고……일본 노인학대 '세계 최고령국'의 그늘
가해자 80% 이상이 '가족'…… 의료비 급등에 병구완 회피

'노인대국' 일본에서 자식들의 노부모 학대가 잇따라 큰 사회문제가 되고 있다.
사이타마 현에 사는 47세 남성이 암으로 투병 중인 노모(74)를 학대한 끝에 숨지게 한 혐의로 경찰에 체포됐다. 일본 언론 보도를 보면 택시 운전을 하는 이 남성은 대장암으로 투병 중인 어머니에게 지난해부터 "화장실을 제대로 정리하지 않아 화가 난다."는 등의 이유로 일상적으로 폭력을 휘두르고, 집 밖에 내버려둬 숨지게 했다. 아들에게 마구 얻어맞아 늑골 세 대가 부러지는 중상을 입은 노모는 지난달 아들의 폭력을 피해 아파트 정원에서 종종 노숙하기도 했다.
보다 못한 이웃이 경찰에 신고할 것을 권고했으나 노모는 듣지 않았다고 한다. 남성은 쇠약해진 노모의 치료는 모른 체했다. 연락을 받고 출동한 시청 직원들이 노모를 병원으로 후송했으나 노모는 대장암의 간장 전이와 중증 폐렴으로 고통을 겪다 심부전으로 숨졌다.
후생노동성 통계를 보면 2009년 가족·친지가 65세 이상 고령자를 학대한 건수는 1만 2,757건에 이르는 것으로 나타났다. 이 가운데 80% 이상은 같이 사는 가족으로부터 학대를 받았다. 자식이 노모를 괴롭히고 때린 사례가 가장 많았다.
자녀가 결혼하면 부모와 따로 사는 것이 일반적인 일본에서는 마음의 준비와 경제적 능력이 충분하지 않은 자식이 부모의 병구완을 해야 할 때가 가장 위험하다. 학대가 일어날 가능성이 가장 큰 환경이라는 것이다. 실제 가족 간 학대에서 가해자는 아들(37.1%)이 가장 많고, 딸(13.5%), 며느리(10.2%), 사위(2.5%) 순으로 나타났다. 또 피해자의 3분의 2는 치매환자이며, 병구완을 소홀히 하는 '방치 학대'가 전체의 약 30%를 차지하고 있다. 65세 고령자 인구가 20%에 이른 일본에서는 의료개혁 명분으로 노인들의 의료비 부담액을 늘리는 등 의료복지마저 줄이고 있어 노부모 학대가 늘어날 가능성이 크다.
2006년 4월 시행된 고령자학대방지법은 학대를 인지했을 때 지자체 연락 의무화 등을 담고 있다. 그러나 고령자 학대는 외부에서 파악하기 어려우므로 다른 가족이 없으면 잘 드러나지 않는다. 신고를 받은 지자체도 입회조사 권한을 행사한 사례가 1.4%에 지나지 않는 등 적극적으로 나서지 않는 것으로 나타났다.

※출처: 한겨레(2010. 11. 8)

현대 사회에 나타나고 있는 노인문제는 복잡 다양하며, 특히 경제적으로나 신체적으로 취약한 노인에 대한 자원은 무엇보다도 중요한 과제로 대두하고 있다. 만 65세 이상을 노인으로 규정했을 때 우리나라 여성노인의 성비는 60.0%를 넘고 있는데(통계청, 2014), 근래에 가장 관심을 끌고 있는 치매노인이나 노인부양 문제 및 갈등에 관한 선행 연구에서 공통으로 지적되고 있는 사항은 이들 노인의 대부분이 여성이라는 점이다. 이는 곧 여성노인 문제가 우리나라 전체 노인의 문제를 대표하는 것을 의미한다.

노인인구 중 여성노인의 증가는 건강이나 부양과 관련된 가족갈등 등의 문제점을 내포하고 있으며, 평균 수명의 연장에 의해 이들의 문제는 더욱 심각해질 것으로 보인다. 특히, 한국사회의 고정관념 탓으로 이들 여성노인은 남편과 사별 후 홀로 노년기를 맞는 경우가 많은데 그 과정에서 경제적으로나 사회적으로 자립이 어려울 수밖에 없게 된다.

그러나 구체적 대처방안 없이 지금껏 가정에서 방치되어 온 여성노인들은 자신이 오랫동안 경험해 왔던 유교주의의 보수적 가치관에 얽매어 자녀에게 의존하게 되고 이러한 상황에서 가족원과 계속되는 갈등을 겪고 있다. 특히, 의존적인 노인과 이들을 제대로 부양할 수 없는 가족원의 갈등이 전개될 때 여러모로 취약한 상황에 있는 노인은 학대의 희생자가 되며 기본적으로 노인문제를 가족원에 전담시키고 있다. 더욱이 전통적인 가족윤리 때문에 노인학대는 가정 내에 은폐되기 쉬운 실정이다.

미국은 한해 2백만명이 넘는 노인들이 학대를 받고 있으며, 최근 우리 사회에서도 여성노인들이 학대에 희생되고 있다. 2015년 전국 노인학대 예방신고센터의 상반기 보고서에 의하면 피해 여성노인이 남성노인보다 두 배 정도 많았으며 유형별로는 언어·정서적 학대, 방임, 신체적 학대, 경제적 학대 순으로 나타났다(보건복지부, 2015). 또한 학대받는 여성노인의 사회문화적, 가족적, 사회정책적 상황을 밝힘으로써 근본적인 한국 여성노인 문제가 무엇인가를 규명하고자 한다(정혜정 외, 2009).

(1) 노인학대의 개념과 유형

노인학대에 대한 정의는 학자에 따라 조금씩 다르게 나타나고 있다. 한동희(1996)는 노인학대를 '의존적인 노인에게 가족 구성원인 배우자, 성인자녀 그리고 친척들 사이에서 자행되는 언어적, 신체적, 정서적 혹은 심리적 상해와 인격이 무시되는 행위를 말하며 또한, 자산에 대한 오용 등으로 노인의 권리가 침해되는 행위'로 규정하고 있다. 타타라(Tatara, 1990)는 노인학대를 '노인과 특별한 관계를 지니고 있는 배우자, 형제, 친구, 친척, 수발을 제공하는 자 등에 의하여 노인 자신의 집이나 수발을 제공하는 집에서 어떤 형태로든지 혹독한 취급을 당하는 것'이라 정의했다. 존슨(Johnson, 1986)은 노인학대를 '노인에게 의도적으로 상처를 주며 고통을 가하는 것, 이유 없는 감금, 위협, 잔인한 처벌 때문에 발생하는 신체적 상해나 고통, 정신적 걱정 혹은 신체적 상해, 정신적 걱정이나 정신적 질병을 피하고자 필요한 재화나 용역(서비스)을 수발자가 제공하지 않는 것'으로 규정하였다.

이상의 정의들은 노인의 기본적 인권을 위반하는 모든 행위를 잠재적인 학대행위로 정의하는 경향이 있는데 우리나라 노인복지법에서는 노인에 대하여 신체적, 정신적, 성적 폭력 및 경제적 착취, 가혹행위 또는 방임하는 것을 노인학대로 규정하고 있다(조홍식 외, 2006).

노인학대를 유형별로 살펴보면 일반적으로 다음과 같이 다섯 가지로 나뉘게 된다. 우선 신체적 학대는 폭력으로 노인에게 신체적 손상 또는 정신적 타격을 입히는 것 외에도 공포심을 일으키게 하는 위협행위를 포함한다. 언어적 학대는 노인에게 모욕을 주거나 언어로 위협하는 등 심리적 부담을 주는 모든 언어적 표현을 의미한다. 방임은 수동적 방임과 능동적 방임으로 나누어지는데 수동적 방임은 부양자의 무능력에 의해 노인에게 필요한 기본적인 의식주 물품이나 의약품이 공급되지 않는 것이고 능동적 방임은 노인에게 필요한 사회적 접촉이나 의식주 물품, 의약품, 기타 재화와 용역이 의도적으로 박탈하는 것을 의미한다. 정서·심리적 학대는 계획적으로 노인의 인간성을 부정하고 스트레스를 주어 자살이나 가출을 유도하는 행위로 주로 신체적 폭력이나 위협행위와 함께 나타난다. 경제적 학대는 노인의 뜻에 관계없이 노인의 재산을 이전하거나 훔치는 행위, 노인의 생활권과 생활비 등을 박탈하는 경우를 포함한다(보건복지부, 2015).

(2) 학대받는 여성노인의 사회문화적 상황

현재 한국 여성노인은 일제로부터 해방된 때를 전후로 태어나 어린 시절을 보냈고 결혼하여 어려운 가운데 자녀양육을 하였으며 후기 산업화로 급변하고 있는 시기에 노년기를 보내고 있다. 이들은 국가 공동체의 존립 위기와 여러 차례 전쟁의 소용돌이 속에서 빈곤과 혼란을 겪은 세대이다. 이 당시 사회구조적 특징을 살펴보면 첫째, 국가의 공식적, 제도적 영역이 많이 축소되거나 붕괴해 전 국민의 생존 자체가 위협을 받고 있었으며, 둘째, 점진적인 산업화 및 도시화, 대중교육이 전개되기 시작하였다는 점이다(보건복지부, 2015). 따라서 이 시기의 하류층 남성은 무기력하고 나약한 상태에 있을 수밖에 없었으며 급속한 변화와 혼돈의 사회구조 속에서 살아온 여성노인의 삶은 여러 가지

면에서 유사한 점이 많다.

조선시대부터 내려온 유교주의에 토대를 둔 철저한 위계의 남존여비 이데올로기는 여성에게 공적 영역에서 정체성을 박탈하는 대신 혈통과 가문을 이어갈 계승자의 어머니로서 지위와 권한을 부여해 왔다. 그러나 사회구조적 혼란기를 거치면서 여성은 남성의 부재 속에서 활발한 경제활동으로 생계를 책임지면서 사명감으로 집안의 남성을 보호하기 위해 애를 썼던 것처럼 보인다. 사실 이 당시 여성에게 아버지나 남편의 존재는 실제적인 역할과는 무관한 상징적인 경우가 많다. 그럼에도 여성들은 남성 지배를 내면화하며 더욱 굳건하게 가부장적 이데올로기를 강화했던 것이다(보건복지부, 2015).

학대받는 여성노인의 사회문화적 상황은 그들이 태어나 성장하였던 혼란기의 사회구조와 일치되고 있다. 이들은 대부분 가난한 집안에 태어나 성장하였던 혼란기의 사회구조와 일치되고 있다. 이들은 대부분 가난한 집안에 태어나 제대로 배우지 못한 채 방치되었고, 결혼한 후에도 남편의 무능력이나 사망에 의해 가족의 생계를 책임지는 어려움을 안고 있었다. 또한, 이들은 가부장적 사고방식을 그대로 수용하여 집안의 대를 이을 남성을 지키고자 노력하지만, 빈곤의 악순환 속에서 자녀를 내버려둘 수밖에 없었고 늙어서는 버려지거나 오히려 자녀의 가족을 떠맡는 고충을 안고 있다.

5 평화로운 가정을 위하여

고령화 사회에 진입한 우리사회에서 학대받는 여성노인에 관한 국가 및 지역사회의 정책적 개입은 불가피하다. 특히, 급격한 산업화에 의해 아무런 대책 없이 노년기에 들어선 여성들은 유기되거나 방임된 상태에 처하게 된다. 2016년 일부 개정된 「노인복지법」이나 2008년부터 시행되고 있는 「노인장기요양보험법」 등은 유기된 노인들을 국가가 일차적으로 보호하도록 하고 있으며, 가족의 보호를 받고 있는 노인들을 위해서는 부양과 수발이 쉽도록 하는 사회서비스를 제공하고 있다. 다음에 기술된 〈표 13-1〉과 〈표 13-2〉에서 제시하고 있는 여성 전용 위기전화(1366)와 노인학대 상담전화(1389)는 위기에 직면한 여성과 노인이 단시간 내에 필요한 지원을 받을 수 있도록 도와주고 있다.

여성과 남성이 평등한 주체로 이루어지는 진정한 가족문화와 성문화를 확립시키려면 사회적인 자각과 대중매체를 통한 성숙한 사회분위기가 필요하다. 사회의 개개인이 모든 인간을 평등하게 생각할 때 그리고 여성문제를 인간문제로 생각할 때 모든 인간의 삶의 질도 향상될 수 있다. 무엇보다 복지국가의 기본은 약자를 먼저 보호하고 그들이 인간다운 삶을 누릴 수 있도록 기본적인 지원책을 제공하는 데 있다. 「가정폭력방지 및 피해자보호 등에 관한 법률(약칭: 가정폭력방지법)」과 「노인복지법」 등이 여성이나 노인과 같이 약자에게 가해지는 폭력의 예방이라는 일차적인 목적을 달성하고 더불어 피해자를 보호할 수 있는 실효성을 획득하려면 가정과 지역사회, 나아가 전 국가에서 사회적 유대감이 형성되어야 한다. 결국 인간의 존엄성과 양성평등에 대한 사회적 유대감이 조성되어야만 약자와 관련된 특별법도 그 상징성을 초월하여 몫을 다하게 될 것이고 궁극적으로 폐지될 것이다.

가정과 직장에서 여성과 남성이 서로 평등하고 조화롭게 협력하는 사회, 이주여성의 자국 문화가 우리 사회에서 인정받는 사회, 노인여성이 빈곤이나 학대로부터 보호받을 수 있는 사회, 그리하여 사회의 모든 약자가 억압받지 않고 자유를 누리는 사회, 이런 사회가 바로 후손을 위해 물려줄 사회이다.

표 13-1 여성 전용 위기전화

만일 폭력을 당하고 있다면 즉시 전국 어디서나 국번 없이 1366으로 도움을 청한다. 1366은 112, 119와 같이 국가 혹은 국가가 위탁한 여성단체에서 24시간 운영하는 공식적인 여성위기 전용 전화이며, 1366에서 적당한 대처방식과 법적, 의료적, 사회복지적 절차와 기관을 안내받을 수 있다.

※출처: 부산여성사회교육원(2013). p. 203.

표 13-2 노인 전용 위기전화

(사)한국노인의 전화에서는 학대받는 어르신들의 권익 향상과 학대 때문에 고통 받는 가족을 지원하기 위한 전문상담(국번 없이 1389)을 시행하고 있습니다. 지난 2002년부터 2005년까지 사회복지공동모금회의 기획사업으로 지원받은 바 있는 노인학대상담센터 사업은 노인학대와 관련된 전문상담 및 가족상담뿐 아니라 어르신들의 권익 향상을 위한 다양한 노력을 기울이고 있습니다. 노인학대 상담 외에도 노인학대 예방교육, 노인학대 예방을 위한 집단 프로그램, 성년후견제를 위한 민법개정안 운동 등을 통하여 많은 어르신이 더욱 안전하고 존중받으며 노후를 지내실 수 있도록 최선을 다하겠습니다. • 전화 · 내방 · 방문을 통한 전문상담 • 법률정보 및 의료서비스 연계 • 일시적인 쉼터 연계 • 학대받는 노인들의 지속적인 사례관리 • 노인학대 예방교육 및 홍보 • 노인학대 예방을 위한 집단 프로그램 - 자기표현 및 의사소통 강화훈련 지원 • 노인학대 관련 언론 취재 협조 및 자문활동 • 노인학대에 신속하게 대처하기 위한 지역사회 연대 구축 • 어르신들의 인권교육 등

※출처: 한국노인의 전화 홈페이지(http://www.kisca.or.kr/1588-(3).htm).

활동자료

다음은 여러분이 성장하면서 관찰하거나 경험한 것에 대한 질문입니다.

1. 부모님이 서로 다음과 같은 말과 행동을 얼마나 자주 하였는지 해당하는 곳에 ∨표 해주시기 바랍니다.

문 항	전혀 없음	1년에 한 번	1년에 2-3번	한달에 한 번 정도	한달에 한 번 이상
1. 부가 모에게(혹은 모가 부에게) 소리를 지르거나 모욕적인 말을 했다.					
2. 부가 모에게(혹은 모가 부에게) 다툼이 있었던 문제에 대해 말하기를 거부하고, 뽀루퉁하게 있었다.					
3. 부나 모가 방에서 발을 세게 구르며, 문을 '쾅' 닫고 나갔다.					
4. 부나 모가 어떤 물건을 던지거나 부수었다.					
5. 부가 모에게(혹은 모가 부에게) 물건을 던지려고 위협하거나, 때리려고 위협했다.					
6. 부가 모에게(혹은 모가 부에게) 물건을 던졌다.					
7. 부가 모를(혹은 모가 부를) 잡거나 밀쳤다.					
8. 부가 모의(혹은 모가 부의) 뺨을 때렸다.					
9. 부가 모를(혹은 모가 부를) 발로 차거나 물거나 혹은 주먹으로 때렸다.					
10. 부가 모에게(혹은 모가 부에게) 다치게 할 수 있는 물건으로 때렸다.					

※출처: 송미연(2013). 청소년의 가정폭력 경험이 부적응행동과 자아정체감에 미치는 영향.동덕여자대학교 대학원 석사학위논문〉

2. 부모님이 여러분에게 다음과 같은 행동을 얼마나 자주하셨는지 해당하는 곳에 ∨표 해주시기 바랍니다.

문 항	전혀 없음	1년에 한 번	1년에 2-3번	한달에 한 번 정도	한달에 한 번 이상
1. 부모가 나에게 소리를 지르거나 모욕적인 말을 했다.					
2. 부모가 나에게 다툼이 있었던 문제에 대해 말하기를 거부하고, 뽀루퉁하게 있었다.					
3. 부모가 내 앞에서 발을 세게 구르며, 문을 '쾅' 닫고 방에서 나갔다.					
4. 부모가 내 앞에서 어떤 물건을 던지거나 부수었다.					
5. 부가 모에게(혹은 모가 부에게) 물건을 던지려고 위협하거나, 때리려고 위협했다.					
6. 부모가 나에게 물건을 던졌다.					
7. 부모가 나를 잡거나 밀쳤다.					
8. 부모가 나의 뺨을 때렸다.					
9. 부모가 나를 발로 차거나 물거나 혹은 주먹으로 때렸다.					
10. 부모가 나를 다치게 할 수 있는 물건으로 때렸다.					

※출처: 송미연(2013). 청소년의 가정폭력 경험이 부적응행동과 자아정체감에 미치는 영향.동덕여자대학교 대학원 석사학위논문

PART 04

현대사회와 건강한 가정

CHAPTER 14

현대 사회의 바람직한 가정

제1절 건강가족의 등장배경 및 필요성

제2절 건강가족의 개념

제3절 건강가족의 특성

제4절 건강한 가족 문화

제5절 바람직한 가정을 위한 실천 지침

제1절 건강가족의 등장배경 및 필요성

우리나라는 한국전쟁 이후 단기간 내에 이룩한 급격한 산업화와 도시화의 영향으로 가족환경이 변화함에 따라 가족의 구조와 기능 면에서 많은 변화가 일어났다. 세계적으로 낮은 결혼율과 최저 출산율, 높은 이혼율, 가정폭력, 신용불량자의 급증에 따른 가계경제 파탄, 가족동반자살, 급격한 고령화 현상에 따른 노인부양문제, 노인학대 등의 심각한 수준의 가족문제들 때문에 가족의 안정성은 위협받기에 이르렀다. 결혼에 대한 선택의식 증가에 따른 독신유형 증가, 호주제 폐지 등으로 가족환경도 지속적인 변화를 맞이하고 있으며, 생활수준의 향상과 개인의 삶의 질 욕구가 고조됨에 따라, 개인 또는 가족이 지니고 있는 행복한 삶이나 가족에 대한 기대는 상승하고 있다. 이와 같은 심각한 가족문제의 증가와 함께 삶의 질 향상은 고스란히 사회와 국가가 담당해야 할 새로운 국면의 복지적 영역으로 자리 잡았다.

우리나라는 가족환경의 변화와 가족의 기능 상실 또는 약화 때문에 가족문제뿐 아니라 이혼율의 증가에 따른 한부모가정과 재혼가정의 증가, 다문화가정 등 다양한 유형의 가족이 증가하면서 전통적인 가족의 의미가 변화되어 일반적으로 인식하고 있는 가족의 개념으로 가족의 건강성을 논하기에는 어려움이 있다. 전통적 의미의 가족이 혼인, 혈연, 입양에 의해 형성되었다면, 현대적 의미의 가족은 가족 기능에 우선순위를 두고 가족 정의의 폭을 확대하여 더욱 다양한 형태와 생활양식을 포함한 비정형 가족까지도 적극적으로 포용하고 있다(윤경자 외, 2015). 따라서 변화하는 사회에서 가족환경의 변화를 고려하여 전통적 개념과 함께 가족의 다양성을 인정하고 수용하는 가족으로 가족 개념의 확장이 불가피하다.

가족의 구조적, 기능적 변화와 더불어 증가하는 가족문제를 사전에 예방하거나 개인과 가족의 능동적인 노력으로 해결하려는 인식이 확산하고 있으며, 이에 대한 학문적 및 제도적 지원이 수반되고 있는 영역이 바로 건강가족이라 할 수 있다. 건강한 가정은 개인과 사회간의 중간적 위치에서 개인과 가족 그리고 사회가 유기적으로 연결되고 통합적으로 유지되고 발전하는 토대를 제공하는 기초적 환경이라 할 수 있다. 여기서는 변화하는 사회에서 우리가 지향해야 할 건강한 가정은 무엇이며, 건강한 가족의 특성은 무엇인지 소개하고자 한다.

제2절 건강가족의 개념

인간은 건강한 가족을 희망하며, 가족의 질이 개인의 삶의 질이나 가족의 안녕에 결정적인 영향을 미친다는 것을 알고 있다. 건강가족이란 건강과 가족의 합성어이다. 건강은 단지 질병이 없고 허약한 상태를 의미하는 것이 아니라, 신체적, 정신적, 정서적, 사회적, 영적으로 온전히 양호한 상태라고 세계보건기구(WHO)는 정의하고 있다. 건강가족은 강한 가족(strong family), 기능적 가족(functional family), 탄력적 가족(resilient family), 최적 가족(optimal family), 균형 있는 가족(balanced family), 건강한 가족(healthy family) 등의 다양한 용어로 표현되고 있으며, 우리나라에서도 건전가정, 건강가정, 건강가족 등의 용어로 사용되고 있다(윤경자 외, 2015).

우리나라에서 건강가정에 대한 연구는 유영주(1991)에 의해 시작되었다. 초기 연구 단계에서는 '건전가정'과 '건강가족'의 개념 구분 없이 혼용해서 사용하였으나, 학문적 연구가 누적됨에 따라 건전가정과 건강가족의 두 개념간의 명확한 개념 설정이 이루어졌다. '건전가정'은 건강가족을 포함하는 상위개념이며, '건강가족'은 건전가정을 유지하기 위한 하위개념으로 간주해 두 개념간의 명확한 개념설정이 연구와 실생활에의 적용에까지 이르렀다.

이 외에도 '건강가족'과 '건강가정'에 대한 개념도 엄밀하게 구분할 수 있다. '가족'이라는 개념은 가족 구성원간의 가족관계나 가족의 정서적 지지 및 유대감이나 지원 등과 같은 기능적 측면이 강조되는 데 비해, '가정'은 가족 구성원의 일상생활이 영위되는 장소이자 삶의 인적 및 물적 기반이 되는 생활 공동체로서의 개념이다. 그러나 일상생활에서 가족이라는 용어와 가정이라는 용어는 크게 구분되지 않고 혼용되는 경우가 많으므로, 본 장에서도 건강가족과 건강가정은 같은 의미로 사용하고자 한다.

건강가족은 심리사회적이고 관계적인 측면을 강조하는 다차원적 개념이며, 가족 개개인이 신체적, 정서적, 사회적으로 건강하고 가족원 서로간의 의사소통, 문제대처능력의 상호작용이 효율적으로 이루어져서, 가족 전체의 공동체적 가치체계를 공유하며 정서적, 도덕적 관계향상을 도모하는 가족이라 정의할 수 있다(윤경자 외, 2015).

가정복지를 구현하기 위한 가족정책의 하나로 가정의 건강성을 명문화하여 2005년부터 시행되고 있는 건강가정기본법에서는 건강가정을 가족 구성원의 모든 욕구가 충족되고 인간다운 삶이 보장되는 가정이라 명시하고 있다. 다시 말해 건강가족은 건강한 개인의 발전과 성공을 위해서 반드시 필요한 근원적 환경이며, 건강가족은 사회의 기본단위로서 건강한 사회의 초석이 된다.

제3절 건강가족의 특성

먼저 외국의 건강가족에 대한 연구는 1962년 오토(Otto)가 건강 가정에 영향을 미치는 가족 구성원간의 상호작용 패턴에 관한 연구를 시작으로 지난 50년간 활발하게 진행되었다. 서구뿐만 아니라 우리나라의 많은 학자 역시 건강가족의 특성을 밝히고자 노력하였다. 그 역사적 변천을 보면, 외국의 가족 건강성 연구는 가족 건강성의 특성을 밝히는 것을 넘어서 가족 건강성을 가족 복지의 실천적 문제에 적용하여 실제적인 가족의 삶의 질을 향상하는 방법을 모색하고 있다.

이에 비해 상대적으로 우리나라의 건강가족 관련 연구는 아직은 초기단계에 있다. 우리나라 건강가정의 연구는 유영주(2004)의 건전가정 육성을 위한 가족복지 프로그램의 개발을 중심으로 시작되었다. 초기 연구들은 주로 건전가정, 건강가정, 건강가족 등의 개념 설정, 가정의 건강성을 측정하기 위한 척도 개발, 건강가족의 특성 및 영역, 가족 건강성 관련 변인 등에 관한 연구에 집중되었다.

가족의 건강성은 사회문화적인 가치와 특성을 반영하므로, 우리나라 사회를 고려한 건강 가족의 특성을 살펴보는 것은 의미가 있다. 여기서는 외국의 일부 학자들이 제안하는 건강가족의 특성과 우리나라 학자들이 연구한 건강가족의 특성을 함께 살펴보고자 한다.

1 올슨(Olson)의 건강가족 특성

올슨 등은 완전한 가족은 존재하지 않으나, 건강한 가족은 존재한다고 주장한다. 그들은 건강한 가족의 공통적인 특징으로 헌신, 애정과 존중, 긍정적인 의사소통, 함께 시간 보내기, 정신적인 안녕, 전설적인 스트레스 · 위기 극복 등을 들고 있다(Olson, DeFrain, & Olson, 2002; 21세기 가족문화연구소, 2007). 올슨 등이 제시한 건강가족의 특성을 정리하면 〈표 14-1〉과 같다.

표 14-1 건강가족의 특성

상위 내용	하위 내용		상위 내용	하위 내용	
헌신	• 믿음 • 신뢰	• 정직 • 성실	함께 시간 보내기	• 질적인 시간 • 친구들과 함께하기 • 즐거운 시간	• 생산적인 시간 • 휴식시간
애정과 존중	• 상호간의 보살핌 • 개성의 존중	• 우정 • 유머	정신적 안녕	• 신념 • 가치의 공유	• 배려 • 인류애
긍정적 의사소통	• 감정의 공유 • 비난의 회피 • 이견 조정	• 칭찬 • 타협	스트레스 · 위기 극복	• 적응력 • 변화의 개방성	• 위기 극복을 통한 성장 • 복원력

올슨 등(Olson & DeFrain, 2003)은 모든 가정은 잠재적인 성장영역을 지니고 있다는 의미에서 '건강성'을 가지고 있으며, 가정의 건강성은 가정의 구조나 형태와 같은 외적인 유형이 아니라 내적인 기능을 의미하는 것이라고 강조한다.

올슨 등(1989)은 가족 기능이 건강하기 위한 결정적인 요인으로 응집성, 적응성 그리고 의사소통을 들었다.

- 응집성: 가족 구성원들이 서로에게 가지는 정서적 유대감
- 적응성: 가족이 가족생활주기와 다른 스트레스의 변화에 대응하여 가족 자체를 변화시킬 수 있는 능력
- 의사소통: 듣기 기술, 말하기 기술, 자아노출, 명료성, 주제에 집중하기, 존경과 배려 등

올슨 등은 한부모가정이나 무자녀가족, 재혼가정 등 외형적으로는 일반 가족의 유형에 속하지 않더라도 가족관계가 원만하고 어려운 문제를 함께 극복해가며 가족 결속력이 강하여 전반적으로 가족 기능이 긍정적일 때 건강가족이라고 보았다.

2 스티넷과 드프레인(Stinnett & DeFrain)의 건강가족 특성

스티넷과 드프레인(Stinnett & DeFrain, 2005)은 약 20년 동안 10,000여 가족의 건강성과 세계 20여 개국의 가족 건강성 관련 자료를 기초로 건강가족모델을 제안하였다. 건강가족모델은 올슨 등이 제시한 모델과 개념적으로는 유사하다.

스티넷과 드프레인이 제시하는 건강가족의 6가지 질적 특성으로는 헌신, 함께하는 시간, 스트레스와 위기에 대처하는 능력, 영적 복지, 긍정적인 의사소통, 감사와 애정이 있다. 건강가족모델에서 제안하는 건강가족의 특성을 자세히 살펴보면 다음과 같다(윤경자 외, 2015).

1) 헌신

건강한 가족은 가족 구성원들이 서로에게 헌신한다. 가족과 함께하는 활동에 시간과 에너지를 투자하고 가족과의 상호작용을 중요하게 여긴다. 부부관계서 헌신의 주요 요인으로는 성적 충성심을 들 수 있는데, 그 이유는 이 요인이 부부 개인의 신뢰감을 반영하기 때문이다.

2) 함께 시간 보내기

건강한 가족은 가족 구성원이 함께 시간을 공유하고, 그 시간을 질적으로 즐기는 가족이다. 건강한 가족은 될 수 있으면 많은 양의 질적 시간을 가족과 함께하고자 노력한다.

3) 스트레스와 위기에 대처하는 가족

기본적으로 건강한 가족은 위기나 어떠한 문제상황이 발생하기 전에 예방하는 데 비교적 성공적이다. 그러나 예기치 않은 삶의 위기나 어려움 또는 스트레스를 경험하게 되면 건강한 가족은 가능한 한 효율적으로 문제를 해결하고 스트레스를 적절히 관리하며 스트레스 때문인 손해를 줄이려고 노력한다. 따라서 건강한 가족은 위기나 스트레스 상황에서 가족이 해체되는 것이 아니라 가족 구성원이 함께 역할을 분담하고 더욱 긍정적인 방향으로 관리적인 전략을 사용하여 위기상황을 함께 대처해 나간다.

4) 영적 복지

영적 복지는 종교적 및 윤리적 가치라 할 수 있으며, 개인차가 있다. 영적 복지는 영성, 영적 안녕이고도 표현되며, 이는 신, 희망, 또는 낙관적인 삶에 대한 믿음을 의미한다. 영성은 개인의 가치관 형성에 중요한 역할을 하며, 사랑과 헌신, 돌봄의 상호작용을 돕고, 가족생활의 의미를 부여한다. 가족 구성원들은 영적 복지를 누림으로써 하나라는 결속력이 강해지며, 서로 사랑하고 상호 지원하며 생활한다는 감정이 충만해진다. 따라서 건강한 가족은 위기나 역경의 시기에 영적 자원으로 상호 지지하고 보살피며 격려함으로써 가족을 기능적으로 유지하게 된다.

5) 긍정적 의사소통

건강한 가족은 가족 구성원간의 의사소통 방식이 비교적 긍정적이다. 물론 의사소통 과정에서 구성원간에 의견 충돌이 있을 수 있으나, 서로 비난하거나 공격하기보다는 다른 의견을 이해하고 인정함으로써 소통을 원활하게 하고자 노력한다. 건강한 가족의 의사소통 방식의 중요한 특성으로는 경청을 들 수 있다. 가족 구성원들은 서로 대화할 때 상대방의 입장에서 잘 들어주고 빈정대거나 혹평을 삼간다. 또한, 건강한 의사소통작용을 위해 유머를 적절히 사용하는 것도 중요한 특징이라 할 수 있는데, 유머는 대화를 쉽게 풀어주며 상대방을 편안하게 해 주고 긴장을 완화해주는 긍정적인 역할을 한다.

6) 감사와 애정

건강한 가족은 가족 구성원 상호간에 긍정적인 감사와 애정과 같은 긍정적인 감정을 주고받는다. 부부간 또는 부모-자녀간에 교류하는 감사와 애정의 감정은 가족 구성원간의 친밀감과 응집성에 긍정적인 역할을 한다.

3 우리나라 연구들이 밝힌 건강가족의 특성

건강가족이란 가족 구성원 각자의 건강한 발달을 도모하고, 구성원간의 상호작용이 원만하여 가족집단으로서의 가치체계를 공유하며, 친족·사회체계와도 원활한 사회작용을 하면서 생활해가는 체계이다(유영주 외, 2004).

유영주는 우리나라 가족이 지각한 건강가족의 특성을 밝혔는데, 그것은 구체적으로는 다음 제시한 10가지와 같다(유영주 외, 2004).

① 가족 구성원에 대한 존중
② 가족 구성원간의 유대감
③ 감사와 애정, 정서적 안식처
④ 긍정적 의사소통
⑤ 가치관 목표 공유
⑥ 역할 충실
⑦ 문제해결능력
⑧ 경제적 안정과 협력
⑨ 신체적 건강
⑩ 사회와의 유대감

유계숙(2004)은 건강가족을 위한 가족의 기능과 특성에 관한 성인의 인식을 주제로 연구하였는데, 건강가족이 갖추어야 할 특성으로는 헌신, 감사와 애정, 긍정적, 의사소통, 스트레스 대처능력, 질적 시간의 공유, 정신적 안녕을 들었다. 유계숙이 제시한 건강가족의 특성은 스티넷과 드프레인(Stinnett & DeFrain, 2005)이 제시했던 건강가족의 여섯 가지 특성과 유사하다. 연구 결과 건강가족이 되기 위한 특성으로 '헌신'을 가장 중요한 요인으로 꼽았으며, '감사와 애정', '긍정적인 의사소통', '스트레스 대처능력', '질적 시간의 공유', 그리고 '정신적 안녕'의 순으로 요인의 필요성을 밝혔다(유계숙, 2004).

① 헌신
② 감사와 애정
③ 긍정적인 의사소통
④ 스트레스 대처능력
⑤ 질적 시간의 공유
⑥ 정신적 안녕

조희금 외(2005)는 건강가정의 특성을 다음과 같은 5개 영역에서 주된 요인을 찾고자 하였다. 조희금 등이 제시한 건강가정의 특성과 건강가정의 구성요소〈그림 14-1〉는 다음과 같다(조희금 외, 2005).

① 기본 토대: 가정의 경제적 안정과 안정적인 의식주 생활
② 가족관계: 민주적이고 양성평등한 가족관계, 열린 대화, 휴식과 여가 등의 공유
③ 가정생활: 자녀의 성장 및 발달의 지원, 합리적인 자원 관리, 가족역할의 공유
④ 사회화의 관계: 일과 가정의 조화, 건강한 시민의식과 자원봉사활동, 지역사회활동 등의 참여
⑤ 문화: 건강한 가정생활 문화의 유지 및 창조

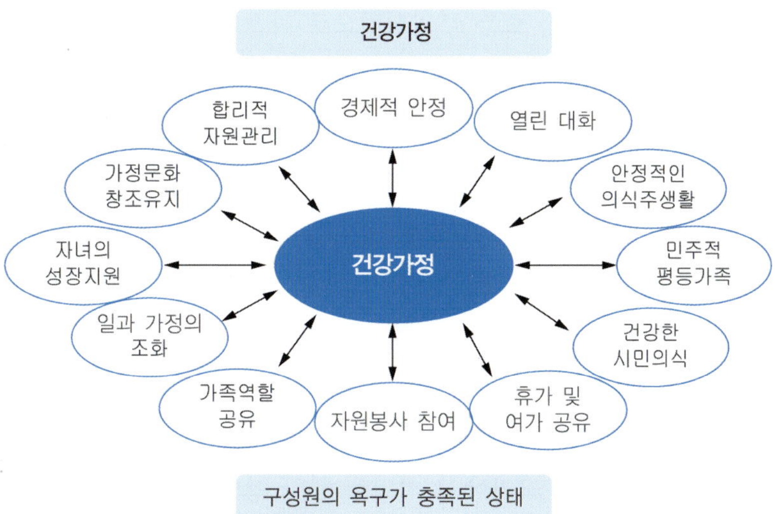

※출처: 조희금 외(2005). 건강가정론.

그림 14-1 건강 가정의 구성요소

위에서 살펴본 바와 같이 건강가족은 단순히 건강하거나 건강하지 못한 가족이라는 이분법적인 분류가 아니라 보다 통합적이고 복합적인 개념으로 이해되어야 할 것이다. 또한, 모든 가정은 어느 정도의 건강성은 지니고 있되, 단지 건강성의 정도 차이 또는 특정 영역에서의 건강성 부족 등이 가족 건강성을 좌우함을 알 수 있다. 그러므로 가족

건강성을 보다 향상하기 위해서는 부족한 영역의 건강성 요인을 개선하기 위한 가족 구성원 모두의 노력이 필요할 것이다.

제4절 건강한 가족 문화

가족은 가족 구성원들이 서로 공동의 목표를 달성하거나 함께 생활하는 과정에서 그들만의 공유하고 있는 고유한 생활습관이나 행동 유형을 지니게 되는데 이를 '가족 문화' 또는 '가풍'이라 부른다. 가족 문화란 가족생활을 통하여 가족 구성원이 습득한 가치관, 지각, 신념, 선호, 도덕, 행동, 관습 등의 총체이다. 가족 구성원이 공유하고 있는 가족 문화는 가정생활을 통해 의식적 또는 무의식적으로 학습되고, 또는 한 세대에서 다음 세대로 전승되므로 가족 구성원간의 유대감과 결속력을 강화시켜주는 중요한 변인으로 작용한다. 가족은 그 가족 고유의 독특한 가족 가치, 정서적 유대감 또는 가풍을 갖는 문화집단이라 할 수 있다. 이처럼 가족 구성원들이 형성한 가족문화는 사회의 문화와 상호작용하거나 또는 밀접한 관계를 맺게 된다.

「건강가정기본법」에 의하면 국가는 건강가정기본계획(제15조)을 수립해야 하며, 그 내용으로 사회통합과 문화계승을 위한 가족 공동체 문화조성이 포함되어 있으며, 이를 위해 가족 스스로 건강가정이 되기 위한 노력을 해야 하고, 이러한 건강한 가족 문화는 사회통합과 우리 사회 문화계승의 기본이 되고 있음을 명시하고 있다. 또한, 가정생활문화를 발전하기 위하여(제28조) 국가에서 지원해야 할 영역으로 가족여가문화, 양성평등한 가족 문화, 가족단위 자원봉사활동, 건강한 의식주 생활문화, 합리적인 소비문화, 지역사회 공동체문화 등을 들고 있다. 이는 가족이 합리적인 가족자원관리와 건전한 시민정신을 바탕으로 가정생활문화를 누리고, 이러한 문화가 지역사회와 연계될 때, 건강한 가족이 되어 건강한 가족문화를 창조하고 발전시킬 수 있음을 의미한다.

여기서는 건강한 가족 문화를 형성하기 위하여 구체적으로 가족이 어떻게 생활하거나 어떻게 실천해야 하는지에 관한 실천사례를 제시하고자 한다. 여기서는 건강가정기본법에서 제시한 건강한 가족 문화를 형성하기 위한 실천항목 중 양성평등한 가족 문화, 가족여가문화, 가족자원봉사활동 등을 중심으로 살펴보고자 한다(김명자 외, 2010).

1 양성평등한 가사분담

오늘날 여성들의 교육수준 향상과 취업률 증가로 직장생활이 보편화됨에 따라 더이상 가사노동이 여성에게 국한된 전담 역할 영역으로 보기 어려워졌다. 특히 여성도 남성과 마찬가지로 가정경제에 동등하게 이바지하기 때문에 가사분담이 합리적이라는 데는 이견이 적다. 최근에는 가사노동에 관한 시각이 여성이 주로 하는 성별에 따른 역할수행으로 인식하기보다는 자신의 능력과 적성을 고려한 역할수행을 수용하는 양성평등한 관점으로 확산하고 있다. 그리하여 많은 남성이 가정에서 육아를 비롯한 가사노동에 동참하고 있다.

'애 키우는 남자', '전업주부', '평등 명절 보내기' 등은 융통성 있는 성역할 수행과 양성평등적인 가사분담을 보여주는 예라 할 수 있다. 예라 할 수 있다. 여성들이 명절에 제사나 음식장만 등의 과중한 가사노동으로 명절증후군에 시달리기보다는, 장 보거나 음식 다듬는 일, 허드렛일 등은 남녀가 함께하여 일손을 더는 더욱 융통성 있는 성역할 수행으로 온 가족이 가사노동에 참여하면서 온 가족이 함께 명절을 보내는 것이 '평등 명절 보내기'의 실천 사례라 할 수 있다.

2 가족여가

여가는 단순히 노동하지 않거나 휴식을 취한다는 의미가 아니라, 노동력의 재생산을 위한 재충전적인 활동의 의미가 있다. 따라서 인간은 여가활동을 통하여 자기발전을 도모하고 삶의 질을 개선할 수 있다. 여가활동은 개인이 혼자서 자신이 원하는 여가활동을 보내는 개인 여가활동과 가족이 공동으로 여가활동을 누리는 가족 여가로 나눌 수 있다. 가족 여가는 가족 구성원의 정신적 및 신체적 건강을 증진하고, 가족의 행복감과 결속감을 강화시키는 계기가 되어 건강한 가족문화를 조성하며, 나아가 건강한 사회문화 형성에도 이바지한다. 이처럼 가족 여가는 가족간의 정서적 유대와 생활의 활기를 얻기 위한 활동이므로, 개인의 욕구 충족보다는 가족 구성원 모두가 만족할 수 있는 여가활동을 선택하는 것이 바람직하다.

가족 여가활동을 선택할 때에는 성별이나 세대를 고려하여 가족 구성원 모두가 함께 만족과 행복을 누릴 수 있는지를 살펴야 한다. 특히 가족여가가 지역사회 중심으로 이루어진다면 지역사회구성원들간의 교류와 협동을 촉진하는 계기가 되어 지역 공동체의식을 고취하고, 사회적으로도 건전한 여가문화를 창출하는 데 이바지한다는 추가적인 장점이 있다.

3 가족자원봉사

최근 자원봉사와 관련된 행사나 자원봉사자들의 활동이 자주 알려지면서 자원봉사에 대한 관심이 상당히 고조되고 있다. 가족자원봉사는 가족 구성원 전체 또는 2인 이상의 가족 구성원이 함께 자원봉사활동에 참여하는 것을 말한다. 가족단위의 자원봉사활동은 가족 공동의 활동을 통해서 현대사회에서 흔히 발생할 수 있는 세대 갈등, 가족 구성원간의 결속력 약화, 가족 기능 및 역할 약화 등과 같은 가족문제를 사전에 예방할 뿐만 아니라 건강가족으로 유지할 수 있다(이금룡, 2004). 또한, 가족자원봉사는 가족을 지역사회로 유도하여 가족이기주의를 지역 공동체 의식으로 효과적으로 전환할 수 있는 계기를 마련해 준다. 다시 말해, 가족자원봉사는 지역사회에 내재하고 있는 문제나 지역주민간의 이해관계로 발생하게 되는 지역사회구성원간의 문제 등을 가족 구성원들이 지역사회에 참여함으로써 함께 해결해가는 대안으로 의미 있다. 국가적으로는 건강가정지원센터에서 실시하는 건강가정 문화사업을 통해 가족 문화 운동의 전개하고 있으며, 전 국민이 건강가정과 관련되는 가족단위의 자원봉사활동을 할 수 있도록 장려하고 있다(「건강가정기본법」 제33조).

이처럼 가족 구성원간의 역동적인 상호작용을 하면서 가족문화를 창조하며 발달시키는 가족을 건강한 가족이라 할 수 있다. 지역사회에서는 건강가정지원센터에서 실시하는 건강가정 문화사업을 통해 건강가정의 유지를 위한 프로그램 참여, 가족 문화 운동의 전개, 가족단위의 자원봉사활동에 참여함으로써 건강한 가족 문화를 형성할 수 있다. 전국적으로 운영되고 있는 건강가정지원센터에서는 가족친화문화조성 사업을 수행함으로써 건강한 가족 문화와 함께 건강한 사회문화를 조성하는 데 이바지하고 있다. 예를 들어, 가족봉사단 운영, 찾아가는 아버지 교육, 가족문화캠페인, 가족 여가/체험프로그램,

지역 내 이웃간의 나누기 · 돕기가 가능한 문화프로그램, 가족생활문화개선 캠페인 등과 같은 활동이 이루어지고 있다. 이와 같은 건강가정지원센터에서 제공하는 프로그램들은 가족 구성원 모두가 참여할 수 있는 가족단위의 자원봉사활동이나 가족여가활동 또는 건강한 가족생활을 영위하기 위한 가족생활교육 등으로 구성되어 있어 건강한 가족 문화를 창조하는 데 효과적이다.

읽을거리

건강한 가정 문화 운동 전개하자

가정과 사회, 삶의 현장을 따뜻하고 행복하게 만들기 위해서는 가정생활교육과 건강한 가정 문화 운동이 일어나야 한다. 행복한 가정에서 성장한 남자와 여자는 사회적 기능을 수행할 방법을 부모와 가족으로부터 배우고 익힌다. 또한, 그들은 가정의 가치관 · 습관 · 문화를 적용해 원만한 인간관계와 사회화 과정을 거치면서 직장과 사회의 일원으로 행동하게 된다.(중략)

건강한 가정문화운동을 단기간에 가정에서 확립한다는 것은 쉬운 일이 아니므로 각 공공기관과 언론기관이 앞장서 가정생활교육프로그램을 만들어 교육해야 한다. 동시에 공공기관 등은 가정이 사회적 기능을 수행하는 데 도움을 줄 가정문화사업팀을 꾸려 가족 구성원 모두가 만족하고 기능적인 역할에 충실한 가정이 되도록 문화운동을 전개해야 하는데 다음의 사항을 유념해야 할 것이다.

첫째, 가정생활교육은 가족생활주기에 맞게 예방교육적 차원에서 실시해야 한다. 현대는 가부장적 대가족에서 핵가족으로 변화했고 단독가족, 한부모 가족 등으로 가정의 역할 모델이 사라지고 있다. 가정에서 자연스럽게 사회적 기능을 배울 기회가 박탈됐기에 교육이 꼭 필요한 입장이 됐다. 따라서 다양한 가족구조로 남녀의 만남, 결혼, 자녀양육, 노년으로 이어지는 가족생활주기에 따라 결혼준비 교육, 자녀 교육 방법, 노년대비 교육, 죽음준비교육 등 여러 영역에 교육과 상담, 코칭, 멘토링 등이 이루어져 건강하고 행복한 가정 만들기에 이바지해야 한다. 특히, 다문화가정, 탈북자 가정에는 결혼준비를 비롯한 언어와 문화교육 등이 필요하고 자녀양육과 관련한 육아교육, 고부갈등 해소책 및 국내 정착에 필요한 교육 등이 필수적으로 요구된다.

둘째, 언론을 비롯한 공공기관에서 가정생활문화운동을 전개해야 한다. 가정이 건강하고 행복하면 자신감이 넘쳐나고, 개인의 역량을 직장과 국가에 최대한 드러낼 힘이 나온다.

(중략)

셋째, 다문화가정과 탈북자 정착 및 가정생활을 위한 교육운동을 하루빨리 전개해야 한다. 언론기관을 비롯한 공공기관은 문화적 · 이념적 갈등문제를 조정하고 여러 분야에서 통합해 화합과 평화의 새 문화를 만들어내는 문화 재창조 운동을 전개해야 한다. 한국 문화의 우수성만을 강조해 동화시키려고 하거나 모국의 문화만을 고집해 혼란에 빠질 수 있으므로 때 차이를 인정하고 수용하는 문화교육도 필요하다. (중략)

※출처: 세계일보칼럼. (2014. 5. 19).

제5절 바람직한 가정을 위한 실천 지침

1 건강한 가족 문화 조성을 위한 실천 지침

건강한 가족이 되기 위해, 그리고 건강한 가족 문화를 조성하기 위해 가족이 노력하고 실천해야 할 실천 지침을 정리하면 다음과 같다(김명수 외, 2010).

- 가족간의 열린 대화로 가족의 친밀감 형성하기
  → 내가 먼저 대화를 청합시다.
- 가족간에 존경하고 신뢰하는 마음 갖기
  → 서로의 차이점을 인정합시다.
- 부모는 건강한 부모역할 모델 되기
  → 건강하고 행복한 부부관계를 만듭시다.
- 가족이 함께 양성평등한 가사분담 하기
  → 가족 구성원 누구나 가사노동에 참여합시다.
- 제한된 가정자원으로 가족 모두의 다양한 욕구를 충족하기
  → 아끼고 절약합시다.
- 가족의 화목과 행복을 위하여 여가생활을 즐기기
  → 가족이 함께 여가생활을 즐깁시다.
- 지역 공동체 문화를 형성하는 데 근간이 되는 가족이 되기
  → 가족이 함께 자원봉사활동에 참여합시다.

읽을거리

건강한 가족 문화, 어머니 역할 중요

건강한 가족 문화에는 부모의 인성을 높이고, 가정에서 어머니의 역할이 중요하다는 분석이다.

충청남도가 12월 10일 서천문화원 강당에서 개최한 제35회 충남 여성 포럼에서 발제자로 나선 김승종 건양대 교수는 "학교교육의 최종 목표인 인간화가 만들어지는 데는 학교나 사회보다 가정이 중요하다."며 "무엇보다 가정에서 어머니의 역할이 막중하다."고 말했다. 김 교수는 "산업사회에서 정보사회로 발전하면서 한국사회도 국제 경쟁력을 갖춘 선진국으로 자리매김하려면 부모부터 먼저 인간화, 세계화된 모습을 보여줘야 한다."고 말했다.

청운대 권정숙 교수 역시 "한국의 가족주의적 정서에는 여성이 가부장제 사회의 체제 옹호적 · 자발적 동조자가 되는 모순이 있다."며 "여성이 변화함으로써 부성의 역할 변화를 이끌어내고, 한국사회의 변동과 문화에 적용 가능한 새로운 부모상을 정립해 나가야 한다."고 주장했다.

노정자 소장(가족성장상담소 · 남성의소리 상담소)은 "저출산 고령화의 사회환경에서 일과 가정이 양립하려면 개인, 가족, 주민의 라이프스타일을 바꾸는 생활개혁이 필요하다."며 "지방자치단체장을 비롯한 지역의 정책 담당자부터 가족정책이 중요하다는 인식을 해야 한다."고 말했다. (중략)

※출처: 대전일보. (2015. 12. 11).

2 부모역할에 대한 실천 지침

바람직한 가정을 형성하기 위해서 부모는 올바른 자녀양육관을 확립하고, 부모역할을 능동적으로 수행하여야 할 것이다. 가정에서 부모로서의 교육 기능의 활성화, 부모-자녀 관계의 개선, 건강한 가족 가치관 공유, 건강한 가족 문화 조성을 통한 유대감 강화 등은 궁극적으로 가정의 기능을 향상해 가족 건강성을 높일 것이다.

자녀의 자질과 능력을 개발시켜 건강한 발달을 도모하고, 가족 구성원 모두가 행복을 누리며, 가정과 사회를 평안한 삶의 터전으로 만들어가는 올바른 부모가 되기 위한 몇 가지 실천 지침을 제시하면 다음과 같다(정옥분 외, 2010, 재인용).

- 새로운 것을 스스로 찾아 배우며 힘차게 생활하는 부모가 된다.
- 올바른 생각과 행동으로 성실하고 꿋꿋하게 살아가는 부모가 된다.
- 올바른 교육환경을 만들어 주기 위하여 용기 있고 소신 있게 행동하는 부모가 된다.

- 자녀가 잘할 때나 잘못할 때나 변함없이 사랑을 보여주는 부모가 된다.
- 옳고 그름을 분명하게 구분하고 확실하게 가르치는 부모가 된다.
- 열 마디 말로 타이르기보다는 한마디 말에 귀 기울이는 부모가 된다.
- 원하는 것을 스스로 찾아가는 기회를 충분하게 주고 격려하는 부모가 된다.
- 어떠한 어려움이 있더라도 끝까지 노력하여 목표를 성취하도록 북돋아 주는 부모가 된다.
- 내 자녀와 남의 자녀를 차별하거나 비교하지 않고 양육하고 지도하여 아이들이 바르게 자라는 지역사회를 만들어 가는 부모가 된다.

활동자료 당신의 가족은 얼마나 건강하십니까? (Family Strengths Inventory)

다음의 각 문항을 읽고 자신의 가족과 일치하는 정도를 1에서 5점 중에서 가장 적합하다고 생각되는 것을 표시해 보자.

1- 전혀 그렇지 않다. 2- 대체로 그렇지 않다.
3- 중간 정도이다. 4- 대체로 그렇다. 5- 매우 그렇다.

1. 함께 시간을 보내고 활동을 같이 한다.
2. 서로를 신뢰하며 헌신적이다.
3. 가족들이 자주 대화하고, 서로의 이야기를 잘 들어주며, 각자의 느낌을 나누는 긍정적인 의사소통을 한다.
4. 가족의 위기에 긍정적으로 대처한다.
5. 서로에게 사랑과 감사의 마음을 표현한다.
6. 삶에 대한 태도가 긍정적이고 희망적이며, 윤리적· 종교적 신념을 지니고 있다.
7. 부부관계가 친밀하다.
8. 부모-자녀관계가 친밀하다.
9. 부부관계가 만족스럽다.
10. 부모-자녀관계가 만족스럽다.
11. 부부는 서로에게 자신감, 자존감, 유능감, 행복감을 느끼도록 해준다.
12. 부모들은 그녀가 자신감, 자존감, 유능감, 행복감을 느끼도록 도와준다.

위의 문항에서 표시한 전체 점수를 합산하여 전체 38점 이하이면 가족의 건강성이 평균 이하가 되고, 39점에서 52점이면 중간 정도, 53점 이상이면 건강한 가족이 된다. 여기서 다른 문항에 비해 낮은 점수를 얻은 부분은 자신의 가족들이 조금 더 노력해야 하는 부분이다.

참고문헌

강휘원(2006). 한국 다문화사회의 형성 요인과 통합 정책. 국가정책연구, 20(2), 5-34.
고영복(2000). 사회학 사전. 서울: 사회문화 연구소 출판부.
공미혜(1999). 한국의 가부장적 테러리즘. 서울: 하우기획.
공미혜(2015). 성과 성정치학. 서울: 한울.
권석만(2014). 인간관계의 심리학. 서울: 학지사.
권중돈(2012). 노인복지론. 서울: 학지사.
김경우, 이창수, 김인숙, 이은경, 박남오(2012). 가족복지론. 서울: 창지사.
김경자(2008). 다문화가정 아동의 심리사회적 문제와 학교적응. 진주교육대학교 교육대학원 석사학위 청구논문.
김두섭(2006). 한국인 국제결혼의 설명 틀과 혼인 및 이혼 신고 자료의 분석. 한국인구학, 29(1), 25-56.
김명자, 계선자, 강기정, 김연화, 박미금, 박수선, 송말희, 유지선, 이미선(2010). 아는 만큼 행복한 결혼 건강한 가족. 파주: 양서원.
김명자, 계선자, 강기정, 김연화, 박미금, 박수선, 송말희, 유지선, 이미선(2012). 아는만큼 행복한 결혼 건강한 가족(5쇄). 경기: 양서원.
김명희(2011). 부모교육과 상담. 서울: 동문사.
김성희, 문숙재(1989). 자아실현성과 공동의사결정에 관한 연구. 한국가정관리학회지. 7(2).
김애순(2005). 청년기 갈등과 자기이해. 서울: 시그마프레스.
김양희 외(2009). 신혼기 건강가정을 위한 길라잡이. 우리 방금 결혼했어요. 동작구건강가정지원센터.
김양희, 전세경, 문영소, 이영세, 김예리, 김진희, 장온정, 박정윤, 김효민, 안진경, 백선아, 최은주(2011). 결혼과 가족. 경기: 양서원.
김영모(1995). 현대사회 정책론. 한국복지정책연구소
김영옥(2007). 부모교육. 경기: 공동체.
김용미, 서선희, 옥경희, 정혜정(2002). 결혼과 가족의 의미. 경기: 양서원.
김용미, 서선희, 옥경희, 정혜정(2006). 결혼과 가족의 의미. 경기: 양서원.
김정옥, 박귀영, 유가효, 전귀연, 홍계옥, 홍상욱(2012). 가족관계. 경기: 양서원.
김종운, 박성실(2016). 인간관계 심리학. 서울: 학지사.
김주아, 류현수(2009). 아동복지. 서울: 동문사.
김주아, 류현수, 최용득(2012). 아동복지론. 서울: 동문사.
김진숙(1998). 지역사회에서 자녀지도를 위한 부모교육사업 추진 실태와 향후 방안. 부모교육 활성화 추진방향과 방안. 청소년 대화의 광장 '98 전국 부모교육 활성화 추진대회,

98(19), 15-31.
김진영, 김정원, 전선옥(2000). 유아, 부모, 교사를 위한 부모교육. 서울: 창지사.
김진은(1966). 의사결정의 이론적 기초 - Barnard · Simon · Griffiths · Dill의 논술을 중심하여 고찰함 -. 한국교육학회. 교육학 연구, 4.
김태현, 이성희(1999). 결혼과 사회. 서울: 성신여자대학교 출판부.
김현주(2002). 가족과 한국사회 변화하는 한국가족의 삶 읽기 - 여성한국사회 연구소 편. 서울: 경문사.
김현주, 손은경, 신혜영(2000). 현장중심 부모교육. 서울: 양서원.
김혜란, 조홍식, 김인숙(1997). 가족복지학. 서울: 학지사.
김혜선(1997). 한국가정생활사. 한국방송통신대학교.
네이버 백과사전
대전일보(2015). 건강한 가족 문화, 어머니 역할 중요. 2015. 12. 11.
대통령자문 고령화 및 미래사회위원회(2004). 미래인력양성 및 여성의 경제활동참여확대를 위한 육아지원정책 방안. 제46회 국정과제회의 보고자료 2004. 6. 11.
동아일보(2010). 부모역할의 특징. 2010.09.28.
류왕효(2009). 부모교육. 서울: 신정.
문미옥, 이은화, 이경우, 유희정, 조한숙(2011). 유아를 위한 복지의 이론과 실제. 서울: 창지사.
문숙재, 윤소영, 차경욱(2005). 여가문화와 가족. 서울: 신정.
문숙재, 최혜경, 정순희(2001). 현대사회와 가정. 서울: 교문사.
문숙재, 최혜경, 정순희(2005). 현대사회와 가정. 서울: 교문사.
문혁준, 김진이, 양성은, 이은주, 천희영, 황옥경(2012). 가족복지. 서울: 창지사.
문화일보(2011). 이외수의 마흔 이후 남자의 생존법: 준비하는 습관이 필요하다. 2011. 1. 6.
박경란, 이영숙, 전귀연(2002). 현대 가족학. 서울: 신정.
박성연, 김상희, 김지신, 박응임, 전춘애, 임희수(2008). 자녀와의 진정한 만남을 위한 부모교육(개정판). 서울: 교육과학사.
박영애, 최목화, 양명숙, 나종혜, 김민정(2005). 현대인의 자녀양육. 서울: 학지사.
박은애(2006). 다문화가정 자녀의 교육실태 조사연구: 경상남도 다문화가정 자녀를 중심으로. 창원대학교 교육대학원 석사학위 청구논문.
박지영(2008). 다문화사회복지 실천 메뉴얼. 평택대학교 다문화가족센터.
박화윤, 마지순, 안라리, 천은영(2006). 부모-자녀관계 증진을 위한 부모교육. 서울: 창지사.
배태순(1998). 입양의 이해와 입양의 성공. 경남대학교출판부.
백승주, 이동준, 최진용(2010). 다문화교육 멘토링 프로그램. 서울: 학지사.
법무부 출입국 외국인정책본부(2012). 출입국 외국인정책 통계월보.
보건복지부(2010). 장애아동 입양현황.
보건복지부(2011). 보건복지통계연보.
보건복지부(2011). 요보호아동현황보고.
서울신문(2010). 경기도 · 외교부 “다문화가정 지원 함께. 2010. 8. 10. 김병철 기자.
설동훈, 김윤태, 김현미, 윤홍식, 이혜경, 임경택, 정기선, 주영수, 한건수(2005). 국제결혼이주여성 실태조사 및 보건복지 지원 정책 방안. 보건복지지원정책방안. 보건복지부.

세계일보(2014). 건강한 가족문화운동 전개하자. 2014. 5. 19.
송미연(2013). 청소년의 가정폭력 경험이 부적응행동과 자아정체감에 미치는 영향.동덕여자대학교 대학원 석사학위논문.
송진숙, 권희경, 김순기(2006). 결혼과 가족 그리고 부모됨. 서울: 창지사.
스턴버그, 로버트 외 지음. 고선주 외 편역(1993). 사랑의 심리학. 서울: 하우.
신용주, 김혜수(2011). 대학생을 위한 부모교육. 서울: 학지사.
신용주, 김혜수(2012). 대학생을 위한 부모교육(2쇄). 서울: 학지사.
신혜영(1996). 예비부모교육 프로그램 개발에 관한 연구. 동아대학교 대학원 박사학위논문.
양옥남, 김혜경, 김미숙, 정순돌(2009). 노인복지론. 경기: 공동체.
양옥승, 김미경, 김숙령, 김영연, 김진영, 박선희, 서현아, 오문자, 장혜순, 조성연, 조은진, 최양미, 현은자(2001). 유아교육개론, 서울: 학지사.
양은순 역(2009). 나는 너와 결혼했다. 서울: 생명과 말씀사.
여성가족부(2006). 한부모가족을 위한 통합서비스: 당당한 나, 행복한 우리 가족. 중앙건강가정지원센터.
여성한국사회연구회(1999). 노인과 한국사회 - 양옥남/노인복지정책. 사회문화연구소.
오경희(2000). 도시 주부의 의사결정 스타일과 일 처리 방식에 관한 연구. 한국가정관리학회지. 18(2).
오성배(2007). 국제결혼가정 자녀의 교육 실태와 대안모색. 인간연구, 12, 1-15.
오영희, 박창옥, 강영식(2012). 가족관계. 서울: 동문사.
오영희, 박창옥, 김영식, 김현정(2010). 가족복지. 서울: 동문사.
오영희, 송진숙, 송영란, 양승지(2005). 최신 가족학의 이론과 실제. 대전: 21세기사.
옥선화, 정민자(1992). 부모교육. 서울: 동문사.
옥선화, 정민자, 고선주(2000). 결혼과 가족. 서울: 하우.
유계숙(2004). 건강가족을 위한 가족의 기능과 특성에 관한 성인의 인식. 한국가정관리학회지, vol.22(4), 173-180.
유계숙, 최성일, 안재희, 전영주, 장보현(2005). 영화로 배우는 가족학. 서울: 신정.
유영주(1991). 건강가정 육성을 위한 가족복지 프로그램 개발에 관한 연구. 한국가정관리학회지, vol.9(1), 45-63.
유영주(2004). 한국 건강가정의 의미와 방향 모색. 한국건강가족실천운동본부. UN 세계가정의 해 10주년 기념 심포지엄 자료집.
유영주 외(2004). 새로운 가족학. 서울: 신정.
유영주, 김순옥, 김경신(2000). (개정판) 가족관계학. 서울: 교문사.
유영주, 서동인, 홍숙자, 전영자. 이정연, 오윤자, 이인수(2000). 현대 결혼과 가족. 서울: 신광출판사.
유윤영(2015). 부모와의 관계증진을 위한 실제 중심의 부모교육. 서울: 정민사.
유효순, 지성애(2004). 부모교육. 서울: 정민사.
윤경자, 김정옥, 현은민(2010). 건강가정론. 경기: 공동체.
이기숙(1999). 맞벌이 주말 가족의 성격분석을 위한 시론. 한국가족관계학지, 4(1), 1-23.
이명자, 계선자, 강기정, 김연화, 박미금, 박수선, 송말희, 유지선, 이미선(2009). 아는 만큼 행복한 결혼 건강한 가족. 경기: 양서원.
이명흥(1983). 사회변화에 따른 가족문제와 대책. 제2회 전국 사회복지 대회 보고서-선진조국과 사회복지-. 한국사회복지 협의회.
이숙, 우희정, 최진아, 이춘아(2010). 부모교육. 서울: 학지사.
이숙, 유희정, 최진아, 이춘아(2009). 훈련중심 부모교육(2판). 서울: 학지사.
이순례, 문연심, 신건호(2006). 새로운 세대의 부모와 자녀 (Jane B. rooks, Parenting). 서울: 학지사.
이영숙, 박경란(2010). 현대 가족관계학. 서울: 신정.
이영숙, 박경란, 전귀연(2004). 가족문제와 복지. 서울: 신정.
이영희(2014). 사회복지시설행정. 대구대학교출판부.
이은화 외(2011). 개정유아를 위한 복지의 이론과 실제. 서울: 동문사.
이재연, 김경희(1989). 부모교육. 서울: 양서원.
이재연, 김경희(1994). 부모교육. 서울: 양서원.
이재연, 박은미, 확옥경, 김형모, 이은주, 강현아(2009). 아동복지론. 서울: 학지사.
이재연, 최영희 역(1990). Kathleen M. Galvin, Bernard J. Brommel, 의사소통과 가족관계. 서울: 형설출판사.
이정우, 김규원(1986). 저소득층 취업주부 가정의 의사결정에 관한 연구 서울시·성남시 취업주부를 중심으로 -. 대한가정학회지. 24(4).
이종복 외(2012). 다문화사회의 이해와 복지. 경기: 양서원.
이투데이(2016. 11. 28.). 여성가족부, 예비신혼부부 위한 작은 결혼식 명소 15곳 공개.
임정빈 외 역(1994). Mitchell, T. T., Larson, J. R., 인간자원관리론. 서울: 신정.
임정빈, 김윤경(1983). 가정생활의 의사결정 행동과 관련변인과의 관계연구. 대한가정학회지. 21(3).
정갑순(2006). 부모교육론. 서울: 창지사.
정옥분(2002). 아동발달의 이해. 서울: 학지사.
정옥분, 정순화(2007). 부모교육. 서울: 학지사.
정옥분, 정순화(2010). 부모교육. 서울: 학지사.
정은, 은선경(2009). 여성복지론(개정판). 서울: 창지사.
정하성, 우룡(2007). 다문화가정 청소년의 사회적응 실태 및 사회적응 프로그램 개발방안. 연구보고서 요약집, 91-93.
정현숙, 유계숙(2001). 가족관계. 서울: 신정.
정현숙, 유계숙(2007). 가족관계. 서울: 신정.
정현숙, 유계숙, 어주경, 전혜정, 박주희(2007). 부모학. 서울: 신정.
정현숙, 유계숙, 최연실(2003). 결혼학. 서울: 신정.
정혜정, 공미혜, 전영주, 정현숙(2009). 가족과 젠더. 서울: 신정.
조석준(1984). 심리학적 의사결정론의 연구. 행정 논총. 22(2).
조애저(1999). 노부모 학대 실태에 관한 사례연구. 한국보건사회연구원.
조옥라(1996). 재혼, 그 또 다른 시작. 한국가정법률상담소 창립40주년 심포지엄자료집.
조홍식(2006). 가족복지학. 서울: 학지사.

조흥식, 김혜련, 신혜섭, 김혜란(2006). 여성복지학. 서울: 학지사.
조희금 · 김경신 · 정민자 · 송혜림 · 이승미 · 성미애 · 이현아(2005). 건강가정론. 서울: 신정.
존 그레이 지음. 김경숙 옮김(1995). 화성남자 금성여자의 결혼지키기. 서울: 친구미디어.
존 그레이 지음. 김경숙 옮김(1995). 화성에서 온 남자, 금성에서 온 여자. 서울: 친구미디어.
중앙일보(2011). 사랑도 리모델링 되지요. 그 출발은 스킨십. 2011.01.10.
채옥희 외(2004). 가사노동과 여성복지. 경춘사.
초의수(1995). 부산지역 성별 노동시장구조와 여성노동의 특징. 부산지역 취업여성의 실태와 문제점 자료집. 부산여대 여성문제연구소.
최경석(2010). 한국가족복지의 이해. 서울: 인간과 복지.
최규련(2008). 행복한 결혼생활을 위한 부부대화법. 서울: 신정.
최선화(2000). 의료복지서비스와 의료정책. 경기: 세종.
최연실 외 역(1995). Wesley Burr, Randal Day, & Kathleen Bahr, 새로보는 가족 관계학. 서울: 도서출판 하우.
최일 외(2010). 다문화교육의 이론과 실제. 서울: 학지사.
최혜순(2013). 부모교육. 서울: 동문사.
통계청(2009). 인구동태통계.
통계청(2009). 인구동향조사.
통계청(2010). 2010 인구주택총조사.
통계청(2011). 「2010 인구동태통계연보」.
통계청(2011). 「인구주택총조사」 각연도.
통계청(2011). 출생아수 및 합계출산율.
통계청(2011). 통계로 보는 여성의 삶.
통계청(2012). 2011년 혼인통계결과.
통계청(2015). 2015년 인구동태연보(혼인, 이혼 편).
통계청(2015). 2015년 출생 통계. 세종: 통계청.
통계청(2015). 2015년 인구동태연보(혼인, 이혼 편). 세종: 통계청.
통계청(2016). 2016 통계로 보는 여성의 삶. 세종: 통계청.
통계청(2016). 2016년 청소년통계.
통계청(2016a). 2016 통계로 보는 여성의 삶. 세종: 통계청.
통계청(2016b). 2016 사회조사 보도자료.
통계청(각 년도). 인구동태통계연보.
통계청(각 년도). 인구주택총조사.
통계청(각년도). 사회통계조사보고서
한국가족관계학회(1993). 가족학. 서울: 하우.
한국가족관계학회(편)(2002). 가족학 이론. 서울: 교문사.
한국가족상담교육연구소(2011). 가족생활교육. 서울: 교문사.
한국결혼산업연구소(2010).

한국교육개발원(1984). 부모교육프로그램 모형 개발 연구: 취학전 자녀의 부모를 대상으로. 한국교육개발원 연구보고. 서울: 한국교육개발원.
한국노인문제연구소(1996). 노인치매의 현황과 과제 - 권중돈/치매노인가족을 위한 서비스 개발. 동인.
한국성폭력상담소 www.sisters.or.kr
한국여성정책연구원(2009). 미혼부모 연령.
한국염(2007). 결혼이주여성의 현황과 과제. '한국 다문화가족에 대한 지원과제와 향후 방향성'. 평택대학교다문화가족센터.
한국염(2007). 지자체의 농어민 국제결혼 비용에 대한 비판적 고찰. '농어민 국제결혼비용지원사업, 무엇이 문제인가?'. 토론회 자료집. 이주여성정책네트워크.
한국청소년정책연구원(2011). 다문화가족 아동・청소년의 발달과정 추적을 위한 종단조사.
한국한부모가정사랑회(2010). www.hanbumo.org.
한미현, 강희경, 공인숙, 김상희, 문혁준(2007). 아동복지. 서울: 창지사.
한미현, 강희경, 공인숙, 김상희, 문혁준, 안선희, 안효진, 양성오, 이경옥, 이경렬, 이진숙, 천희영(2013). 아동복지. 서울: 창지사.
허혜경, 김혜수(2015). 청년심리와 교육. 서울: 학지사.
허혜경, 김혜수, 박인숙(2011). 현대사회의 가정. 서울: 문음사.
허혜경, 김혜수, 박인숙(2013). 현대가정의 이해. 서울: 문음사.
허혜경, 박인숙(2010). 사회변동과 성역할. 서울: 문음사.
허혜경, 박인숙(2012). 사회변동과 성역할. 서울: 문음사.
허혜경・박인숙(2010). 사회변동과 성역할. 서울: 문음사.
허혜경・박인숙(2015). 현대사회와 젠더. 서울: 동문사.
황매향, 고홍월(2010). 초등교사를 위한 다문화상담 길잡이. 서울: 학지사.
21세기가족문화연구소 편역(2007). 행복한 결혼 건강한 가족(Davis H. Olson, John DeFrain, Amy K. Olson 지음). 경기: 양서원.
KBS 국회방송 2010. 5. 18.
https://en.wikipedia.org/wiki/Parenting_styles
https://www.gottman.com
http://www.kadoptron.or.kr
http://www.moj.go.kr
http://www.withmom.mogef.go.kr
Baumrind, D.(1973). Current patterns of parental authority. Developmental Psychology Nonograph.
Belsky(1984). The determinants of parenting: A process model. Child Development, 5, 83-96.
Berger, E.(1991). Parents as partners in education: The school and home working together(3th ed.). New Yo가: Merrill.
Berscheid, E., Dion, K., Walster, E. & Walster, G. W.(1971). Physical Attractiveness and Dating Choice: A test of the Matching Hypothesis.
Bigner, J. J.(1979). Parent-child relations: A introduction to parenting. NY:Macmillan publishing Co.
Brooks, J. B. (1981). The process of parenting. Palo Alto, CA: Mayfield Publishing Co.

Cochrane, W. W., & Bell, C. S.(1956). The economics of consumption. New. York: McGraw-Hill.

Dion, K., Berscheid, E., & Walster, E.(1972). What is beautiful, is good. Journal of Personality and Social Psychology, 24, 285-290.

Douglas, E.(1980). Changing patterns patterns of consumption expenditures. In N. M. Ackerman(Ed). Proceedings of the 26th Annual Conference of the American Council on Consumer Interests,(pp.41~46). Columbia, MO: American Council on Consumer interests.

Duvall, E. M.(1977). Marriage and family development. J. B. Lippincott Company.

Duvall, E. M., & Miller, B. C.(1985). Marriage and Fmily Development(6th ed.). Harper & Row.

Fine, M. J.(1991). The Second Handbook on Parent Education: Contemporary Perspectives. San Diego: Academic Press.

Galinsky, E. (1980). Between generations: The six stages of parenthood. NY: Times Books.

Gamson, B., Hornstein, H., & Borden, B. L.(1989). Adler-Drikurs parent study group leadership training. NY: Academic Press.

Gestwicki, C. (2000). Home, school, and community relations: A guide to working with parents. Albany, NY: Delmar.

Gilligan, C.(1982). In a different voice. Cambridge, MA: Harvard University Press(chap.10).

Glick, P. C.(1989). Remarriage families, stepfamilies and stepchildren: A brief demographic profiles, Family Relations, 38, 24-27.

Gottman, J. M. (2007). 내 아이를 위한 사랑의 기술(남은영 공저 및 감수). 서울: 한국경제신문.

Hetherington, E. Mavis(1991). Family transtion. L Erlbaum Associates. www.womenlink. or. kr

Hoffman, M. L. (1970). Moral development. In P. Mussen(Ed.) Carmichael's manual of child psychology. Vol.2(3rd ed.). New York: John Wiley.

Hoyt, E. E.(1983). Consumption in our society. New York: McGraw-Hill.

Hurlock, E.(1978). Child development. Tokyo: McGraw-Hill Kogakusha.

Magrabi, F. M., Chung. T. S., Cha, S. S,& Yang, S. J.(1991). The economics of household consumption, New York: Praeger Publishers.

Michael, R. T.(1973). Education in nonmarket production, Journal of Politic Economy, 81, 306-327.

Mischel, W. (1970). Sex-typing and socialization. In Mussen, P. H. (Ed.), Carmichael's manual of child psychology(third ed., vol. 2). New York: Wiley.

Olson & Defrain(2003). Marriages and Families: Intimacy, Diversity, and Strengths (4th ed.) New York, NY: MaGraw-Hill Companies, Inc.

Paolucci, B., Hall, O. A. & Axinn, N. W.(1977). Personal perspective: A guide to decision marking(2nd ed.), N. Y.: John Wiley and Sons Co.

Parsons, T., & Bales, R. F. (1955). Family socialization and interaction process. New York: Free Press.

Reeves, C. R.(2003). Childhood: It should not hunt. Hunter sville. N. C: LTI Publishers.

Scanzoni & Scanzoni(1988). Men, women, and change: a sociology of marriage and family(3rd. ed). New York: McGraw-Hill.

Schaefer, E. S(1959). A circumplex model of maternal behavior. Journal of abnormal and Social Psychology, 59, 226-235.

Scitovsky, T. C.(1976). The joyless economy. New York: Oxford University Press.

Simons, R., Whitbeck, L., Conger, R., & Melby, J., (1990). Husband and wife differences in determinants of parenting. Journal of Marriage and the Family, 52(2), 375-392.

Stinnett, N. & DeFrain, J.(2005). Secrets of strong families. Boston: Little, Brown.

Strong, B., & DeVault, C.(1994). Human sexuality. Mountain View, CA: Mayfield.

Webster(1980). New World Dictionary.

Weiner A., Kuppermintz H., & Guttmann D.(1994). "Video Home Training (The Orion Project): A Short-Term Preventive and Treatment Intervention for Families of Young Children." Family Process, 33, pp. 441-453.

White, J. M.(1991). Dynamics of family development: The theory of family development. NewYork: Guilford.

찾아보기

ㄱ

ㄹ

ㅁ

ㅂ

ㅅ

ㅇ

ㅊ

ㅋ

ㅌ

ㅍ

ㅎ

저자소개

■ **허혜경**(許惠卿)

이화여자대학교 사범대학 교육학과(문학사)
건국대학교 대학원 교육학과(박사)
가천대학교 교양학부장, 교육과학연구소장, 중앙도서관장 역임
University of Virginia, University of Massachusetts Boston Visiting Scholar
현 가천대학교 유아교육학과 교수
  한국영유아교육지원학회 회장
  가천대학교 교육대학원장
저서 『유아발달』, 『현대사회와 아동발달』, 『청년발달심리학』, 『평생교육학개론』, 『현대교육과정요론』, 『현대사회와 여성의 이해』, 『사회변동과 성역할』 등 다수

■ **박인숙**(朴仁淑)

건국대학교 대학원(교육학박사)
북경사범대학 객원교수
현 가천대학교, 백석대학교 외래교수
  예원예술대학교 계약학과(유아보육) 주임교수
저서 『현대사회와 젠더』, 『중국교육사상의 이해』 등 다수

■ **김혜수**(金憓秀)

성신여자대학교(문학사)
University of Southern California 교육심리학(석사, 박사)
한국방송통신대학교 원격교육연구소 연구원
한국정보문화진흥원 선임연구원
한서대학교 노인복지학과 겸임교수
현 가천대학교, 경희대학교 외래교수
저서 『청년심리와 교육』, 『대학생을 위한 부모교육』, 『현대 가정의 이해』 등 다수

현대사회와 가정

초판 1쇄 발행 / 2017년 3월 10일
초판 2쇄 발행 / 2018년 2월 20일
초판 3쇄 발행 / 2019년 1월 31일

•

공저자 / 허혜경 · 박인숙 · 김혜수
발행인 / 이 중 수
발행처 / **동 문 사**

•

서울특별시 서대문구 홍제원 1길 12
(홍제동 137-8)
Tel: 02)736-3718(대), 736-3710, 3720
Fax: 02)736-3719
등록번호: 1974.04.27 제9-17호
가격: 20,000원

•

ISBN: 978-89-8251-878-2(93330)
E-mail: dong736@naver.com
www.dongmunsa.com